大学计算机基础（MOOC）教程

◎ 陈雷 主编

U0208322

清华大学出版社

北京

内 容 简 介

本书是中国大学 MOOC 在线课程"大学计算机基础"(http://www.icourse163.org/university/CAU♯/c)的配套教材。全书共 12 个单元,分别讲述信息技术与计算机、计算机组成和原理、计算机操作系统基础、程序设计基础、Word 字处理程序、Excel 电子表格处理、PowerPoint 演示文稿、数据库及 Access 数据库系统、多媒体技术、计算机网络技术应用、网络安全及网络新技术,常用工具和软件等内容。

本书按照 MOOC 课程的特点去归纳知识点、设计案例,内容组织注重深度与广度的结合,强调理性思维和技能训练。全书结构合理、层次清晰、图文并茂,既有丰富的理论知识,也有大量的操作范例。

本书在直接服务于 MOOC 课程的同时,也可作为普通高等院校非计算机专业的计算机公共课程的教材,还可作为计算机爱好者的自学参考书。

图书在版编目(CIP)数据

大学计算机基础(MOOC)教程/陈雷主编.—北京:清华大学出版社,2018(2021.1重印)
ISBN 978-7-302-47836-2

Ⅰ.①大… Ⅱ.①陈… Ⅲ.①电子计算机−高等学校−教材 Ⅳ.①TP3

中国版本图书馆 CIP 数据核字(2017)第 170894 号

责任编辑:贾 斌 张爱华
封面设计:刘 键
责任校对:李建庄
责任印制:刘海龙

出版发行:清华大学出版社
   网 址:http://www.tup.com.cn,http://www.wqbook.com
   地 址:北京清华大学学研大厦 A 座   邮 编:100084
   社 总 机:010-62770175   邮 购:010-83470235
   投稿与读者服务:010-62776969,c-service@tup.tsinghua.edu.cn
   质量反馈:010-62772015,zhiliang@tup.tsinghua.edu.cn
   课件下载:http://www.tup.com.cn,010-83470236
印 装 者:三河市龙大印装有限公司
经 销:全国新华书店
开 本:185mm×260mm 印 张:30.25 字 数:736 千字
版 次:2018 年 2 月第 1 版 印 次:2021 年 1 月第 2 次印刷
定 价:59.00 元

产品编号:072326-01

FOREWORD

随着计算机技术的飞速发展,国内高校的计算机基础教育已踏上了新的台阶,步入了一个新的发展阶段。各专业对学生的计算机应用能力提出了更高的要求,同时以互联网技术为支撑的大规模在线教育(以 MOOC 为代表)在国外兴起并迅速对国内带来巨大冲击。为了适应这种快速变化发展的要求,许多学校重新探讨新条件下的教学模式和教学方法,课程内容不断推陈出新,各种优质课程和资源也源源不断地以 MOOC 形式推向互联网这个大平台来服务学生、服务社会。

"大学计算机基础"是非计算机专业高等教育的公共必修课程,是学习其他计算机相关技术课程的前导和基础课程。本书为目前在中国大学 MOOC 上线的"大学计算机基础"的配套教材,其编写的宗旨是使读者较全面、系统地了解计算机基础知识,具备计算机实际应用能力,并能在各自的专业领域自觉地应用计算机进行学习与研究。本书兼顾了不同专业、不同层次学生的需要,加强了计算机网络技术、数据库技术和多媒体技术等方面的基本内容,使读者在数据处理和多媒体信息处理等方面的能力得到提升。

全书分为 12 单元:第 1、2 单元介绍了计算机的基本知识和基本概念、信息在计算机中的表示形式、编码以及计算机的组成和原理;第 3 单元介绍了操作系统基础知识;第 4 单元介绍了程序设计的概念和编程基础,简单描述了算法及其表现方式;第 5~7 单元介绍了常用办公自动化软件 Office 中字处理、电子表格处理和演示文稿的使用;第 8 单元介绍了数据库系统基本概念和 Access 数据库的简单使用;第 9 单元介绍了多媒体的概念、多媒体技术的应用和发展;第 10、11 单元介绍了计算机网络基础知识、Internet 基础知识与应用、网络安全技术与网络新技术等;第 12 单元分类介绍了常用工具软件的使用。

参加本书编写的作者都是多年从事一线教学的教师,具有较为丰富的教学经验。在编写时注重原理与实践紧密结合,注重实用性和可操作性;文字叙述深入浅出,内容通俗易懂。

本书由陈雷副教授主编,同时参加编写的老师有张莉、史银雪、刘云玲、王莲芝、王庆、田力军、阚道宏、李振波、陈英义等。李辉博士认真审阅了书稿,并提出了许多宝贵的建议和修改意见。

由于本书的知识面较广,要将众多的知识很好地贯穿起来,难度较大,不足之处在所难免。为便于以后教材的修订,恳请读者多提宝贵意见。

编者

2017 年 10 月

CONTENTS

第1单元

信息技术与计算机

从计算机诞生开始,信息技术就伴随着计算机技术快速发展,成为推动人类社会技术进步的重要力量,使人类迈向了信息社会大数据时代。

1.1 计算思维培养信息技术创新意识

计算思维(Computational Thinking)是人类各种思维活动中的一种形式,也是人类科学思维的重要组成部分,如今已逐渐成为网络信息时代业界探讨研究的热点。计算思维曾经作为数学思维研究的一部分,用于研究和模拟各种自然现象,设计复杂系统等。

随着工业自动化进程及计算机技术的迅猛发展,人类大量机械性劳动和智力活动很大程度上被自动化和智能化所取代,人们曾经的许多构想甚至是梦想,也逐步变成了现实,计算思维的方法和观点得到了广泛的拓展和应用。

1.1.1 计算思维与新技术发展创新

计算机技术的高度发达,使人们走进了网络无处不在、智能化产品层出不穷、信息技术无人不用的计算物联网时代。在计算机信息技术领域,计算(Computing)不只是数学本意,还是整个自然科学计算方法(Computing Method)的表达实现工具。近些年来,计算思维成为国内外教育界关注的热点。以计算思维能力培养为核心、全面提高学生计算机信息技术与各学科专业相结合的创新应用能力成为高校大学计算机基础等通识课程的方向和目标。

1.1.2 计算思维与计算机科学

计算机学科研究涉及计算模型和计算系统及其应用。而计算思维是基于计算环境或计算模型实现问题求解,以及如何有效利用计算系统实现应用或进行信息处理的学科,包括算法模型、计算机软件体系、硬件系统构建方法与设计的研究。

1.1.3 计算思维与大学计算机教学

大学计算机课程按照教育部计算思维的教学要求,结合国内外高等教育的发展,按各学科建设发展 IT 需求培养人才,构建计算机基础教学内容,为各专业建设和学生后续选课服务。

大学计算机课程涉及的知识领域包括系统平台、计算环境、数据处理、信息资源管理、计算方法、程序设计、系统开发技术应用基础等,涵盖计算思维各个层面上的问题求解的思维与方法。计算思维能力培养的技术核心如图 1.1 所示。

图 1.1　计算思维能力培养的技术核心

大学计算机及相关基础系列课程教学,不仅要学生掌握和应用计算环境和计算方法,还要培养学生掌握不同计算环境下问题求解的技术方法与综合技能。

1.2 计算机信息技术基础

信息技术用于信息数据处理,其基本特点是以计算机技术为核心,结合相关技术进行信息技术的应用和系统管理。

1.2.1 计算机技术与信息技术

计算机技术与信息技术相辅相成迅速发展是信息时代发展的重要标志,其发展水平也是一个国家或一个经济实体发展水平的标志。计算机技术与信息技术本身在不断发展和变化,其技术应用、开发与研究的内容也是广泛而持久的。大学生学习、应用和掌握计算机技术与信息技术的能力与水平则是衡量现代技术型人才专业技术潜力的基准标志。

随着现代信息技术的发展和学科渗透,人们以计算机系统方式实现信息技术应用,提高技术应用水平,以获取更高的价值。例如,人们使用图像传感设备采集某种植物叶片标本,经过数码转换技术,以图像数据的形式输入计算机,鉴于实际应用标本多、数据量大,因此需要分类并存入数据库系统,便于检索使用;对于植物标本图像的处理过程,则根据不同的需求,可以采用不同的技术和方法获取不同的信息,例如利用图像识别技术等提取叶面的构造特征,获取植物生长状态等各种信息,然后通过自控装置对植物的水土、养分、温度和湿度等进行有效的控制,提高植物生长的产量和质量,甚至还能通过其他综合数据分析,预估农作物产量,最后还可以通过实践,对整个系统及各个技术环节进行评测和验证。

上述过程是农业信息化应用的典型案例。从实验室走到田间地头,对信息技术的应用已超出了简单的数据处理。这个简单的案例所体现的信息技术,是以计算机技术为基础,综合了光学、电子、电气、自动化、农学、数学、管理等科学与技术,代表了现代信息技术应用的基本特征。信息技术延伸了学科专业领域技术发展,例如在上述案例的基础上,农作物生长过程能够利用现代信息技术加以管理和控制,其程序化和规范化的管理控制所带来的就是农作物生长全过程的自动化、简约化,甚至有些过程可以实现无人化作业等;接下来可以是农作物企业化自动生产、农产品加工自动生产、农产品无人加工车间,直到农产品生产、加工、销售、流通等一体化企业管理作业的实现等。信息活动无处不在,信息资源无限增长。企业需要建立信息资源管理系统,加快信息流动,辅助决策,以提高企业的管理水平,此时更需要以信息技术为主导,以追求企业耗能最小、利益最大化为战略目标,才能跟上经济发展的步伐。由此可见,信息技术在农业信息化广阔的应用领域所带来的前景无法估量,意义重大。

1.2.2 计算机用户与计算机系统

打开一台计算机,面对同样一台机器,不同的用户群体操作和使用计算机的方式和目的可以说是千差万别,无论是学习应用、创新研发,还是操作使用计算机系统所产生的效益更是天壤之别。计算机用户与计算机系统分层示意图,如图 1.2 所示。

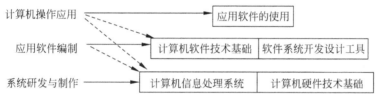

图 1.2 计算机用户与计算机系统分层示意图

计算机作为信息处理工具不是纯粹的消费品,计算机可以创造价值,可以拓展人的行为和思维,提高工作和学习的质量与效率,特别是有了计算机网络更是如此,信息资源的开发利用没有时空限制。社会经济发展与市场竞争时代,时间最为宝贵,如果只是迷恋和沉溺于计算机网络游戏,不能自制,则有害无益,浪费时光。

具备了计算机基础知识结构和能力素质,就具备了有效地获取信息、对信息进行分析与加工的技术能力,就具有了综合应用计算机信息技术拓展和深入研究自己专业技能的基础。

1.2.3 计算机新技术发展

计算机在其诞生、应用和发展过程中,新技术不断涌现。目前,人们日常使用和常见的计算机一般是通用电子计算机(简称微型计算机、微机、个人计算机等)。现代计算机无论是哪一种机型,都有共同的特性,即能够自动执行预置程序指令,它是对各种信息高速处理并有记忆存储能力的电子设备。

现代计算机的发展中杰出的代表人物是美籍匈牙利人冯·诺依曼(Von Neumann)。

冯·诺依曼是在纯粹数学、应用数学、量子物理学、逻辑学、气象学、军事学、计算机理论及应用、博弈论和经济学诸领域都有重要建树和贡献的伟大学者。他首先提出了在计算机中存储程序的概念，使用单一处理单元完成计算、存储及控制操作。存储程序是现代计算机的重要标志。

具有内部存储程序功能的计算机 EDVAC（Electronic Discrete Variable Automatic Computer，电子离散变量自动计算机）也是根据冯·诺依曼的构想制造的，1952 年正式投入运行。EDVAC 由运算、逻辑控制、存储、输入和输出部分组成，采用了二进制数直接模拟电路开关的两种状态，可以把程序指令存储到计算机的记忆装置中而不需要在机外排线编程，使计算机能够按事先存入的程序指令自动进行运算。冯·诺依曼提出的内存储程序原理奠定了计算机硬件基本结构，沿用至今。

1. 第一代——电子管计算机时代

电子管计算机时代是从 1946 年至 20 世纪 50 年代初期。其主要特点是采用电子管作为基本器件，运算速度一般每秒数千次至数万次。其主要是为了国防军事尖端技术的需要，但研究成果逐渐扩展到民用，并由实验室走向社会，变为工业产品，从而有可能形成了计算机产业，预示着计算机时代（Computer Era）的到来。

2. 第二代——晶体管计算机时代

晶体管计算机时代是从 20 世纪 50 年代中期至 20 世纪 60 年代中期。其主要特征是采用晶体管元件，开始使用磁心和磁鼓作为存储器，由于其体积缩小，功耗降低，从而提高了运算速度和可靠性。

3. 第三代——中小规模集成电路时代

中小规模集成电路时代是从 20 世纪 60 年代后期至 20 世纪 70 年代初期。其主要特征是以中小规模集成电路作为计算机的主要元件，采用了更好的半导体内存储器，进一步提高了运算速度和可靠性。

4. 第四代——大规模和超大规模集成电路时代

大规模和超大规模集成电路时代是从 20 世纪 70 年代初期至现在。其主要特征是计算机体积进一步缩小，性能进一步提高。使用半导体存储器作内存储器，发展了并行处理技术和多机系统。在研制巨型计算机的同时，微型计算机快速发展并迅速普及。

目前，计算机主要朝着巨型化、微型化、网络化、智能化、多媒体化五种趋向发展。现代计算机技术不仅影响人们的生活、工作和学习，也影响着一个国家经济建设的发展速度。我国在 1958 年制造出第一台电子计算机，1992 年成功研制出第一台通用 10 亿次并行巨型计算机"银河-II"。

2010 年，中国高性能超级计算机"天河 1 号"以峰值每秒 4700 万亿次、持续每秒 2570 万亿次的性能夺魁，我国曙光公司研制成功的"星云"超级计算也以每秒 1270 万亿次位列高性能计算机系统前列。

2014 年，最新全球超级计算机运行速度 500 强榜单中，由中国国防科技大学研发的天河 2 号超级计算机仍然高居榜首。天河 2 号的浮点运算速度可以达到每秒 3 386 000 万亿次，超过了美国的 Titan 号，美国的 Titan 号排在第二位。发展超级计算机是尖端科学和国防事业的需要，标志着一个国家的计算机水平和高科技的发展。目前，中国计算机技术的发展非常快,水平也越来越高。计算机在工农业生产、科学研究和国防建设事业中得到了广泛的应用。

1.3 计算机信息处理

计算机信息用数据表示,数据经过加工处理后得到新的数据,表示新的信息,可以作为控制决策的依据,控制信息系统各环节。

计算机信息处理系统都具有信息数据输入输出、数据传输、数据存储、数据加工处理等功能。计算机信息处理系统如图 1.3 所示。

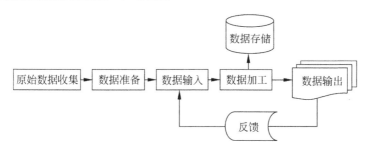

图 1.3 计算机信息处理系统

在计算机信息处理过程中,原始数据收集就是将采集的信息数据集中起来的过程;数据准备是把原始信息数据转换成适合计算机处理的形式的过程;数据输入是通过信息处理系统的输入设备,如键盘、扫描仪、读卡机、光电输入设备、磁带机、通信设备等,把原始数据输入计算机;数据加工就是对输入计算机的原始信息数据进行分类计算等一系列的操作;目前数据存储的方式很多,计算机信息数据经存储后,可实现多种处理过程的数据共享、供不同的系统平台多次使用;反馈是将信息处理输出的一部分返回到输入供控制使用,使计算机信息系统保持平稳;数据输出则是把计算机信息数据处理的结果以各种需要的形式输出,计算机信息数据处理系统通常可以多种形式输出数据。

随着计算机技术、通信技术与光电技术等的结合应用,信息技术手段不断提高,人们利用信息技术可以实现各种生产管理自动化或产品生产一体化,从而提高产业效能和产品效益。例如全自动化生产线、自动化仓储系统、自动化节水系统、无人驾驶系统、无人工厂等;特别是在农业信息化方面的应用更为广阔,例如自动浇灌系统、温控和湿控种植大棚、自动化养殖场、自动化投料机、自动化收割机、脱粒机以及各种自动化感应农机具等。许多信息技术结合的成果不断地从科研机构走向田间地头,提高了农业生产效率,也改变了农耕农作方式。在日常生活中,随着计算机技术和互联网技术的普及与发展,信息技术给人们的生活带来许多快捷、便利,文化熏陶、精神享受随时随处可见,利用信息技术制作、生产、处理和传播的各种形式载体的信息,在需要的时候可以高品质地呈现在人们面前,例如精美印刷的书籍、即时的报刊文件、高质量音质的唱片、多声道高清电影、电视节目等,无论是视频、语音,还是图形、影像等多媒体技术,承载着更加完美的信息,快速展现在人们面前,也提高了人们的生活品质。信息时代所衍生的文化是一种全新的文化形态,这种文化影响着人们的学习和工作。

目前，全球性大数据、高速率多媒体信息网络技术在不断发展建设中，各种领域中的信息技术人才仍然有很大的需求，掌握计算机技术和信息技术以解决相关领域的实际问题，是现代社会技术型人才和管理型人才所必备和不可缺少的素质。

1.4 计算机信息数据计算

电子数字计算机是物理设备，在对信息数据进行处理的过程中，无论是输入、传输和存储，都是利用电子数字设备的电磁物理稳定特性，对信息数据数字化加工才能完成，所以需要规划统一的信息数据表示或编码。

自然界实现两个稳定的物理状态比较容易，如电压电平的高与低、开关的接通与断开、晶体管的导通和截止等，只需用 0、1 两个状态表示。如果使用十进制数，则需要有保持 10 种稳定状态的电子器件。能表示 0～9 数码共 10 个状态，在技术上几乎是不可能的。使用二进制数在技术上易于实现。二进制数求和和求积规则分别如下。

求和　　$0+0=0$　$0+1=1$　$1+0=1$　$1+1=10$

求积　　$0\times0=0$　$0\times1=0$　$1\times0=0$　$1\times1=1$

但是，人们习惯使用十进制，因此，用户通常还是用十进制数或八进制、十六进制数与计算机打交道，通常使用由计算机自动实现数制之间的转换。

1.4.1 常用记数制

常用进位记数制主要有四种。

1. 十进制

人们最熟悉的记数制就是十进制（Decimal，简写 D），它有以下特点。

（1）基本计数符号有 10 个：0～9。

（2）逢 10 进位，10 是进位基数。

例如，一个十进制数 2768.34，它的实际值与基数的关系可以这样表示：

$$2\times10^3+7\times10^2+6\times10^1+8\times10^0+3\times10^{-1}+4\times10^{-2}=2768.34$$

2. 二进制

二进制（Binary，简写 B）是计算机系统表示信息使用的进位记数制。其特点如下。

（1）基本计数符号只有两个：0 和 1。

（2）逢 2 进位，2 是进位基数。

3. 八进制

八进制（Octal，简写 O）进位记数制的特点如下。

（1）基本记数符号有 8 个：0～7。

（2）逢 8 进位，8 是进位基数。

4. 十六进制

十六进制（Hexadecimal，简写 H）进位记数制的特点如下。

（1）有 16 个基本符号：0～9，A、B、C、D、E、F。其中 A～F 对应十进制的 10～15。

（2）逢 16 进位,16 是进位基数。

1.4.2　记数制转换

1. 二进制数转换为十进制数

根据前面的公式,任何进制的数都可以展开成为一个多项式,其中每项是各位权与系数的乘积,这个多项式的结果便是所对应的十进制数。例如：

$$(11\,001.01)_2 = 1 \times 2^4 + 1 \times 2^3 + 0 \times 2^2 + 0 \times 2^1 + 1 \times 2^0 + 0 \times 2^{-1} + 1 \times 2^{-2}$$
$$= 16 + 8 + 1 + 0.25 = 25.25$$

2. 十进制数转换为二进制数

（1）将十进制整数转换成二进制数。只需将十进制整数不断被 2 除,直到整数部分为零结束,取其余数即可。

例如：求 $(11)_{10}$ 的二进制形式。

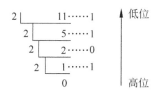

最后一个余数为 a_0,从下往上依次为 a_0,a_1,…,a_n。因此,$(11)_{10} = (1011)_2$。

（2）将十进制小数转换为二进制数。将十进制小数转换为二进制的小数则用乘 2 取整法,并将每次所得的整数从上往下列出即可。

例如：求 0.825 的二进制形式。

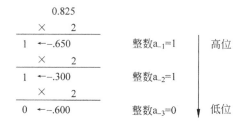

所以,$(0.825)_{10} = (0.110)_2$。

在转换时乘 2 并不一定能保证尾数为 0,只要达到某一精度即可。

3. 二进制数与八进制、十六进制数之间的转换

（1）二进制数转换为八进制数。二进制数转换为八进制数,整数部分只需从右向左（从低位到高位）,而小数部分则从小数点开始从左往右划分,每 3 位分为一组,然后分别将该组二进制数转换为八进制数即可。例如：

$(100111101)_2$ 分组 100,111,101

$$\downarrow \quad \downarrow \quad \downarrow$$
$$4 \quad 7 \quad 5$$

所以,$(100111101)_2 = (475)_8$。

$(0.11011)_2$ 分组 0.110,110

6　　6

所以，$(0.11011)_2 = (0.66)_8$。

如果分组后二进制数整数部分左边最后不够 3 位，则在左边添 0。对小数部分，则在最后一组右边添 0。

八进制数转换为二进制数是上述方法的逆过程，即将每位八进制数分别转换为 3 位二进制数。例如：

4　　　　6　　　　7　　　　5

100　　110　　111　　101

所以，$(4675)_8 = (100110111101)_2$。

（2）二进制数转换为十六进制数。二进制数转换为十六进制数，只需将二进制整数从右到左，小数部分从左到右，每 4 位一组，不足 4 位用 0 补齐，每组二进制数换成对应的十六进制数。

例如：

0101　　0110.　　1110　　1000

5　　　6　　　E　　　8

所以，$(1010110.11101)_2 = (56.E8)_{16}$

反过来，将十六进制数转换为二进制数为上述过程的逆过程。例如：

（6　　B　　C.　　D　　8)$_{16}$

0110　　1011　　1100　　1101　　1000

所以，$(6BC.D8)_{16} = (11010111100.11011)_2$。

常用的几种进位记数制之间的转换关系，如表 1.1 所示。

表 1.1　常用进位记数制相互关系对照表

十进制	二进制	八进制	十六进制	十进制	二进制	八进制	十六进制
0	0	0	0	9	1001	11	9
1	1	1	1	10	1010	12	A
2	10	2	2	11	1011	13	B
3	11	3	3	12	1100	14	C
4	100	4	4	13	1101	15	D
5	101	5	5	14	1110	16	E
6	110	6	6	15	1111	17	F
7	111	7	7	16	10000	20	10
8	1000	10	8				

1.4.3　ASCII 编码

计算机不仅用于数值计算,还需要存储大量的字符信息,用于信息交换。目前计算机系统均采用 ASCII 码(American Standard Code for Information Interchange),即"美国信息交换标准码"作为国际标准。ASCII 码表如表 1.2 所示。

表 1.2　ASCII 码表

低 4 位	高 4 位							
	0	1	2	3	4	5	6	7
	0000	0001	0010	0011	0100	0101	0110	0111
0　0000	NUL	DLE	SP	0	@	P	`	p
1　0001	SOH	DC1	!	1	A	Q	a	q
2　0010	STX	DC2	"	2	B	R	b	r
3　0011	ETX	DC3	#	3	C	S	c	s
4　0100	EOT	DC4	$	4	D	T	d	t
5　0101	ENQ	NAK	%	5	E	U	e	u
6　0110	ACK	SYN	&	6	F	V	f	v
7　0111	BEL	ETB	、	7	G	W	g	w
8　1000	BS	CAN	(	8	H	X	h	x
9　1001	HT	EM	)	9	I	Y	i	y
10　1010	LF	SUB	×	:	J	Z	j	z
11　1011	VT	ESC	+	;	K	[	k	{
12　1100	FF	FS	,	<	L	\	l	|
13　1101	CR	GS	−	=	M	]	m	}
14　1110	SO	RS	.	>	N	^	n	~
15　1111	SI	US	/	?	O	—	o	DEL

注意:在 ASCII 码表里,每个字符编码用一个字节(B)表示,最高一位不用,只用低 7 位二进制码表示 $2^7＝128$ 个字符编码。例如,用 01000010 代表字符 B,用 00100110 代表字符 & 等。用 ASCII 码表示的字符,在任何系统下都会以标准字符显示或打印出来。

1.4.4　中文信息在计算机中的编码

1. 汉字国标码

汉字是象形文字,用英文的 26 个字母是不能表达的,我国在 1981 年公布的《中华人民共和国国家标准信息交换汉字编码字符集-基本集》(GB2312—1980),称为国标码,用于汉字信息交换。在它的标准编码字符集中共收集了汉字和图形符号 7445 个,其中有 682 个图形符号、6763 个汉字。这 6763 个汉字又根据使用的频繁程度分成两级:第一级为常用汉字 3755 个;第二级为次常用汉字 3008 个。每个汉字或字符用两个字节表示,国标码的编码表是由 94 行、94 列组成的 94×94 的全部汉字及图形符号的矩阵。每一个汉字或符号均唯一存放在确定的行和列上。汉字国标码的部分码表，如表 1.3 所示。

表 1.3　汉字国标码部分码表

第一字节							第二字节								
							B7	0	0	0	0	0	0	0	0
							B6	1	1	1	1	1	1	1	1
							B5	0	0	0	0	0	0	0	0
							B4	0	0	0	0	0	0	0	1
							B3	0	0	0	1	1	1	1	0
							B2	0	1	1	0	0	1	1	0
							B1	1	0	1	0	1	0	1	0
b7	b6	b5	b4	b3	b2	b1									
0	1	0	0	0	1	1		！	"	♯	Y	％	＆	'	（
0	1	1	0	0	0	0		啊	阿	埃	挨	哎	唉	哀	皑
0	1	1	0	0	0	1		薄	雹	保	堡	饱	宝	抱	报
0	1	1	0	0	1	0		病	并	玻	菠	播	拨	钵	波

注：汉字国标码中两个字节的首位数字为 1。本表只列出国标构成的第一字节高字节和第二字节低字节的后 7 位二进制数。如，汉字"啊"的双字节国标码：10110000 10100001（十六进制为 B0A1）；汉字"波"的双字节国标码：10110010 10101000（十六进制为 B2A8）。

从国标码表中可以看到，每个汉字由第一字节高字节和第二字节低字节唯一确定，另外，汉字存在着简体和繁体的区别，所以计算机简繁汉字的输入方法与编码方式也不相同，因此计算机简繁汉字文档之间不能互相调用与编辑。但目前一些常用系统软件已有专门的文本内码转换软件，可解决简繁汉字通用阅读和打开调用问题。

2．区位码

按 GB2312—1980 规定，全部国标汉字和图形符号排列在 94×94 的矩阵内，如把行号称为区号，把列号称为位号，并用十进制表示，则每个汉字和图形符号一定有确定的区号和位号，规定区号在前，位号在后，即组成了区位码。如"啊"字的区号为 16，位号为 01，则区位码为 1601。区号和位号都用两位数字表示，不足两位的前面补零。

1）汉字输入码

汉字输入码又称外码，每个汉字输入码对应一个汉字，用于输入汉字时的汉字编码。汉字输入编码方法可分为四类，即字音编码法、字形编码法、音形编码法和整字编码法。字音编码是以汉字的标准拼音为基础实现的汉字编码，它又分为全拼、双拼和简码三种；字形编码是以汉字字形结构为基础的编码方法，常用的有五笔字型和首尾码等；音形编码是将拼音和字形有机地结合起来进行的编码，比较成熟的有音形大众版、智能 ABC 等；整字编码是把汉字按某种规则排定先后顺序，按序号编码，如区位码，这种方法常为某些专业人员使用。每种汉字输入码由汉字系统转换成唯一的汉字国标码。

2）汉字机内码

汉字机内码常常称为汉字的内码，是一个汉字被系统内部处理和存储而使用的代码。汉字的内码是统一的，ASCII 码为单字节 7 位编码，最高位为 0。为区别用 ASCII 码表示的西文和两个字节表示的汉字，汉字内码的最高位均置为 1。例如，汉字基本集中"啊"字的两字节 7 位国标为 0110000 和 0100001（3021H），在两字节的最高位置就置 1，其内码就是 10110000 和 10100001（B0A1H）。这种变换方式便于中、西文代码的兼容。

3）汉字字形码

上述编码仅仅只是对汉字的编号。要显示汉字的字形就需要用点阵形式来组成每一个汉字的字形,称为汉字字形码。所有汉字字形码的集合就是通常所说的汉字库,一个汉字的点阵越多,输出的字越细腻,占用空间越大。现在一般用矢量汉字字形表示方法,字形细腻,但节省存储空间。

3. 汉字地址码

汉字库中每个汉字字形都有一个连续的存储区域,该存储区域的首地址就是汉字的地址码。汉字库的设计大多数是按汉字国标码的次序排列的,每个汉字通过汉字机内码换算求得相应汉字字形码在汉字字库中的地址,以取出该汉字的字模,即字形。

4. 汉字的输入方法

1）拼音输入法

拼音输入法简单易学,但谐音字多,重码率高,这些重码字显示在屏幕上的提示行或提示窗中,用户按相应的数字键即可录入;当重码字很多时,还要利用"翻屏"来寻找汉字,然后再用数字键录入,所以,拼音输入法的输入速度比较慢,效率低,一般用于少量汉字输入。拼音输入法分为全拼、简拼、双拼、微软拼音输入法等。

2）五笔字型汉字输入法

五笔字型汉字输入法属于形码输入法,是一种目前使用非常广泛的汉字输入方法。它是由王永民教授主持研究开发的一种先进的汉字输入技术。五笔字型汉字输入方法用 130 个字根组字或词,主要以击 4 键定一个汉字,不需要选字,基本没有重码,便于盲打,另外还有词组输入等。五笔字型汉字输入法的键盘布局经过精心设计,有一定的规律性。经过一定的指法训练,每分钟可以输入 120~200 个汉字。因此,一般专业汉字录入人员大都采用五笔字型输入法。

1.5 讨论题

1. 简述计算思维的方法在提高计算机应用能力中的作用。
2. 简述计算机信息处理过程。
3. 简述计算机信息处理过程中的反馈机制。
4. 简要叙述第一台实现内存储程序的电子计算机有什么特点。
5. 试简单列举现代信息技术有哪些方面的应用。
6. 简单举例说明为什么计算机使用二进制信息编码。

第2单元

计算机组成和原理

　　计算机具有极高的运行速度和巨大的数据存储能力,能快速准确地进行各种算术运算和逻辑运算,是现代信息技术应用的有效工具和不可缺少的技术手段,已渗透到各行各业各个领域,推动了信息技术跨学科、跨领域渗透与应用的进一步延伸与拓展。学习计算机系统及应用平台,是进一步学习并掌握计算机组成原理和计算机系统结构等计算机专业基础课的基础。

2.1　计算机系统组成

　　一个完整的计算机系统是由硬件系统和软件系统组成的,硬件系统是软件系统运行的基础,软件是硬件发挥作用的保障。不同的计算机系统有不同的操作方式和运行环境,但具有相同的计算机系统结构体系和操作系统管理特征。

2.1.1　计算机工作系统

　　计算机系统基本组成如图 2.1 所示。

　　计算机硬件泛指看得见、摸得着的实际物理设备,提供了支持相应操作系统的基础。硬件系统的核心部件是中央处理器,中央处理器由控制器、运算器组成,而中央处理器与内存储器结合组成计算机系统的主体部分,即主机,对主机进行合理的配置,就构成了计算机系统的硬件系统。

　　软件指各类程序和数据,计算机软件包括计算机本身运行所需要的系统软件和用户完成任务所需要的应用软件。软件系统则是人与计算机系统进行信息交流的媒介,任何一款软件都是在硬件或更低一层的软件系统支持下才能运行。操作系统是计算机系统的核心软件,它管理和控制着计算机所有的硬件资源和软件资源,操作系统对硬件系统有一定的硬件依赖性,每一种操作系统都有相应的硬件环境支持与配置要求,才能以最佳结合状态协同工作,发挥整个计算机系统的综合性能。

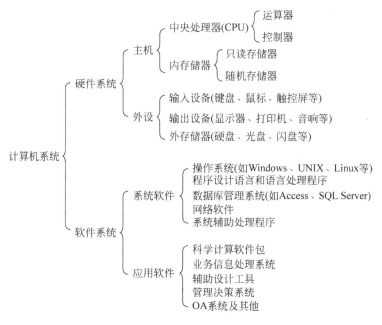

图 2.1　计算机系统基本组成

2.1.2　计算机系统应用平台

　　现代计算机系统都不是孤立应用的,从应用的角度来看计算机系统,通常情况下以单机操作为基础,在一个部门、一个企业,或者一个组织机构组成的局域网平台或公共广域网平台操作和使用计算机系统。

　　以企业信息资源管理系统应用为例,企业用户在使用个人计算机进行信息处理时,实际上是在与业务应用系统,或者是操作系统等软件系统打交道完成各种业务信息数据操作处理。对于不同企业来说,其信息资源管理系统运行模式、建设规模各有不同,但是按计算机系统应用基础设施建设划分,则主要分为硬件系统和软件系统两大类进行建设,包括网络基础设施建设和使用也是如此,计算机系统平台分层扩充示意图如图 2.2 所示。

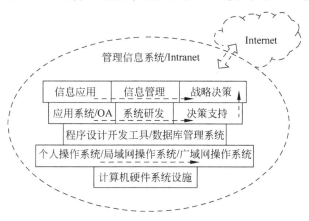

图 2.2　计算机系统平台分层扩充示意图

各种用途的计算机系统硬件设备规划组合可构建一个企业或者部门的硬件系统平台，运行企业信息资源管理软件系统。

硬件平台升级，是一种从成员到部门，再从部门到整个企业，硬件基础设施和配置的层层功能扩充与升级的关系。从单机系统到局域网，再从局域网到 Intranet 企业内联网，软件系统从应用到研发，再从研发到决策支持，信息资源管理系统逐渐升级；其中信息系统集成、功能逐步扩展部分，可以自行组织研发管理，也可以委托第三方专业公司托管，最终按资源条件重组各种以往独立按部门存在的应用系统，例如材料管理系统、客户管理系统、财务管理系统、部门办公自动化系统（OA）或人力资源系统等，按软件工程原理逐层向上集成系统，符合管理规范；提供管理决策的信息数据由原始数据采集加工，到按管理要求逐级汇集上报，数据汇总由简单到复杂、由单一数据到综合信息，信息汇集则是由战术信息到战略信息，再借助于其他软件工具或决策模型，为企业战略决策提供依据。

企业信息数据管理的决策信息流是企业信息活动信息流汇总集成的过程，应符合企业内部运行管理机制。信息数据由原始到加工，循序渐进，软硬件系统平台各个环节相互配合，逐步形成系统的决策信息，有利于资源整合，便于系统更新，其基本构建示意关系如图 2.3 所示。

层次	信息资源管理系统应用与开发		
系统研发层	信息数据处理 ---→	管理信息系统 ←---	决策支持系统
应用层	办公自动化软件、常用工具软件等（Microsoft Office、金山 WPS Office 等）	程序设计开发工具、网络数据库管理系统（C/C++、JAVA、C♯、SQL Server、MySQL 等）	网络决策系统、Internet、Intranet、E-mail、FTP 等
操作系统层	Windows	Windows、Mac OS X	UNIX、Linux、Windows
硬件层	单机系统 ---→	局域网系统 ---→	广域网系统

图 2.3　信息资源管理系统平台基本构建示意关系

从技术层面看，企业信息资源管理成员多以操作个人计算机设备为主，处理大量的业务信息数据，单机系统可以接入部门的局域网，形成部门职能机构的业务应用系统基础，而局域网通常连接在以 Internet 广域网技术搭建的 Intranet 企业内部局域网，形成企业信息管理系统，并具有决策支持等功能。

在 Intranet 企业内联网系统平台中，局域网是 Intranet 网络的通信基础设施，各种应用服务器组成服务器阵群提供各种信息服务，各个用户计算机使用浏览器软件浏览服务器的各种信息，Intranet 信息资源管理的网络安全由防火墙系统提供，而 Intranet 与外界的信息交流是通过路由器硬件出口接入 Internet 或其他 Intranet，其平台构成如图 2.4 所示。

对于各类计算机系统用户而言，使用计算机系统进行信息处理时，实际上是在和计算机软件系统的操作系统、工具软件、各种应用系统等软件系统平台打交道，无论哪一级用户，所使用的各种应用软件或工具软件则都是运行于操作系统上的，每一位系统用户根据各自的工作任务、工作目标不同，可以利用不同层次软硬件资源使用计算机系统，计算机系统平台的用户与计算机系统的关系如图 2.5 所示。

鉴于计算机系统用户与计算机系统存在着这样的应用关系，所以企业部门或组织机构

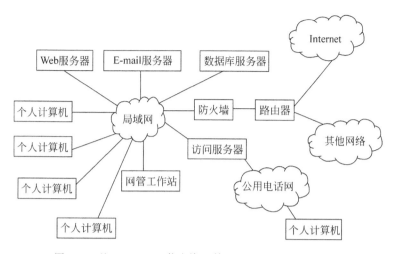

图 2.4　基于 Intranet 信息资源管理的网络平台基本构成

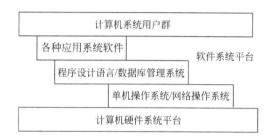

图 2.5　计算机平台的用户与计算机系统的关系

从事信息技术应用的 IT(Information Technology)从业人员,大致可以划分为以下几类。

1) 企业或部门信息化主管

其负责企业部门或组织机构信息化建设规划、目标和方案的制定,并协助企业主管进行决策;负责计算机软硬件系统平台的更新、升级与换代等。一般应具有一定的行业从业经历,懂得企业文化、业务处理、生产管理或人力资源配置等,需要对计算机系统平台构建有一定的技术基础。

2) 系统技术研发人员

其负责各类信息系统的设计、研发与建设,也包括硬件系统开发、软件系统研发、数据库系统构建、业务应用系统建设、决策支持系统研发等。在这个研发队伍中,具有不同专业背景,又熟练掌握计算机技术应用的非计算机专业技术人员很受欢迎。

3) 系统运行维护人员

其主要负责软硬件系统的运行、维护、管理,协助系统技术研发人员进行不同系统应用的开发、调试及运行,也能够从事基本的系统开发工作,一般应有计算机专业技术背景。

4) 系统操作应用人员

其主要负责大量的业务信息数据处理工作,利用计算机系统平台完成本职业务工作,一般要求对本职业务熟悉了解,能够熟练使用计算机系统的各种应用系统、开发工具等。

总之,在行业领域信息化进程中,各行各业对既具有不同专业技术背景,又具备计算机系统开发能力并能熟练掌握计算机应用技能的技术人才,需求是非常大的。

2.2　计算机硬件系统

　　硬件系统,简称硬件,主要指计算机系统中看得见,摸得着的计算机主机及其外围设备实体。硬件系统配置关注的是硬件性能匹配好、运行速度快、运算数据字要长,运算结果要精确等,其重要部件的功能和技术指标是关键。

2.2.1　计算机工作原理

　　对于一般的计算机使用者来说,可以远离计算机的内部细节,把计算机的体系结构看作是一些和人们相关的工作模块。人类第一台电子计算机是电子管计算机,但它并不能存储程序。世界著名的数学家冯·诺依曼博士,首先提出了电子计算机中存储程序的概念并规定了计算机硬件的基本结构,即由输入设备和输出设备、存储器、运算器、控制器五部分组成。

　　现代计算机仍基于这种基本的体系结构发展系统硬件和系统软件。因此,人们把发展至今的几代计算机统称为冯·诺依曼计算机。计算机系统工作原理如图 2.6 所示。

　　人们要想使用计算机,首先需要把想做的事情或者想让计算机做的事情以命令或数据的形式通过输入设备输入计算机,送入内存储器中存储记忆起来,再将数据送入运算器,由运算器进行计算处理,处理的结果再送回内存储器中暂存

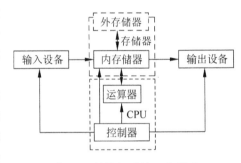

图 2.6　计算机系统工作原理

起来,最后再通过输出设备显示出来或输出到外存储器如 U 盘或硬盘保存起来,以后再用。整个运算操作过程是由控制器指挥完成的,那么控制器的能力又是谁赋予的呢? 应该说是计算机工程师们通过预先设计好的指令和程序等软件的方法使控制器、使计算机具备了这样或那样的能力。

　　完整的计算机系统应包括硬件系统和软件系统两大部分,缺一不可。计算机系统既要有先进的硬件系统作为基础,也要有完整先进的软件系统支持,才能发挥先进的硬件特性,为用户提供理想的服务。

　　现代计算机技术发展迅速,计算机系统无论速度多么快、功能多么强大、分类多么复杂,但计算机系统由运算器、控制器、内存储器、输入输出设备、外存储器五大组成部分的体系结构基本未变,它们是硬件系统的构成基础,而软件系统则是对硬件系统功能的拓展与扩充,是计算机系统与人进行沟通的桥梁。

2.2.2　中央处理器

　　中央处理器(Central Processing Unit,CPU)主要包括运算器、控制器,是计算机的核心部分。

　　计算机的全部控制和运算都是由 CPU 完成的。运算器（Arithmetic）是计算机对信息进行加工处理的中心，主要由算术逻辑运算部件、寄存器组和状态寄存器等组成。在控制器的作用下，运算器进行算术运算和逻辑运算。运算器的主要技术指标是字长，即单位时间内能够处理数据字节的二进制位数。

　　控制器（Control Unit）是全机的控制中心，用它来实现计算机本身运行过程的自动化，它指挥计算机的各部分按要求进行所需的操作。

　　CPU 的主要性能技术指标有主频、外频、前端总线频率、字长、倍频系数、高速缓存（Cache）和多核技术等。

2.2.3　主板

　　主板又称主机板（Main Board）、系统板（System Board）或母板（Mother Board），是实现计算机硬件系统五个部分关联的部件，上面布置有密集的集成电路和对外接口。虽然主板的品牌繁多，布局不同，但基本组成和使用的技术基本一致，如图 2.7 所示。

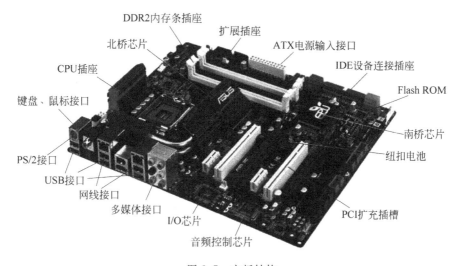

图 2.7　主板结构

　　主板的技术分类可以从不同方面划分命名，可以按主板上 CPU 芯片类型、主板结构、主板 I/O 总线类型、优化功能及电路板工艺分类等命名主板产品。

　　总线结构是计算机系统的动脉。在计算机的主板上，可以看到印制电路板有许多并排的金属线束，这就是总线，用于 CPU 与其他部件或其他部件之间的信息传输，它提供了一种多用途的、公用的通信通道，只要总线相同，主板插件就可通用。

　　主板上主要分布有数据总线、地址总线和控制总线三类总线。数据总线（Data Bus，DB）用来传送数据信息；地址总线（Address Bus，AB）用来传送地址信息；控制总线（Control Bus，CB）用来传送来往于 CPU、内存和 I/O 设备之间的控制信息。

　　总线主要的技术指标是总线带宽。

2.2.4　内存储器

内存储器简称内存，按存取方式分类，内存分为只读存储器（Read Only Memory，ROM）和随机存储器（Random Access Memory，RAM）。从容量上看，一台计算机的内存主要是 RAM，ROM 只占很小一部分。所以通常说的计算机内存指的就是 RAM。内存容量是计算机性能的又一个重要指标，内存越大，"记忆"能力就越强。

计算机工作时 CPU 必须从 RAM 中读取信息，处理的结果还要放回到内存中，主板上的内存读写速度必须与 CPU 的速度相适应，另外，CPU 和外部设备的数据交换也要通过内存。所以内存越大，机器运行的性能越好。

高速缓存（Cache），简称缓存，是一种特殊的高速存储器，存在于内存与 CPU 之间，容量比较小但速度比内存高得多，接近于 CPU 的速度。现在计算机系统为了匹配 CPU 的高速处理能力，大都配有高速缓存。

2.2.5　外存储器

随着计算机技术的迅速发展，人们和计算机本身对存储容量的要求越来越大，但无限增大内存容量是不经济的，也是不现实的。因此，计算机中广泛采用存储容量很大的硬磁盘和方便灵活、可以携带的移动存储器作为外存储器（简称外存）。

常用的外存设备有磁盘、磁带、光盘等。

无论是使用磁盘，还是磁带或光盘，都需要一种机械设备来驱使它们转动，这种设备就是驱动器，分别称为磁盘机、磁带机或光盘机。

硬盘是计算机的主要外部磁盘存储设备。硬盘大部分组件都密封在一个金属外壳内，这些组件制造时都做过精确的调整，用户无须做任何调整。

高密度光盘（Compact Disk）简称光盘。光盘类型有只读光盘、可写光盘、可擦写光盘。可擦写光盘可以擦写光盘数据，重复使用。

USB 接口存储介质，又可分为 USB 闪存盘和 USB 移动硬盘两种。USB 闪存盘是一种新型轻巧的移动存储设备，使用读写方便，构造小巧，携带方便，系统兼容性好，常称为 U盘，其产品外观结构设计小巧玲珑，形式多样；USB 移动硬盘则是配有 USB 接口、可以快速移动使用的硬盘。

固态硬盘（Solid State Drives，SSD）是新一代硬盘存储器类型。和普通硬盘使用机械装置读写数据不同，固态硬盘用固态电子存储芯片阵列而制成，产品外形和尺寸、功能及使用方法与普通硬盘一致，但效率、寿命大大提高。

2.2.6　计算机系统输入设备

计算机用户通过输入设备将数据和信息输入到存储器。最常用的输入设备有键盘、光电笔、鼠标、扫描仪和触控屏等。

1. 键盘

键盘(Keyboard)在计算机的输入设备中使用最普遍,它由几组按键组成。根据键盘上的键数多少,又将键盘分为 101 键和 104 键键盘。Windows 系统普遍使用的是通用 104 键扩展键盘,也有 106 或 108 键键盘,通过键盘连线插入主板上的键盘接口,并与主机相连接。

2. 鼠标

鼠标(Mouse)是伴随图形操作系统出现的另一个普遍使用的输入设备,可分为机械鼠标、光学鼠标和光学机械鼠标三大类。光学鼠标(Optical Mouse)轻巧灵活,但分辨率有限。机械鼠标(Mechanical Mouse)又称机电式鼠标,分辨率高,但编码器易受磨损。光学机械鼠标(Optical Mechanical Mouse)又称光电机械式鼠标,是光学和机械的混合形式。现在大多数高分辨率的鼠标都是光电机械鼠标。

3. 扫描仪

扫描仪(Scanner)是输入的主要设备,它像计算机的眼睛,能把一幅画或一张相片转换成数字信号存储在计算机内,然后利用有关的软件编辑、显示或打印计算机内的数字化的图形。扫描仪的主要技术指标有分辨率 DPI(即每英寸扫描所得到的像素点数)、灰度值或颜色数、幅面(A4、A3、A0 型纸张等)、扫描速度等。

4. 触控屏

触控屏(Touch Panel)也称触控面板,是一种感应式液晶显示设备,当接触了屏幕上的图形按钮时,屏幕上的触觉反馈系统可根据预先编写的程序驱动各种连接装置接收信息。其中,电容式触摸屏技术是利用人体的电流感应进行工作的。红外触摸屏是利用 X 轴、Y 轴坐标方向上密布的红外线矩阵,检测定位用户的触摸操作。

2.2.7　计算机系统输出设备

计算机的输出设备主要用以输出计算机系统信息处理的结果,其数据形式因设备不同和输出数据形式要求不同而不同,以下列出常见的几种。

1. 显示器

显示器(Display)主要有液晶显示器(LCD)、等离子显示器(PD)等,是计算机必备的输出设备。按显示器颜色分为单色显示器和彩色显示器。显示器用来显示计算机输出的各种数据结果,以字符、图形或图像的形式显示出来。显示器有屏幕尺寸、点距等几个重要性能指标。

2. 打印机

打印机(Printer)是计算机常用的输出设备,可以把计算机处理问题的结果以字符、表格或图形的方式打印在纸上,根据打印方式可分为击打式打印机和非击打式打印机。

1) 击打式打印机

针式打印机是最常用的击打式打印机,也称点阵打印机。打印时,字符由通过击打钢针印出的点阵组成。按打印头的钢针数目分为 9 针和 24 针打印机;按打印宽度分宽行打印机和窄行打印机。针式打印机的优点是经久耐用,成本低;缺点是噪声大、打印效果细腻程度不够。

2）非击打式打印机

激光打印机、喷墨打印机是两种常用的非击打式打印机。这类打印机的优点是分辨率高、无噪声、打印速度快。其缺点是价格比较贵。喷墨打印机还能打印大幅面（如 A0 幅面）内容，用彩色喷墨打印机可以打印彩色图形。

3. 绘图仪

绘图仪（Plotter）是输出图形的主要设备，也是计算机辅助设计（CAD）系统的主要输出设备。目前绘图仪的种类主要有笔式、喷墨式、热敏式和静电式等。

绘图仪性能指标主要有绘图笔数、图纸尺寸、打印分辨率、打印速度及绘图语言等。

2.3 计算机软件系统

计算机软件与硬件相辅相成。无论是系统软件还是应用软件，都是人们事先用程序设计语言进行设计、编写和输入计算机，并存放在存储器中的。计算机系统工作时首先要把程序指令调入内存，由系统来管理执行这些程序，完成预定的任务。

一个计算机软件程序既包括需要实现的操作内容，也包括执行的步骤。有了程序，计算机才能准确无误地按步骤执行各项指令与操作。

2.3.1 计算机系统软件

系统软件（System Software）主要指那些为管理计算机资源、分配和协调计算机各部分工作、增强计算机的功能、使用户能方便地使用计算机而编制的程序。

系统软件一般由计算机的生产厂家在出厂前装进计算机或配备计算机提供给用户，如启动后例行的自检程序是事先固化在 ROM 里的，而操作系统等一般随计算机提供给用户。

操作系统是管理所有硬件资源和软件资源，并提供用户使用计算机所有的软硬件及操作的接口，是管理计算机的一组程序，也是计算机系统的核心软件。

系统软件中一般还包括语言处理程序、数据库管理系统、网络工具及一些辅助处理程序。

2.3.2 计算机应用软件

应用软件是为满足不同领域、不同问题的应用需求而提供的计算机软件。应用软件拓展了计算机系统的应用领域，更好地发挥了硬件系统和软件系统的功能。应用软件也是用户利用各种程序设计语言及开发工具编制的应用程序。应用软件是人们利用计算机，为解决实际问题而设计的程序集合。

常见的应用软件有办公自动化软件、绘图程序、档案管理系统、电子邮件客户端、网页浏览器、媒体播放器、计算机游戏、会计软件、媒体播放程序、系统优化工具、系统清理助手、数据恢复文件程序等。

随着计算机软硬件技术的不断发展,系统软件和应用软件的划分并不是非常严格,有一些应用型的软件固化在了硬件上,成为"固件",还有一些常用的应用软件则集成在操作系统中。所以,一般用户不必严格区分什么是真正的系统软件,什么是真正的应用软件。实际上系统软件也集成有应用程序,而所有的应用软件都应在操作系统的支持下才能运行,包括制作工具软件、信息管理软件等。

2.4　计算机常见的故障及处理

日常应用中计算机系统会出现各种故障,产生的原因可能有软件的问题,也可能有硬件的问题,学会常见的故障的诊断及处理,有助于尽快找出故障原因,恢复系统正常工作。常见故障的诊断及处理方法如下。

（1）开机时计算机系统黑屏,没有任何反应,也听不到主机箱里风扇转动的声音,没有工作状态。

故障诊断和处理:这一类故障一般可以确定为电源故障。首先可以从检查电源线和插座是否有电开始,再检查主板电源插头是否连接好,最后再确认电源是否有故障。最简单的方法就是替换法维护,关机状态更换相关电源,加电后再试一下。

（2）计算机系统开机后,工作一段时间之后频繁地死机。

故障诊断和处理:这种现象常见的是在夏季等环境温度较高时,多数原因是 CPU 散热器出了问题,导致 CPU 过热。解决办法是更换 CPU 散热风扇或给散热风扇加润滑油,使其正常工作,保持 CPU 散热稳定状态。

（3）计算机启动时出现系统英文提示,不能启动机器正常进入系统工作。

故障诊断和处理:

① 屏幕显示 Keyboard Interface Error 系统提示,表示键盘未插好,可拔下键盘重新插入即可,如果还不行则更换键盘可解决问题。

② 屏幕显示 HDD Controller Failure 系统提示,表示硬盘数据线或电源线松动或接错,检查以后重新连接可解决问题。

③ 屏幕显示 CMOS Battery State Low 系统提示,表示 CMOS 电池供电电压低,不能正常工作,更换 CMOS 电池可解决问题。

（4）计算机系统开机自检时,屏幕出现黑屏,且出现系统报警声。

故障诊断和处理:可以咨询专业人员,把 BIOS 还原为出厂设置,然后装回原处,稍等片刻再把电源接上,进入 BIOS 设置为光驱启动,或通过转接卡接到计算机上进行安装,重装软件恢复系统。

（5）计算机系统自检成功,但启动操作系统时出现蓝屏。

故障诊断和处理:出现这种情况,一般是操作系统文件丢失或损坏,也有可能是扩展内存条不匹配造成的。可以重装操作系统,如果故障仍不能解决,可能需要更换内存条。

（6）计算机系统插入外接存储设备时,文件找不到。

故障诊断和处理:如果计算机操作系统能正常工作,这种情况大部分原因是没有正常安装该硬件设备的驱动程序所致。先检查驱动程序是否安装,再进入 CMOS 将 USB 接口控制器项设置为 enabled,即允许工作状态。

（7）播放媒体文件时没有声音且任务栏没有表示声音的扩音器图标。

故障诊断和处理：声卡驱动程序没有安装或安装错误，重新安装声卡驱动程序。

（8）计算机系统启动过程中出现 Hard disk install failure 系统提示。

故障诊断和处理：出现这种提示表示硬盘安装失败，硬盘的电源线或数据线可能未连接好，或者硬盘跳线设置不当。断电检查硬盘各连接线是否接好，然后看看同数据线上的两个硬盘跳线设置是否正确，如不正确，则设置好主盘和从盘，设置正确后，接好电源重新启动计算机。

2.5　讨论题

1. 简述计算机系统组成及相互关系。
2. 试列举自己熟悉的应用系统的特点。
3. 试简述冯·诺依曼计算机体系结构的基本原理和主要特点。
4. 试列举 CPU 的主要性能技术指标。
5. 试述计算机系统软件和应用软件的相互关系与作用。

第3单元

计算机操作系统基础

操作系统对我们来说并不陌生,实际上,我们每个人都是通过操作系统来使用计算机的。同样,在我们的生活中,类似于操作系统的例子也是举不胜举。

很多人喜欢去图书馆,在图书中遨游,增长知识。中国农业大学也正在筹划建设新的图书馆,当建立起设施齐全的图书馆,并且购买了成千上万的书籍资料以后,如何让用户方便地找到自己所需要的图书呢?为此,需要制定管理办法,规定图书的排放、借书的流程,并由图书管理员对图书馆进行管理和运行,用户不必了解图书馆的细节就可方便地借到图书。大家试想一下,如果没有图书管理员和相关的管理方法,只有楼房和图书,想在众多的图书中找到自己想看的图书是非常困难的。可以看出,只有硬件设施,没有管理,硬件是毫无用途的。

同样道理,如果购买了性能强大的计算机硬件设备,没有操作系统这样的管家,用户根本无法使用计算机。

操作系统就是计算机的"管家",控制和管理计算机系统的硬件和软件资源,为用户使用计算机提供一个良好的界面,是整个计算机系统的灵魂。

3.1 操作系统概述

操作系统是计算机系统中非常重要的系统软件,没有操作系统,任何应用软件都无法运行。只有在计算机硬件平台上加载相应的操作系统后,才能构成一个完整的计算机系统;只有在操作系统的支撑下,其他软件才能运行。

3.1.1 操作系统的概念

一个完整的计算机系统通常由硬件系统和软件系统组成。硬件系统是指计算机物理装置本身,通常包括主机(含中央处理器和内存)和外设(含外存和各种输入输出设备),它们是计算机系统快速、可靠和自动工作的基础。相对于硬件系统而言,软件系统是指计算机系统中程序和数据的集合,软件是计算机系统中的指挥者,它规定计算机系统的工作。

软件种类繁多,根据软件的用途通常将其分为系统软件和应用软件两类。

系统软件用于计算机的管理、维护、控制和运行，以及对运行的程序进行翻译、装入等服务工作。系统软件通常分为操作系统、语言处理系统、数据库管理系统、网络软件及系统辅助程序等五类，系统软件中最重要的是操作系统（Operating System，OS），它是所有软件的核心，负责管理系统的各种资源、控制程序的执行，操作系统是直接运行在裸机上和硬件系统打交道的软件，是整个软件系统的基础部分。

要想发挥计算机的作用，仅有操作系统还不够，通常要有各种应用软件的支持。

应用软件指那些为了某种应用需要而设计的程序，或计算机厂家或软件公司为解决某个实际问题而编制的程序或程序系统。例如，Office 办公软件、IE 浏览器、解压缩软件、反病毒软件、游戏软件、学校的教务管理系统等都是应用软件。正是在这些应用程序的支持下，计算机才具有强大的功能。

计算机系统组成简单示意图如图 3.1 所示。

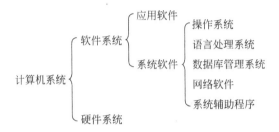

图 3.1　计算机系统组成简单示意图

3.1.2　操作系统的层次结构

计算机系统中的硬件和各种软件是如何组织在一起的呢？可以认为是按照一定规则分层组织的，图 3.2 描述了计算机系统的层次结构。

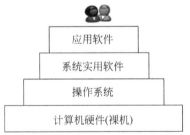

计算机系统可以划分成四个层次，即计算机硬件、操作系统、系统实用软件和应用软件。最底层是计算机硬件，一台仅由硬件组成的计算机称为"裸机"，不易使用。操作系统是硬件之上的第一层软件，是对硬件系统的第一次扩充。操作系统管理和控制系统硬件，向上层的系统实用程序和应用软件提供一个良好的使用环境。可以看出，正是操作系统把一个裸机变成了操作方便灵活的计算机系统。

图 3.2　计算机系统的层次结构

例如，当组装计算机时，将所需要的硬件购买后组装在一起，这时的计算机称为"裸机"，不易使用，当安装操作系统后，机器的功能增强了。

系统实用软件由一组系统实用程序组成，如语言编译程序、汇编程序、调试程序等。系统实用程序的功能是为应用软件提供服务，支援其他软件的编制和维护。系统实用软件层位于操作系统之上，它需要操作系统的支持。

计算机层次结构中，四层表现为单向服务关系，即上层可以使用下层提供的服务，下层不能使用上层的服务。例如，操作系统通过接口向上层用户提供各种服务，而上层用户通过操作系统提供的接口来访问硬件。

操作系统是计算机硬件上的第一层软件，其他软件都是建立在操作系统之上的。因此，操作系统在计算机系统中占据一个非常重要的地位，它不仅是硬件和所有其他软件之间的接口，而且任何计算机都必须在硬件上安装相应的操作系统后，才能构成一个可运行的计算机系统。没有操作系统，任何应用软件都无法运行。

3.1.3 操作系统的作用

操作系统是用户和计算机硬件系统之间的接口，为用户提供良好的接口来使用计算机。因此操作系统的作用主要有两方面。

1. 方便使用

用户都是通过操作系统来使用计算机系统的。一个好的操作系统应为用户提供良好的界面，使用户能够方便、安全、可靠地操纵计算机硬件和运行自己的程序，而不必了解硬件和系统软件的细节就可方便地使用计算机。例如，计算机安装好 Windows 操作系统后，用户可以在图形界面下用鼠标进行各种操作，而不用考虑计算机的硬件特性。

2. 资源管理

计算机系统中通常包含各种各样的硬件资源和软件资源。我们通常把所有的硬件部件都称为硬件资源，所有的程序和数据信息都称为软件资源。使用计算机就是使用硬件资源和软件资源。操作系统是计算机系统资源的管理者和仲裁者，负责为运行的程序分配资源，对系统中的资源进行有效管理，使系统资源为用户很好地服务，保证系统中的资源得以有效地利用，使整个计算机系统能高效地运行。

3.1.4 操作系统的接口

为方便用户使用计算机，操作系统向用户提供了用户与操作系统的接口，该接口通常称为用户界面或用户接口。用户通过操作系统提供的接口操作计算机，操作系统通常提供三种用户接口，即命令接口、图形接口和程序接口。

1. 命令接口

命令接口是指操作系统向用户提供了一组命令，用户直接通过键盘输入有关命令告诉操作系统执行所需要的功能。MS-DOS、UNIX、Linux 提供了命令行接口。

MS-DOS 命令接口界面如图 3.3 所示。

2. 图形接口

图形接口采用图形化的操作界面，用各种图标将系统的功能直观地表示出来。用户可通过鼠标、菜单和对话框来完成各种操作。此时用户不必去记忆各种命令名及格式，就可下达操作命令。

Windows 操作系统提供了图形接口，方便了用户的操作。如，在 Windows 操作系统环境中，可以使用鼠标实现该功能。Windows 图形界面如图 3.4 所示。

图 3.3 MS-DOS 命令接口界面

图 3.4 Windows 图形界面

3. 程序接口

程序接口是提供给用户在编制程序时使用的。操作系统提供了一组系统调用,每一个系统调用完成特定的功能。程序员编写程序时,可在程序中直接调用系统,让操作系统完成某些功能和服务。

系统调用抽象了许多硬件细节,程序可以以某种统一的方式进行数据处理,程序员可以避开许多具体的硬件细节,提高程序开发效率,改善程序移植特性。

3.2　操作系统的发展

从 1946 年世界上第一台电子计算机诞生以来,计算机的发展大致经历了四代的变化。由第一代的电子管计算机发展到第二代的晶体管计算机、第三代的中小规模集成电路计算机、第四代的大规模和超大规模集成电路计算机,计算机的性能得到了不断提高。计算机硬件的发展也加速了操作系统的形成和发展。操作系统是随着计算机硬件的发展,围绕着如何提高计算机系统资源的利用率和改善用户界面的友好性而形成、发展和不断完善的。为了充分了解操作系统,下面我们回顾一下操作系统的四个发展阶段。

3.2.1　手工操作方式

早期的电子管计算机是由成千上万个电子管和许多开关装置组成的,计算机的运算速度低,体积大,程序设计采用机器语言,没有高级程序设计语言,更没有操作系统。程序的装入、调试以及控制程序的运行都是通过控制台上的开关人工操作实现的。

在这个阶段,用户运行一个程序的具体过程如下:用户首先将程序和数据在纸带或卡片上穿孔,再通过纸带输入机或卡片输入机将程序和数据输入计算机,然后启动计算机运行该程序。当程序运行完毕并取走计算结果后,才让下一个用户上机,重复上面的步骤执行自己的程序。可以看出,程序的装带、卸带、启动运行等都是人工操作,所以把这个时期称为"手工操作阶段"。

手工操作阶段的特点是:手工操作、独占方式。独占方式是指在一个用户上机期间,整台计算机设备被他独占,计算机每一时刻只能处理一道程序,而且,当用户进行装带等手工操作时,CPU 处于空闲状态。

手工操作降低了计算机资源的利用率。早期计算机的处理速度比较慢,手工操作与机器利用率之间的矛盾不是太明显。随着计算机速度的加快,人工操作方式与机器利用率之间的矛盾越来越大。

例如,假设某程序上机手工操作(装带、卸带等)需要 1min,当计算机的运行速度为每秒 10 万次时,该程序运行时间为 20min,手工操作时间占执行时间的 4.8%;而当计算机的运行速度为每秒 1000 万次时,该程序上机操作仍要 1min,运行时间只有 0.2min,此时,手工操作时间占执行时间的 83%,机器大部分时间空闲,等待用户的手工操作,因此,手工操作的速度和计算机的速度形成突出的矛盾。解决的方法就是摆脱手工操作,实现程序的自动运行,批处理技术的出现解决了这个问题。

批处理技术分为单道批处理和多道批处理。单道批处理是操作系统的产生和发展阶段，多道批处理阶段是操作系统的形成阶段。

3.2.2 单道批处理系统

由于处理器的速度提高，造成手工操作设备与计算机速度不匹配。因此，为了解决这个问题，人们设计了监督程序来实现作业的自动转换处理。这里的监督程序就是操作系统的雏形。

程序的处理过程是：当程序员要运行作业时，首先准备好一组在某些介质上的作业信息，并提交给系统操作员，而操作员将多个作业"成批"地输入到计算机中，由监督程序装入一个作业，进行处理后再取一个作业。在监督程序的控制下，计算机系统自动地一个作业又一个作业进行处理，直到提交的所有作业完成，这种自动定序的处理方式称为批处理方式，而且由于是串行执行作业，因此称为单道批处理。单道批处理系统的处理流程如图 3.5 所示。

可以看出，作业进入计算机系统后，用户不再对作业的运行进行人工干预，从而提高了系统的运行效率。单道批处理解决了人工操作与高速的 CPU 速度不匹配的问题，在没有人工干预时，系统在监督程序的控制下，在磁带机上的一批作业能自动地逐个依次运行。但是该方式下，内存中仅有一道程序，只有当程序完成或发生错误时，才调入其后续程序进入内存开始运行。例如：如果某个程序需要长时间打印，在打印期间

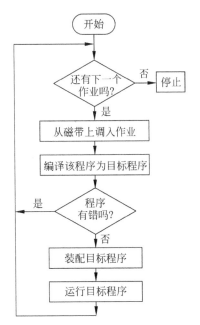

图 3.5　单道批处理系统的处理流程

CPU 空闲，但其他的程序也不能运行，必须等待该程序打印结束后才可运行。

3.2.3 多道批处理系统

在单道批处理系统中，计算机主存中只能有一道作业，当作业进行输入输出操作时处理机空闲着，等待输入输出操作的完成，这就浪费了大量的处理机时间。为了提高硬件的使用效率，出现了多道技术。多道技术也称多道程序设计。

多道技术是指主存中同时存放多个用户作业，并且同时处于运行状态。这些作业共享处理机时间和外部设备等其他资源。当一道作业因等待输入输出完成不能继续运行时，系统将 CPU 分配给另一个可以运行的作业。计算机资源不再是"串行"地被一个个用户占用，而可以同时为几个程序共享，从而提高 CPU 的利用率，发挥并行性作用。多道技术开始使用在批处理系统中，称为多道批处理系统。

图 3.6 显示了多道程序的运行过程，图中的加粗线表示该程序正由 CPU 运行，细线表示该程序等待运行，图中程序 1 运行一段时间后，因需要进行输入输出，不能运行时，让程序

图 3.6 多道程序的运行过程

2 运行,以此类推。可以看出,在多道程序设计中,从宏观上来看是多个程序同时处于运行状态,而微观上来说,在任一特定时刻,在处理机上运行的程序只有一个,多个程序分时使用CPU,从而提高 CPU 的利用率。

多道批处理系统提高了系统的效率,但是其缺点是无交互能力。用户一旦把作业提交给系统后直至作业完成,用户都不能与自己的作业进行交互,这对修改和调试程序都是很不方便的。针对这个问题的解决方案是分时技术。

3.2.4 分时系统

分时系统是指在一台主机上连接了多个带有显示器和键盘的终端,允许多个用户同时共享主机中的资源,每个用户都可通过自己的终端以交互方式使用计算机。分时系统结构如图 3.7所示。

图 3.7 分时系统结构

分时系统把处理机的运行时间分成时间片,按照时间片轮流把处理机分配给每一个联机用户。由于每一个时间片很短,从宏观上来看,所有用户同时操作计算机,并且共享一个计算机系统而互不干扰,就好像每个用户都拥有一台计算机;从微观上来看,则是每个用户作业轮流运行一个时间片,因时间片很短,用户会感觉到就像他一人独占主机。

与分时系统相对应,还有一种实时(Real Time)操作系统,控制计算机对外来信息进行快速处理,要求系统在允许的时间范围之内做出响应。

同时具有多道批处理、分时、实时处理功能,或者其中两种以上功能的系统,称为通用操作系统。Linux 操作系统就是具有内嵌网络功能的多用户分时系统。它兼有多道批处理和分时处理功能,是一个典型的通用操作系统。

3.3 操作系统的分类

操作系统发展到今天,功能已日益完善,正运行在各类的计算机上。在世界范围内,人们熟知的著名的操作系统多达数十种。按照操作系统的使用环境和功能可以分为六大类。

3.3.1 批处理操作系统

批处理操作系统主要用在科学计算的大、中型计算机上。批处理操作系统的工作方式是：把要求计算机系统进行处理的一个计算问题称为一个"作业"，用户为作业准备好程序和数据，再写一份控制作业执行的说明书。用户将作业说明书、相应的程序和数据一起交给系统操作员，系统操作员将多个用户的作业组成一批作业并输入到计算机中等待处理，操作系统自动、依次执行每个作业。最后由操作员将作业结果交给用户。批处理操作系统工作图如图 3.8 所示。

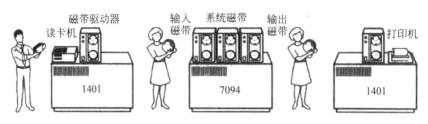

图 3.8　批处理操作系统工作图

批处理操作系统的特点是：作业成批进行处理，提高了计算机系统的工作效率。但用户自己不能干预自己作业的运行，当发现程序错误时不能及时改正，只能由操作系统输出信息，再由操作员通知用户重新修改程序，然后再次提交给系统重新装入执行。

批处理操作系统的优点是：作业流程自动化、效率高、吞吐率高。缺点是：无交互手段、调试程序困难。为了改善批处理操作系统无法交互的缺点，出现了分时操作系统。

3.3.2　分时操作系统

一台计算机连接多个终端，计算机轮流地为各终端用户服务并能及时地对用户服务请求予以响应，支持这种系统运行方式的操作系统称为分时操作系统。

分时操作系统的工作方式是：主机连接的多个终端上都可能有用户在使用，用户交互式地向系统提出命令请求，系统接受每个用户的命令，采用时间片轮转方式处理服务请求，并通过交互方式在终端上向用户显示结果。用户根据上步的结果发出下道命令。

为了执行多个终端用户的程序，系统将 CPU 的时间划分成若干个片段，称为时间片。操作系统以时间片为单位，轮流为每个终端用户服务。每个用户轮流使用一个时间片，从而使用户并不感到有别的用户存在。

分时系统具有多路性、交互性、独占性和及时性的特征。多路性是指同时有多个用户使用计算机，从宏观上看是多个用户同时使用一个 CPU，从微观上看是多个用户在不同时刻轮流使用 CPU。交互性是指用户根据上一命令的响应结果进一步提出新请求，用户可以直接干预每一步。独占性是指用户感觉不到计算机为其他人服务，就像整个系统为他所独占。及时性是指系统对用户提出的请求能及时地给予响应。

目前常用的通用操作系统是分时系统与批处理系统的结合。其原则是：分时优先，批处理在后。前台响应需频繁交互的作业，如终端的要求；后台处理时间性要求不强的作业。

3.3.3　实时操作系统

实时操作系统是使计算机能及时响应外部事件的请求，在规定的时间内完成对该事件的处理,并控制所有实时设备和实时任务协调一致地工作的操作系统。实时操作系统简称实时系统。实时系统追求的目标是:对外部请求在规定时间范围内做出反应,具有高可靠性和完整性。因此,实时系统对计算机系统资源的利用率要求不高,其至在硬件上采用冗余措施,以保证高可靠性。

实时系统主要用于工业过程控制、军事实时控制、金融等领域,包括实时控制和实时信息处理。

实时控制是指把计算机用于生产过程的控制,系统要求能实时采集现场各种数据,并对采集的数据及时处理,从而自动控制相应的设备,以保证产品的质量。同样,计算机也可用于武器的控制,如飞机的自动驾驶系统、导弹的制导系统等。

实时信息处理是指对信息进行实时处理的系统。典型的实时信息处理系统有飞机订票系统、情报检索系统等。

3.3.4 网络操作系统

网络操作系统是计算机网络的核心,是向网络中的计算机提供网络通信和网络资源共享功能的操作系统。它是负责管理整个网络资源和方便网络用户的软件的集合。网络操作系统对网络的资源进行管理和控制,是网络环境下用户与网络资源之间的接口。

从功能上看,网络操作系统不仅具有通常单机操作系统所具有的功能,如处理机管理、存储器管理、设备管理、文件管理等,还具有网络通信和网络服务的功能。如提供网络通信能力,提供多种网络服务,对网络进行安全管理、故障管理、性能管理等。

目前局域网中主要存在以下几类网络操作系统:Windows 类、UNIX、Linux、Netware 网络操作系统。

美国微软公司的 Windows 类网络操作系统,如 Windows NT 4.0 Server、Windows 2003 Server/Advance Server,以及 Windows 2008 Server/Advance Server 等通常用在中低档服务器中,高端服务器通常采用 UNIX、Linux 或 Solaris 等非 Windows 操作系统。

UNIX 网络操作系统稳定和安全性非常好,它主要以命令方式来进行操作的,不容易掌握。因此,小型局域网基本不使用 UNIX 作为网络操作系统,UNIX 一般用于大型的网站或大型的企、事业局域网中。

Linux 是一种开源的网络操作系统,最大的特点就是源代码开放,可以免费获得。它与 UNIX 非常相似,安全性和稳定性好。目前已得到广泛的应用,市场占有率呈现上升的趋势。

3.3.5 分布式操作系统

分布式操作系统是指配置在分布式计算机系统上的操作系统。分布式系统是以计算机网络为基础的,系统中有多台计算机,它的基本特征是处理上的分布,即功能和任务的分布。分布式操作系统的所有系统任务可在系统中任何处理机上运行,自动实现全系统范围内的任务分配并自动调度各处理机的工作负载。

分布式系统中若干台计算机相互协作完成一个共同的任务。它与网络操作系统相比更着重于任务的分布性，即把一个大任务分为若干个子任务，分派到不同的处理站点上并行执行，充分利用各计算机的优势。在分布式操作系统控制下，使系统中的各台计算机组成了一个完整的、功能强大的计算机系统。

3.3.6　嵌入式操作系统

嵌入式操作系统是运行在嵌入式系统环境中，对整个嵌入式系统以及它所操作、控制的各种部件等资源进行统一协调、调度、指挥和控制的系统软件。当前，计算机微型化和专业化趋势已成事实。这两种发展趋势都产生了一个共同的需求，即嵌入式软件。嵌入式软件也需要操作系统平台的支持，这样的操作系统就是嵌入式操作系统。嵌入式软件系统的规模小，相应地，其操作系统的规模也小。

嵌入式软件的应用平台之一是各种家用的电器和通信设备，例如手机。由于家用电器的市场比传统的计算机市场大很多，因此，嵌入式操作系统必将成为操作系统发展的另一个热门方向。

Linux 具有免费、开放源代码、良好的网络支持等特点，可以作为嵌入系统的操作系统。使用 Linux 系统的终端界面如图 3.9 所示。

图 3.9　使用 Linux 系统的终端界面

3.4　操作系统的功能和特征

操作系统在整个软件系统中处于中心地位，负责控制、管理计算机的所有软件、硬件资源，它屏蔽了很多具体的硬件细节，对计算机用户提供统一、良好的界面。

3.4.1　操作系统的功能

具体来说，操作系统的主要功能有处理机管理、存储管理、文件管理、设备管理和作业管理。对于现代流行的操作系统，还具有网络管理功能。

1. 处理机管理

处理机管理也称进程管理,主要任务是对处理机(CPU)进行分配,并对处理机的运行进行有效的控制和管理。CPU 是计算机系统中最宝贵的硬件资源。为了提高 CPU 的利用率,现在的操作系统采用了多道程序技术,即让多个程序同时装入内存等待运行。如果一个程序因等待某一条件(例如等待输入数据或打印)而不能运行时,就把处理机的占用权转交给另一个等待运行的程序。如果出现了一个比当前运行的程序更重要的可运行的程序时,后者应能抢占 CPU,这一切都由处理机管理来完成。

2. 存储管理

存储管理主要管理内存资源。内存是非常宝贵的硬件资源,计算机程序必须装入内存后才能执行。在多道程序设计下,多个程序需要同时装入内存,共享有限的内存资源,如何为它们分配内存空间,当程序运行结束时如何收回内存空间,这些都是存储管理要解决的问题。具体地讲,存储管理应具有以下功能:

(1)内存分配。其主要任务是按照一定的内存分配算法为用户程序分配内存空间,使它们共享内存,以提高存储器的利用率。内存回收是指系统对用户不再需要的内存及时收回。

(2)内存保护。其主要任务是确保每道用户程序都在自己的内存空间中运行,互不干扰。进一步说,绝不允许用户程序访问操作系统的程序和数据,也不允许转移到非共享的其他用户程序中去执行。

(3)内存扩充。它是指从逻辑上扩充内存。由于物理内存的容量有限,可能难以满足用户的需要,势必影响到系统的性能。内存扩充并不是去增加物理内存的容量,而是借助于虚拟存储技术,从逻辑上扩充内存容量,使用户所感觉到的内存容量比实际内存容量大得多。

3. 文件管理

操作系统在控制、管理硬件的同时,也必须管理好软件资源。操作系统的文件管理主要是通过文件系统模型来实现。系统中的信息资源都是以文件的形式存放在外存储器中的,需要时再把它们装入主存。文件包括的范围很广,例如源程序、目标程序、初始数据、结果数据等,各种系统软件,甚至操作系统本身也是文件。

从用户的角度看,文件系统实现了文件的“按名存取”。具体地讲,文件管理的主要功能是实现文件的存储、检索和修改等操作,解决文件的共享、保密和保护等问题,使用户方便、安全地访问它们。文件系统主要提供以下服务:

(1)文件存取:使每个用户能够对自己的文件进行快速的访问、修改和存储。

(2)文件共享:提供某种手段,只保存一个副本,而所有授权用户能够共同访问这些文件。

(3)文件保护:指提供保护系统资源防止非法使用的手段。

目前常用的文件系统参阅表 3.1。

文件系统是对应硬盘的分区,而不是整个硬盘,不管硬盘是只有一个分区,还是有几个分区,不同的分区有着不同的文件系统。

表 3.1　目前常用的文件系统

文件系统	说　　明
FAT	MS-DOS 文件系统
ISO 9660	光盘文件系统
NTFS	Windows NT 文件系统
EXT	Linux 文件系统
EXT2	Linux 的文件系统
EXT3	Linux 的标准文件系统
EXT4	Linux 的标准文件系统
SWAP	Linux 交换区文件系统

4. 设备管理

在计算机硬件系统中，除了 CPU 和内存之外，计算机的其他部件都统称外部设备。设备管理是指对计算机系统中所有的外部设备进行管理，使外部设备在操作系统的控制下协调工作，共同完成信息的输入、存储和输出任务。

外围设备种类繁多、功能差异很大。设备管理的任务，一方面，让每一个设备尽可能发挥自己的特长，实现与 CPU 和内存的数据交换，提高外部设备的利用率。另一方面，为这些设备提供驱动程序或控制程序，隐蔽设备操作的具体细节，以使用户不必详细了解设备及接口的技术细节，就可方便地对这些设备进行操作，对用户提供一个统一、友好的设备使用界面。例如，激光打印机和针式打印机的实现方法不同，但在操作系统的管理下，用户可以不必了解它们是什么类型的打印机，单击图标直接打印文件和数据。

5. 作业管理

除了上述四项功能之外，操作系统还应该向用户直接提供使用操作系统的手段，这就是操作系统的作业管理功能。操作系统是用户与计算机系统之间的接口。因此，作业管理的任务是为用户提供一个使用系统的良好环境，使用户能有效地组织自己的工作流程，并使整个系统能高效地运行。操作系统通常提供命令接口和程序接口让用户使用计算机。

衡量一个操作系统的性能时，常看它是支持单用户还是支持多用户；是支持单任务还是支持多任务。所谓多任务，是指在一台计算机上能同时运行多个应用程序的能力。

3.4.2　操作系统的特性

操作系统是系统软件，与其他程序相比，具有自己的特征，主要包括并发性、共享性、不确定性三个特性。

1. 并发性

并发性指多个程序同时存放在内存中，同时处于运行状态。从宏观上看，在一段时间内有多道程序在同时运行；从微观上看，在每一时刻，仅能执行一道程序，各个程序是交替在 CPU 上运行的。

2. 共享性

共享性指内存中的多个并发执行的程序共享计算机系统的各种资源。因此，操作系统要实现资源的分配、对数据同时存取时的保护。

3. 不确定性

这是由共享和并发引起的。在多道环境下,系统中可运行多道用户程序,而每个用户程序的运行时间、要使用的系统资源、使用的时间,操作系统在程序运行前是不知道的。有可能先进入内存的作业后完成,后进入内存的作业先完成。也就是说,程序是以异步方式运行的,存在不确定性。

3.5　常用操作系统介绍

常用的操作系统有 DOS、UNIX、Linux 和 Windows 四种,其主要图标标识如图 3.10 所示。

图 3.10　常用操作系统图标

图 3.10 （续）

首先分别简要介绍 DOS、UNIX 和 Linux 三种系统的特征和功能。最常用的 Windows
系统将在下一节重点加以介绍和说明。

3.5.1　DOS 基本特性与功能

DOS(Disk Operating System)是一个单用户单任务的磁盘操作系统。

常见的 DOS 有两种：美国微软公司的 MS-DOS 和 IBM 公司的 PC-DOS。PC-DOS 是
由 IBM 公司为其个人计算机 IBM-PC 开发的，其研制工作由微软公司帮助进行，因此，MS-
DOS 和 PC-DOS 的功能、命令格式都相同，故在一般应用中可以认为两者区别很小，下面主
要介绍 MS-DOS。

从 1981 年 10 月 MS-DOS 1.0 问世直到 1994 年 5 月发布的 6.22 版本，MS-DOS 的版
本不断更新，功能不断加强和完善，并且又保持了良好的兼容型，因此，DOS 普及很快，迅速
成为 16 位微型计算机的主流操作系统。纯 DOS 的最高版本为 DOS 6.22，这以后的 DOS
新版本都是由 Windows 系统所提供的，并不单独存在。

MS-DOS 操作系统的主要功能有文件管理、内存管理、设备管理、作业管理和 CPU 管
理。MS-DOS 操作系统的用户界面如图 3.11 所示。

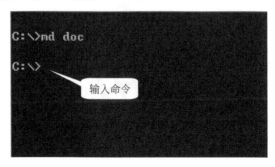

图 3.11　MS-DOS 操作系统的用户界面

1. MS-DOS 的文件管理

计算机中的数据都是以文件形式存储的,文件是指存储于磁盘上的一组相关信息的集合,所谓"一组相关信息"可以是一个程序或是一批数据等。例如:我们编写的 C 语言源程序可以保存为一个源文件,我们书写的信也可以保存为一个文件。为便于存取和管理文件,每个文件以文件名作为其标识,用户通过文件名对文件进行访问,实现"按名存取"。

1) MS-DOS 文件名

MS-DOS 规定,文件全名由文件主名和扩展名两部分组成。

文件主名由 1～8 个 ASCII 码字符组成;扩展名由圆点"."和 1～3 个 ASCII 字符组成,扩展名一般表示文件的类型,也可以不设。文件名中不允许有空格和?、/、"、<、>、|等符号,且文件名不能与命令名、设备文件名重名。LETTER1.txt、GAME.exe 都是合法的文件名。

为了方便操作,MS-DOS 还允许使用通配符"＊"和"?",其中"＊"代表任意个任意字符,"?"代表一个任意字符。例如 A＊.txt 表示以 A 开头、扩展名为.txt 的所有文件;A?.＊表示以 A 字母开头,后面紧跟一个(或没有)字符、扩展名为.txt 的所有文件。

2) 文件扩展名的含义

MS-DOS 对文件的扩展名有一些约定,可以通过文件的扩展名看出该文件的类型,常用的 MS-DOS 文件扩展名及含义如表 3.2 所示。

表 3.2　MS-DOS 文件扩展名及含义

扩　展　名	含　　义
.exe	可执行程序文件
.com	可执行命令文件
.bat	系统可执行批处理文件
.sys	系统设置文件
.dat	数据文件
.bak	备份文件
.txt	文本文件
.asm	汇编语言源程序文件
.for	FORTRAN 语言源程序文件
.c	C 语言源程序文件

3) 磁盘目录

MS-DOS 操作系统采用树状目录结构来管理外存储器中的文件。这里的目录就相当于 Windows 中的文件夹。MS-DOS 系统不仅允许在目录中存放文件,而且允许在一个目录中建立它的下级目录,称为子目录;如果需要,用户可以在子目录中再建立该子目录的下级目录。这样在一个磁盘上,它的目录结构可能是由一个根目录和若干层子目录构成的,所有的目录和文件构成树的形式,如图 3.12 所示。

图 3.12 中目录树最顶层的目录为根目录,根目录用"\"表示,一个目录的上一层目录为父目录,用".."表示,同一个目录下的子目录为兄弟子目录。例如:上图中的 DOS 和 MYDAT 为兄弟子目录。

2. MS-DOS 的启动

如果计算机上安装了 MS-DOS 操作系统,则系统启动时可自动进入 MS-DOS 系统,出

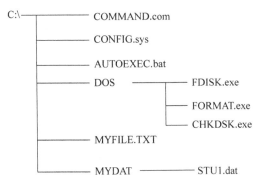

图 3.12　MS-DOS 的树形目录结构

现 MS-DOS 的系统提示符。

如果安装了 Windows XP/7 等操作系统，它们都提供了命令行界面。在其"开始"菜单中的"运行"程序中输入 cmd 命令，可进入命令行界面。在 MS-DOS 命令行界面（MS-DOS 命令窗口）中只能用键盘来操作。

3.5.2　UNIX 基本特性与功能

UNIX 是一个应用十分广泛的多用户、多任务的分时操作系统，1969 年，由美国贝尔实验室的 Ken Thompson 在 DEC 的 PDP-7 机上开发的。早期的 UNIX 是用汇编语言编写的，1972 年其第三版用 C 语言重新设计。从 1969 年至今，它不断发展、演变并广泛地应用于小型机、大型机甚至超大型机上，自 20 世纪 80 年代以来在微型机上也日益流行起来。

从 1969 年推出 UNIX 1.0 后，UNIX 系统陆续推出了各种版本：

（1）1970—1978 年，不断改进推出的是 v1～v7 版本。

（2）1981 年发表 UNIX System Ⅲ（S3）。

（3）1989 年推出 UNIX System Ⅴ 的 4.0 版。

（4）1993 年发布 4.0 BSD System。

在 UNIX 发展中，比较重要的是 POSIX（Portable Operating System Interface of UNIX）标准。随着 UNIX 的发展，不同的机构或软件公司推出的 UNIX 版本越来越多，因此，从 1984 年起国际上许多组织都在为制定 UNIX 标准而努力。先后推出的标准有 XPG3、XPG4 和 POSIX，其中 POSIX 是 UNIX 国际（UI）和开放软件基金（OSF）都同意的标准。POSIX 标准限定了 UNIX 系统如何进行操作，对系统调用也做了专门的论述。现有大部分的 UNIX 版本都是遵循 POSIX 标准的。对于 UNIX 用户来讲，不同公司推出的 UNIX 操作系统，只要它遵循 POSIX 标准，则命令和程序接口都是一样的。

3.5.3　Linux 基本特性与功能

Linux 是在 Internet 上形成和不断完善的操作系统。Linux 最早是由芬兰大学生 Linus Torvalds 于 1991 年首先开发的，并在互联网上公布了该系统的源代码，后经全世界的众多软件高手参与共同开发的操作系统。作为一个新兴的稳定、高效、方便的操作系统，除了在传统的网络服务和科学计算方面继续扩大应用外,在嵌入式系统、实时系统以及桌面系统等方面也获得了越来越广泛的应用。

1. Linus Torvalds 介绍

Linus Torvalds(见图 3.13),Linux 核心的创作者,于 1969 年 12 月 28 日出生在芬兰的赫尔辛基。当 Linus 十岁时,他的祖父,赫尔辛基大学的一位统计教授,购买了一台 Commodore VIC-20 计算机。Linus Torvalds 帮助祖父把数据输入到他的可编程计算器里,做这些仅仅是为了好玩。他还通过阅读计算机里的指令集来自学一些简单的 Basic 程序。当成为赫尔辛基大学的计算机科学系的学生的时候,他同时也已经是一位成功的程序员。

1991 年 4 月,作为芬兰赫尔辛基大学的学生,Linus Torvalds 开始对 Minix(Andrew S. Tanenbaum

图 3.13　Linus Torvalds

开发的一个以教学目的的类似 UNIX 的操作系统)感兴趣起来,但不满意 MINIX 这个教学用的操作系统。出于爱好,他根据可在低档机上使用的 MINIX 设计了一个系统核心 Linux 0.01,但没有使用任何 MINIX 或 UNIX 的源代码。他通过 USENET(就是新闻组)宣布这是一个免费的系统,主要在 x86 计算机上使用,希望大家一起来将它完善,并将源代码放到了芬兰的 FTP 站点上代人免费下载。本来他想把这个系统称为 Freax,意思是自由(free)和奇异(freak)的结合,并且附上了 x 这个常用的字母,以配合所谓的 Unix-like 的系统。可是 FTP 的工作人员认为这是 Linus Torvalds 的 MINIX,嫌原来的命名 Freax 的名称不好听,就用 Linux 这个子目录来存放,于是它就成了 Linux。这时的 Linux 只有核心程序,仅有 10 000 行代码,仍必须执行在 MINIX 操作系统之上,并且必须使用硬盘开机,还不能称作是完整的系统;随后在 10 月份第二个版本(0.02 版)就发布了,同时这位芬兰赫尔辛基的大学生在 comp.os.minix 上发布一则信息:

Hello everybody out there using minix-
I'm doing a (free) operation system (just a hobby,
won't be big and professional like gnu) for 386(486) AT clones.

其含义是:使用 Minix 的朋友,大家好! 我正在做一个 386(486)AT 兼容机的(免费的)操作系统(仅仅是出于个人的爱好,不会像 GNU 那样做大做专业)。

这就是后来人们所称的 Linux。

Linus Torvalds 把他的操作系统的成功归功于互联网和 Richard Stallman 的 GNU 项目。Linus Torvalds 和他的联合开发者利用了系统组分由自由软件基金会开发的成员开发为 GNU 项目。Linux 的开发背后的开放资源哲学,与操作系统的成功结合,使得 Linus Torvalds 成为有争议的"崇拜偶像。"

2. Linux 特征

Linux 是源代码公开、可免费获得的自由软件。该软件引起了全世界操作系统爱好者的兴趣，不断地对 Linux 进行修改和补充，使其日趋成熟和完善。如今 Linux 已经成长为一个功能强大的 32 位计算机的操作系统，其性能可与商业的 UNIX 操作系统相媲美。

Linux 是真正的多用户、多任务操作系统，允许多个用户同时执行不同的程序，并且可以给紧急任务以较高的优先级。

Linux 符合 POSIX 标准，与 UNIX 操作系统兼容，但它并不是 UNIX 操作系统的变种，是独立开发的操作系统，Linux 包含了 UNIX 的全部功能和特性。在 Linux 开发过程中，借鉴了 UNIX 的成功经验。UNIX 的可靠性、稳定性以及强大的网络功能都在 Linux 上得到体现。UNIX 下的许多应用程序可以很容易移植到 Linux 环境下，熟悉 UNIX 操作系统便能很容易掌握 Linux。

Linux 操作系统支持多文件系统，Linux 自己最常用的文件系统是 EXT2，此外，它还支持诸如 MS-DOS、Windows 的 FAT、NTFS 等文件系统。Linux 提供 shell 命令解释程序；提供包括远程管理在内的强大管理功能。

Linux 支持多种硬件环境，能够在微型机到大型机的多种环境和平台上运行。

Linux 具有强大的网络功能，支持 TCP/IP，支持所有的 Internet 应用。Linux 是各类服务器的最佳选择之一，如 WWW 服务器、文件服务器、打印服务器、邮件服务器、新闻服务器等。

3. Linux 的用户

Linux 是一个多用户、多任务的操作系统，可以同时接受多个用户登录。Linux 中的用户分为两类：超级用户和普通用户。使用 Linux 的每个用户都有一个账户，Linux 就是通过账户统一管理所有用户。

超级用户只有一个，其账户在系统安装时就建立了，其用户名固定为 root，它拥有系统中的最高权力，可以执行系统中的任何命令和程序，处理任何文件。

普通用户可以有多个，它们的账户由超级用户建立和管理，通常只有有限的权利。每个用户都有一个账户，账户包括用户名、用户标识码、口令、所属组、登录目录等内容。当用户通过登录进入系统之后，通常以这个目录作为当前目录。

在多用户的操作系统中，出于安全性考虑，一般的用户在使用系统时都只有一定的权限，以防止对系统或其他用户造成损害。

超级用户可以不受这些限制，系统管理员用 root 账户登录系统后，不但可以访问系统中的所有文件，而且可以执行一些只有超级用户才能执行的特权指令。超级用户承担了系统管理的一切任务，保证 Linux 系统安全、正常地运行，保证各普通用户合理的使用权限。

4. Linux 用户界面

UNIX 系统提供了命令行方式的用户界面，Linux 沿用了这个传统界面形式。用户登录成功后，出现系统提示符，用户可以在其中输入各种命令。

Linux 也提供了图形用户界面，X Windows 是广泛应用在 UNIX 操作系统上的图形界面环境，是应用软件，同样也被 Linux 操作系统使用，成为重要的图形用户界面。目前，比较成熟的图形界面系统有 GNOME 图形界面和 KDE 图形界面，它们都是开放源代码的自由软件，与 Linux 操作系统相辅相成，带给用户更加友好的界面。

在 Linux 中安装 X Windows 后，就可以使用图形界面，如图 3.14 和图 3.15 所示。

图 3.14 中显示了 RedHat 9.0 下 GNOME 的桌面环境，用户通过鼠标可以很容易地使

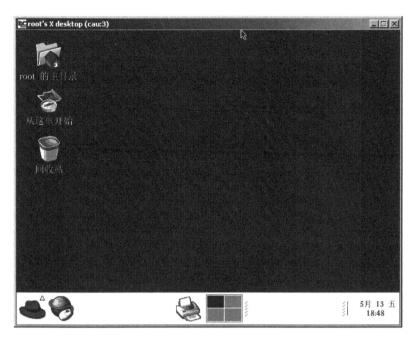

图 3.14　RedHat 的 GNOME 桌面环境

用和配置计算机。其操作方式与 Windows 十分相似,有 Windows 操作基础的用户可以非常容易地掌握 Linux 的桌面操作。

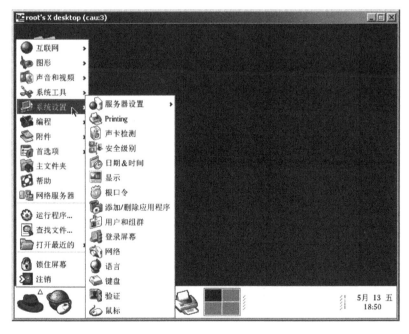

图 3.15　RedHat 的 GNOME 的菜单显示

5. 常用 Linux 命令

Linux 提供了一系列的命令和使用程序供用户使用,在学习 Linux 命令时,要充分使用

man 命令，man 命令可以得到大多数命令的帮助信息。下面介绍一些常用的 Linux 命令。

Linux 命令行如图 3.16 所示，常用命令请参阅表 3.3 和表 3.4。

图 3.16　Linux 的命令行

表 3.3　用户账号维护命令

命 令 名	命 令 格 式	功 能 描 述	实　　例
useradd	useradd 用户名	添加用户账号	useradd user1
passwd	passwd 用户名	修改用户的账号	passwd user1
userdel	userdel 用户名	删除指定的用户账号	userdel user1

表 3.4　目录和文件操作命令

命令名	功 能 描 述	实　　例
cd	改变和显示工作目录	cd /home 或 cd
mkdir	请求系统建立一个目录，在输入命令的同时给出要建立的目录名	mkdir /home/user1/aa
rmdir	用于删除一个空目录，在命令行中要给出要删除的目录名	rmdir /home/user1/aa
pwd	显示用户的当前目录	pwd
ls	列出一个目录中的文件名。如果命令参数中未指定目录，则列出当前目录下的文件名	ls -1
cp	用于文件的复制，使用该命令时要指定两个文件名	cp /mnt/cdrom/ * /home/user1
mv	移动文件或对文件重新命名，类似于 DOS 中的 RENAME 命令	mv * . c /home/user1
more	用于逐屏显示指定文件，即分屏显示	more game. c

Linux 还提供了其他命令，如 clear 为清除屏幕命令，date 为显示系统时间命令等。在使用命令时要注意，DOS 和 Windows 操作系统不区分命令的大小写，即命令 DIR 和 dir 都可以正确地执行；但在 Linux 操作系统中，区分命令的大小写，输入 cd 命令可以正确地运行，输入 CD 则会认为是错误的命令。

3.6　Windows 操作系统

3.6.1　Windows 操作系统基础

Microsoft Windows 是微软公司制作和研发的一套桌面操作系统，它于 1985 年问世，起初仅仅是 MS-DOS 模拟环境，由于版本不断地更新升级，后续的系统版本不但易用，而且慢慢地成为人们最喜爱的操作系统。

Windows 采用了图形化模式 GUI,比从前的 DOS 需要输入指令使用的方式更为人性化。随着计算机硬件和软件的不断升级,微软的 Windows 也在不断升级,从架构的 16 位、32 位再到 64 位,系统版本从最初的 Windows 1.0 到大家熟知的 Windows 95、Windows 98、Windows 2000、Windows XP、Windows Vista、Windows 7、Windows 8 及 Windows 10,不断持续更新,一直不停地开发和完善。

Windows 7 核心版本号为 Windows NT 6.1。Windows 7 可供家庭及商业工作环境、笔记本电脑、平板电脑、多媒体中心等使用。Windows 7 延续了 Windows Vista 的 Aero 风格,并且更胜一筹。2009 年 7 月 14 日,Windows 7 RTM(Build 7600.16385)正式上线,2009 年 10 月 22 日,微软于美国正式发布 Windows 7,2009 年 10 月 23 日,微软于中国正式发布 Windows 7。Windows 7 主流支持服务过期时间为 2015 年 1 月 13 日,扩展支持服务过期时间为 2020 年 1 月 14 日。Windows 7 版本类型包括简易版、家庭基础版、家庭高级版、专业版、旗舰版、企业版等,用户可根据实际需要选择使用。

1. Windows 7 的启动、退出

若 Windows 7 与其他系统并存在计算机上,启动时会出现一个系统选项菜单。用户在规定时间内选择 Windows 7,将启动 Windows 7 环境。退出 Windows 7 时,选择"开始"→"关机",如图 3.17 所示。

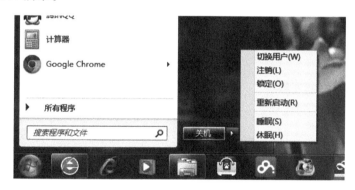

图 3.17　Windows 7 的退出

2. 系统睡眠、休眠

系统提供了睡眠和休眠两种状态,如图 3.18 所示。

1）睡眠

计算机在"睡眠"状态时会切断除内存以外其他配件的电源,当前工作环境的数据将保存在内存中。需要唤醒时,只需要按一下电源按钮或者晃动一下 USB 鼠标就可以快速将其唤醒,使其恢复睡眠前的状态。但"睡眠"状态并没有将工作环境保存到硬盘中,因此如果在"睡眠"状态时发生断电,那么没保存的信息就会丢失,所以系统睡眠之前最好把文档都保存一次。如果需要短时间离开计算机可以使用"睡眠"功能,既可以节电又可以快速恢复工作。

2）休眠

计算机在"休眠"状态时会把当前的工作环境保存到硬盘的一个隐藏的系统文件中,这个文件和物理内存大小一样,一般存放在系统盘根目录下,文件名为 hiberfil. sys。当唤醒休眠中的计算机时，系统需要从这个文件中读取数据，并载入物理内存，恢复上一次的工作环境。由于唤醒休眠只需要从硬盘的文件中恢复数据，因此要比正常启动快很多。在"休眠"状态下即使断电也不会影响已经保存的数据，当计算机被唤醒时，所有工作依然可以正常恢复。进入"休眠"状态后，所有配件都不通电，所以功耗非常小。如果较长时间不用计算机，可以选用"休眠"模式。

还可以在控制面板中对时间进行设置以帮助节省电源的消耗，如图 3.19 所示。

图 3.18　Windows 7 系统的睡眠和休眠

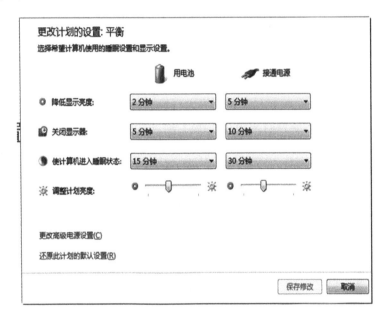

图 3.19　控制面板中的睡眠时间设置

3．Windows 7 组成

Windows 7 环境下包含系统程序和应用程序，系统程序指只随系统安装的所有程序，应用程序指在 Windows 平台下运行的软件。

4．Windows 7 的桌面

Windows 7 的桌面如图 3.20 所示。下面介绍其中的几项。

1）窗口

在 Windows 环境中，每个运行的程序都有自己的窗口，一个程序只能在它自己的窗口中输出，而不是占用整个屏幕。每一个窗口都包括：

（1）控制菜单按钮：负责改变窗口的大小，窗口的移动及关闭应用软件。

（2）"最大化"按钮：用于扩大窗口到满屏，满屏时，"最大化"按钮变为"恢复"按钮。

（3）"恢复"按钮：将窗口恢复成为最大化以前的状态。

（4）"最小化"按钮：用于将窗口缩为最小置于任务栏。

快捷项

桌面

窗口

任务栏

通知区域

"开始"菜单

图 3.20 Windows 7 的桌面

（5）"关闭"按钮：关闭窗口或退出程序。

最小化可以帮助用户方便地查看桌面上的内容；Windows 的好处之一是可以同时处理大量文档和程序。但是，随着打开的窗口越来越多，会发现管理这些窗口也越来越耗时。例如从十几个打开的文档中查找所需要的窗口；将多个窗口最小化以便查看桌面上的内容；将两个窗口排列起来以便对比其中的内容等。

借助增强的 Windows 7 桌面，在桌面上操作多个窗口将比以往更加简单：

- 只需要将鼠标悬停在 Windows 任务栏右端，所有打开的窗口将变成透明，从而使桌面可见。
- 可以查看特定的窗口，通过悬停在任务栏的缩略图上可以看到它的精确位置。
- 想从一些窗口中挑出一个窗口，只需要抓住该窗口并摇动它，所有屏幕上的其他窗口都会最小化到任务栏。再次摇动窗口可以还原所有窗口。
- 通过将窗口的边框拖曳到屏幕上方来最大化窗口，将窗口拖出屏幕可使其恢复原始大小。拖曳窗口的底框可竖直扩展其大小；复制文件或比较两个窗口的内容非常简单，只需要将窗口拖到屏幕的另一边。当光标接触到边缘时，窗口将重新调整大小以填充那一半屏幕。

Windows 7 的透明化效果如图 3.21 所示。

2）"开始"菜单

在 Windows XP 的"开始"菜单中，有一个"最近打开的文档"菜单项，系统会将最近打开的文件快捷方式都汇集在这个二级菜单中；而在 Windows 7 中，这个功能融合到每一个程序中，变得更加方便。单击"开始"按钮，就可以看到这里记录这最近运行的程序，而将鼠标移动到程序上，即可在右侧显示使用该程序最近打开的文档列表，如图 3.22 所示。

在"开始"菜单下方的搜索框中依次输入 i、n、t，这时会发现"开始"菜单中会显示出相关的程序、控制面板项以及文件，如图 3.23 所示。

3）任务栏

可以通过 Windows 7 中的任务栏轻松、便捷地管理、切换和执行各类应用。所有正在使用的文件或程序在任务栏上都以缩略图表示；如果将鼠标悬停在缩略图上，则窗口将展开为全屏预览，甚至可以直接从缩略图关闭窗口，如图 3.24 所示。

图 3.21　Windows 7 的透明化窗口

图 3.22　最近打开的文档列表

图 3.23　"开始"菜单中的搜索框

图 3.24　Windows 7 的任务栏

可以在任务栏的图标上看到进度栏,这样一来,即使在窗口不可见的情况下也知道任务的进度。

4）通知区域

默认状态下 Windows 7 任务栏的通知区域大部分的图标都是隐藏的,如果要让某个图标始终显示,只要单击通知区域的倒三角按钮,然后选择"自定义";接着在弹出的窗口中找到要设置的图标,选择"显示图标和通知"即可,如图 3.25 和图 3.26 所示。

图 3.25　Windows 7 的通知区域

图 3.26　自定义 Windows 7 的通知区域图标

3.6.2　磁盘文件管理

Windows 有关文件管理的主要概念如下。

（1）文档保存形式：以文件的形式建立和存放。

（2）文档制作工具软件：常用的有文字编辑处理软件、制表软件、图片编辑处理软件、视频图像编辑软件、三维制作软件、网页制作软件等。

（3）文件夹：分门别类存放文件的结构单元（子目录）。

（4）文件图标：Windows 用图标提示文件的类型。

(5) 文件名：长文件名(DOS 为 8.3 格式)长度可达 256 个字符(包括空格，不能包含 \、/字符)。

3.6.3　Windows 7 系统应用程序

1. 运行程序

如图 3.27 所示，单击"所有程序"按钮，Windows 7 系统中安装的所有程序会在列表中显示，用户可以选择相应的程序运行。

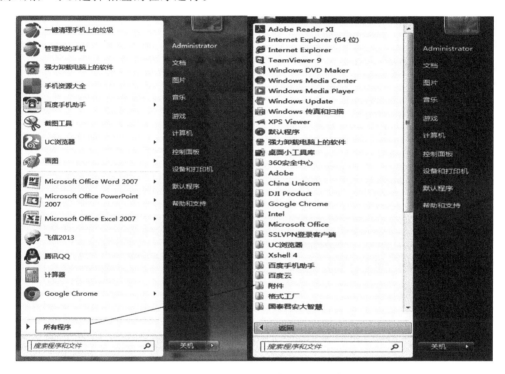

图 3.27　Windows 7 中的运行程序

2. 控制面板

控制面板提供了用于进行系统软件和硬件安装、维护以及卸载的工具，用于进行网络设置的程序等对象，如图 3.28 所示。

1) 电池管理(电源选项)

Windows 7 延长了移动 PC 的电池寿命，使得用户在获得良好性能的同时，也能够延长工作时间。省电增强包括增加处理器的空闲时间、自动关闭显示器，以及能效更高的 DVD 播放。在 Windows 7 中，还可以更准确地了解电池状态。保持空闲状态，空闲的处理器会延长电池寿命。Windows 7 减少了后台活动并支持触发启动系统服务，因此计算机处理器可以更多地处于空闲状态。典型移动 PC 的显示器比计算机的其他部分消耗更多的电量。Windows 7 会在休息一段时间后自动降低显示器亮度，与如今的手机极为相似。与此同时，Windows 7 可以智能地适应用户的活动，例如第一次等待 30s 屏幕变暗，而用户在移动鼠标后，Windows 7 会等待 60s 后再降低屏幕亮度，其效果图如图 3.29 所示。

(a) 界面1

(b) 界面2

图 3.28　Windows 7 的控制面板

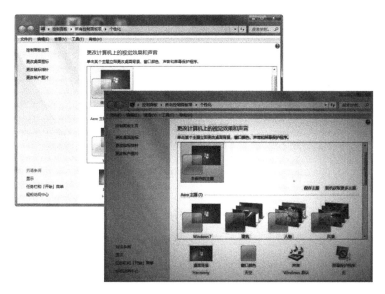

图 3.29 自适应显示器亮度以延长笔记本电池使用时间

2）显示属性（个性化）

显示属性设置如图 3.30 所示。

图 3.30 控制面板中的显示属性设置

3）任务栏设置（任务栏和"开始"菜单）

任务栏属性设置如图 3.31 所示。

3.6.4 Windows 附件

附件是 Windows 系统本身附带的实用程序，这些程序短小精悍，非常实用。常见附件有系统工具、记事本、写字板、画图、录音机等。

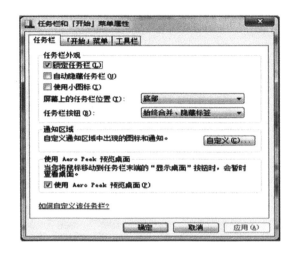

图 3.31　控制面板中的任务栏设置

1. 系统工具

1）还原系统功能

系统还原可以监视系统以及某些应用程序文件的改变，并自动创建易于识别的还原点。这些还原点允许用户将系统还原到以前的状态。

在 Windows 7 中，只需三次单击操作便可配置备份设置，捕获所有个人文件和可选择的系统文件。用户可以轻松地安排定期备份，以免忘记手动备份；可以备份整个系统，或仅备份具体的文件；甚至还可以从许多高级备份选项中进行选择，如将文件备份到某个网络位置或将执行 ad-hoc 的系统备份到 DVD，如图 3.32 所示。

图 3.32　"设置备份"对话框

选择好备份文件存放位置后,即可选择进行备份的内容。确认文件无误后,单击"保存设置并运行备份"按钮,如图3.33所示。还可以单击"更改计划",让系统定期帮助备份,如图3.34所示。备份开始后,Windows 7将显示备份的进度。即使将界面最小化也没有问题,Windows 7特有的任务栏同样能显示备份程序的进度。

图3.33 查看备份设置

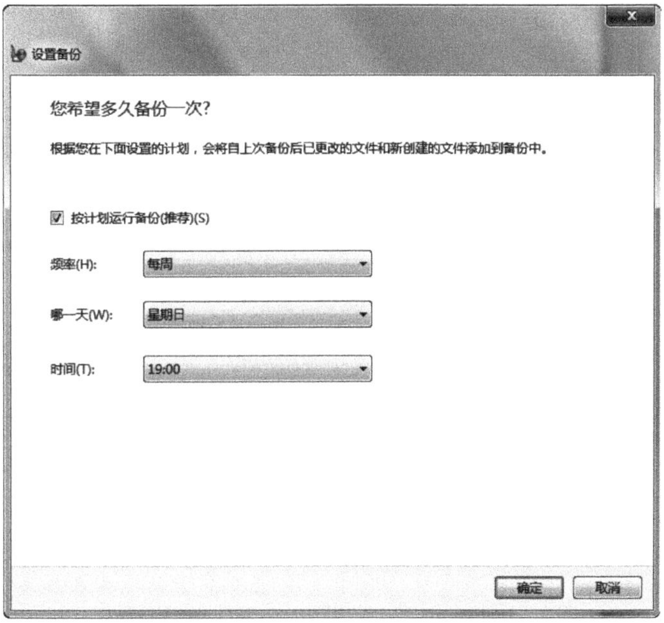

图3.34 备份更改计划

图 3.35 备份进度查看

2) 磁盘清理和磁盘碎片整理程序

这两个程序的运行可以帮助计算机工作于最佳状态，是对计算机性能的维护。操作分别见图 3.36 和图 3.37。

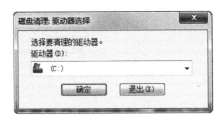

图 3.36 磁盘清理

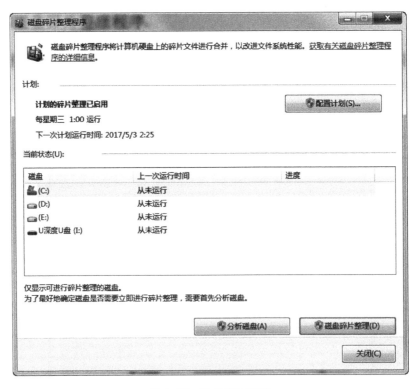

图 3.37 磁盘碎片整理

2. 记事本

记事本是 Windows 附件中用来创建、编辑文本文件的程序，生成以 .txt 为扩展名的纯文本文件，窗口如图 3.38 所示。

图 3.38　记事本窗口

使用自动更新功能插入日期和时间,每次打开文档,记事本将自动更新当前日期和时间。

记事本文件可保存为 Unicode、ANSI、UTF-8 或高位 Unicode 四种编码格式文件、不同字符集文档,可以为用户提供更大的灵活性。

3. 写字板

写字板能打开 Word 文档、RTF 文档和文本格式文件等。打开的写字板如图 3.39所示。

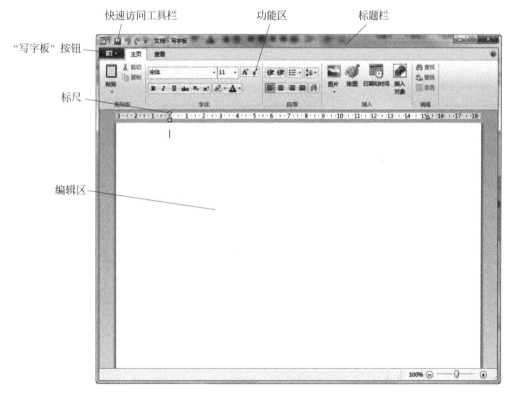

图 3.39　写字板

4. 画图

画图工具主要用于绘制简单图形,其操作界面如图 3.40 所示。

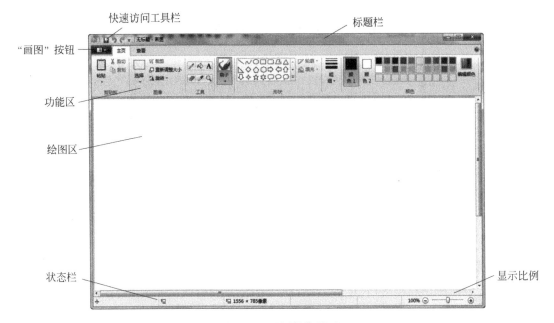

图 3.40　画图操作界面

5. 录音机

可以使用录音机来录制声音信息，并将其作为音频文件保存在计算机上。其操作界面如图 3.41 所示。

图 3.41　录音机操作界面

3.6.5　软件的安装和卸载

应用软件使用各自的安装程序来安装。卸载时可以在控制面板中进行，可以彻底地删除整个程序组件，如图 3.42 所示。

3.6.6　常用快捷键

1. 轻松访问键盘快捷方式

- 按住右 Shift 8s：启用和关闭筛选键。
- 按左 Alt＋左 Shift＋PrtScn(或 PrtScn)：启用或关闭高对比度。
- 按左 Alt＋左 Shift＋Num Lock：启用或关闭鼠标键。
- 按 Shift 五次：启用或关闭粘滞键。
- 按住 Num Lock 5s：启用或关闭切换键。
- Windows 徽标键＋U：打开轻松访问中心。

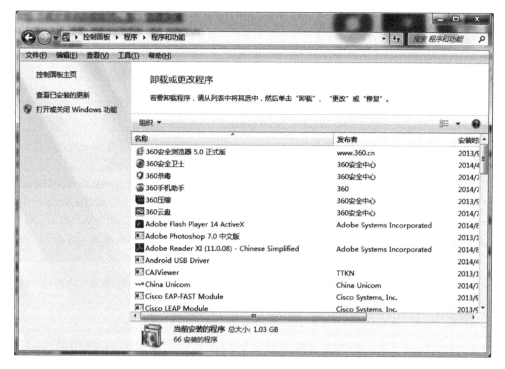

图 3.42　控制面板中程序的卸载

2. 对话框键盘快捷方式

* Ctrl＋Tab：在选项卡上向前移动。
* Ctrl＋Shift＋Tab：在选项卡上向后移动。
* Tab：在选项上向前移动。
* Shift＋Tab：在选项上向后移动。
* Alt＋加下画线的字母：执行与该字母匹配的命令(或选择选项)。
* Enter：对于许多选定命令代替单击。
* 空格键：如果活动选项是复选框，则勾选或清除该复选框。
* 箭头键：如果活动选项是一组选项按钮，则选择某个按钮。
* F1：显示帮助。
* F4：显示活动列表中的项目。
* Backspace：如果在"另存为"或"打开"对话框中选中了某个文件夹，则打开上一级文件夹。

3. 与 Windows 徽标键相关的快捷键

Windows 徽标键就是显示为 Windows 旗帜，或标有文字 Win 或 Windows 的按键，以下简称 Win 键。XP 时代有四个经典的 Win 键组合：R/E/F/L。到了 Windows 7，种类更多。

* Win：打开或关闭"开始"菜单。
* Win＋Pause：显示"系统属性"对话框。

- Win＋D：显示桌面。
- Win＋M：最小化所有窗口。
- Win＋Shift＋M：还原最小化窗口到桌面上。
- Win＋E：打开"我的电脑"。
- Win＋F：搜索文件或文件夹。
- Ctrl＋Win＋F：搜索计算机(如果在网络上)。
- Win＋L：锁定计算机或切换用户。
- Win＋R：打开"运行"对话框。
- Win＋T：切换任务栏上的程序(感觉是和 Alt＋Esc 一样)。
- Win＋数字：让位于任务栏指定位置(按下的数字作为序号)的程序,新开一个实例(快速启动)。
- Ctrl＋Win ＋数字：让位于任务栏指定位置(按下的数字作为序号)的程序,切换到上一次的活动窗口。
- Alt＋Win ＋数字：让位于任务栏指定位置(按下的数字作为序号)的程序,显示跳转清单。
- Win＋Tab：循环切换任务栏上的程序并使用的 Aero 三维效果。
- Ctrl＋Win＋Tab：使用方向键来循环切换任务栏上的程序,并使用的 Aero 三维效果。
- 按 Ctrl＋Win＋B：切换到在通知区域中显示信息的程序。
- Win＋空格：预览桌面。
- Win＋↑：最大化窗口。
- Win＋↓：最小化窗口。
- Win＋←：最大化到窗口左侧的屏幕上。
- Win＋→：最大化窗口到右侧的屏幕上。
- Win＋Home：最小化所有窗口,除了当前激活窗口。
- Win＋Shift＋↑：拉伸窗口的到屏幕的顶部和底部。
- Win＋Shift＋→/←：在多显示器屏幕环境下,移动一个窗口,从一个屏幕移到另一个屏幕。
- Win＋P：选择一个演示文稿显示模式。
- Win＋G：循环切换侧边栏的小工具。
- Win＋U：打开轻松访问中心。
- Win＋X：打开 Windows 移动中心。

3.7　讨论题

1. 试述操作系统在计算机系统中的作用与功能。
2. 试分析操作系统和应用软件的主要区别。
3. 试分析计算机操作系统的分类和应用特点。

第4单元

程序设计基础

在软件开发的过程中,首先会面临选择开发工具和程序设计语言的问题。本单元简单介绍程序设计的基础内容,包括程序的概念、数据结构和算法基础等。

4.1 程序设计概述

计算机实际上就是一台能够快速执行指令的机器,这些指令来源于特定的指令集,指令集的内容清晰、简单,仅仅包括四类指令:算术运算、逻辑运算、数据传送和控制转移指令。通过这四类指令能够支持计算机完成运算处理所需要的三种基本控制结构:顺序控制结构、分支控制结构以及循环控制结构。

可以证明,通过这三种基本控制结构可以构成任何复杂的计算处理过程。因此,只要掌握了实现这三种基本控制结构的思想方法,就可以通过计算机指令完成相应要求的计算任务。

这种用计算机指令针对某计算处理目标所设计的处理过程称为程序。程序设计的过程就是根据问题要求,利用计算机指令来设计求解问题的过程,利用计算机指令所描述的问题求解步骤就是程序。

4.1.1 程序设计语言的发展

在计算机发展的初期,计算机的指令以机器能够直接识别的高、低电位组合形式表示,以"1"和"0"分别对应表示计算机能够直接识别的高、低电位,通过多个高、低电位的不同组合构成计算机指令。这种仅包含两个数据状态的数据表达就是通常所说的二进制数据表达方式,这种用"0"和"1"构成的指令集合就称为机器码(也称机器语言)。

显然,直接使用二进制编码进行计算过程的设计是非常困难的事情,不仅所设计出的处理过程难以阅读理解,也非常容易发生错误。由于应用的需求,又产生了以英文字母或单词代表操作指令的符号指令。符号指令的集合以及指令使用的相关语法规定就构成了一种新的计算机语言——汇编语言。

汇编语言的指令集与机器码的指令集内容相同,汇编语言指令与机器码指令基本上是一一对应的。但是由于机器不能直接识别汇编语言指令,因此,如果要在计算机上执行一个汇编语言,首先需要对这个汇编语言程序进行翻译,这个翻译过程称为汇编(理解为动词)。汇编的功能就是将符号代码翻译成机器可以直接识别的机器码。由于机器语言和汇编语言程序需要直接控制计算机从数据存储到计算处理的所有操作,指令与计算机的硬件设计直接相关,因此汇编语言程序设计人员需要对计算机的结构、控制方式有比较深入的了解,这样才能胜任程序设计的工作要求。显然,这种要求限制了计算机的普及和其在不同领域中应用的发展。

随着计算应用领域的扩展,人们应用汇编语言仍然困难,但应用的需求促进计算机高级语言的产生。计算机高级语言以十分接近自然语言的方式描述计算机指令,语言的语法规范,处理过程与计算机的硬件结构无关,所描述的处理过程易于理解,程序便于维护。高级语言的发展有效地促进了计算机的应用和普及。目前常见的计算机高级语言包括 Basic、FORTRAN、Pascal、C、Java、C♯ 和 Python 等。

4.1.2　高级语言程序设计

计算机高级语言的描述形式接近自然语言,这一特征为各研究领域工作人员掌握程序设计技术提供了良好的基础。但是由于计算机本身只能根据机器指令进行工作,为了使计算机能够识别计算机高级语言的指令序列,需要经过"翻译"过程,高级语言的源程序经过翻译产生对应的机器语言程序。翻译工作利用计算机高级语言系统所提供的翻译程序由计算机自动完成。将一种计算机高级语言翻译为机器语言有两种方式:解释和编译。完成解释功能的应用程序称为解释器,完成编译功能的应用程序称为编译器。

对于解释执行的计算机高级语言,需要在解释器支持下,直接运行高级语言的源程序。解释器翻译一条指令执行一条指令。显然,从时间角度来看,以这种方式执行计算机程序,程序执行的总体时间包括对指令的翻译时间和指令的执行时间。解释执行的典型计算机高级语言是 Microsoft 公司的 Q BASIC。如果进入 Q BASIC 系统,可以在程序的编写和执行过程中充分体验解释执行程序的所有特点。在程序执行过程中,系统对于程序中存在的语法错误,每次指出一个,并在错误的位置停止运行,当程序员改正错误之后可以继续执行程序。这种工作方式有利于程序的调试和修改,但程序运行效率比较低。

计算机高级语言从设计、编辑源程序,直至得到一个相应的可以运行的可执行程序,一般需要经过三个主要步骤。

1. 编辑源程序

通过文本编辑器输入已经设计完成的高级语言源程序(例如 FORTRAN 语言源程序、C 语言源程序等),生成相应的高级语言源程序文件(以 C 语言为例,生成的源程序文件名称由程序员确定,扩展名默认为.c。例如 example1.c)。

2. 编译源程序

利用高级语言系统提供的编译命令,调用系统编译器实现对源程序的编译,生成相应的目标程序(例如 example1.obj)。如果程序中存在语法错误,编译程序会产生错误清单,程序员需要修改源程序,直到程序中不存在语法错误才能生成相应的目标程序文件。

3. 链接目标程序

利用高级语言系统提供的链接命令,实现目标程序与必要的系统信息之间的连接,最终生成相应的可执行程序(例如 example1.exe)。

不同的计算机高级语言系统可以通过不同的形式提供编辑、编译、链接命令的使用,例如 Microsoft Visual Studio C♯系统的工作界面如图 4.1 所示。

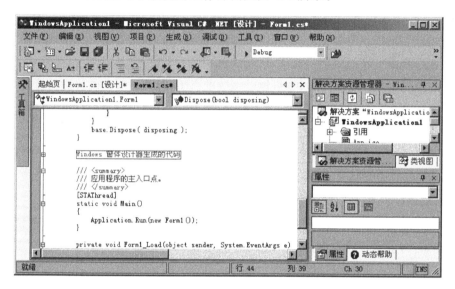

图 4.1　Microsoft Visual Studio C♯系统的工作界面

从窗口主菜单的命令可以粗略地看到"文件""编辑""调试"命令,这些命令可以帮助程序员在同一平台上方便地完成从编辑→编译→链接→调试运行的全部过程。

4.1.3　常用计算机语言

过去的50年中,已经产生了上百种计算机编程语言。这些语言可以按照语言所适合的应用领域进行分类,也可以按照语言适合完成的任务类型进行分类,还可以按照语言构成的基本规范进行分类。下面按照语言构成的基本规范对常用的计算机语言进行分类介绍,同时说明其中典型的标志性语言所产生的年代、适合的应用领域和任务类型。

常用的计算机高级语言可以依据语言构成的基本规范分为四类。

1. 过程式计算机语言

应用过程式计算机语言进行程序设计的特点是以事件为中心形成程序,即程序的描述就是一个事件实际处理过程的动作序列。例如,一个为数列排序的程序,需要按操作序列明确地描述出数据选择、数据比较、数据交换的每一个细节操作过程。典型的过程式计算机高级语言包括 FROTRAN、ALGOL、Pascal、COBOL、Basic、Ada 和 C 语言。

FORTRAN 语言(Formula Translator,公式翻译)是世界上最早出现的计算机高级语言（1957年），它标志了计算机高级语言时代的开始，为计算机的普及应用起了决定性的作用。FORTRAN语言的创始人John W. Backus（1924—2007）由于在计算机语言领域一系列的重大成就，在1977年获得了享有"计算机界诺贝尔奖"盛誉的"图灵奖"。到目前为止，FORTRAN语言一共推出了90多个版本，广泛地应用于科学计算领域。

另外，在过程式计算机语言中，Pascal是典型的教学型语言，以其严谨的规范著称；C语言以其内涵丰富、功能强大以及通用性著称，应用极为广泛。

2. 函数式计算机高级语言

函数式计算机语言的观念来自LISP（List Processing，列表处理）语言，典型列表处理语言描述的程序是由"表"的序列构成的，语句的形式为：函数名（参数1、参数2、…、参数n），其中每个参数可以是变量或常数，也可以是函数的引用。LISP语言的最初设计目标是完成符号数据处理，应用于各种符号演算，如微分、积分演算、数理逻辑、游戏推理，以及人工智能的各个应用领域。

目前，有代表性的列表处理语言主要包括Scheme、ML，其中Scheme更为流行，国外大学常常将Scheme作为教学语言。

3. 逻辑式计算机高级语言

逻辑式计算机高级语言的程序以一组已知的事实和规则为基础，规则的逻辑形式为：如果"前提条件（事实）"成立，则产生"结果"。程序执行的过程就是基于一系列"事实"的匹配，利用已经给定的规则，经过推断，产生出可能的"结果"。该类语言表达逻辑清晰、简洁，主要用于人工智能软件系统设计中推理机制的实现。典型的语言为Prolog（Programming in Logic）。

4. 面向对象计算机高级语言

面向对象计算机语言的特点是以事物为中心的设计思想，程序的构成基于所描述的对象类（事物类）的概念，类定义了同类型对象的公共属性和基本行为（方法），程序通过对于对象方法的引用，达到使用对象的目的。典型的面向对象计算机语言有C++、Smalltalk、Java等。面向对象的语言，不仅仅提供了一种新的语言规范，更重要的是它体现了一种新的程序设计、系统组织的思想，在完成复杂程序系统的设计中具有突出的优势。

除此之外，这里还要简单说一下标记语言和脚本语言。

在网络时代，要制作网页，少不了标记语言和脚本语言。虽然它不同于前面介绍的程序设计语言，但也有相似之处。标记语言（Marked Language）是一种描述文本以及文本的结构和外观细节的文本编码。脚本语言（Scripting Language）以脚本的形式定义一项任务，以此控制操作环境，扩展应用程序的性能。

在网络应用软件开发中，标记语言描述网页中各种媒体的显示形式和链接；脚本语言增强Web页面设计人员的设计能力，可扩展网页应用能力。

在软件开发的过程中，首先会面临选择开发工具和语言的问题。需要根据问题的性质（是否有实时要求）、所处理的数据量（数据量的变化趋势）、需要应用的算法等实际情况，选择适合于问题求解的计算机语言和相关的平台。

4.2　程序设计基础

程序是计算机的一组指令,是程序设计的最终结果。程序经过编译和执行才能最终完成动作。因此没有高质量的程序设计,也就不可能得到希望的精确结果。

4.2.1　计算机程序

1. 程序组成

计算机程序是指计算机为解决某个问题或完成某项任务的指令序列,所以一个程序主要由两部分组成:

(1) 程序说明:说明部分包括程序名、类型、参数及参数类型的说明,无论将程序说明放在说明部分还是放在程序体中。

(2) 程序体:程序的执行部分。程序体应该按照事先的设计来执行相应的操作。

2. 程序执行

传统的计算机程序的执行过程分为编辑、编译、链接和运行四个过程。一个用高级语言编写的源程序经过编译得到了对应的目标程序(.obj),再经过链接得到了等价的可执行程序(.exe),最后再运行可执行程序才能得到计算结果。

3. 程序设计步骤

计算机程序的设计步骤通常分为五步:

① 程序说明,即程序分析,明确要解决的问题,包括定义变量等;

② 程序设计,设计一个任务的执行方案;

③ 程序编码,即使用计算机语言编写的源程序;

④ 测试程序,调试源程序,改错等;

⑤ 形成程序文件,包含程序说明和用户操作手册等。

4.2.2　程序设计方法与结构

程序设计方法包括结构化程序设计思想和程序流程图。按照结构程序设计的思想,一个程序中的每个程序段应该服从"一个入口、一个出口"原则,编程应该遵从"自顶向下、逐步求精"的方法。流程图是一种使用几何图形描述程序逻辑关系的程序设计方法。

计算机高级语言程序的构成,可以分为两个部分:控制过程和数据结构。

程序的控制过程由语言系统提供的命令构成,用来指挥计算机完成对数据的处理和计算。数据结构通过语言系统提供的基本数据组织形式,构成满足问题要求的具有复杂逻辑关系的数据组织形式,支持程序正确、有效并且尽可能高效率地完成对数据的处理和计算。

程序控制过程由三种基本的控制结构组成:顺序控制结构、分支控制结构和循环控制结构。

利用这三种基本控制结构,可以构造任何复杂的控制过程。控制结构的逻辑形式可以通过流程图(Flow Chart)和盒图(N-S 图)形象地表达描述。图示工具能够更清晰、更直观地表述程序的具体工作流程，是算法设计的有力工具。

流程图的基本元素如图 4.2 所示。

利用流程图的基本元素，可以构成顺序、分支、循环三种基本的控制结构，并构成完整的程序控制流程。

N-S 图的基本元素如图 4.3 所示。

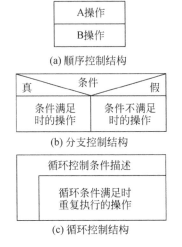

(a) 顺序控制结构

(b) 分支控制结构

(c) 循环控制结构

图 4.3　N-S 图的基本元素

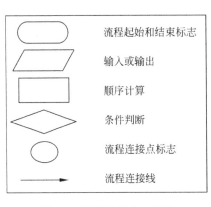

图 4.2　流程图的基本元素

通过 N-S 图同样可以描述程序所需要的任何操作。因为 N-S 图的元素本身就以基本控制结构为基础，所以所设计的控制过程结构严谨、清晰，可以保证程序具有良好的结构化风格，从而得到结构更为优化的设计结果。

流程图的基本控制结构如下。

1. 顺序控制结构

顺序控制结构的命令主要包括变量设置、表达式计算、数据的输入和输出。顺序控制结构的特点是：指令执行的次序与指令在程序中书写的次序一致，即写在前边的指令一定先执行。顺序控制结构的流程图以及对应的 N-S 图如图 4.4 所示。

2. 分支控制结构

分支控制结构中包括一个控制条件和 A、B 两个操作过程。在程序执行过程中，根据指定条件是否被满足选择执行 A 部分或者 B 部分操作，并形成不同条件的不同操作结果。分支控制结构的流程图与对应的 N-S 图如图 4.5 所示。

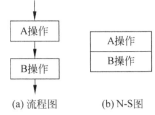

(a) 流程图　　(b) N-S 图

图 4.4　顺序控制结构的流程图与 N-S 图

3. 循环控制结构

循环控制结构中主要包括一个循环控制条件和一个循环体处理过程。在程序执行过程中，根据控制条件是否被满足，决定是否重复执行循环体处理过程。两种典型的循环控制过程的流程图与对应的 N-S 图如图 4.6 所示。

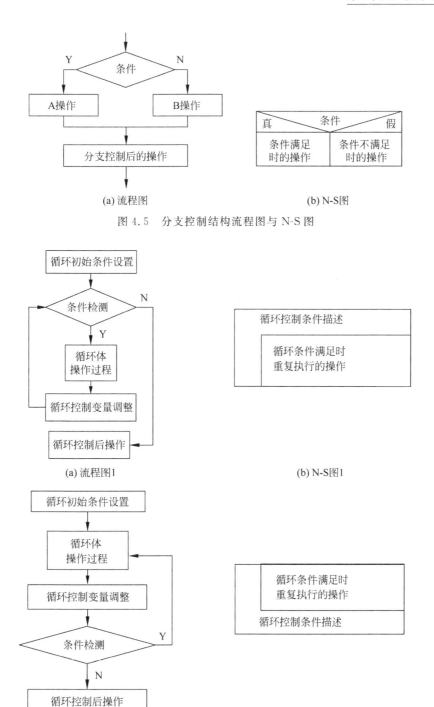

(a) 流程图   (b) N-S图

图 4.5 分支控制结构流程图与 N-S 图

(a) 流程图1   (b) N-S图1

(c) 流程图2   (d) N-S图2

图 4.6 循环控制结构流程图与 N-S 图

　　这三种基本控制结构能够构成任何复杂的算法处理过程。也就是说,只要掌握了这三种基本控制结构的控制思想方法,就可以完成任何复杂的算法设计。实际上,在所有计算机高级语言中,提供的都只是这三种控制结构。程序设计者通过这些基本控制结构既可以完成简单计算（例如数据排序、检索），也可以完成高精度、高难度的复杂计算（例如航天器的控制程序）。因此，可以认为，只要真正掌握了程序的这三种基本控制结构的思想，在学习不同的计算机高级语言时，需要学习掌握的就仅仅只是控制指令的不同表达形式而已。

例如，Basic 语言分支语句的语法格式为：

```
IF 条件描述 THEN
    条件满足时的计算过程
ELSE
    条件不能满足时的计算过程
ENDIF
```

C 语言的分支语句的语法格式为：

```
if 条件描述
{   条件满足时的计算过程；   }
else
{   条件不能满足时的计算过程；   }
```

又如，Basic 语言循环语句的语法格式为：

```
WHILE(循环执行的逻辑条件描述)
    条件满足时的执行过程
ENDWHILE
```

C 语言循环语句的语法格式为：

```
while(循环执行的逻辑条件描述)
{   条件满足时的执行过程；   }
```

可见它们非常类似地以接近自然语言的形式，表达了所需要的控制流程。因此，在学习计算机高级语言时，最重要的就是掌握基本控制结构的思想。

关于程序中有关数据结构的内容，将在后面介绍。

4.3　数据结构与算法基础

一个程序应包括两个方面的内容：一是对数据的描述，在程序中要指定数据的组织形式，即数据结构；二是对操作步骤的描述，即算法。数据是操作的对象，操作的目的是对数据进行加工处理。要进行程序设计，必须考虑数据结构和操作步骤。因此著名计算机科学家尼古拉斯·沃思(Niklaus Wirth)提出公式：

程序＝数据结构＋算法

当然，一个程序除了以上两个要素之外，还应当采用结构化程序设计方法并且用某种计算机语言表示。因此，程序可以表示为：

程序＝算法＋数据结构＋程序设计方法＋语言工具和环境

以上四个方面是一个程序设计者所应该具备的知识。

4.3.1　数据结构

数据结构研究的是数据间的逻辑关系、物理存储形式，以及不同存储形式对于算法实现的支持。

1. 基本术语

1) 数据(Data)

数据是计算机能够处理的信息的载体。例如,观测数据、图像、图形、文本、声音、视频信息等都是数据。

2) 数据元素(Data Element)

数据元素是最小的独立数据单位。对于不同的数据处理对象,数据元素的大小和形式是不同的。例如,一份成绩单中,每个分数是一个数据元素;一幅图像中,每个像素点的颜色是一个数据元素。

3) 数据记录(Data Record)

数据记录又称数据结点,是具有完整逻辑意义的基本数据单位。例如,成绩单中某个学生的成绩是一条数据记录。

4) 数据结构(Data Structure)

数据结构包括以下三部分主要内容。一是逻辑结构,描述数据元素和数据记录之间的逻辑关系;二是存储结构,描述数据的存储结构又称数据的物理结构,指数据在计算机内的存储形式;三是算法,指基于数据的逻辑结构和存储结构的处理方法。

2. 逻辑结构

数据的逻辑结构一般分为线性结构和非线性结构两种类型。

1) 线性结构

线性结构的逻辑特征是:在数据集合中,仅有两个特殊的数据结点,一个数据结点为起始结点,另一个数据结点为终止结点;所有其他的数据结点有且只有一个直接的前趋结点和一个直接的后继结点。线性结构数据集中每个数据结点中可以含有多个数据元素,但是每个数据结点中所含的数据元素的数量、类型和次序必须相同,即它们必须是均匀的。线性结构数据集的逻辑结构如图 4.7 所示。

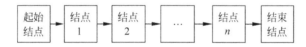

图 4.7 线性结构数据集的逻辑结构

线性结构的典型例子为学生的成绩单,如表 4.1 所示。

表 4.1 线性数据结构数据表实例

学 号	姓 名	成绩 1	成绩 2	成绩 3
99010101	金星	90	86	92
05030211	白雪	85	91	83
06010219	田野	85	91	81
⋮	⋮	⋮	⋮	⋮
99010150	余童	82	90	80

注:一条记录(数据结点),共五个数据元素。

在成绩单中以完整的逻辑含义为标准，每条记录为一个数据结点。在上例的数据序列中，只有一个数据的起始结点（唯一的无前趋结点的结点），即：

99010101　金星　90　86　92

同时也只有一个数据的终止结点（唯一的无后继结点的结点），即：

99010150　余童　82　90　80

其余的每个数据结点均只有唯一的前趋结点（记录）和唯一的后继结点。

2）非线性结构

所有不满足线性结构定义的数据关系都是非线性逻辑关系，非线性结构的逻辑特征是：每个数据结点可以存在多个直接的前趋结点和多个直接的后继结点。其中最典型的两种常用非线性数据结构为树和图。

非线性结构的典型例子有行政单位组织机构的树状结构数据、家族家谱的树状结构数据、通信网络拓扑图、交通网络的拓扑图等，如图 4.8 和图 4.9 所示。

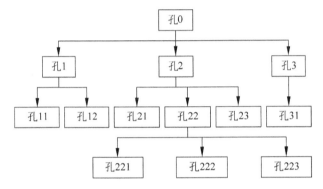

图 4.8　家族家谱的树状结构数据

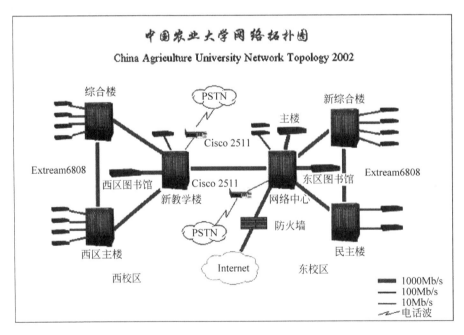

图 4.9　中国农业大学校园网络拓扑图

用数据结点和结点之间的关系来描述具体问题,有助于将复杂的实际问题抽象为简单规范的问题表达方式。在这种描述方式的基础上,能够直接引入数值和非数值计算方法有效地解决问题。

例如,对于校园网络拓扑图,可以将每个需要连接的建筑物设计为一个结点,将连接各个建筑物的网络连线设定为结点间的关系,将不同连接的消费设定为关系(连线)的权重。这样,利用典型的图的最短路径计算方法,就可以得到网络连接最低消耗的建设方案。由此,可以认识到,将数据结构和算法相结合,有助于快速、有效地解决实际问题。

在算法设计方面,针对同一个问题的数据,可以抽象出不同的逻辑结构,对于同一个逻辑结构的数据又可以设计不同的数据存储结构。数据处理方法的设计必须建立在数据的物理存储结构的基础上。虽然对于同一问题可以设计不同的数据存储结构,对于同一数据存储结构也可以设计出不同的算法而达到相同的目的,但是优秀的算法都是建立在优秀的数据结构的基础上的。

可以这样说:没有好的数据结构就不可能有好的算法。通常,一个好的数据结构体现在以下几个方面:逻辑清楚;处理方便;支持算法,能够尽可能地降低时间和空间的消耗。

4.3.2 算法和算法特点

从事各种工作,完成任何任务,都需要首先设计出为达到目标所需要进行的操作步骤。并不是仅仅在解决计算问题时才有算法和操作步骤的设计。为了解决一个问题、达到某个目标所采取的一系列操作过程都可以称为算法。

显然,在解决实际问题时,达到同一目标的途径可以不同,也就是说,存在解决同一问题的多种不同的方法。在这些方法当中有些简单清楚,有些烦琐复杂,有些消耗的时间少,有些消耗的时间多。这反映的就是算法的优劣。在保证算法正确性的前提下,总是希望能够采用方法简单、描述清晰、资源消耗低的算法。但是方法的简单与资源的消耗常常是矛盾的两个方面。因此,在算法的选择方面,需要根据实际问题的具体情况,在资源能够支持的情况下,选择一个在两个方面相对平衡的方法来解决问题。对于算法的分析有专门课程详细探讨,在这里只简单介绍在一般情况下选择算法时需要注意的问题。

根据所针对问题的性质,可以将计算机算法分为两类:数值型算法和非数值型算法。数值型算法针对数值求解问题,包括数值分析、统计分析等;非数值型算法的应用也非常广泛,例如博弈算法(国际象棋对抗)、迷宫搜索算法(在指定的迷宫内搜索通路)、最短路径搜索以及应用于事务管理领域的控制方法等。

原则上讲,算法应该具有以下特点:

① 有穷性:算法必须通过有限的操作步骤解决问题。实际上,"有穷性"往往是指"在用户能够接受的时间范围之内得到问题的解答"。用户能够接受的时间范围不仅仅受到问题本身的限制,例如实时控制系统的严格时间限制,同时也包括系统使用者能够承受的心理因素。

② 确定性:算法中的每一个步骤都必须明确、清晰。

③ 输入:指算法在执行过程中从外界获取必要信息的手段。输入接口保证算法能够有效地实现对于不同数据的处理。

④ 输出：算法的目的是为了求解问题，计算结果只有表达出来，算法的运行才有实际意义。

⑤ 有效性：算法中每一个步骤都应当能有效地执行，并得到确定的结果。

为了对计算机解题的算法进一步了解，下面简单介绍常用算法。

1. 交换两个变量的值

问题分析：有两个人互换位置，只要各自到对方原来的位置就可，这是直接交换。如果有一瓶酒和一瓶醋互换，就不能直接由一个瓶子倒入另一个瓶子，需要借助一个空瓶子才行。先把酒倒入空瓶，再将醋倒入已腾空的酒瓶，或者先倒醋也行。总之这是间接交换。因为计算机存储具有覆盖的特点，所以计算机中的数据交换只能采用间接交换的形式。

例如，将 x,y 两个变量的值交换的算法如下：

```
t = x
x = y
y = t
```

若采用直接交换，则

```
x = y
y = x
```

请思考，两个变量的值分别是多少。

两个数交换的示意图如图 4.10 所示。

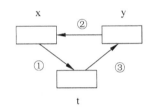

图 4.10　两个数交换

2. 计数器和累加器

问题分析：计数器用于统计循环的次数或进行对满足某种条件的计数；累加器实现数值求和。用计算机解决此类问题，涉及两个重要的形式：

计数器形式：$N = N + 1$（N 为计数器变量）

累加器形式：$Sum = Sum + x$（Sum 为累加器变量）

上述两个式子在数学中是不成立的，但在计算机中表示取计数器变量的值加 1 后再送回计数器变量中；累加器表示取原累加器变量的值加当前值后再送回累加器中。利用计数器和累加器可实现循环计算。

除了上面介绍的两种常用算法以外，还有枚举法、递推法和求最大值最小值等。在这里不可能系统地介绍很多算法，下面通过一个典型算法的介绍，帮助读者理解算法的设计与算法的实现。

4.3.3　常用算法实例

排序算法是程序设计中最常见的基本应用。对于给定的数列，可以选择使用不同的排序算法。显然，在被排序数据量不断增加的情况下，排序操作所需要的时间消耗也必定会增加。但是，不同算法在数据量增加趋势相同的情况下，时间消耗增长的速度是不同的；在不同数据量的情况下，不同算法的时间消耗的水平也是不同的。因此，求解具体问题时，应该根据实际问题的数据量以及数据量的变化范围和变化趋势，选择消耗较低的算法，以得到比较优化的求解效率。

为了使读者对算法建立初步理解,下面给出几个常用的排序算法实例。

问题描述:待排序数列为{a[0],a[1],a[2],…,a[n]},要求设计算法,完成对给定数列进行从小到大的排序操作过程。

1. 选择排序

最简单的选择排序是直接选择排序。它的基本思想是:扫描整个序列,从中选出最小的元素,将它交换到序列的最前面;然后对剩下的序列采用同样的方法,直到序列为空。对于长度为 n 的序列,选择排序需要扫描 n-1 遍,每一遍扫描均从剩下的子序列中选出最小的元素,然后将该最小的元素与子序列中的第一个元素进行交换。

前提条件是待排序数列为 a[i]～a[n](如果数据全部无序,则 i=0;如果数列的起始部分已经有序,则 i 记录第一个无序数据的序号)。

(1)排序操作中首先确定无序数据范围:begin=i,end=n。

(2)记录第一个无序数据值和数据的序号:data=a[i],mark=i。

(3)在 begin～end 的范围内,逐次比较并选择出数值最小的数据及序号,在比较过程中不断记录当前的最小数据及其序号到 data,mark。

(4)将 a[i]与 a[mark]进行交换,使得所找到的最小的数据到达数据序列的正确位置,即 a[i]位置。

(5)调整无序的数据范围:i=i+1;(在要求从小到大排序的前提下,位置 i 中的数据已经是无序数据范围内的最小数据,从而缩小了无序数据的范围)。

(6)重复操作步骤①～⑤,直到无序的数据区内只有一个数据(n-i==1)时算法结束,此时{a[0],a[1],a[2],…,a[n]}中的数据已经按从小到大排列。

选择排序算法流程图如图 4.11 所示。

选择排序算法 N-S 图如图 4.12 所示。

C 语言程序实例:

```
choice(int a[ ],int n)            /* a 为排序数组,n 为排序数据总数 */
{
    int i,j,mark,data;           /* 定义整形变量 */
    for(i=0;i<n-1;i++)           /* 设置循环 */
    {   mark=i;                  /* 当前最小数据的下标 */
        data=a[mark];            /* 当前最小数据的数值 */
        for(j=i+1;j<n;j++)       /* 在无序数据区间的比较 */
            if(data>a[j])
            {   mark=j;          /* mark 总是记录最小数据下标 */
                data=a[j];       /* data 总是记录最小数据值 */
            }
        if(i!=mark)              /* 当 mark!=i 时才交换,否则 a[i]即为最小 */
        {   a[mark]=a[i];        /* data 保存了最小数据值 a[mark] */
            a[i]=data;
        }
    }
}
```

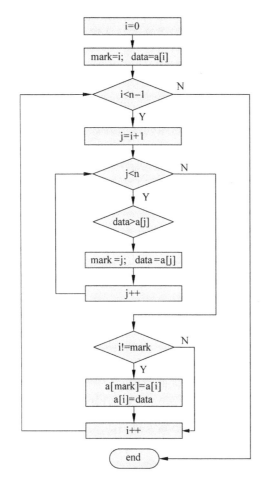

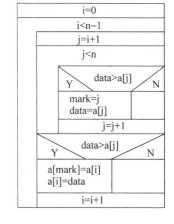

图 4.11　选择排序算法流程图　　　　图 4.12　选择排序算法 N-S 图

直接选择排序过程如图 4.13 所示。

图中加粗的元素是每次扫描时被选出来的最小元素。

2. 插入排序

插入排序的算法思想类似玩牌时整理手中纸牌的过程。前提是认为待排序数列起始部分的前 i 个数据已经有序，即 a[0]～a[i−1]部分的数据已经是按从小到大排列好的，每步将一个待排序的元素按其数值的大小插到前面已经排序的序列中的适当位置，直到全部元素插入完毕。

插入排序的基本操作就是将有序数列之后的第一个无序数据 a[k](k=i)与直接前驱相邻的有序数据 a[i−1]进行比较，如果相邻的两个数据已经满足从小到大的序要求，则认为 a[k]已经到达正确位置；如果 a[k] < a[i−1]，发生不满足序关系的要求时，则将 a[k]与 a[i−1]的数据进行交换，并重复上述比较过程，直到最初 a[k]的数值到达了满足序要求的正确位置。此时缩小了无序数据区域，有序数据区域长度增长了 1。这样，逐一处理无序数据区中的每个数据，直到无序数据区的长度为 0 时止。主要操作过程为：

第一趟	【	48	32	61	80	70	12	24	56	】
	【	48	32	61	80	70	**12**	24	56	】
	【	12	32	61	80	70	48	24	56	】
第二趟	12	【	32	61	80	70	48	24	56	】
	12	【	32	61	80	70	48	**24**	56	】
	12	【	24	61	80	70	48	32	56	】
第三趟	12	24	【	61	80	70	48	32	56	】
	12	24	【	61	80	70	48	**32**	56	】
	12	24	【	32	80	70	48	61	56	】
第四趟	12	24	32	【	80	70	48	61	56	】
	12	24	32	【	80	70	**48**	61	56	】
	12	24	32	【	48	70	80	61	56	】
第五趟	12	24	32	48	【	70	80	61	56	】
	12	24	32	48	【	70	80	61	**56**	】
	12	24	32	48	【	56	80	61	70	】
第六趟	12	24	32	48	56	【	80	61	70	】
	12	24	32	48	56	【	80	**61**	70	】
	12	24	32	48	56	【	61	80	70	】
第七趟	12	24	32	48	56	61	【	80	70	】
	12	24	32	48	56	61	【	80	**70**	】
	12	24	32	48	56	61	【	70	80	】
结束	12	24	32	48	56	61	70	【	80	】
	12	24	32	48	56	61	70	80		

图 4.13　直接选择排序过程

(1) 确定无序数据范围 begin＝i,end＝n。

(2) 记录有序数列之后的第一个无序数据 tempdata＝a[k](k＝i；k 为数据位置的序号),与直接前驱相邻的有序数据 a[k－1]进行比较,如果 a[k－1]＜tempdata 则进入(3)继续操作,否则进入(4)继续。

(3) a[k]已到达正确位置,调整有序数据区间,i＝k；此时如果满足 i ＝＝ end,则算法结束,所有数据已经有序；否则重复进入步骤(1)继续。

(4) tempdata 与 a[k－1]不满足序关系,将 a[k－1]的数据内容送入 a[k](因为此时a[k]的内容已经在 tempdata 中记录,不会造成数据丢失,这种操作比一般的数据交换可以减少 2/3 的工作量),调整 k 为 k－1,重复将 a[k－1]与 tempdata 进行比较、调整,直到a[k－1]＜tempdata 条件得到满足,或者 k＝1,即数据已经成为有序数据中最小的一个。此时将 tempdata 送入 a[k－1],数据到达了正确的位置。调整有序数据区域 i＝i＋1,如果此时 i ＝＝ end,则算法结束,所有数据已经有序；否则重复进入步骤(1)继续。

插入排序算法 N-S 图如图 4.14 所示。

插入数据排序过程如图 4.15 所示。

3. 箱排序

这是一个非常有趣的排序算法。这里用对 n 个两位正整数排序的过程为例说明箱排序的操作过程。

(1) 对 n 个数据,按每个数据的个位数的数值 k(0～9),分别将数据送入第 k 个数据箱(在程序中就是一个数组)。当所有数据都正确地进入了对应的数据箱之后,按照数据箱的

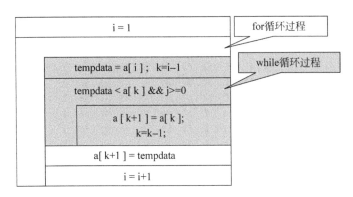

图 4.14　插入排序算法 N-S 图

第一趟：【48】　32　61　80　70　12　24　56

第二趟：【32　48】61　80　70　12　24　56

第三趟：【32　48　61】80　70　12　24　56

第四趟：【32　48　61　80】70　12　24　56

第五趟：【32　48　61　70　80】12　24　56

第六趟：【12　32　48　61　70　80】24　56

第七趟：【12　24　32　48　61　70　80】56

第八趟：【12　24　32　48　56　61　70　80】

图 4.15　插入数据排序过程

序号从小到大依次取出各个数据箱中的数据,形成一个新的数据序列。

（2）在新的数据序列中,按照数据的顺序,对 n 个数据按每个数据的十位数的数值 k(0～9),分别将数据送入第 k 个数据箱。当所有数据都正确地进入了对应的数据箱之后,按数据箱的序号从小到大依次取出各个数据箱中的数据,形成一个新的数据序列。此时这个新的数据序列已经是一个从小到大排列的数据序列了。

箱排序算法个位数据处理过程流程见图 4.16 所示。

箱排序算法操作过程如下。

初始数据组:

【48　32　61　80　70　12　24　56　66　91】

数据组按个位数据进入数据箱:

数据区	70	91	12				66			
	80	61	32		24		56		48	
箱号	0	1	2	3	4	5	6	7	8	9

从各个数据箱取出数据:

【80　70　61　91　32　12　24　56　66　48】

数据组按十位数据进入数据箱:

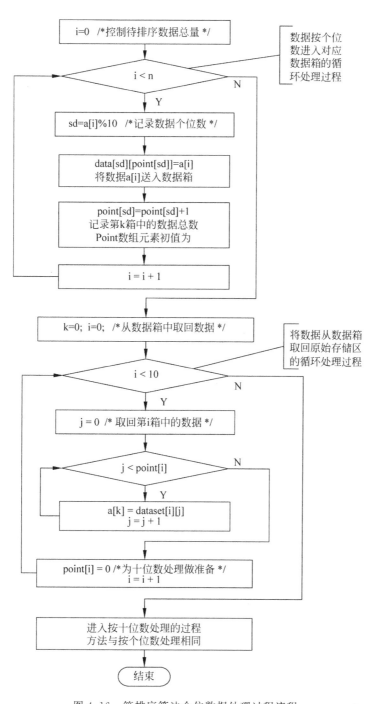

图 4.16 箱排序算法个位数据处理过程流程

数据区							66			
		12	24	32	48	56	61	70	80	91
箱号	0	1	2	3	4	5	6	7	8	9

从各个数据箱取出数据：

【12　24　32　48　56　61　66　70　80　91】

排序的方法有很多，根据待排序序列的规模以及对数据处理的要求，可以采用不同的排序方法。除了上面介绍的排序算法，还有交换排序等方法，这里不再介绍。

4.4　讨论题

1. 试分析讨论你所熟悉的几种常用软件及其功能（用途）。

2. 随着编程语言的发展，语言由低级向高级发展，那么高级语言有哪些？它们都有什么特点（优点）？请举例说明。

3. 试分析常用语言的优点及用途（这种语言用来做什么）。

4. 结构化程序设计方法要遵循什么原则？这些原则对程序有什么要求？

5. 为什么要对程序进行测试？测试有哪些方法？

6. 试讨论算法的五个特点。

7. 试讨论你所熟悉的算法表示方法及其表示特点，这些方法各有什么优点。

第5单元

Word字处理程序

Word 工具是微软 Office 套件之一,主要用于文字和对象的格式设计,是当下办公自动化运用最广泛的文字处理工具。本单元主要介绍 Word 的基本操作、文档编辑、字符格式、段落格式、页面布局、表格和对象图文混排,以及审阅等。

5.1 基本操作

5.1.1 Word 主要版本

微软公司历史上推出的 Word 字处理软件版本主要有以下几个。

1. Microsoft Word 95

Microsoft Word 95 是 Microsoft 公司于 1995 年推出的 Office 95 套件里的一款文字处理软件,其运行界面如图 5.1 所示。

2. Microsoft Word 97

Microsoft Word 97 是 Microsoft 公司于 1997 年推出的 Office 97 套件里的一款文字处理软件,其运行界面如图 5.2 所示。

3. Microsoft Word 2000

Microsoft Word 2000 是 Microsoft 公司于 2000 年推出的 Office 2000 套件里的一款文字处理软件,其运行界面如图 5.3 所示。

4. Microsoft Word 2002

Microsoft Word 2002 是 Microsoft 公司于 2002 年推出的 Office 2002 套件里的一款文字处理软件,其运行界面如图 5.4 所示。

5. Microsoft Word 2003

Microsoft Word 2003 是 Microsoft 公司于 2003 年推出的 Office 2003 套件里的一款文字处理软件,其运行界面如图 5.5 所示。

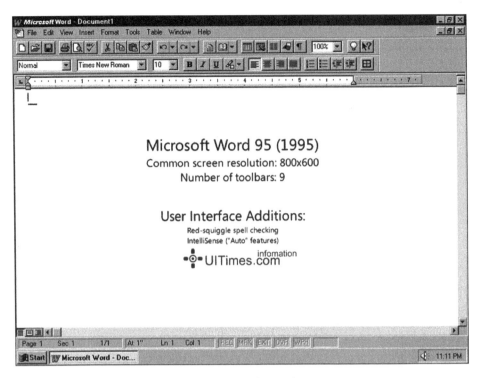

图 5.1　Microsoft Word 95

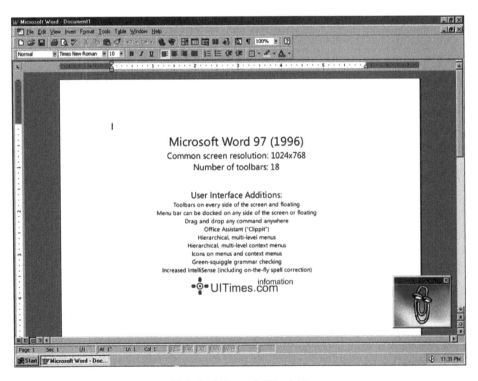

图 5.2　Microsoft Word 97

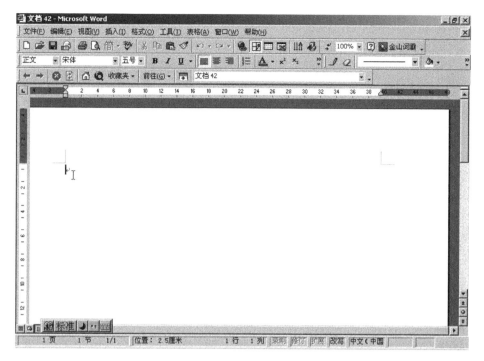

图 5.3 Microsoft Word 2000

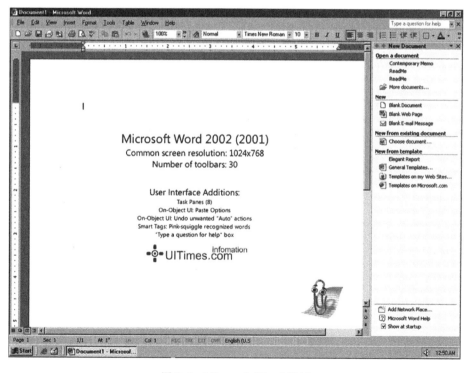

图 5.4 Microsoft Word 2002

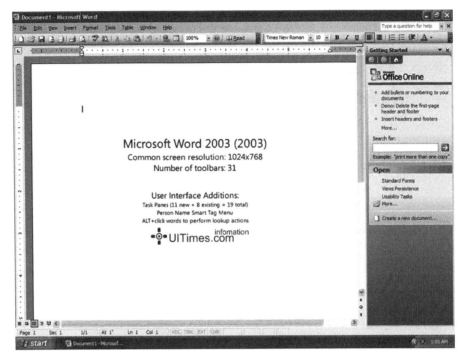

图 5.5　Microsoft Word 2003

6. Microsoft Word 2007

Microsoft Word 2007 是 Microsoft 公司于 2007 年推出的 Office 2007 套件里的一款文字处理软件，其运行界面如图 5.6 所示。

图 5.6　Microsoft Word 2007

7. Microsoft Word 2010

Microsoft Word 2010 是 Microsoft 公司于 2010 年推出的 Office 2010 套件里的一款文字处理软件，其运行界面如图 5.7 所示。

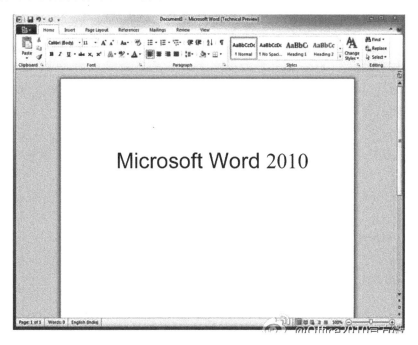

图 5.7　Microsoft Word 2010

8. Microsoft Word 2013

Microsoft Word 2013 是 Microsoft 公司于 2013 年推出的 Office 2013 套件里的一款文字处理软件，其运行界面如图 5.8 所示。

图 5.8　Microsoft Word 2013

其中尤以 97、2003、2007 以及 2010 版本为大家所熟知。从界面上看，2003 版本以及之前的几个版本较为相似，2007 版之后的三个版本做了较大的改动。

5.1.2　启动 Word 应用程序

无论哪个版本，启动 Word 应用程序都是类似的。在 Windows 7 操作系统中，以下几种方式均可以启动 Word 程序：

（1）如果安装 Word 应用程序时，建立了桌面的快捷方式，即桌面上存在 Word 图标，则直接双击该图标，即可启动 Word 应用程序。

（2）选择"开始"→"程序"→Microsoft Office→Word，即可启动 Word 应用程序。

（3）在任务栏上，如果之前建立了 Word 的快捷按钮，则只需单击该按钮，即可启动 Word 应用程序。

（4）如果已经建立了某个 Word 文档，双击该文档，即可启动 Word 应用程序。

5.1.3　Word 2010 界面组成

启动 Word 2010 文档后，界面如图 5.9 所示。

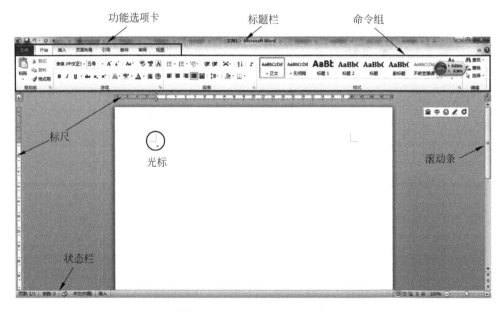

图 5.9　Word 2010 界面组成

1. 标题栏

标题栏位于 Word 窗口最上面，中间显示当前文档的名称，如果初建文档，还未来得及保存，Word 应用程序会默认给出"文档 1"作为文档名称。标题栏右侧还包括"最小化""还原"以及"关闭"按钮，用于控制窗口的最小化到任务栏以及关闭等操作。2010 版本的标题栏左侧还给出"保存""撤销""恢复"等快捷键。

2. 功能选项卡

功能选项卡可将一组近似或相关的命令组合在一起。2010版功能选项卡包括文件、开始、插入、页面布局、引用、邮件、审阅以及视图。

3. 命令组

单击不同的功能选项卡，命令组内容就会发生相应变化，出现和该功能选项卡对应的一组命令，如图5.10所示。这些命令进一步按照功能相关性进行分组，例如单击"开始"选项卡，命令组出现以下几个分组：剪贴板、字体、段落、样式以及编辑。

图5.10 "开始"选项卡对应的命令组

当单击"插入"选项卡时，命令组会出现以下几个分组：页、表格、插图、链接、页眉和页脚、文本以及符号，如图5.11所示。这些分组分别对应了插入的不同内容所需要的命令按钮。

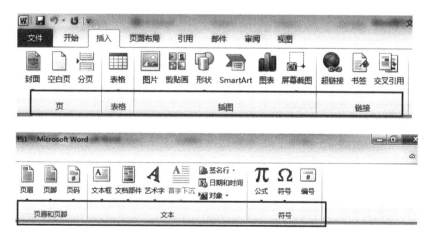

图5.11 "插入"选项卡对应的命令组

4. 文档窗口

文档窗口是Word应用程序的主要工作区域，是文本以及各种图表等内容的主要编辑、显示区域。窗口由水平标尺、垂直标尺、水平滚动条以及垂直滚动条（因窗口大小而不同）以及白色背景的编辑区域组成，其中不断闪烁的竖线称为光标，表示下一步将要输入内容的位置。

5. 状态栏

状态栏位于窗口的最下方，显示了当前文档总页数及当前页码（例如 6/11 表示总页码为 11 页，光标所位于的当前页码是第 6 页）、总字数、输入法状态（"中文"或是"英文"）以及输入状态（"插入"还是"改写"，其中"插入"状态指当输入任何内容时，光标所在位置处出现该内容，光标后面的内容自动向右移动，即所输入内容插入到光标位置；"改写"状态是指输入内容替换光标位置原来的内容）。

状态栏右侧给出了 Word 几种视图的切换按钮，以及显示的比例，可快捷地进行视图切换，或者快速地调节显示的比例。

5.1.4　保存文档

1. 保存操作

Word 应用程序为用户提供了几种保存方式：

（1）单击标题栏上的"保存"快捷按钮。

（2）单击"文件"选项卡，再单击"保存"按钮。

（3）按下键盘上的 Ctrl＋S 组合键。

首次保存会弹出对话框，如图 5.12 所示，询问用户保存的位置。此时，用户需要先在左侧选择文档将要保存的大致位置（例如桌面或 D 盘），再在右侧框内找到要保存的具体位置（例如单击某个文件夹），也可以在对话框上面的地址栏处输入保存的地址。指定保存位置后，输入保存的文档名字，并且通过"保存类型"右侧的下拉列表框来指定保存的类型，如

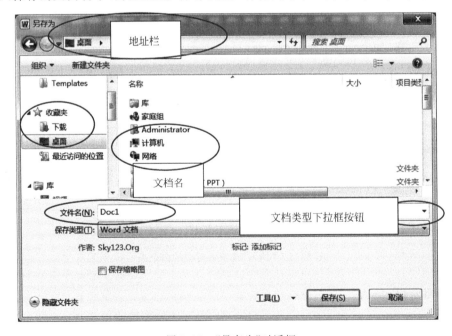

图 5.12　"另存为"对话框

图 5.13 所示。

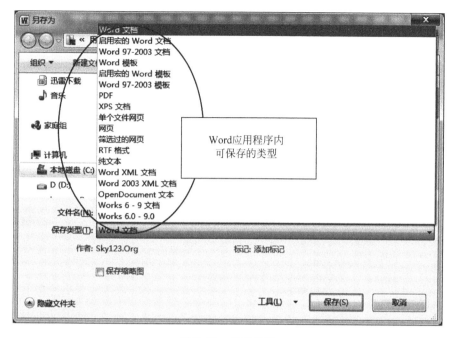

图 5.13 保存类型

2. 文档类型转换

Word 2010 版本可以通过保存类型的设定,实现文档的格式转换。

当保存类型选择为 PDF 时,可将该 Word 文档转换为 PDF 文档;保存类型选择"纯文本"时,可将该文档转换为 TXT 文档;Word 2010 默认下的保存类型是.docx,当该文档需要在低版本的 Word 应用程序上运行时,可选择"Word 97-2003 文档"作为保存类型,即可将该文档转换为.doc 类型。

3. 保存与另存为

Word 应用程序提供"保存"和"另存为"功能,区别在于"保存"是针对原有的文档进行保存,保存的位置也是原有文档的位置。而"另存为"则是建立原有文档的副本,保存的位置则需要用户重新指定,因此单击"另存为"按钮时,会弹出"另存为"对话框,提示用户输入保存文档的位置以及保存类型等。

注意,首次建立文档,单击"保存"按钮时,因为硬盘内没有文档,因此此时也会弹出"另存为"对话框,提示用户输入保存位置及保存类型。

4. 自动保存

Word 应用程序提供了"自动保存"功能,2010 版本的"自动保存"功能在"文件"菜单中。选择"文件"→"选项",此时会弹出"Word 选项"对话框,如图 5.14 所示。在对话框中设置自动保存的间隔时间。此处还可以设置自动保存生成文档的位置,以及文档保存的默认位置。

图 5.14 "Word 选项"对话框

5.1.5 关闭及退出

Word 2010 的文档关闭及退出有三个方法：单击窗口右上方的"关闭"按钮；单击"文件"选项卡中的"退出"按钮；或者单击标题栏左上角的 Word 图标，在弹出的菜单中单击"关闭"。

5.1.6 多文档切换

当用户打开多个 Word 文档时，在任务栏的 Word 图标就会隐藏多个文档、在多个文档中切换，有以下几种方法：

（1）通过单击任务栏中的 Word 图标，在弹出的多个文档小窗口中选取要切换的文档，即可实现多文档之间的切换。

（2）通过单击"视图"选项卡中"窗口"组的"切换窗口"按钮，在下拉列表中选择要切换的文档，即可实现多文档之间的切换。

（3）使用 Alt+Tab 组合键，可以实现打开的多个文档之间的切换。具体操作为：先按住 Alt 键并保持按下状态，再按一下 Tab 键，此时出现当前所有打开的窗口（包括 Word 文

档以外所有其他应用程序窗口),上方出现的文字提示出当前激活的应用程序,每按一下
Tab 键,就会看见文字发生变化,即提示即将切换的窗口是哪个应用程序,此时可以通过释
放 Alt 键,实现显示的应用程序的切换。

5.2　文档编辑

5.2.1　文本输入及选取

Word 应用采取"即点即输"的方式输入文本,即光标闪烁位置显示了即将输入或插入
的内容。

在编辑文本时,时常需要选取文档中的某个对象,例如一段文字、图片等。选取文字的
方式通常有鼠标选取和键盘选取。

1. 鼠标选取

(1) 文字的选取:将鼠标移动到欲选取的第一个文字时按下鼠标左键,拖动鼠标移动
到最后一个文字时释放左键,即可选取一段连续文字。如果选取的文字段落过长,可以用鼠
标选中欲选取段落的首字,再按住 Shift 键,移动鼠标选取段落的最后一个字,即可实现从
首字到最后一个字之间的所有文字的选取。

(2) 词的选取:无论英文文档还是中文文档都可以实现词的快速选取,可将光标放置
在词中间的位置,双击,即可选取光标所指位置的词语。

(3) 句的选取:按住 Ctrl 键,光标置于句子中间任意位置,按下鼠标左键,即可选取该
句子。

(4) 行的选取:当鼠标置于文档编辑区域时,光标为闪烁的竖线,当把鼠标置于编辑区
域的左侧,即每行的左侧空白区域时,光标变成指向右方的箭头,此时按下鼠标左键,即可实
现光标所指行的选取。选取多行时,先选取首行,按下 Shift 键,再用鼠标选取最后一行,即
可选取多行。

(5) 段落的选取:将光标放置在段落内任意位置,连续单击三次,即可实现该段落的选
取。选取多个段落时,与选取多行类似,选取首段,按下 Shift 键,再选取最后一段,即可选
取多段。

(6) 矩形选取:按下 Alt 键,用鼠标拉出一个矩形区域,即可选取矩形区域。

(7) 全文选取:用 Ctrl+A 组合键可实现全文档的选取。

2. 键盘选取

熟练使用键盘,可以提高编辑文档的速度。选取文本以及对应的组合键可以参照表 5.1。

表 5.1　用于选择文本的组合键及其作用

组　合　键	作　　用
Shift+↑	从光标位置向上选定一行文本
Shift+↓	从光标位置向下选定一行文本
Shift+←	从光标位置向左选定一个字符

续表

组　合　键	作　用
Shift+→	从光标位置向右选定一个字符
Ctrl+Shift+↑	从光标位置到段首之间文本全部选中
Ctrl+Shift+↓	从光标位置到段尾之间文本全部选中
Ctrl+Shift+←	选定从光标位置到上一单词结尾之间文本(英文)
Ctrl+Shift+→	选定从光标位置到上一单词结尾之间文本(英文)
Shift+Home	选定从光标位置到行首之间文本
Shift+End	选定从光标位置到行尾之间文本
Shift+Page Up	从光标位置向上选定一屏文本
Shift+Page Down	从光标位置向下选定一屏文本
Ctrl+Shift+Home	选定从光标位置到文档开始字符之间文本
Ctrl+Shift+End	选定从光标位置到文档结束字符之间文本
F8+↑(或↓、→、←)	从光标位置向上(或下、左、右)选取文本

5.2.2　查找、替换、定位

1. 查找

在文档中查找某些文本,可单击"开始"选项卡中"编辑"组的"查找"按钮,在文档左侧会弹出导航任务窗格,在"搜索文档"处输入所要查找的关键字,即可实现在文档中查找。也可以单击"查找"按钮右侧的下拉按钮,单击"高级查找"按钮,即可打开"查找和替换"对话框的"查找"选项卡。如图 5.15 所示,在对话框中输入要查找的内容,单击"查找下一处"按钮,即可实现从光标位置开始向下一处一处的搜索。

图 5.15　"查找和替换"对话框的"查找"选项卡

2. 替换

如果想把查找的文本替换为另一文本,可以利用"替换"功能。同样单击"编辑组"的"替换"的按钮,打开"查找和替换"对话框的"替换"选项卡,如图 5.16 所示。

在"查找内容"处输入将要替换掉的文本,例如"计算机科学",在"替换为"处输入替换后的文本,例如"计算机工程",如果要将全文所有的"计算机科学"均替换为"计算机工程",则单击"全部替换"按钮,如果要部分替换,则需单击"查找下一处"按钮,Word 应用程序会从光标所在的位置向下查找"计算机科学",并将该处高亮显示,此时用户可自行判断是否需要

图 5.16　"查找和替换"对话框的"替换"选项卡

替换为"计算机工程",如果需要替换,则单击"替换"按钮,如果不需要替换,则单击"查找下一处"按钮,系统会自动跳过该处,查找下一个"计算机科学"。

3. 定位

Word应用程序中定位文档通常采用水平滚动条和垂直滚动条并配合鼠标来定位。在较长文档内,如果想快速精确地定位文档中的某一位置,可通过上述的"查找"/"替换"选项卡。在"定位"选项卡中输入要查找的对象,如图 5.17 所示。

图 5.17　"查找和替换"对话框的"定位"选项卡

当左侧定位目标选择"页"时,右侧可输入页号,则光标会定位到输入页码所在的页。同样也可以实现"节""行"等的定位。

定位"节"时,首先需要定义小节。文档默认只有一个节,创建第二小节时,将光标放置在节 1 和节 2 之间位置,单击"页面布局"选项卡中"页面设置"组的"分隔符"按钮,选择"分节符"中的任意一个,例如"下一页",如图 5.18 所示。

此时从光标位置开始到文档结尾就成为新的一节,也就是第二小节。也可以继续定义新的小节,操作相同,只要将光标放置在小节和小节中间,插入分节符即可。

在定义了小节之后,"定位目标"可以选择"节",然后在右边输入节号,即可定位到该小节的起始点处。

同样还可以以"书签"或"批注"等方式进行定位。定位前先将光标放置在需要插入书签的位置,单击"插入"选项卡中"链接"组的"书签"按钮,如图 5.19 所示,给该书签起个名字,例如"书签 1",再单击"添加"按钮。

定位时,可以在左侧选择"书签",右侧选择所插入的书签名称,例如"书签 1",则应用程序会自动定位到该书签的位置。

图 5.18　插入分节符

图 5.19　定义书签

用"批注"和"脚注"等方式定位与此类似,只要事先在定位的位置处插入批注或脚注即可。

5.2.3 复制、粘贴、剪切

在 Word 文档编辑过程中,如果有重复的文字或者图片等内容,需要将已有的文字或内容进行复制、粘贴、剪切,有以下几种方法:

1. 工具栏操作

选中将要复制的文本或图片等,单击"开始"选项卡中"剪辑版"组的"复制"按钮,再在待出现重复内容的位置,定位光标,单击"粘贴"按钮。若想将某段文本或内容进行移动,可以同样选中该文本,单击"剪切"按钮,则该段文本被剪掉,再在目标位置单击"粘贴"按钮,即可实现内容的移动。

2. 快捷菜单操作

选中将要复制(或移动)的文本,右击,在弹出的快捷菜单中选择"复制"(移动时选择"剪切"),再在目标位置定位光标,同样右击,在弹出的快捷菜单中选择"粘贴"。

3. 组合键操作

选中将要复制(或移动)的文本,按 Ctrl+C 组合键(剪切文本时,按 Ctrl+X 组合键),再在目标位置定位光标,按 Ctrl+V 组合键,即可实现。

5.2.4 撤销及恢复

Word 应用程序会记录用户的操作历史记录,这样可以帮助用户撤销之前的一些误操作。例如误将某些文本选中并删除了,此时可通过单击标题栏左上角的"撤销"按钮来实现取消刚才的错误操作,或者按 Ctrl+Z 组合键来实现。

当然撤销后,也可以通过"恢复"按钮来恢复撤销操作,或者按 Ctrl+Y 组合键来实现。

5.3 字符格式

5.3.1 格式设定

字符的格式化包括设置文字字体、字号,以及特殊效果。Word 2010 对字符格式的设置可通过在"开始"选项卡中的"字体"组来实现。具体操作如下:

(1) 选中要设置的文本。

(2) 单击"开始"选项卡,在"字体"组内设置字体、字号、加粗、倾斜、下画线等,如图5.20所示。

(3) 单击右下角的下拉按钮,可以弹出"字体"对话框,如图5.21所示。在此可以同样实现上述的字符格式设置。"字体"选项卡是字符格式的基本设置,同样包括字体、字号、字形、颜色等;"高级"选项卡可实现字符间距、位置(提升为上标或下降为下标)等高级设置。

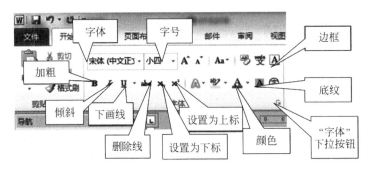

图 5.20　设置字体

图 5.21　"字体"对话框

5.3.2　格式刷

在完成文档的某些字符格式设置后，可以将已经设定的格式应用到其他文字，此时需要使用格式刷，其位于"开始"选项卡的"剪辑板"组内，如图 5.22 所示。

使用方法如下：

（1）把光标放置在已经设定好格式的文本内任意位置。

（2）单击"格式刷"按钮，此时按钮显示被按下的状态，然后光标变为"刷子"形状。

图 5.22　格式刷

（3）用变为"刷子"的光标去选择（持续按住鼠标左键并拖动选择，直到全部刷完释放左键）待设定格式的文本。此时格式刷自动恢复到初始状态，光标也自动恢复到"竖线"状态。

当需要使用格式刷来设定多段文本时，操作如下：

（1）把光标放置在已经设定好格式的文本内任意位置。

（2）双击"格式刷"按钮，按钮显示被按下状态。

（3）用变为"刷子"的光标去选择待设定格式的文本。

（4）此时格式刷状态仍然保持在"按下"状态，因此可以继续去刷其他段落文本，直到所有待设定文本全部格式化后，单击"格式刷"按钮，使之恢复初始状态，光标也自动恢复到"竖线"状态。

5.4　段落格式

与字符格式设定类似，段落格式设定在"开始"选项卡的"段落"组内，如图5.23所示。

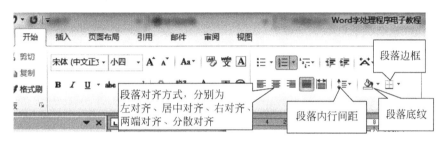

图5.23　段落格式设置

对段落的操作，无须选中整个段落，只需将光标置于段落内部任意位置。

5.4.1　段落对齐

段落对齐指整个段落相对于页面主要文档区域的对齐方式，配合段落缩进可以观察出对齐效果。Word的段落对齐包括左对齐、居中对齐、右对齐、两端对齐和分散对齐，可通过"段落"组内的对齐按钮实现，如图5.23所示。

5.4.2　段落缩进

段落缩进指段落两端的字符相对于页面左右两个页边距的距离及位置，包括左缩进、右缩进、首字缩进、悬挂缩进，如图5.24所示。它们分别表示了段落最左的字符距离左边页边距的距离、段落最右的字符距离页面右边页边距的距离、段落首字距离左边页边距的距离以及段落除了第一行以外其他行距离左边页边距的距离。

段落的缩进可以有以下几种方式。

1. 首行缩进或悬挂缩进

单击"段落"组右下角的下拉扩展按钮，弹出"段落"对话框，如图5.25所示。在对话框中的"缩进"选项组的"左侧""右侧"文本框中输入缩进的距离（单位为厘米或者字符），在"特

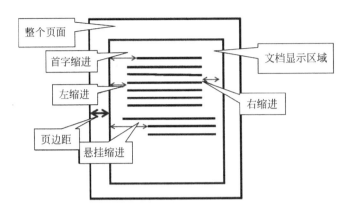

图 5.24　页边距和段落缩进的关系

殊格式"位置可选择"首行缩进"或者"悬挂缩进"两种方式,并在后面的"磅值"文本框中输入缩进的精确值(单位:字)。

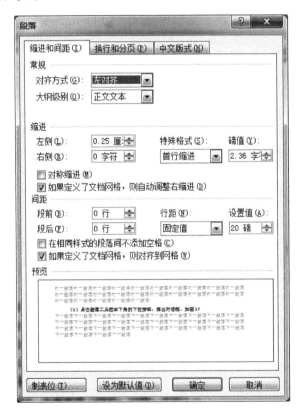

图 5.25　"段落"对话框

2. 利用水平标尺来实现

在"段落"组下方,文档编辑区上方,有一个水平标尺,如图 5.26 所示。用标尺设置段落缩进时,只需将光标置于段落内,然后用鼠标拖动标尺的缩进滑块,即可实现段落的左、右缩进以及首行缩进。

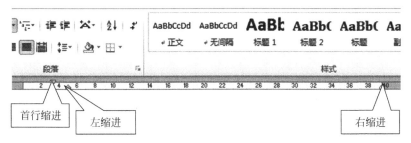

图 5.26 水平标尺和缩进

5.4.3 段落间距

在段落格式对话框内还可以设置段落内的行间距以及段前、段后距离,可参看图 5.25 的对话框。设置段前段后距离以及行内距离的单位可以是相对概念(行),也可以是绝对单位(磅)。

5.4.4 项目符号及编号

文档中常需要对多个段落内容设置为列表形式,可通过项目符号或项目编号来设定。项目符号是非数字编号的列表,项目编号通常是从 1 开始编号的列表。设定时,需要将多个段落选中,单击"段落"组的"项目符号"按钮右下角的下拉按钮(见图 5.27),再选择一种符号。

单击"项目编号"下拉按钮可实现对多段落的编号设定,如图 5.28 所示。其中提供了不同编号的样式。

图 5.27 项目符号 　　　　　　　　　图 5.28 项目编号

5.5　页面设置

页面设置包括页面的底纹边框、分隔符及分页符的插入、页眉页脚的设置以及页边距等。关于页面的设置均可以在"页面布局"选项卡的命令组内实现。

5.5.1　页面背景

单击"页面布局"选项卡中"页面背景"组的"页面颜色"按钮，如图 5.29 所示，可实现页面背景颜色的设定，单击"页面边框"按钮可实现给页面加边框的效果，对话框如图 5.30 所示。具体操作如下：

（1）在对话框中"样式"下面选择一种边框的线形。

（2）分别选择边框颜色、宽度以及艺术效果。

（3）在右侧"预览"选项组内通过单击四个边框按钮为页面增加相应的边框。

此外，也可以通过单击对话框左侧"设置"下面的选项来快速设定边框的效果。

有时为了给文档增加水印，可以通过单击"水印"按钮实现，操作与页面颜色类似。

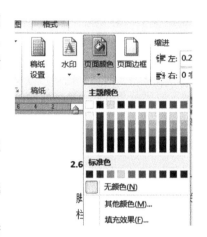

图 5.29　"页面颜色"选择菜单

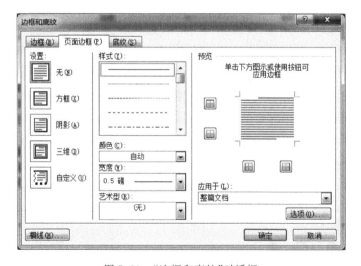

图 5.30　"边框和底纹"对话框

5.5.2　分隔符

分隔符包括分页符和分节符。分页符可将其前后文档分别放置于两个连续的页面，而分节符则将其前后两个文档分割为两个不同的小节。添加方法如下：

（1）选择"页面设置"组，单击"分隔符"按钮右侧的下拉按钮。

（2）选择一种分隔符，如图 5.31 所示。

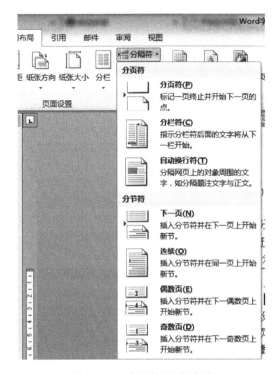

图 5.31 "分隔符"选择菜单

分节符中的"下一页"指，不但在光标处插入一个分节符，而且不管该处是否到达本页末尾，分节符后的文档内容都自动从下一页开始；"连续"型分节符则是插入分节符后，前后内容连续，并不跨页；"偶数页"和"奇数页"型分节符则是将分节符后的新小节文档从下一个偶数页或下一个奇数页开始。

5.5.3 页码、页眉、页脚

页码、页眉以及页脚的设置需要通过"插入"选项卡的"页眉和页脚"组的命令按钮来实现。

1. 页眉和页脚

设置页眉和页脚类似，具体操作如下：

（1）选择"插入"选项卡的"页眉和页脚"组。

（2）单击"页眉"按钮。

（3）在下拉列表框中选择一款，并单击，此时 Word 应用程序进入页面编辑状态。

（4）在页眉区空白处输入内容。

插入页脚的操作与此类似。编辑页脚也可以在页眉编辑结束后，用鼠标滚动方式定位到页面底端，就可以直接编辑页脚，如图 5.32 所示。

值得一提的是，编辑页眉和页脚时，经常需要对不同的小节的页眉和页脚做不同的设

图 5.32　页眉编辑

定,例如长篇论文中不同章节的页眉显示该章的标题等。此时在编辑页眉和页脚之前,把需要加入不同页眉和页脚的文档用分节符分割开,形成多个小节,每个小节分别插入页眉和页脚。并且在编辑页眉时,取消其"设计"选项卡中"导航"组的"链接到前一条页眉"按钮,这样该小节的页眉就会和上一小节的页眉不同,如图 5.33 所示。

图 5.33　取消"链接到前一条页眉"

2. 页码

设置页码操作如下：

（1）选择"插入"选项卡的"页眉和页脚"组。

（2）单击"页码"按钮。

（3）选择页码位置，如图 5.34 所示。

（4）插入页码后，在编辑页码时，可单击"设置页码格式"按钮，弹出"页码格式"对话框，如图 5.35 所示。此时可以设定编号格式，也可以设定页码是接上小节编号，还是重新编码。

图 5.34　页码设置

图 5.35　"页码格式"对话框

5.5.4　其他页面设置

除上述页面格式设定外，页面设置还包括文字方向、页边距、纸张方向、纸张大小以及分栏设置。

1. 文字方向

单击"页面布局"选项卡中"页面设置"组的"文字方向"按钮，在下拉列表中选择一种文字方向设置，如图 5.36 所示。

2. 页边距

（1）单击"页面布局"选项卡中"页面设置"组的"页边距"按钮，在下拉列表中选择一种边距设置，如图 5.37 所示。

（2）如果不满意下拉列表中的几种边距，用户可自定义页边距，单击最下方的"自定义边距"，弹出"页面设置"对话框，如图 5.38 所示。在其中可设置文档上、下、左、右距离页边缘的距离，以厘米为单位。

3. 纸张方向

单击"页面布局"选项卡中"页面设置"组的"纸张方向"按钮，在下拉列表中选择"纵向"或"横向"，如图 5.39 所示。

4. 纸张大小

单击"页面布局"选项卡中"页面设置"组的"纸张大小"按钮，在下拉列表中选择一种设

图 5.36　文字方向设置

置,如图 5.40 所示。

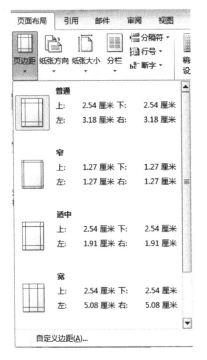

图 5.37 页边距设置

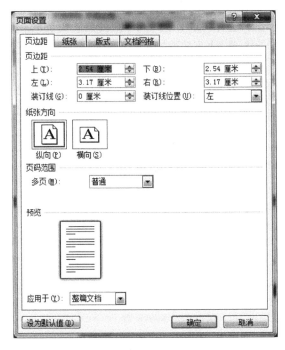

图 5.38 "页面设置"对话框

图 5.39 纸张方向设置

图 5.40 纸张大小设置

5．分栏

（1）单击"页面布局"选项卡中"页面设置"组的"分栏"按钮，在下拉列表中选择一种分栏设置，如图5.41所示。

（2）如果不满意下拉列表中的几种设置，用户可自定义分栏，单击最下方的"更多分栏"，弹出"分栏"对话框，如图5.42所示。在其中先选择所要设置的栏数，再在栏数下方，针对每一栏，设定栏的宽度、此栏距离下一栏之间的距离，通常以字符为单位。

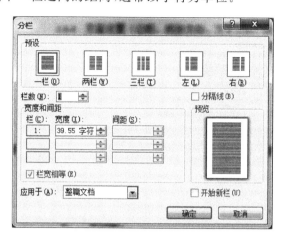

图5.41 分栏设置 　　　　图5.42 "分栏"对话框

5.6 文档视图

文档视图是指被编辑文档在屏幕上显示的方式。在不同的视图下可实现不同的显示效果，实现不同的功能。对于文档视图的切换，可以通过以下两种方式，如图5.43所示。

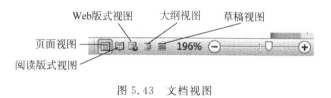

图5.43 文档视图

（1）单击"视图"选项卡中"文档视图"组的命令按钮选择不同的视图。

（2）单击状态栏右下角的"视图切换"按钮实现切换。

下面介绍其中常用的视图。

5.6.1 页面视图

页面视图是以页面形式显示文档，此时显示的内容与打印出来的效果一样。用户可以看见纸的边缘，可以看见设置的页眉、页脚以及页边距。通常情况下，文档的编辑都是在页面视图下完成的。

5.6.2　大纲视图

大纲视图下，用户可以建立文档的大纲，查看文档的结构，如图 5.44 所示。

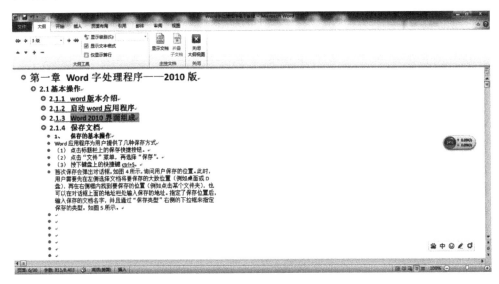

图 5.44　大纲视图

大纲视图下，单击每个标题前面"＋"号，可以展开该标题下的详细文本，如果标题前是"－"，则可以将该标题下面的内容进行折叠。用户可以按照自己的需求，对各级标题进行折叠，显示某一级别下的大纲。

Word 应用程序中，默认所有的输入内容均为"正本"级别，即最低级别，此时在大纲视图中，无法显示标题所构成的大纲，因此需要给各个标题设置级别。有以下几种方法。

1. 选中某一标题

单击"开始"选项卡中"样式"组的命令按钮设置不同标题的级别，如图 5.45 所示。

图 5.45　样式设置

通常，标题 1 指整个文档的大标题，标题 2 指文档内部的一级标题，标题 3 指文档内部的二级标题，以此类推。注意，设置标题样式后，文档原来的格式会有所变化，因此，通常对文本先做"样式"设定，再设置格式（如字体、字号以及项目符号和编号等）。

2. 设置文本的级别

在大纲视图下，设置文本的级别，并且可以对各级标题进行重新编辑，例如对标题进行升级、降级、移动、展开、折叠等，如图 5.46 所示。

图 5.46 大纲视图下的工具栏

1）升级

选中文档某一标题，"大纲"选项卡的"大纲工具"组内会显示当前级别，例如图 5.46 中显示的是 3 级，再单击左边的左箭头，可是将当前的 3 级升至 2 级，或者单击最左侧的左双箭头，可以直接升级至最高级（第 1 级）。

2）降级

同样选中某一标题，单击大纲视图下的右箭头，可以降 1 级，例如从 3 级降到 4 级，也可以单击右双箭头，将标题降至最低级，即"正文文本"。

3）移动

移动是指将该标题连同以下内容与同一级别的其他标题下的内容进行位置移动，例如将 2.1 内容下移，移动到原来 2.2 内容之后，实现 2.1 与 2.2 的对调。或者将 2.3 内容上移，移动到 2.2 之前。注意，移动操作是针对该标题及其所包含所有文本的整体移动。操作如下：选中某一标题，单击"大纲"选项卡下的三角，向上正三角表示上移，向下的倒三角表示下移。

4）展开、折叠

展开按钮（＋）和折叠按钮（－）在移动按钮之后，操作与页面视图下类似，功能也相同，选中某一标题后，单击折叠或展开按钮，可实现该标题下内容的显示或隐藏。想切换到页面视图，此时可通过单击工具组中最右端的"关闭大纲视图"按钮实现。

5.6.3 Web 版式视图

Web 版式视图下，可实现方便的阅读。它与其他视图最明显的区别是，在该视图下，界面内的文档内容可随着窗口宽度的变化而自动换行。

5.7 表格和对象图文混排

Word 2010 的图文效果是指我们创建的文档，除了文本以外，通常还会插入一些图片、表格、绘图、公式等内容，形成了图文混排的效果。Word 2010 应用程序提供了插入各种对象内容的功能，这些功能可以在"插入"选项卡的"表格"组和"插图"组实现。

5.7.1 表格处理

表格处理操作包括表格插入、编辑、格式化、表格与文字之间转换、运算等内容。

1. 插入表格

插入表格可以通过下面几种方式实现：

（1）将光标定位在要插入表格的位置，单击"插入"选项卡中"表格"组的"表格"按钮，如图 5.47 所示。此时会弹出下拉列表，当鼠标扫过时，会出现将要插入表格的行、列数如图中是 4 * 3 的表格，此时单击便会在光标处插入 3 行 4 列的表格。

（2）在上面的下拉列表中选择"插入表格"，弹出"插入表格"对话框，如图 5.48 所示，在其中输入将要插入表格的行、列数。

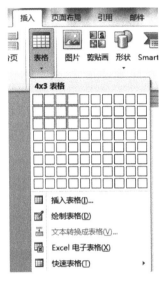

图 5.47　插入表格按钮　　　　　　　图 5.48　"插入表格"对话框

另外，对于特殊格式的表格，Word 2010 应用程序提供了用户自行绘制的方式。方法是在下拉列表中选择"绘制表格"，此时光标变成"铅笔"状，就可以用鼠标拖动矩形的方式绘制表格边框。这时，系统会动态增加"表格工具"，里面包含"设计"和"布局"两个选项卡。其中的"设计"选项卡是专门针对表格绘制的菜单，如图 5.49 所示。在下面的工具栏中就可以使用其他工具来绘制表格，例如选择线形、粗细、线颜色，也可以使用"擦除"按钮来对已绘制的线条进行删除。

图 5.49　表格工具

2. 编辑表格

编辑表格是对已有的表格进行修改，具体包括定位、选取，插入行、列，删除行、列，复制（或移动)行、列，拆分、合并单元格。

1）定位、选取

表格内定位与普通的文本定位类似,选取表格单位内的文本也相同。值得注意的是,如需将光标在表格内进行跳转,可以采用按住 Shift 键实现。如需选取某行时,操作与选取某行普通文本类似;选取某列时,将鼠标放置在该列上方,光标形状变为向下指的箭头左键,即可选取该列。选取整个表格时,将光标置于表格内,左上角出现十字形状,单击十字按钮,即可选取整个表格。

2）插入行、列

在要插入的位置选中定位光标,然后右击,在弹出的快捷菜单中选择"插入",如图 5.50 所示。在其子菜单中选择要执行的操作,包括在左侧插入列、在右侧插入列、在上方插入行、在下方插入行,以及插入单元格。

此外,在 Word 2010 中,插入行、列,也可以通过表格工具的"布局"选项卡实现,如图 5.51 所示。当文档中已经有表格插入时,需要将光标定位在要插入的位置,此时选择"布局"选项卡的"行和列"组,并单击相应按钮,例如"在上方插入"等。

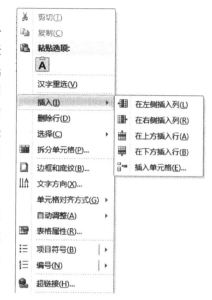

图 5.50　插入行、列菜单

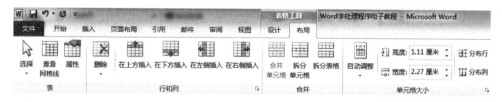

图 5.51　表格"布局"选项卡

3）删除行、列

删除操作包括两种:删除单元格内容,但是表格空间不删除;删除单元格内容,并且表格空间同样删除。

（1）只删除单元格内容、不删除表格空间,操作相对简单,选中要删除的单元格,按 Delete 键,即可删除内容,但保留表格空间。

（2）删除内容及表格空间时,需要选中要删除的行(列)并右击,在弹出的快捷菜单中选择"删除行"(或"删除列")。如果选中的不是整行或整列,右击时,快捷菜单只出现"删除单元格",选择后出现对话框,如图 5.52 所示。如果要删除整行,则选择"删除整行";如果只删除选中的单元格,则根据用户自己的需要,单击"右侧单元格左移"或"下方单元格上移"。

此外,删除表格的行、列还可以通过"布局"选项卡。首先选择要删除的行、列,单击"布局"选项卡中"行和列"组的"删除"按钮,在下拉列表中选择要删除的内容,如图 5.53 所示。

（3）删除整个表格时,需要选中整个表格并右击,在弹出的快捷菜单中选择"删除表格",或单击"布局"选项卡中的"删除"按钮,再选择"删除表格"。

图 5.52　"删除单元格"对话框

图 5.53　删除表格行、列

4）复制、移动行、列

复制、移动某行、列操作与复制粘贴文本类似。选中某行（列）并右击，在弹出的快捷菜单中选择"复制"，在待插入的行或列右击，在弹出的快捷菜单中选择"插入为新列"。移动与复制类似。

5）拆分、合并

拆分、合并单元格，同样可以通过右键的快捷菜单实现，或者通过"布局"选项卡实现。具体操作如下：

（1）拆分单元格。

一种方法是选中要拆分的单元格并右击，在弹出的快捷菜单中选择"拆分单元格"，弹出"拆分单元格"对话框，如图 5.54 所示，输入此单元格要拆分的行、列数，单击"确定"按钮即可。

另外一种方法是，在表格内选中某一个单元格，单击"布局"选项卡中"合并"组的"拆分单元格"按钮，同样弹出"拆分单元格"对话框，操作同上。

图 5.54　"拆分单元格"对话框

（2）合并单元格。

选中要合并的单元格，例如，将相邻的两个单元格合并为一个，选中这两个单元格并右击，在弹出的快捷菜单中选择"合并单元格"。或者选中要合并单元格，单击"布局"选项卡中"合并"组的"合并单元格"按钮。

（3）拆分表格。

有时候需要对一个表格进行拆分，形成独立的两个表格，其具体操作如下：将光标放置在分界点所在行内，单击"布局"选项卡中"合并"组的"拆分表格"按钮，即可实现该行上、下两部分分别成为两个独立的表格。

3. 格式化表格

1）单元格内文字及段落格式

单元格内可以填入文本、图片以及各种内容。在单元格内的文本格式设定与表格外的普通文本格式设定方法相同，需要选中要设置格式的文字，再进行格式设置。

单元格内的文本段落同样具有左、右缩进，但缩进并不是文本与页边距之间的距离，而是文本段落距单元格边缘的距离，设置方法可通过标尺实现。即将光标置于单元格内某一段落,在上端的标尺上拖动左、右及首行缩进的滑块来实现。单元格内如果出现多个段落,可以分别设置其缩进。单元格内段落的行间距,与普通文字段落的行间距设置方式相同。

单元格内文字对齐是指文字段落在单元格内的(水平方向)靠左、居中、右,以及(垂直方向)在单元格内靠上、居中、靠下。操作方法有两种:(1)将光标置于单元格内,单击"开始"选项卡中"段落"组的各种对齐按钮(与普通文本段落设置对齐方式相同);(2)选中该单元格并右击,在弹出的快捷菜单中选择"单元格对齐方式",在下一级菜单出现 9 个选项,如图 5.55 所示,分别列出"左上""中上""右上""左中""中中""右中""左下""中下""右下"9 种对齐方式。

此外,设置单元格内文字在垂直方向上的对齐方式,还可以通过右击单元格,在弹出的快捷菜单中选择"表格属性",弹出"表格属性"对话框,选择"单元格"选项卡,如图 5.56 所示。在其中设置"垂直对齐方式"中的对齐方式。

图 5.55　单元格对齐方式　　　　　图 5.56　"表格属性"对话框

2)单元格边框及底纹

单元格的边框和底纹可以为表格的单元格设定背景及边框线,用来美化表格。注意,表格的底纹可以是每个单元格都不一样,甚至一个单元格的四个边框都可以是不一样的样式。因此在设置单元格之前,选中某一单元格,如果要整行(或整列)设置一样的边框和底纹,需要选中整个行(或列)。设置方法有以下两种:选中单元格后右击,在弹出的快捷菜单中选择"边框和底纹",即弹出对话框,如图 5.57 所示。也可以在右键的快捷菜单中选择"表格属性",在弹出的对话框中选择"表格"选项卡,再单击"边框和底纹"按钮,也会弹出相同的"边框和底纹"对话框。

在对话框中设置边框步骤如下。

(1)在左侧选择一种边框设置:"方框"指只有外边框,这个设置是针对用户之前选定多个单元格时适用。"全部"是指选定的多个单元格除了外边框,还包含内部的边框线,也可以选"自定义"。

(2)在中间的"样式"选项区域,选择边框的线形,然后选定"颜色"以及"宽度"。

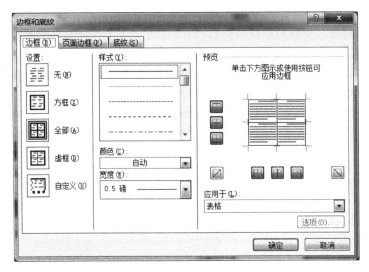

图 5.57 "边框和底纹"对话框

（3）在右侧通过单击几个按钮来添加或删除上、下、左、右，以及中间的横线、竖线及斜线等。另外在预览中观看效果。

（4）单击"确定"按钮。

另外一种设置边框和底纹的方法是：

（1）选中要设置的单元格。

（2）单击表格工具"设计"选项卡，先在"绘图边框"组内设置线形、颜色等，再在"表格样式"组单击最右侧"边框"的下拉按钮，选择要设置的边框线，如图 5.58 所示。

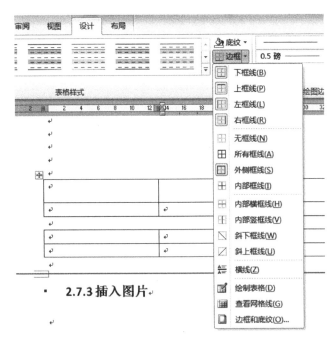

图 5.58 选项卡设置表格边框

底纹设置与边框类似,在"边框和底纹"对话框中选择"底纹"选项卡,如图 5.59 所示,在其中设置颜色。

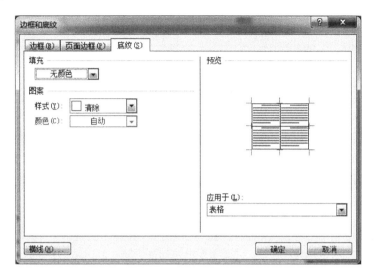

图 5.59 "底纹"选项卡

也可以选定单元格后,单击"设计"选项卡中"表格样式"组的"底纹"按钮来实现。

3)单元格边距

单元格边距是指单元格内的文字距单元格边缘的距离。其设置方法是:

(1)选择要设置单元格。

(2)右击,在弹出的快捷菜单中选择"表格属性"。

(3)在弹出的对话框中单击"单元格",再单击"选项",就会弹出"单元格选项"对话框,如图 5.60 所示。在其中可设置上、下、左、右的边距。勾选"与整张表格相同"复选框,则整个表格的边距设置一样,取消后可对当前的单元格单独设置边距。勾选"自动换行"复选框,则该单元格内文本就会根据单元格的宽度进行自动换行。

图 5.60 "单元格选项"对话框

4)表格行高、列宽

表格的行高和列宽的设定有以下四种方式:

(1)鼠标拖动:直接把鼠标放在行中间的横线上,当光标变成两条小横线和小箭头时上下拖动鼠标即可调整行高,或者鼠标放在列中间的竖线上,光标变成两条小竖线及小箭头时,左右拖动鼠标可调整列宽。调整整个表格的大小,可以选定整个表格,然后鼠标放置右下角,当光标变为斜 45°方向箭头时,单击并拖动鼠标,即可调整整个表格大小,此时表格内行高会全部跟着均匀调整。

(2)利用标尺:将光标置于表格内,水平标尺上出现了各列的分界点,垂直标尺上出现了各行的分界点。然后单击分界点并拖动可调整行高和列宽,如图 5.61 所示。

(3)右键快捷菜单:选中某行或某列,右击,在弹出的快捷菜单中选择"表格属性",弹

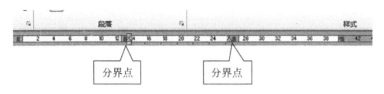

图 5.61　标尺

出"表格属性"对话框，再选择"行"选项卡，如图 5.62 所示，此时可通过勾选"指定高度"复选框来精确设置行高，单位为厘米。右侧"行高值是"有两个选项："最小值"是指表格的行高最小值是设置的值，但行可以高过这个值；"固定值"则是指该行的行高就是这个设定值。列宽设定与此类似，具体操作在"列"选项卡上设定。但列宽没有"最小值"和"固定值"两个选项，只能设定列宽的单位是"厘米"或者"百分比"。"厘米"是指列宽设定单位是厘米，"百分比"则指该列占整个表格宽度的百分比是多少。

图 5.62　行高和列宽的设定

（4）"布局"选项卡：选中某行或列，在表格工具"布局"选项卡中"单元格大小"组的"高度"和"宽度"位置输入值来设定行高和列宽。

5）表格套用样式

Word 2010 应用程序内置了一些表格套用样式，用户可以套用这些样式来快速美化表格，无须自行设定底纹和边框。操作方式是选定表格（或光标置于表格内即可），单击表格工具"设计"选项卡中"表格样式"组右侧下拉按钮，随即弹出多款样式，如图 5.63 所示。单击任何一个样式，即可将该表格样式应用于所选的表格。也可以针对这些样式做修改，此时单击下方的"修改表格样式"，弹出"修改样式"对话框，如图 5.64 所示。此时可针对之前选定的某一样式做自定义式的修改，如表格的边框、字体、字号、底纹等。

6）表格的对齐方式

表格的对齐方式是指整个表格相对于表格外文档的对齐，如图 5.65 所示。它不同于表格内文字的对齐，表格内文字对齐是指内部文字相对于表格单元格边框来说的对齐方式。

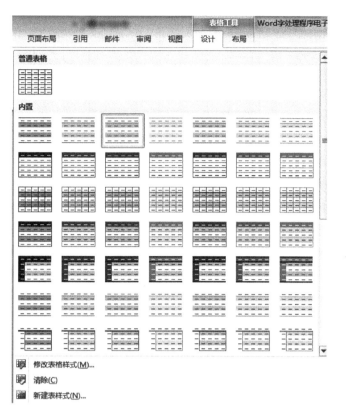

图 5.63　表格样式

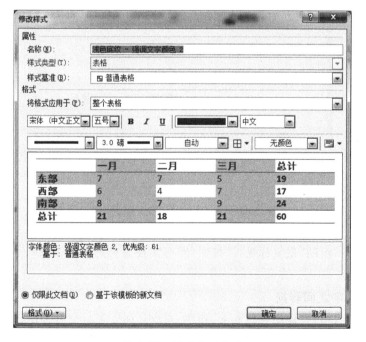

图 5.64　修改表格样式

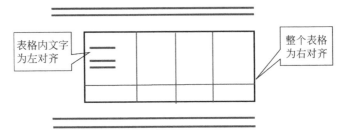

图 5.65　表格对齐与表格内文字对齐

设定表格对齐方式有以下几种：

（1）选定整个表格，单击"开始"选项卡中"段落"组的"对齐"按钮，操作与文本段落对齐方式相同。

（2）选定表格，右击，在弹出的快捷菜单中选择"表格属性"，在"表格属性"对话框中选择"表格"选项卡，并在其中设定对齐方式，如图 5.66 所示。

图 5.66　表格对齐方式设定

7）标题行重复

当表格跨页时，标题行出现在前一页，后一页上表格上的内容就无法参照标题行，这时需要将标题行在后面的页面上重复。标题行重复的设定方法：选中表格，单击表格工具"布局"选项卡中"数据"组的"重复标题行"按钮，即可实现表格跨页时，在每一页的第一行重复标题行内容。

4．表格与文字之间转换

表格内的文字可以转换为普通文本，相反，表格外的文本也可以直接转换为表格。

例如，将以下文字转换为表格。

排名	品牌	数量（辆）	比例（%）
1	捷达	512	22.85
2	桑塔纳	425	18.52
3	夏利	179	7.99
4	奥迪	115	5.13
5	神龙富康	104	4.6

操作方法：选中上面的全部文本，单击"插入"选项卡中"表格"组的"表格"按钮，在下方的下拉列表中选择"文字转化为表格"，此时弹出"将文字转换成表格"对话框，如图5.67所示，在其中设置要转化的行、列数，如此例中转化为4列的表格。

图5.67　文字转换为表格

单击"确定"按钮后，文字转换为表5.2。

表5.2　文字转换后的表

排　　名	品　　牌	数量（辆）	比例（%）
1	捷达	512	22.85
2	桑塔纳	425	18.52
3	夏利	179	7.99
4	奥迪	115	5.13
5	神龙富康	104	4.6

相反,将表格转换为文字操作如下：选中该表格,单击表格工具"布局"选项卡中"数据"组的"表格转换成文本"按钮,弹出"表格转换成文本"对话框,如图 5.68 所示。在其中设置表格内文本转换为普通文本后,每个内容之间的分隔标记是什么,此例中采用制表符。单击"确定"按钮即可实现表格内容转换成文本,且每个表格内的文字用制表符分隔,也可以用"逗号"或"其他字符"分隔。

图 5.68 "表格转换成文本"对话框

5. 运算

Word 应用程序还提供了对表格内的数据进行计算和排序等功能。

1）求和

Word 应用程序可以求一行或一列数据的和。例如表 5.3 所示,欲求得每个分店的三个品牌的销售总额,需要在"分店销售总额"列对左边的数据进行求和,操作方法是：将光标置于"北京分店"行与"分店销售总额"列的交叉的单元格上,单击表格工具"布局"选项卡中"数据"组的"fx 公式"按钮,弹出"公式"对话框,如图 5.69 所示。在其中"公式"文本框中输入 SUM(LEFT),或者单击"粘贴函数"下拉按钮,在下拉列表框中选择 SUM 函数,并在"公式"文本框中输入参数 LEFT,单击"确定"按钮,单元格内即可出现计算的结果。同样如果想计算单元格上方一列数据的和,SUM 函数内的参数应输入 ABOVE(向下求和参数为 BELOW,向右求和参数为 RIGHT),例如表格中单元格的? 位置则需要单击"fx 公式",然后粘贴函数 SUM,在参数中输入 ABOVE。

表 5.3 求和表

销　售　额	海　尔	创　维	三　星	分店销售总额	分店平均销售额
北京分店	56	78	45	190	
天津分店	67	56	87		
上海分店	76	76	87		
品牌总销售总额	?				
品牌平均销售额					

图 5.69 "公式"对话框

2）求平均

同理,在表格中如果要求一行或一列数据的平均值,则在粘贴函数时选择 AVERAGE,其参数可根据需要输入 ABOVE、LEFT、RIGHT 或 BELOW。

3）其他常用函数

其他常用函数中 COUNT 为计数函数,对参数所在的那一行或一列的数据进行计数,有数据则累计加 1,无数据跳过；MAX 求最大值函数,MIN 求最小值函数,ABS 为计算绝对值函数。

4）排序

对数据进行排序时,将光标置于该表格(以表 5.3 为例),三个分店按照海尔品牌的销售额进行降序时,单击表格工具"布局"选项卡中"数据"组的"排序"按钮,在弹出的"排序"对话框(如图5.70所示)中输入"主要关键字"为"海尔",并且选中"降序"单选按钮,即按照"海尔"列的数据降序排列。还可以设定"次要关键字"和"第三关键字",即当主关键字内数据相同时,参照次要关键字,当次要关键字相同时,参考第三关键字。左下角的"有标题行"指表格含有标题行,排序时将第一行忽略,认为它是标题,不参与排序;"无标题行"则将表格的第一行认为是数据,参与排序。此列中数据为数字,因此类型选择"数字",当对中英文字符进行排序时,类型还可以选择"笔画"或"拼音",当关键字数据为日期时,类型需要设定为"日期"。

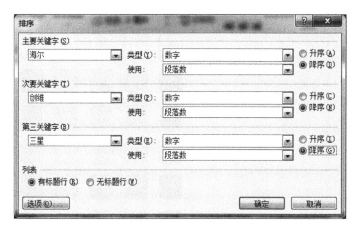

图5.70　"排序"对话框

5.7.2　绘图工具

Word提供了绘图工具,可以帮助用户自行绘制简单的流程图以及示意图等。单击"插入"选项卡中"插图"组的"形状"下拉按钮,选择不同绘图形状,如图5.71所示。

1. 插入图形

在图示的下拉列表中,单击要插入的图形按钮,再在将要绘图的区域拖动鼠标,即可绘出相应大小的图形。

2. 移动图形

主要操作步骤如下。

(1) 插入图形后,用鼠标选中图形。

(2) 移动鼠标至该图形上,光标变为十字形时,单击并移动即可实现该图形随鼠标移动而移动。

(3) 当移动到目标位置,释放鼠标,图形位置固定。

3. 编辑图形

1) 样式

插入图形后可对该图形样式进行编辑美化,操作方法如下:

(1) 选中该图形。

(2) 单击绘图工具"格式"选项卡中"形状样式"组的右侧下拉按钮,弹出几种经典样式,如图 5.72 所示。此时可单击任意一种，即可将该样式应用于所选的图形。

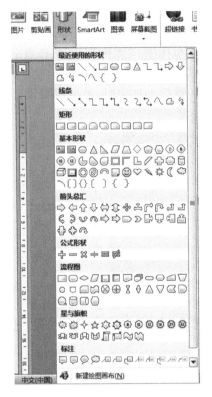

图 5.71　插入形状

图 5.72　图形样式

（3）填充颜色设置：单击绘图工具"格式"选项卡中"形状样式"组的"形状填充"按钮，在弹出的下拉列表中可选择颜色，如图 5.73 所示。在该下拉列表中还可以选择图片文件作为该形状的背景填充，还可以选择"渐变"颜色以及设置"纹理"。

（4）形状边框设置：单击绘图工具"格式"选项卡中"形状样式"组的"形状轮廓"按钮，在下拉列表中设置边框的颜色、粗细、虚线，或者设置箭头的样式及方向，如图 5.74 所示。

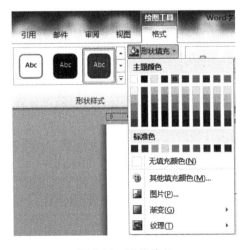

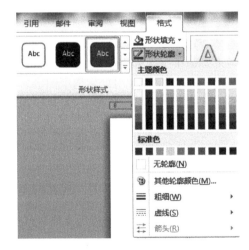

图 5.73　形状填充

图 5.74　形状轮廓

（5）形状效果设置：单击绘图工具"格式"选项卡中"形状样式"组的"形状效果"按钮，在下拉列表中设置各种特殊效果，例如阴影、映像、发光、柔化边缘等，如图 5.75 所示。

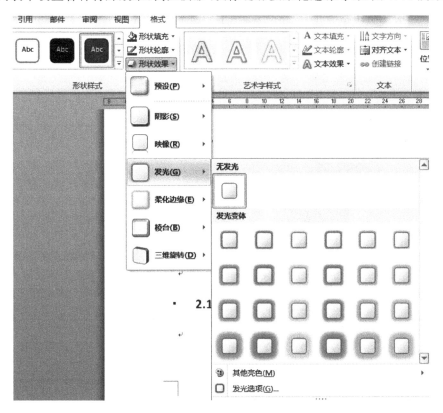

图 5.75　形状效果设置

2）大小

形状插入后，有时候需要改变其大小，方法有以下两种：

（1）选中该图形，四个边缘及顶点出现八个点（分别代表上、下、左、右、左上、右上、左下和右下方向），将鼠标移动至这八个点处，光标形状变为方向不同的箭头，可直接拖动鼠标左键，此时图形随鼠标拖动而发生某一方向上的大小变化，直到形状变为目标大小，释放鼠标。

（2）选中该图形，在绘图工具的"设计"选项卡中"大小"组内输入高和宽的厘米值，按Enter 键即可。

4．添加文字

右击某图形，在弹出的快捷菜单中选择"添加文字"，此时光标在图形内以竖线形状闪烁，即可输入文字，文字格式的设置可以参考普通文本的格式设定。

5．排列

当文档中出现多个图形时，有时候需要对多个图形进行排列、组合等操作。

1）组合

有时候多个图形需要进行组合，便于作为一个整体进行移动或美化。操作方法如下：

（1）选中要组合的所有图形，选择时单击第一个图形，按下 Shift 键，然后依次单击选取其他的几个图形(被选中的图形均出现八个点)；

（2）将鼠标移到备选图形上(任意一个)并右击,在弹出的快捷菜单中选择"组合"。另外一种组合方法是单击绘图工具"格式"选项卡中"排列"组的"组合"按钮。

2）取消组合

如果要对组合后的图形分别进行格式化,此时就要取消组合。操作：选中该组合图形,右击该图形,在弹出的快捷菜单中选择"取消组合"。

3）对齐与分布

对于多个图形,Word应用程序提供了对齐功能。选中多个待对齐的图形,例如四个矩形,如图5.76(a)所示。下面分别介绍。

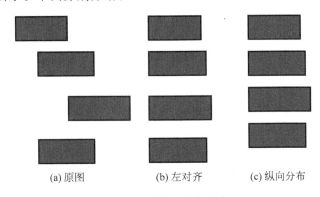

(a)原图　　　　　(b)左对齐　　　　　(c)纵向分布

图5.76　图形对齐与分布

（1）对齐。

单击绘图工具"格式"选项卡中"排列"组的"对齐"按钮,在下拉列表中选择"左对齐",则四个矩形会按照左边缘进行对齐,如图5.76(b)所示。当然,还可以选择"右对齐"或者"左右居中对齐",或者在水平方向上设置"顶端对齐""上下居中"和"底端对齐"。

（2）分布。

分布是将多个图形之间间距进行平均分布。将图5.76(b)中的图形全部选中,单击绘图工具"格式"选项卡中"排列"组的"对齐"按钮,在下拉列表中选择"纵向分布",则会实现如图5.76(c)的效果,即在垂直方向上,各个图形之间的间距相同。当然也可以实现在水平方向上的分布,选择"横向分布",即可实现图形水平方向上的间距相等。

4）旋转

对于图形的旋转,可以有两种方式：

（1）选中图形,单击绘图工具"格式"选项卡中"排列"组的"旋转"按钮,其下拉列表如图5.77左部分所示,此时可根据需要进行向左或向右旋转90°,也可以进行翻转。其他角度的旋转,可以选择"其他旋转选项",设置其中旋转的度数,如图5.77右部分所示。

（2）选中该图形,图形上方出现绿色小原点,将鼠标放置其上,光标形状变成圆弧状箭头,此时拖动即可实现旋转。

5）上移(下移)一层

多个图形重叠在一起时,会出现遮挡,有时候需要用户指定它们的叠放次序,最上一层会全部显示,下面的各层会隐藏被遮挡的部分。通常先插入的图形位于最底层,后面插入的

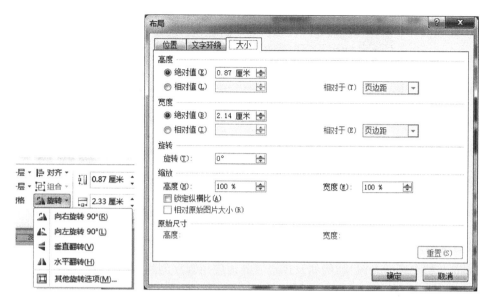

图5.77 图形旋转

图形会盖在上面,以此类推。但如果想把先插入的图形上移,或将后插入的图形下移,需要用到此功能。选中待移动的图形,右击,得到快捷菜单如图5.78所示。需要上移时,选择"置于顶层",再在级联菜单中选择"上移一层"或"置于顶层";需要下移时,选择"置于底层",再在级联菜单中选择"下移一层"或"置于底层"。效果如图5.79所示。

图5.78 图形上移或下移菜单

6. 复制、剪切、删除图形

对于图形的复制,与文本内容的复制操作类似,可通过右键快捷菜单、组合键等实现。此外,图形的复制还有一个方法:选中图形,按住 Ctrl 键,然后按住鼠标左键并拖动图形至新的位置,释放鼠标时在新位置即出现一个新的图形。

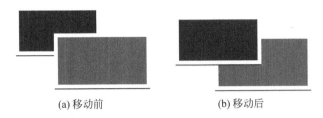

(a) 移动前   (b) 移动后

图 5.79　图形上移或下移

图形剪切及删除与文本内容的剪切、删除方法相同。

5.7.3　图片

1. 插入图片

Word 文档中可插入图片，例如照片或者其他应用程序创建的图片等。操作方法如下：

(1) 将光标放在插入点。

(2) 单击"插入"选项卡中"插图"组的"图片"按钮，弹出对话框。

(3) 选择待插入图片的文件夹，单击待插入图片的文件。

(4) 单击"确定"按钮。

2. 编辑图片

选中已插入的图片，单击图片工具"格式"选项卡，其下命令组如图 5.80 所示。

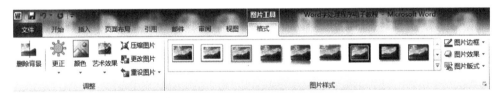

图 5.80　图片工具组

(1) 调整：对插入的图片可修改器颜色以及艺术效果，可压缩所插入的图片。

(2) 图片样式：可为图片增加边框、阴影的样式。可单击经典的样式按钮来快速应用，也可以单击右边的"图片边框"按钮、"图片效果"按钮、"图片版式"按钮来自定义。

(3) 排列：可实现图片的选择以及对齐方式。

(4) 大小：可设置图片插入后在文档中的大小尺寸。另一个比较有用的工具就是剪切，单击"剪切"按钮，图片四周出现八个粗线框，可单击这八个线框并拖动，实现对应方向上的剪切。

5.7.4 艺术字

艺术字与普通文本设置特殊效果是不同的,插入的艺术字是独立对象,可像图片一样在文档内空间任意移动、旋转等。

1. 插入艺术字

(1) 将光标放在插入点。

(2) 单击"插入"选项卡中"文本"组的"艺术字"按钮,弹出下拉列表,在其中选一种样式,如图5.81所示。

(3) 在光标处出现一个输入框,提示用户输入艺术字的文本,如图5.82所示。

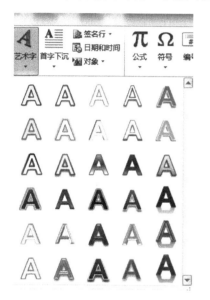

图 5.81 插入艺术字的样式

图 5.82 艺术字输入框

2. 编辑艺术字

插入艺术字后,还可以对其进行编辑,例如改变艺术字的大小、颜色等。单击已插入的艺术字,单击绘图工具"格式"选项卡,选择其下命令组的按钮进行编辑,如图5.83和图5.84所示。

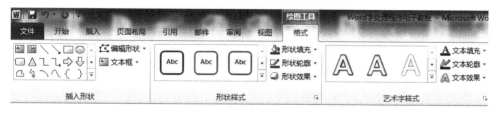

图 5.83 艺术字工具栏 1

(1) 插入形式:可以插入各种图形样式。

(2) 形状样式:可设置艺术字作为一张图形的边框、背景填充以及效果。

图 5.84　艺术字工具栏 2

（3）艺术字样式：可改变之前选取的艺术字样式，单击经典样式可快速应用，或者单击右边的文本填充、文本轮廓以及文本效果来设置艺术的新样式。

（4）文本：可设置文字的方向、链接等。

（5）排列：将艺术字看成图形，此工具栏可设置其排列方式。

（6）大小：设置艺术字外框大小，注意此处不是设置艺术字的字号。设置艺术字的字号、字体、加粗等效果可以在"开始"菜单中操作，与普通文本格式化操作相同。

5.7.5　文本框

文本框是带有文字的矩形图形，与普通的文本不同。

1. 插入文本框

与插入艺术字和图片等相类似，单击"插入"选项卡中"文本"组的"文本框"按钮，如图 5.85 所示。选择其中样式，或者选择下方的"绘制文本框"（竖排文本时可选择"竖排文本框"）之后在需要插入文本框的地方用鼠标拖动出矩形区域，插入矩形图形与此类似。

2. 编辑文本框

编辑文本框与编辑图形的方法类似。

5.7.6　公式编辑器

Word 公式编辑器提供了一个编辑复杂公式的工具，可以输入积分、求和、开方根、进行分式运算等。

（1）单击"插入"选项卡中"符号"组的"公式"按钮，此时弹出下拉列表，可以在其中选择一种公式模板，如图 5.86 所示。单击某一个公式模板后，在光标位置自动插入该公式，用户可以针对这个模板修改参数。也可以选择公式工具"设计"选项卡下的"符号"和"结构"两个命令组里的相关命令按钮，进行进一步编辑，如图 5.87 所示。

（2）如果模板中没有合适的公式便于编辑，用户可以单击"插入"选项卡中"文本"组的"对象"按钮，在打开的对象窗口中选择"Microsoft 公式 3.0"，此时弹出公式编辑工具栏，光标处出现公式编辑框，如图 5.88 所示。

（3）编辑公式，需要分析公式中最外层的模板是什么，然后逐层编辑，例如：

$$\sum_{k=1}^{n}(a_k+N)+\frac{\int(k^2+a)}{\sqrt[3]{a_n}+1}$$

图 5.85 插入文本框

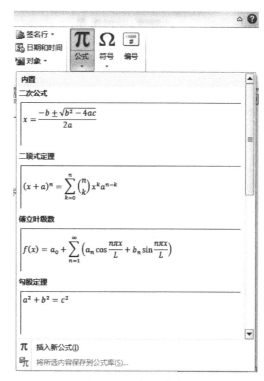

图 5.86 插入公式

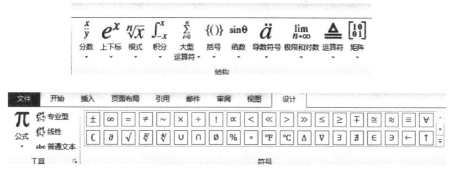

图 5.87 公式"设计"选项卡

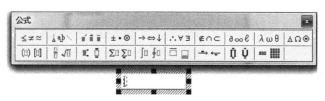

图 5.88 公式编辑器

最外层数字公式模板是"+"、内嵌两个公式模板 $\sum$（求和）以及分式，在 $\sum$ 中内嵌了 a_k 中的下标，在分式中内嵌了 $\int$（积分）符号和开立方根。因此编辑此公式时，需要选择外层公式模板，在编辑次模板内的各个部分时，在选择内嵌的公式模板。编辑结束后，双击公式编辑框的任意空白处，即可退出公式编辑状态。编辑已插入的公式，双击公式，随即变为公式编辑状态并自动弹出公式编辑工具栏。编辑完成的公式在文档中作为独立的对象，可以将其作为图形来整体编辑，例如改变大小、移动位置等。

5.7.7 图文混排

综上，在 Word 中可以插入用户自己绘制的图形、图片、艺术字、公式等，所有这些内容在 Word 中都是独立的，可以与其他普通文字进行混排，它们和文字之间的关系有：环绕和无环绕。设置方法：选中某一内容（图形、图片、艺术字等），单击"格式"选项卡中"排列"组的"位置"按钮，弹出下拉列表，如图 5.89 所示。

"嵌入文本行中"指将插入的内容作为一个字符对待，插到文本行内，此时插入的内容与文本之间的位置固定，移动时的操作同对待普通字符一样。

"文字环绕"指插入对象到文字区内，如果图片不够宽，无法占据页面整个宽度时，插入的内容两侧是有文字环绕的。此类中还有子类，分别表示插入内容相对于文字的对齐方式。

选择"其他布局选项"，弹出"布局"对话框，如图 5.90 所示，在"文字环绕"选项卡中选择环绕的方式。

图 5.89　文字与图片之间的环绕

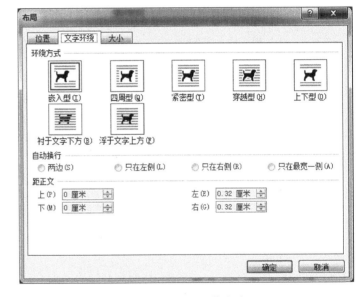

图 5.90　文字环绕方式

5.8　审阅

当文档需要在不同用户之间做审阅时，需要使用审阅功能。

5.8.1　修订模式

修订模式是指进入一种文档编辑模式，任何修改都会被记录下来，可以看见被删除的文字,修改的内容用不同颜色标记。这种模式有利于对所做的修改进行回顾,来选择性地接受修改或拒绝修改,常用于审阅稿件时使用。操作方法:单击"审阅"选项卡中"修订"组的"修订"按钮,此时按钮显示被按下状态。修改内容都会以不同颜色标记。

5.8.2 插入批注

可以在文档内插入批注。

(1) 将光标定位于文档中需要添加批注的位置。

(2) 单击"审阅"选项卡中"批注"组的"新建批注"按钮。

(3) 右侧弹出批注编辑框,在其中输入批注的文本。

5.8.3 接受或拒绝修改

在审阅过后,作者可以为之前做的修订逐一检查,或者接受该处的修改,或拒绝修改以保持原来的文本内容。操作方法:将光标定位到修改位置,单击"接受"按钮,在下拉列表中选择"接受并移到下一条",则此处修改的内容被接受,原来旧的文本内容消失;"接受对文档的所有修改"则将全文修订的内容全部接受,原来被改的内容消失。

如果要拒绝修改,单击"拒绝"按钮,则修改内容消失,保持原来文本的内容。同样,"拒绝"按钮也提供了"拒绝并移到下一条"和"拒绝对文档的所有修改"。

5.9 打印

单击"文件"选项卡,单击列表中的"打印"按钮,右侧界面变为打印设置及预览状态,如图 5.91 所示。

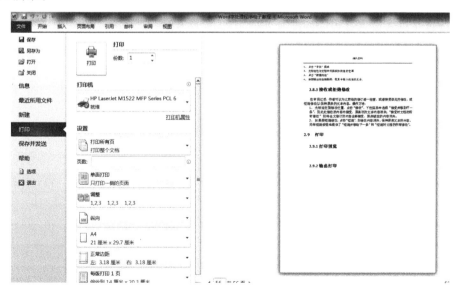

图 5.91 打印设置

打印机：可设置此次打印使用的打印机。

设置：单击下拉按钮，可设置"打印所有页""打印当前页面"以及"打印自定义范围"，选择"打印自定义范围"后，会提示用户输入打印的起始页及终止页，如图 5.92 所示。

图 5.92　打印设置

还可以设置单双面打印、纵向（或横向）、纸张、边距等。

5.10　讨论题

1. 试描述和总结 Word 文档中的对象选择方式。
2. 试分别描述和总结文字格式及段落格式的主要设置。
3. 试描述和总结节、分栏、项目符号和编号等重要概念的使用。
4. 试简单总结表格的设计和格式处理。
5. 试总结格式设置过程中的高效处理手段，如格式刷、样式等。

第6单元

Excel 电子表格处理

Excel 工具是微软 Office 套件之一,主要用于表格数据的处理,是当下办公自动化运用最广泛的电子表格处理工具。本单元主要介绍 Excel 2010 的基本概念和主要操作,包括输入与编辑数据、格式化工作表、管理工作表、公式和函数、数据排序、数据筛选等。

6.1 Excel 的基本操作

工作簿是 Excel 表格的载体,所有的工作都是在工作簿中进行的。一般来说,对于工作簿的操作主要包括创建工作簿、保存工作簿和打开工作簿。

6.1.1 创建工作簿

创建工作簿是用户使用 Excel 2010 的第一步,创建工作簿主要有两种方法。

1. 自动创建

当启动 Excel 2010 时,系统会自动创建一个 Excel 工作簿,并自动命名为"Book1. xlsx"。

2. 手动创建

如果已经打开了 Excel 2010,要创建一个新的工作簿,可以采用如下方法。第一步,单击"文件"选项卡,单击其中的"新建"按钮,弹出"新建工作簿"对话框。第二步,在该对话框的"可用模板"列表中选择一种模板。如果已安装的模板不能满足要求,还可以使用 Office.com 模板的下载功能,下载更多的模板类型。如果要创建一张空白的工作簿,直接采用默认选项即可。第三步,选择完毕后,单击"创建"按钮即可创建出相应的工作簿,如图 6.1 所示。

6.1.2 保存工作簿

通常对表格的操作完成后,要保存起来以防丢失,这就要保存工作簿。在使用 Excel 2010 的过程中要养成一个随时保存的好习惯,这样可以避免出现意外而造成损失。

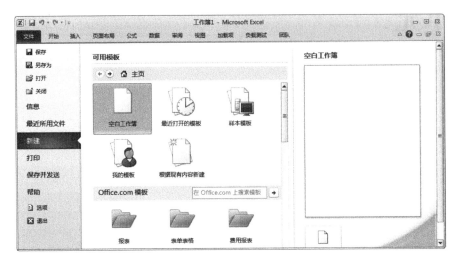

图 6.1 新建工作簿

1. 手动保存

工作簿可以直接保存，第一次保存工作簿时，Excel 将会提示输入文件名，可以自己命名文件，以便日后再次打开它。首先单击"文件"选项卡，选择其中的"保存"按钮，将弹出一个对话框，在"保存位置"下拉列表框中选择要保存的目录，在"文件名"文本框中输入工作簿的名称，在"保存类型"列表中选择要保存的文件类型，默认为 xlsx 格式。单击"保存"按钮对文档进行保存。

有时对打开的文件进行修改、编辑后，既要保存修改、编辑以后的文件，也要保存原来修改、编辑以前的文件，这时可用新的文件名来存储修改、编辑后的文件。首先单击"文件"选项卡，单击其中的"另存为"按钮即可。

2. 自动保存

除了手动保存以外，还可以设置自动保存，即每隔一段时间自动保存文档。具体方法如下：单击"文件"选项卡，单击其中的"选项"按钮，弹出"选项"对话框，单击左侧列表中的"保存"，弹出自定义保存的设置属性对话框，在该对话框中设置文件保存的格式、保存自动恢复信息时间间隔等，设置完成后单击"确定"按钮即可定时自动保存。

6.1.3 打开工作簿

要打开已经存在的工作簿，可以双击要打开的文件，便可打开该文件。也可以单击"文件"选项卡，单击其中的"打开"按钮，将出现一个打开文件的对话框，选择文件后，单击"打开"按钮就可打开工作簿。

6.1.4 工作簿、工作表与单元格

1. 工作簿

与其他版本的 Excel 相同，在 Excel 2010 中所做的工作都是在工作簿中进行的。工作

簿是 Excel 用于处理和存储数据的文件,在启动 Excel 后产生的第一个空白文档 Book1 就是一个工作簿。工作簿是用户在 Excel 中所用的文件,所有对文件的操作在 Excel 中都变成了对工作簿的操作。

在 Excel 2010 中,工作簿的默认扩展名是.xlsx。用户可以同时打开多个工作簿,但是在当前状态下,只有一个工作簿是活动的;工作簿中的工作表也只有一个是活动的。如果要激活其他的工作簿,可以进入"视图"选项卡的"窗口"组,通过在"切换窗口"下拉列表中选择其他的工作簿名称来实现。

每个工作簿可以由一个工作表组成,也可以包含多个工作表。这些工作表可以是各种类型的,如一般的工作表、图表工作表、宏工作表及模块工作表等。在 Excel 2010 中,工作簿中的工作表个数不再受限制,只要计算机内存足够大,就可以增加任意多个工作表。默认情况下,新建一个工作簿时将包括三个工作表,分别以 Sheet1、Sheet2、Sheet3 命名,如图 6.1 所示。

2. 工作表

工作簿由工作表组成,每个工作表在屏幕上占用相同的空间。工作表的名称显示在工作簿窗口底部的工作表标签上,通过窗口底部的工作表标签进行工作表的切换,活动工作表的标签处于按下状态。

如果工作簿中包含多个工作表,则工作簿底部显示工作表标签的区域将显示不完这些标签。这时可拖动"范围调整"按钮来调整显示工作表标签的区域。

前面已指出,打开一个新工作簿通常默认含有三张工作表,用户可以根据需要增加工作表或对工作表改名。在 Excel 的操作过程中,其实用户面对的是工作簿中的一个或多个工作表,如图 6.2 所示。

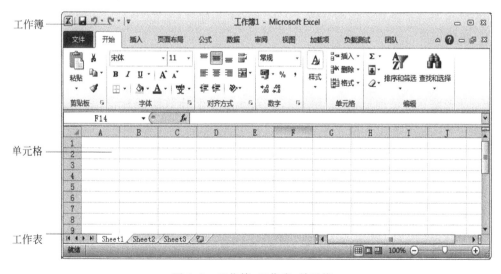

图 6.2　工作簿、工作表、单元格

一个工作表是由行和列组成的二维表格组成的。Excel 2010 支持每个工作表中最多可以有 1 048 576 行、16 384 列。

3. 单元格

Excel 作为电子表格软件,其数据的操作都在组成表格的单元格中完成。Excel 将工作表分成了许多行和列,这些行和列交叉构成了一个个的单元格,如图 6.2 所示。

在 Excel 中,每个单元格都设置有参考坐标,坐标以数字表示(1~1 048 576 行),列坐标以字母表示(A~XFD 列)。每个单元格以它们的列首字母和行首数字组成地址名,列号置前、行号在后,如 C5 表示 C 列第 5 行的单元格。用户输入的任何数据都将保存在这些单元格中。这些数据可以是字符串、数字、公式等。

在工作表的某个单元格上单击,可选中该单元格。被选中的单元格周围会出现加粗的边框,该单元格的行号、列标也会以不同的颜色突出显示,同时,上方的名称框将出现相应的地址或区域名称。

6.2 输入与编辑数据

在 Excel 2010 中,一个工作簿中可以含有任意多个工作表。每一个工作表由大量的单元格所组成。每一个单元格可以输入的数据主要包括数值、文本、日期和时间、布尔值等类型。

数值和文本可以在单元格中直接输入,这些数据包括数值、日期、时间、文字等,而且在编辑完这些数据后其值保持不变。公式则是以"="(等号)开始的一串数值、单元格引用位置、函数、运算符号的集合,它的值会随着工作表中引用单元格的变化而发生变化。

6.2.1 数据和数据类型

Excel 可以处理多种类型的数据。主要有以下几种。

1. 数值

数值具有可计算的特性,由以下字符组成。

0 1 2 3 4 5 6 7 8 9 + − ( ) ! , $ ％ E e

Excel 忽略在数值前面的正号(+),E 或 e 为科学计数法的标记,表示以 10 为幂次的数。

输入到单元格中的内容如果被认为是数值,则采用右对齐方式。

2. 文本

文本可以是数字、字符或者字符与数字的组合。在 Excel 单元格内输入的数据,只要不是数值、日期、时间、公式及与公式相关的值,都被认为是文本。所有文本均为左对齐,并且一个单元格内最多可以输入 32 767 个字符。

3. 日期和时间

日期和时间是一种特殊的数据类型,是采用了日期和时间格式的数值,这是为了更便于用户理解。在 Excel 中,日期和时间以数字储存。根据单元格的格式决定日期的显示方式。输入日期时,应按日期的表示形式输入,常用斜杠或减号分隔日期的年、月、日部分,而时间通常用冒号来分隔。

在 Excel 2010 中,可以输入以下几种形式的日期和时间:

- 2009/1/20,表示的日期是 2009 年 1 月 20 日。
- 09-1-20,表示的日期是 2009 年 1 月 20 日。
- 1/20,表示的日期是 1 月 20 日,年份则以计算机的系统时间为准。
- 20-jan-2009,表示的日期是 2009 年 1 月 20 日。
- 2009 年 1 月 20 日,表示的日期是 2009 年 1 月 20 日。
- 9:40,表示的时间是上午 9 点 40 分,如果不带有上午或下午的标志,则按照 24 小时表示法计算。
- 9:40:15,表示的时间是上午 9 点 40 分 15 秒。
- 9:40 pm,表示时间是下午 9 点 40 分。

4. 布尔值

在 Excel 表中的布尔值包括 True 和 False。

6.2.2 按单元格或与区域输入数据

1. 按单元格输入数据

在 Excel 工作表中,输入的数据都将保存在当前的单元格中。每选择一个单元格,输入一个数据。输入数据前需单击所选单元格,此时当前单元格四周将出现一圈加黑的边框线,表示该单元格已被激活。

单元格操作也可不用鼠标,由键盘来进行选择,选择方法可以参考其他书籍,此处不再阐述。

2. 按区域输入数据

按区域输入数据,就是在选择活动单元格之前,先选定一个区域作为数据的输入范围。这种方法的优点是,当活动单元格到达所选区域的边界时,如果按 Tab(或 Enter)键选择下一个单元格,Excel 能自动进行换行(列),激活下一行(列)行(列)首的单元格,从而达到简化操作的目的。

区域可以根据操作的需要灵活选取,既可以是一行或一列,也可以是一个或几个任意大小的矩形块,甚至是整张的工作表。一旦选好,Excel 将使选定区域变成灰色,但活动单元格仍保留原色以便用户识别,已选的区域如不再需要,单击工作表任意位置可随时撤销。

区域的选择操作如下:

(1) 选择整行或整列:选择某一行(或列),只要将鼠标指针移至工作簿窗口内该行的行号上(或该列的列号字母上),然后单击即可。

(2) 选择一个矩形区域:选择某个矩形区域时,可先将鼠标指针移到该区域顶点位置的单元格中,按下鼠标左键,然后拖动鼠标至该区域对角的单元格中,释放鼠标即可。

(3) 选择不相邻的区域:首先选择第一个区域,然后按住 Ctrl 键,同时用鼠标左键选择其他的一个或多个区域,选择后松开 Ctrl 键。

(4) 选择整个工作表:若要选择整个工作表,只需单击窗口左上角的"全选"按钮即可。

（5）撤销选择的区域：只需将鼠标指针移到工作表的任一位置，然后单击即可。

（6）选定区域内的输入操作：在选定的区域内，数据仍是逐个输入单元格中的。在区域中改变活动的单元格，主要使用 Tab、Enter 与 Shift 键。按 Tab 键向右移动，按 Shift＋Tab 组合键向左移动；按 Enter 键向下移动，按 Shift＋Enter 组合键向上移动。遇到区域边界时，Excel 能自动激活相邻行（或列）内的单元格。

6.2.3　手动输入数据

手动输入数据可以直接在单元格内进行，也可以在编辑栏中输入。单个单元格数据输入可采用如下步骤。

（1）选定需要输入数据的单元格。

（2）输入数字或文本，按 Enter 键或 Tab 键，或单击编辑栏上的"确定"按钮即可。

输入完数据后可以直接在单元格中更改数据，只需在单元格上双击就可进入"编辑"状态，此时可直接更改数据，更改完成后，按 Enter 键即可。

1. 输入文本

在 Excel 中除了普通的英文字符、汉字、标点符号和特殊符号之外，数字也可作为文本。在 Excel 中输入文本非常方便，首先选择单元格，输入文本，然后按 Enter 键即可，Excel 会自动将输入的文本设置为左对齐。

1）超长文本的显示

在 Excel 2010 中，一个单元格中最多可以输入 32 767 个字符。输入到单元格中的文本如果很长，则无法在一个单元格内全部显示时，这时会按两种情况分别进行处理：如果右边的单元格没有存放任何数据，则文本内容会超出本单元格的范围显示在右边的单元格上；如果右边的单元格已经有了数据，则只能在本单元格中显示文本内容的一部分，其余的文字被隐藏。

2）数字作为文本

有些数字是不进行运算的，如邮政编码或身份证号码等。在默认的情况下，如果将数字输入到单元格中，Excel 会将其识别为数值，并且设置为右对齐。若要将输入的数字作为文本表示，可用以下三种方法。

- 在数字前加半角的单引号"'"。如某地的邮政编码'100083。
- 在输入的数字前加等号"＝"，再用双引号将数字括起来即可。
- 将单元格设置为"文本"格式，再输入数字。

2. 输入数值

在 Excel 中，单元格中可以输入正数或负数的整数、小数、分数以及科学记数法的数值，Excel 默认数值均为右对齐。

- 输入分数：在单元格中可以输入分数，如果按普通方式输入分数，Excel 会将其转换为日期。例如，在单元格中输入"1/5"，Excel 会将其当作日期，显示为"1 月 5 日"。因此要输入分数，需要在其前面输入整数部分，如"0 1/5"（要求在输入的整数部分和分数部分的中间有一个空格)。这样,Excel才将该数作为一个分数处理,并将该分数转为小数保存。

- 使用千位分隔符:在输入数字时,在数字间可以加入逗号作为千位分隔符。但是如果加入的逗号的位置不符合千位分隔符的要求,Excel将输入的数字和逗号作为文本处理。
- 使用科学计数法:当输入很大或很小的数值时,Excel会自动用科学计数法来显示。而在编辑栏中显示的内容与输入的内容是相同的。
- 超宽度数值的处理:当输入的数值宽度超过单元格宽度,Excel将在单元格中显示♯♯♯♯号,如果加大本列的列宽,数字才会正确地显示出来。

表6.1所示为在Excel中显示输入的数字及其在计算机内储存的方式。

表6.1　Excel的数学格式

输入的数字	在计算机内储存
−456	−456
528	528
123.45	123.45
2 1/3	2.33333333333333
2.57E-01	0.257
50%	0.5
＄321.54	321.54
(456)	−456

3. 输入日期和时间

在Excel中,输入的数据若符合日期和时间的格式,会自动被识别为日期或时间,如果不能识别当前输入的日期或时间格式,则将按文本处理。

1) 设置日期和时间格式

如果将单元格设置为日期或时间格式后,输入数字就可显示为日期或时间,设置单元格格式的步骤如下:右击单元格,在弹出的快捷菜单中选择"设置单元格格式",在弹出的对话框中选择"数字"选项卡,在"分类"列表中选择"日期"或"时间"选项,在右侧的"类型"中选择需要显示的格式即可。

2) 手工输入日期或时间

在输入日期时,其连接符号为"/"或"−",时间的连接符号是":"。在同一单元格中可以同时输入日期和时间,要求在日期和时间之间用空格隔开,否则将被认为是文本。

输入时间时,默认的时间为24小时的时钟系统。如果需要采用12小时制,则要求在输入的时间后面加上一个空格并配后缀"am"或"pm"("a"或"p")。

在输入状态时,按下Ctrl+;组合键,将自动输入当天日期,按下Ctrl+Shift+;组合键,将自动输入当前时间。

表6.2所示为Excel能识别的日期和时间格式。

表 6.2　Excel 能识别的日期和时间格式

日　期　格　式	时　间　格　式
2009-01-01	9：30PM
2009 年 1 月 1 日	9：30：00PM
二○○九年一月一日	21：30
2009 年 1 月（表示当月 1 日）	9 时 30 分
1 月 1 日（表示当年）	9 时 30 分 55 秒
2009/1/1	下午 9 时 30 分
Jun-09（表示当月 1 日）	下午 9 时 30 分 55 秒
20-Jun-09	2009/1/20 9：30

6.2.4　自动填充数据

在向工作表输入数据时，有时会用到一些相同的数据或序列数据，例如一月，二月，…，十二月；星期日、星期一等。Excel 提供的"填充"功能，可以使用户快速地输入整个数据序列，而不必依次输入序列中的每一个数据。

使用该功能既可以自动填充相同的数据，也可以针对一些有序的数据提供简化操作，还可以自定义填充序列，为以后的数据输入提供方便。

1. 使用填充柄

填充柄就是选定区域右下角的一个黑色小方块，如图 6.3 所示。

拖动填充柄之后，出现"自动填充选项"按钮，单击此按钮，将会列出如图 6.4 所示的填充项目，包括复制单元格、仅填充格式、不带格式填充。

图 6.3　填充柄　　　　　　　　　图 6.4　填充柄选项

例如，利用填充柄复制数据，具体步骤如下：

(1) 选择需要复制数据的单元格。

(2) 用鼠标左键拖动右下角的填充柄，到需要填充的单元格后释放鼠标。

2. 使用填充命令

在填充数据时，除了可以拖动填充柄快速填充相邻的单元格外，用户还可以使用"填充"命令，用相邻单元格或区域的内容填充活动单元格或选定区域，具体步骤如下：

(1) 选中一个位于填充数据单元格周围的空白单元格。

(2) 在"开始"选项卡的"编辑"组中单击如图 6.5 所示的"填充"按钮，打开命令列表。

（3）在命令列表中选择"向上""向下""向左"或"向右"，如图6.6所示。

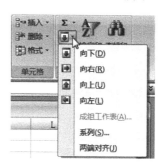

图6.5 "填充"按钮　　　　　图6.6 填充命令列表

3. 自动填充柄的使用

1）填充相同的数据

首先选中填充数据的源单元格，将鼠标指针移到单元格的右下角，当鼠标指针变成十字形状时，按住鼠标左键向要填充的目标单元格拖动，到达最后一个单元格后释放鼠标，目标单元格中就填充了与源单元格相同的数据。

自动填充数据后在最后一个单元格右下角出现"自动填充选项"按钮，当单击"自动填充选项"按钮时会出现提示"自动填充选项"列表，可以从中选择需要的填充形式。

2）序列填充

序列填充数据可分为自动填充已定义的序列和填充未定义但有明显变化规律的序列。

（1）自动填充已定义的序列。Excel预先设置了"一月，二月，…，十二月"等数据系列，供用户按需选用。若用户需要自动填充"一月，二月，…"等内容，只要把序列中的第一个数据输入活动单元格。把鼠标指针移到填充柄上，此时鼠标指针将由空心十字光标变成实心十字光标。按下鼠标左键，将填充柄拖动到指定单元格后释放鼠标，数据即自动填入工作表。

（2）填充尚未定义但有明显变化规律的序列。这些数据也可用填充柄自动填充，其操作步骤如下：输入序列的前两个数据，选定这两个单元格作为初始区域。将鼠标指针移至初始区右下角的填充柄上，此时鼠标指针变为实心十字光标。按下鼠标左键，拖动填充柄到需要自动填充的最后一个单元格处释放即可。

4. 自定义填充序列

需要指出，在Excel中预先定义的系列数据总是有限的。对不同的用户，常用的系列数据也不会相同。例如，学校可能需要"教务处，财务处，科研处，学生处…"等数据系列，公司可能需要"策划部，市场部，经营部…"等数据系列，它们在各项数据间并无规律可循。要想自动填充这样的数据序列，必须遵守"先定义后使用"的原则。

1）使用基于现有项目列表的自定义填充序列

如果要将工作表中已有列表作为自定义填充序列，可按以下步骤操作：

（1）在工作表中，选择要在填充序列中使用的项目列表，如图6.7所示。

（2）单击"文件"选项卡，单击其中的"选项"按钮，弹出"Excel选项"对话框。

（3）单击"高级"分类，在"常规"下单击"编辑自定义列表(O)"。

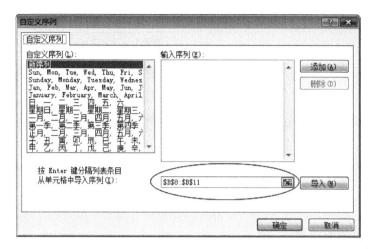

图 6.7　选择填充序列项目列表

（4）在弹出的"自定义序列"对话框中，确保所选项目列表的单元引用显示在"从单元格中导入序列"框中，单击右侧的"导入"按钮，结果如图 6.8 所示。

（5）这时所选的列表中的项目将添加到"自定义序列"框中。单击"确定"按钮两次，返回到工作表中。

（6）在工作表中，选择一个单元格，输入前面自定义序列中的一个项目，向下拖动该单元格的填充柄，将自动重复前面定义的序列。

图 6.8　自定义序列

2）使用基于新的项目列表的自定义填充序列

如果自定义序列没有输入到工作表中，也可直接在"自定义序列"对话框中直接输入，具体步骤如下：

（1）单击"文件"选项卡，单击其中的"选项"按钮，弹出"Excel 选项"对话框。

（2）单击"高级"分类，在"常规"下单击"编辑自定义列表（O）"，在弹出的"自定义序列"对话框的"输入序列"文本框中输入各个项目。从第一个项开始，在输入每个项后按 Enter 键。

（3）输入完列表后，单击右上角的"添加"按钮，单击"确定"按钮，返回工作表界面。

完成自定义序列的定义后，就可以在工作表中使用该序列进行填充操作。

5. 编辑自定义填充序列

编辑自定义填充序列的步骤如下：

（1）通过"Excel 选项"打开"自定义序列"对话框。

（2）在左侧的"自定义序列"列表框中，单击要编辑的列表，该列表则显示在右侧的"输入序列"列表框中。

（3）在"输入序列"文本框中进行修改，如图 6.9 所示。

（4）单击右上角的"添加"按钮，完成自定义序列的编辑。

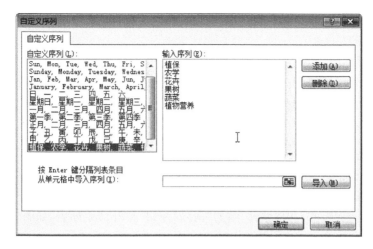

图 6.9　"自定义序列"对话框

6. 删除自定义填充序列

删除自定义填充序列的步骤如下：

（1）通过"Excel选项"打开"自定义序列"对话框。

（2）在左侧的"自定义序列"列表框中，单击要删除的列表，该列表自动显示在右侧的"输入序列"文本框中。

（3）单击右侧的"删除"按钮，所选列表将从"自定义序列"列表框中删除。

6.2.5　编辑单元格数据

为了方便用户建立和维护工作表，Excel提供了多种编辑命令，支持对单元格的数据进行编辑、插入、删除、清除、移动、复制以及查找、替换等操作。

1. 编辑单元格内的数据

如果对单元格内的数据进行编辑，方法有两种：一是双击该单元格，就可以在单元格内对数据进行编辑操作了。另外一种是选择该单元格，这时可以在编辑栏中对数据进行修改，修改的结果立即在单元格中显现出来。

2. 插入操作

若在某个位置上插入单元格，可以按照以下步骤进行操作：

（1）单击选择要插入单元格的位置。

（2）单击"开始"选项卡中"单元格"组的"插入"按钮，打开命令列表。

（3）选择"插入单元格"，在弹出的"插入"对话框中选择插入的方式，完成插入操作，如图 6.10 所示。

其实插入单元格时也可以插入行和列，只要在命令列表中选择"插入工作表行/列"即可。

另外，也可以通过快捷方式进行单元格的操作，右击活动单

图 6.10　"插入"对话框

元格，在弹出的快捷菜单中选择"插入"，在弹出的"插入"对话框进行插入单元格、插入行或列的设置操作。

3. 删除操作

若在某个位置上删除单元格、整行或整列，其操作步骤和前面的插入操作基本一致，只是在命令选择的地方选择"删除"即可。

4. 清除操作

清除操作只是删除了单元格中的内容，而该单元格仍然存在。清除单元格中内容的具体步骤如下：

（1）选择需要清除内容的单元格或单元格区域。

（2）单击"开始"选项卡中"编辑"组的"清除"按钮，打开命令列表，如图 6.11 所示。

图 6.11　清除命令列表

（3）选择"全部清除"，清除单元格中的所有内容。

（4）选择"清除格式"，只清除单元格的格式。

（5）选择"清除内容"，只清除单元格的内容。

（6）选择"清除批注"，只清除单元格的批注。

另外，右击工作表的选定区域，将出现快捷菜单，选择"清除内容"，也可以清除单元格的内容。

5. 移动或复制单元格中的数据

在 Excel 中，可通过鼠标拖动进行移动和复制操作，也可以通过剪贴板进行数据的移动和复制操作。

1）用鼠标移动或复制单元格数据

利用鼠标对单元格的操作比较直接、简单，具体步骤如下：首先选择所要移动或复制的单元格，将鼠标指针指向选定区域的边框，此时鼠标显示为四个方向的箭头形状。若要移动数据，拖动选定单元格或区域到选定粘贴的位置即可。

如果要复制数据，在拖动选定区域的同时按住 Ctrl 键即可。

2）利用剪贴板移动或复制单元格数据

在 Excel 中，通过使用"剪切""复制"和"粘贴"命令来移动或复制整个单元格区域的内容。使用剪贴板进行复制的具体步骤和 Windows 环境下的其他应用程序的使用方法基本一致。"剪切""复制"和"粘贴"命令按钮都在"开始"选项卡的"剪贴板"组中。

另外，也可以通过快捷命令进行单元格的操作，右击活动单元格，在弹出的快捷菜单中选择所需要的命令。

3）使用快捷菜单复制单元格数据

利用快捷菜单同样可以完成某些单元格的移动或复制，具体步骤如下：选择所要移动或复制的单元格，指针指向选定区域的边框，右击并拖动鼠标到新单元格。释放鼠标后，会显示出一个快捷菜单，根据需要选择快捷菜单中的选项，完成单元格数据的移动或复制。

6．选择性粘贴

Excel 还提供一种称为"选择性粘贴"的操作方式，能够将剪贴板中的数据进行格式转换。要使用选择性粘贴功能，可按以下步骤进行操作：

（1）选中要复制的数据，单击"开始"选项卡中"剪贴板"组的"复制"按钮或按 Ctrl＋C 组合键，将数据复制到剪贴板中。

（2）单击目标单元格，单击"开始"选项卡中"剪贴板"组的"粘贴"按钮下方的三角形箭头，打开命令列表。

（3）选择"选择性粘贴"，根据不同的需要选择粘贴的内容。

7．撤销和恢复操作

在单元格的编辑操作中，如果操作错误，希望取消本次操作，就需要使用 Excel 的撤销操作命令。

取消一项或多项操作的具体步骤如下：

（1）单击快速访问工具栏上的"撤销"按钮或右侧的下拉箭头。

（2）在"撤销"命令列表中列出了最近操作的命令，用鼠标从上向下选择需要撤销的命令。

（3）单击鼠标后，Excel 将撤销所选的命令。

恢复操作专门针对已做过"撤销"的操作，用于"撤销"被撤销的操作。其操作方法与撤销操作类似。

6.3 格式化工作表

好的工作表不仅要有鲜明、详细的内容，还要有美观、庄重的外观。Excel 提供了大量预定义的工作表格式，可以方便地设置文本、数字和图表的格式，甚至还可以自定义它们的格式。用户常希望表格的标题等内容能更醒目、更直观地表现出来，这就需要对工作表的单元格进行格式设置。设置单元格格式包括设置文本的字体格式、文本对齐方式、单元格的边框图案和背景图案、数字的类型等。

6.3.1 创建单元格的数据格式

当输入一些数据时，为了使其具有更直观的概念，往往希望这些数据以特定的格式显示。例如，表中的价格数据就希望以货币的形式显示。要实现这一功能，可以通过设置单元格数据格式实现。

在 Excel 中输入原始数据，为了更好地表示价格，要在价格的数值前面自动添加"￥"符号。其操作步骤如下：选中单元格 B2：B4，然后使用右键快捷菜单打开"设置单元格格式"

对话框,并切换到"数字"选项卡。在该选项卡的左侧包含各种类型数据的预置格式。在"分类"列表框中选择"货币"类型,此时在右侧会出现各种预置的格式,如图 6.12 所示。在这里可以直接选择,也可以进行调整,然后单击"确定"按钮完成设置。

图 6.12　系统预设的格式

设置完后价格的数据效果如图 6.13 所示。

	A	B
1	书目	价格
2	现代汉语词典	¥67.00
3	学生成语词典	¥35.00
4	爱的教育	¥25.00

图 6.13　系统预设的格式

6.3.2　调整行高和列宽

在 Excel 中默认的单元格宽度是 8.38 个字符,如果输入的文字超过了默认的宽度,则单元格中的文本内容就不能完全显现出来,可能需要调整列宽。

改变行高或列宽可以使用鼠标或"开始"选项卡的"单元格"组的"格式"下拉按钮。一般改变单行行高或列宽,使用鼠标直接拖动,而改变多行或多列则使用"格式"下拉按钮中的"行高"或"列宽"更方便。

用鼠标操作调整行高和列宽,不仅直观而且方便。例如把鼠标指针指向列头上的 A列、B 列的分界处,当指针变成带有左右箭头的黑色竖线时,按下鼠标左键,拖动鼠标就可以调整 A 列的列宽,如图 6.14 所示。与此相似,若要调整行高时,可把鼠标指针移到行头上两行的分界处。当指针变为带上下箭头的黑色横线时按下鼠标左键,然后拖动就可以调整行高。

另一种改变行高与列宽的方法是选中要调整的单元格或某一区域,单击"开始"选项卡中"单元格"组的"格式"下拉按钮,在下拉列表中选择"行高"或"列宽",弹出"行高"或"列宽"

对话框,在对话框中输入要更改后的数值,单击"确定"按钮即可,如图 6.15 所示。

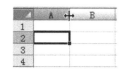

图 6.14　用鼠标改变列宽

图 6.15　"行高"对话框

当输入某单元格的字体较大,其行高容纳不下时,Excel 会自动把该行的行高"撑高"到所需的高度,但单元格的宽度不够时,该单元格不会自动加宽。

6.3.3　合并单元格

合并单元格是将多个相邻的单元格合并为一个单元格,合并后单元格的数据将只保留选中单元格中左上角单元格的数据。

例如,如果为了使标题位于表格的中间,需要将单元格 A1:E1 合并,同时将其设置为文字水平居中显示,首先选中单元格 A1:E1,如图 6.16 所示,单击"开始"选项卡中"对齐方式"组的"合并后居中"按钮,可以看到如图 6.17 所示的效果。

	A	B	C	D	E
1	额统计表(万元)				
2		一季度	二季度	三季度	四季度
3	1分店	1511	1470	2310	1440
4	2分店	1620	1080	1980	1350
5	3分店	730	635	1820	985
6	4分店	894	970	1090	1225
7	5分店	1050	1208	1150	1339

图 6.16　选中单元框

	A	B	C	D	E
1	全年销售额统计表(万元)				
2		一季度	二季度	三季度	四季度
3	1分店	1511	1470	2310	1440
4	2分店	1620	1080	1980	1350
5	3分店	730	635	1820	985
6	4分店	894	970	1090	1225
7	5分店	1050	1208	1150	1339

图 6.17　合并后居中显示文字

如果不希望合并后居中显示,可以采用其他的方式。例如,要把单元格 A1:E1 合并,但不希望居中显示文字。可以采用下面的方法:首先选中要合并的单元格,单击"开始"选项卡中"对齐方式"组的"合并后居中"下拉按钮,打开下拉列表,选择"合并单元格"即可。

6.3.4　设置单元格的文字格式

除了调整单元格的结构外,通过设置文字格式也可以创建更好的表格效果。下面继续介绍单元格的文字格式设置方法。具体操作步骤如下:

(1) 选中要设置文字格式的单元格,例如 A1 单元格。

(2) 在功能区"开始"选项卡的"字体"组内,可以通过选择直接设置单元格内文字的字体、大小和字体颜色等。

也可以在选中单元格后,在选中的单元格内右击,在弹出的快捷菜单中选择"设置单元格格式",或者直接单击"字体"组右下方的按钮,都可以直接打开"设置单元格格式"对话框的"字体"选项卡,如图 6.18 所示。设置完成后,单击"确定"按钮返回,这时可以看到设置后的效果。

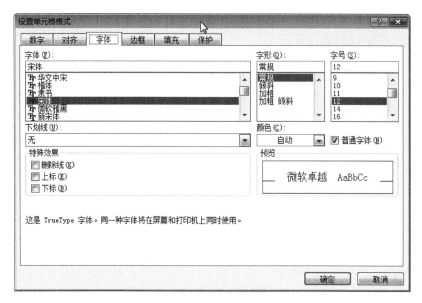

图 6.18 "设置单元格格式"对话框

6.3.5 添加表格边框

设置表格边框不仅可以美化工作表，还可以让表格更加人性化。具体操作步骤如下：选中要添加边框的单元格或区域，用右键快捷菜单打开"设置单元格格式"对话框，将其切换到"边框"选项卡。在"样式"列表框中可以选择线条的样式和粗细，在"颜色"下拉列表中设置边框线条的颜色，再单击右侧的边框位置按钮，就可以在预览窗口看到边框的效果，如图 6.19 所示。设置完成后，单击"确定"按钮返回即可。

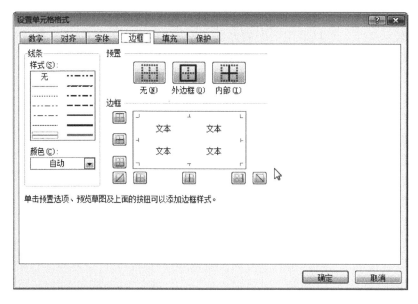

图 6.19 "设置单元格格式"对话框"边框"选项卡

6.3.6　设置背景颜色

有时候为了突出表中的重点内容，会给一些单元格设置背景，使之更加醒目。其具体操作步骤如下：在表中选中要设置背景的单元格或区域，单击"字体"组的"填充颜色"下拉按钮，在打开的"颜色"列表框中选择一种合适的颜色即可。

也可以用右键快捷菜单打开"设置单元格格式"对话框，将其切换到"填充"选项卡，选择合适的颜色，单击"确定"按钮返回，这时可以看到设置后的效果。

6.3.7　套用格式

从上面的介绍可知，格式化的手工操作比较烦琐，各项设置会耗费不少时间，为此，Excel 提供了多种内置格式，使用这种格式可以轻松地制作成各种效果的表格。使用套用格式的具体操作步骤如下：

（1）选中套用格式的单元格区域。

（2）单击"开始"选项卡中"样式"组的"套用表格格式"按钮，系统会打开自带的表格格式列表，选择其中的一种类型即可。

6.4　管理工作表

每个工作簿中都可以包含多个工作表，根据需要用户可以进行插入、重命名、删除、移动和复制工作表等操作。

6.4.1　插入工作表

用户在使用过程中，如果工作簿的内容较多，这时就需要在这个工作簿中插入新的工作表。

1. 插入单个工作表

要插入新工作表，执行下列操作之一：

若要在现有工作表的末尾快速插入新工作表，请单击屏幕底部的"插入工作表"，如图 6.20 所示。

图 6.20　插入工作表

若要在现有工作表之前插入新工作表，请选择该工作表，单击"开始"选项卡中"单元格"组的"插入"按钮，然后单击"插入工作表"按钮。

也可以右击现有工作表的标签，然后选择"插入"，或在"常用"选项卡中单击"工作表"，然后单击"确定"按钮。

2. 一次性插入多个工作表

如果希望一次插入多个工作表,可以按如下方法操作:

（1）按住 Shift 键,然后在打开的工作簿中选择与要插入的工作表数目相同的现有工作表标签。例如,如果要添加三个新工作表,则选择三个现有工作表的工作表标签。

（2）单击"开始"选项卡中"单元格"组的"插入"按钮,然后单击"插入工作表"。也可以右击所选的工作表标签,在弹出的快捷菜单中选择"插入",在"常用"选项卡中单击"工作表",然后单击"确定"按钮。

6.4.2　重命名工作表

有时工作表的名称没有具体的含义,不方便使用,需要将其重新命名。重命名工作表的步骤如下:

（1）右击要重命名的工作表标签,在弹出的快捷菜单中选择"重命名",如图 6.21 所示。

（2）当前工作表名称处于可修改状态,然后输入新名称即可。

图 6.21　重命名

6.4.3　删除工作表

如果有的工作表不再需要,可以通过以下两种方法来实现删除工作表:

方法一:单击"开始"选项卡中"单元格"组的"删除"下拉按钮,选择其中的"删除工作表"即可删除当前工作表。

方法二:右击要删除的工作表的工作表标签,在弹出的快捷菜单中选择"删除"。

在删除工作表时,如果工作表内包含数据,那么 Excel 会出现提示对话框,询问用户是否真的要删除该工作表。如果该工作表内没有数据,Excel 就直接删除。

如果要一次删除多个连续的工作表,可以使用和插入多个工作表类似的方法。即按住 Shift 键单击最后一个工作表标签,再进行删除操作,这个标签和活动工作表标签之间的所有工作表将都被删除。如果要删除多个不连续的工作表,则可以按住 Ctrl 键依次单击要删除的工作表标签,再进行删除操作即可。

6.4.4　移动和复制工作表

有时候需要把工作簿中的工作表顺序重新调整,如某公司的销售部为产品的销售情况创建了工作簿,每个产品的销售情况是一个单独的工作表。如果为了方便查找,将这些工作表以产品名称命名并按字母顺序排序,这时就可以通过移动工作表的位置来实现。

1. 利用鼠标拖曳移动工作表

在要移动的工作表标签上按住鼠标左键并拖曳,此时会出现一个标志,表示该工作表正在被移动,向下的箭头表示移动后的位置。移动到合适的地方（即工作表要移动到的目的地)后,释放鼠标即可。

如果要移动的目的地是另外一个工作簿,则要求将两个工作簿同时打开。

2. 利用 Ctrl 键和鼠标复制工作表

按住 Ctrl 键后,在要复制的工作表的标签上按住鼠标的左键并拖曳,到指定的位置后释放鼠标即可。

3. 利用"移动和复制工作表"对话框

打开该对话框有两种方法:一是右击工作表标签,在弹出的快捷菜单中选择"移动或复制工作表";二是进入 Excel 功能区的"开始"选项卡,单击"单元格"组的"格式"下拉按钮,在其中选择"移动或复制工作表"。在弹出的对话框中选择要移动的位置,单击"确定"按钮即可完成工作表的移动。如果勾选"建立副本"复选框,则会对工作表进行复制。

6.5　管理工作簿窗口

6.5.1　使用多窗口查看工作表

当创建一个数据比较多的表格时,经常需要拖动滚动条来显示屏幕上无法显示出来的信息,这时常常为了查看某个数据在哪一条记录上而来回拖动单元格,给操作带来很大麻烦。实际上 Excel 提供了使用多窗口来查看工作表功能,其操作方法如下:

(1)打开要查看的工作表,单击"视图"选项卡中"窗口"组的"新建窗口"按钮,此时会为该工作表创建一个新的窗口。

(2)将工作簿以可编辑大小显示(即工作簿不以最大化窗口显示),这时就可以同时看到工作表的两个部分。实际上这两个窗口显示的是同一个工作表文件。效果如图 6.22所示。

图 6.22　同时显示两个窗口

(3)如果想要看到同一记录的不同列的数据,可以设置同步滚动效果。单击"窗口"组的"并排查看"按钮,两个窗口将会并列显示出来。

（4）将两个窗口的水平滚动条分别拖动到左侧和右侧，就可以看到第一个员工的前后两部分数据。

（5）如果要想查看其他员工的数据，可以单击"窗口"组的"同步滚动"按钮，这样设置以后，当使用鼠标在一个窗口中滚动的时候，另一个窗口也会相应地调整。

6.5.2　拆分工作表窗口

除了使用多窗口查看以外，还可以通过将工作表拆分的方式同时查看工作表的不同部分。

如果要将窗口分成两个部分，首先要在拆分的位置上选中单元格一行（列），然后单击"视图"选项卡中"窗口"组的"拆分"按钮，则工作表会在选中的行上方（或选中列的左侧）出现一个拆分线，窗口就会分成两部分，如图 6.23 所示。

	A	B	C	D	E	F	G	H	I	J	K	L
1			一月份职工工资表									
2	部门	人员编号	姓名	性别	职务级别	基本工资	岗位津贴	各种补贴	房补	交通费	值班补贴	取暖费
3	后勤中心	85032	张鸣	男	主任科员	1620.00	450.00	400.00	100.00	20.00	100.00	80.00
4	后勤中心	87034	李强	男	副主任科员	1300.00	340.00	660.00	90.00	20.00	120.00	80.00
5	后勤中心	86023	魏雪	女	科员	1120.00	280.00	400.00	80.00	20.00	80.00	80.00
6	后勤中心	73043	吴京生	男	科员	1200.00	340.00	660.00	80.00	20.00	120.00	80.00
7	后勤中心	74067	赵凯	男	副主任科员	1200.00	380.00	750.00	90.00	20.00	100.00	80.00
8	后勤中心	73045	王萍	女	科员	1800.00	380.00	750.00	80.00	20.00	80.00	80.00
9	后勤中心	78078	张华	男	科员	1120.00	380.00	400.00	80.00	20.00	100.00	80.00
10	后勤中心	79067	李方	男	副主任科员	1120.00	340.00	660.00	90.00	20.00	120.00	80.00

图 6.23　窗口拆分成两部分

当拖动垂直滚动条时，可以看到两个部分的记录会同步运动，这样就能够很方便地查看整个工作表了。

如果想将窗口拆分为田字形的四部分，选中这四部分交叉点右下方的单元格，单击"拆分"按钮，则会在单元格位置的左上角出现两条拆分线。

用鼠标指针指向拆分线，按下鼠标左键拖曳，可以改变拆分线的位置，在拆分线上双击可去除该拆分线或者再单击"拆分"按钮可取消拆分。

6.5.3　冻结部分窗格

有些时候在查看工作表时，经常希望一些行或列可以一直显示在页面中，而不要随着滚动条的滚动而隐藏，这可以通过冻结部分窗格的方法来实现。具体操作步骤如下：

（1）打开工作表，选中希望保持可见的窗格的下方和右方交叉的单元格，如要使表中的第 1、2 行数据和 A、B、C 这三列数据都一直可见，这里就要选中单元格 D3。

（2）单击"视图"选项卡中"窗口"组的"冻结窗格"按钮，打开其下拉列表，选择"冻结拆分窗格"即可。此时拖动水平和垂直滚动条，可以发现数据的前两行和前三列一直显示在页面内。

（3）在"冻结窗格"的下拉列表中选择"冻结首行"或"冻结首列"命令，则首行或首列就一直显示在页面内。

取消"冻结窗格",只要再单击"冻结窗格"按钮,打开其下拉列表,选择"取消冻结窗格"即可。

6.6　保护工作簿数据

对工作簿和工作表进行保护,可以有效防止他人对重要的工作表及其数据进行随意修改。

6.6.1　保护工作簿

通过阻止编辑工作表或者仅授予特定用户访问权来限制对工作簿的访问。保护工作簿可以通过保护工作簿的结构来实现,而保护工作簿的结构就是使用户不能对工作簿的结构进行更改,如不能添加、删除工作表,甚至可以不允许其添加新的视图窗口。要保护工作簿的结构,可以采用如下步骤:

（1）单击"审阅"选项卡中"更改"组的"保护工作簿"下拉按钮,打开其下拉列表。

（2）选择"保护结构和窗口",弹出对话框。在该对话框中可以设置保护的对象和是否设置密码。

（3）勾选"结构"和"窗口"复选框,并在"密码"文本框内输入密码。单击"确定"按钮,系统会提示用户再次输入密码,然后单击"确定"按钮即可实现对工作簿的保护。

此时就不可以进行拖曳工作表标签操作,而且工作表标签的右键快捷菜单中的"插入""删除""重命名"等都变成了灰色,无法使用。而在"视图"选项卡中"窗口"组的"新建窗口""冻结窗口"等命令设置为不可用状态。

6.6.2　保护整个工作表

除了对整个工作簿进行保护外,还可以对工作表或者表中的特定元素进行保护,防止用户意外或故意更改、移动或删除重要的数据。具体操作步骤如下:打开相应的工作簿文档,切换到需要保护的工作表中,单击"审阅"选项卡中"更改"组的"保护工作表"按钮,弹出"保护工作表"对话框,勾选"保护工作表及锁定的单元格内容"复选框,如图6.24所示。单击"确定"按钮返回即可。

工作表被保护后,如果用户试图编辑工作表中的内容,软件会弹出拒绝编辑操作的对话框。

如果希望增加对表格的操作权限,可以在"保护工作表"对话框中勾选相应的复选框。单击"确定"按钮完成对工作表的保护。如果进行权限内的操作,则不会弹出拒绝编辑操作的对话框。

图6.24　"保护工作表"对话框

可以进行加密保护,在"保护工作表"对话框中输入密码后,单击"确定"按钮,软件自动弹出"确认密码"对话框,重复输入一次密码,单击"确定"按钮返回即可。

解除工作表保护操作很简单：切换到"审阅"选项卡，单击"更改"组中的"撤销工作表保护"按钮即可。如果加密保护了工作表，在单击上述按钮时，会弹一个输入密码的对话框，输入正确的密码，才能解除保护。

6.7　公式

在 Excel 中，公式是对工作表中数据进行计算的等式，以等号（＝）开始，例如，"＝10＋6＊2"是一个比较简单的公式，表示 6 乘以 2 再加 10，结果是 22。下面是一个略为复杂的公式：

$$=2*PI()*A1$$

其中，A1 单元格的数据是一个圆的半径，该公式可以计算圆的周长。

6.7.1　公式的组成

公式通常由运算符和参与运算的操作数组成。操作数可以是常量、单元格引用、函数等，其间以一个或者多个运算符连接。总之，可以在公式中输入的元素如下：

- 常量：直接输入到公式中的数字或者文本，是不用计算的值。例如"6"或者"年收入"。
- 单元格引用：引用某一单元格或单元格区域中的数据，可以是当前工作表的单元格、同一工作簿中其他工作表中的单元格、其他工作簿中工作表中的单元格。例如"＝2＊PI()＊A1"中的 A1。
- 工作表函数：包括函数及它们的参数，例如"＝2＊PI()＊A1"中的 PI()函数。
- 运算符：是连接公式中的基本元素并完成特定计算的符号，例如"＋""/"等。不同的运算符完成不同的运算。

6.7.2　公式的输入和编辑

Excel 中公式必须以等号（＝）开始，如果在单元格中输入的第一个字符是等号（＝），那么 Excel 就认为输入的内容是一个公式。

1. 输入公式

在 Excel 中输入公式时首先应选中要输入公式的单元格，然后在其中输入"＝"，接着根据需要输入表达式，最后按 Enter 键对输入的内容进行确定。

例如在单元格 D3 中输入公式"＝10＋5＊2"，输入完成按 Enter 键，在该单元格中即可显示该公式的运算结果。

也可以先选中要输入公式的单元格，然后在编辑栏中输入公式，输入完成后按 Enter 键得到的结果是相等的。

如果再次选中公式所在的单元格，就会看到只有编辑栏才会显示公式，而单元格内则一直显示计算的结果。

如果在单元格中没有输入"＝"，而是直接输入"10＋5＊2"，系统就会认为用户只是输入了一个简单的表达式，按 Enter 键后该单元格中显示的仍然是"10＋5＊2"。

如果在输入的公式中包含单元格的引用，可以使用鼠标选择的方法辅助输入公式，这种方法更加简单快捷并且不易出错。例如，制作成绩表，如图 6.25 所示。如果要在单元格 H3 中输入公式"＝C3＋D3＋E3＋F3＋G3"，可以按照下述步骤进行操作：

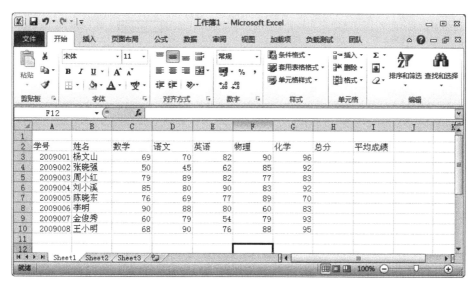

图 6.25　成绩表

（1）单击 H3 单元格，输入等号"＝"。

（2）单击 C3 单元格，该单元格的引用自动添加到公式中。

（3）输入加号"＋"。

（4）单击 D3 单元格，该单元格的引用自动添加到公式中，如图 6.26 所示。

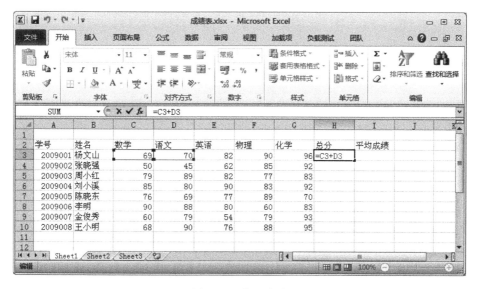

图 6.26　输入公式

（5）继续输入加号"＋"，单击 E3 单元格；输入加号"＋"，单击 F3 单元格；输入加号"＋"，单击 G3 单元格。

（6）按 Enter 键即可在单元格中显示公式的计算结果，如图 6.27 所示。

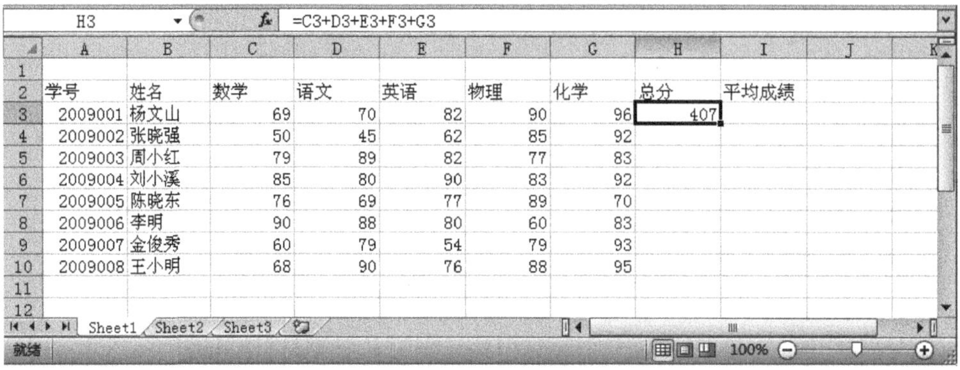

H3				fx	=C3+D3+E3+F3+G3					
	A	B	C	D	E	F	G	H	I	J
1										
2	学号	姓名	数学	语文	英语	物理	化学	总分	平均成绩	
3	2009001	杨文山	69	70	82	90	96	407		
4	2009002	张晓强	50	45	62	85	92			
5	2009003	周小红	79	89	82	77	83			
6	2009004	刘小溪	85	80	90	83	92			
7	2009005	陈晓东	76	69	77	89	70			
8	2009006	李明	90	88	80	60	83			
9	2009007	金俊秀	60	79	54	79	93			
10	2009008	王小明	68	90	76	88	95			
11										

图 6.27　公式的计算结果

2. 显示公式

输入公式后，系统将自动计算其结果并在单元格中显示出来。默认情况下，Excel 单元格中的公式只显示计算结果，不显示公式。如果需要将公式显示在单元格中，可以按照下述步骤操作：单击"公式"选项卡中"公式审核"组的"显示公式"按钮，即可在单元格中显示公式而不是计算结果，如图 6.28 所示。

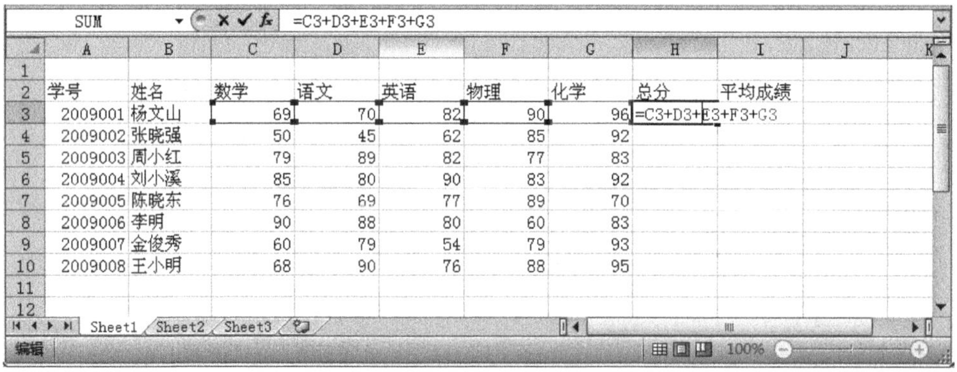

SUM			× ✓ fx		=C3+D3+E3+F3+G3					
	A	B	C	D	E	F	G	H	I	J
1										
2	学号	姓名	数学	语文	英语	物理	化学	总分	平均成绩	
3	2009001	杨文山	69	70	82	90	96	=C3+D3+E3+F3+G3		
4	2009002	张晓强	50	45	62	85	92			
5	2009003	周小红	79	89	82	77	83			
6	2009004	刘小溪	85	80	90	83	92			
7	2009005	陈晓东	76	69	77	89	70			
8	2009006	李明	90	88	80	60	83			
9	2009007	金俊秀	60	79	54	79	93			
10	2009008	王小明	68	90	76	88	95			
11										
12										

图 6.28　显示公式

3. 修改公式

输入公式后，在计算的过程中若发现工作表中某单元格中的公式有错误，或者发现情况发生改变，就需要对公式进行修改。具体的操作步骤如下：

（1）选定包含要修改公式的单元格，这时在编辑栏中将显示出该公式。

（2）在编辑栏中对公式进行修改。

（3）修改完毕按 Enter 键即可。

修改公式时也可在含有公式的单元格上双击，然后直接在单元格区域中对公式进行修改。

如果某单元格中的公式不再使用,可以将其删除。删除公式的方法很简单,选定要删除公式的单元格或单元格区域,按 Delete 键即可删除公式,单元格中的计算结果同时被删除。

4. 移动公式

如果需要移动公式到其他的单元格中,具体的操作步骤如下:

(1)选定包含公式的单元格,这时单元格的周围会出现一个黑色的边框。

(2)要移动该单元格中的公式可将鼠标放在单元格边框上,当鼠标指针变为四向箭头时按下鼠标左键,拖动鼠标指针到目标单元格。

(3)释放鼠标左键,公式移动完毕。

移动公式后,公式中的单元格引用不会发生变化。

5. 复制公式

在 Excel 中,可以将已经编辑好的公式复制到其他单元格中,从而大大提高输入效率。复制公式时,单元格引用将会根据所用引用类型而变化。

复制公式可单击"开始"选项卡中"剪贴板"组的"复制"和"粘贴"按钮来进行,其操作步骤如下:

(1)选取包含公式的单元格。

(2)单击"开始"选项卡中"剪贴板"组的"复制"按钮或按 Ctrl+C 组合键。

(3)选取需要复制公式的单元格。

(4)单击"开始"选项卡中"剪贴板"组的"粘贴"按钮或按 Ctrl+V 组合键,在选取的单元格中出现公式的计算结果,完成公式的复制。在编辑栏的公式栏中将看出公式的变化,如图 6.29 所示。

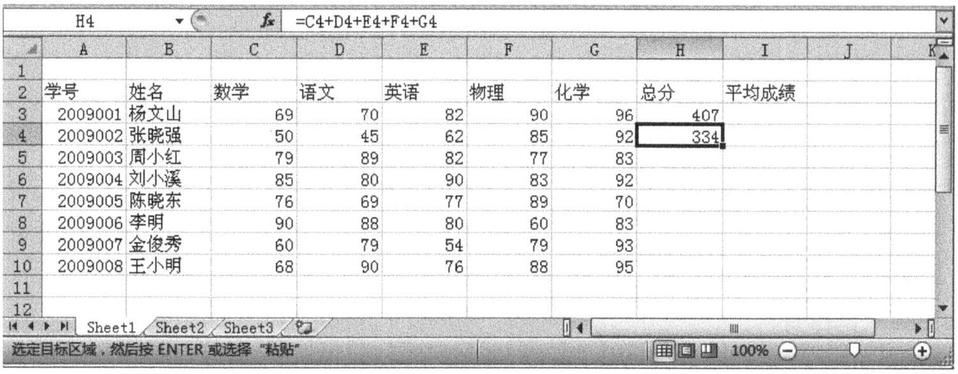

图 6.29 复制公式的结果

复制公式也可以使用填充柄,使用它相当于批量复制公式,其操作步骤如下:

(1)选择 H3 单元格,将鼠标置于填充柄上。

(2)按住鼠标左键并向下拖动鼠标至 H10 单元格,即可将公式复制到 H4～H10 单元格区域中。

(3)释放鼠标结束公式的复制,如图 6.30 所示。

可以看到 H4～H10 单元格已同时自动计算出结果。

根据复制的需要,有时在复制内容时不需要复制单元格的格式,或只想复制公式。这时

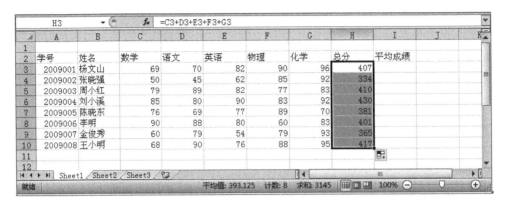

图 6.30　使用填充柄复制公式的结果

可以使用"选择性粘贴"来完成复制操作。其操作步骤如下：

（1）选取包含公式的单元格，单击"开始"选项卡中"剪贴板"组的"复制"按钮。

（2）选取需要复制的单元格，右击，在弹出的快捷菜单中选择"选择性粘贴"，弹出"选择性粘贴"对话框，如图 6.31 所示。

（3）如果选中"公式"单选按钮，单击"确定"按钮，在目标单元格中复制公式并输出计算结果。

（4）如果选中"数值"单选按钮，单击"确定"按钮，在目标单元格中单纯复制公式的结果值。

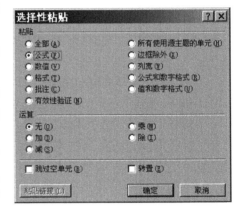

图 6.31　"选择性粘贴"对话框

6.7.3　公式中的运算符

要使用公式就离不开运算符，运算符是公式中的基本元素。一个运算符就是一个符号，代表着一种运算。Excel 2010 公式中，运算符有算术运算符、比较运算符、文本连接运算符和引用运算符四种类型。

1. 算术运算符

该类运算符能够完成基本的数学运算。算术运算符如表 6.3 所示。

表 6.3　算术运算符

算术运算符	含　义	示　例
＋	加号	2＋1
－	减号	2－1
＊	乘号	3＊5
／	除号	9／2
％	百分号	50％
^	乘幂号	3^2

2. 比较运算符

该类运算符能够比较两个或者多个数字、文本串、单元格内容、函数结果的大小关系,比较的结果为逻辑值: TRUE 或者 FALSE。比较运算符如表 6.4 所示。

表 6.4　比较运算符

比较运算符	含义	示例
=	等于	A1＝B1
＞	大于	A1＞B1
＜	小于	A1＜B1
＞＝	大于等于	A1＞＝B1
＜＝	小于等于	A1＜＝B1
＜＞	不等于	A1＜＞B1

3. 文本连接运算符

文本连接运算符用"&"表示,用于将两个文本连接起来合并成一个文本。例如,公式"中国"&"北京"的结果就是"中国北京"。

4. 引用运算符

引用运算符可以把两个单元格或者区域结合起来生成一个联合引用,如表 6.5 所示。

表 6.5　引用运算符

引用运算符	含义	示例
:(冒号)	区域运算符,生成对两个引用之间所有单元格的引用	A5:A8
,(逗号)	联合运算符,将多个引用合并为一个引用	SUM(A5:A10,B5:B10)(引用 A5:A10 和 B5:B10 两个单元区域)
(空格)	交集运算符,产生对两个引用共有的单元格的引用	SUM(A1:F1 B1:B3)(引用 A1:F1 和 B1:B3 两个单元格区域相交的 B1 单元格)

关于运算顺序,如果在一个公式中包含了多个运算符,就要按照一定的顺序进行计算。公式的计算顺序与运算符的优先级有关。表 6.6 给出了各种运算符的优先级。对于不同优先级的运算,按照优先级从高到低的顺序进行计算。如果公式中包含相同优先级的运算符,则按照从左到右的顺序进行计算。

表 6.6　运算符的优先级

运算符(优先级从高到低)	说明
:	区域运算符
,	联合运算符
空格	交集运算符
—	负号
%	百分比
^	乘幂

运算符（优先级从高到低）	说　明
＊ 和 /	乘法和除法
＋ 和 －	加法和减法
&	文本连接运算符
＝，＞，＜，＞＝，＜＝，＜＞	比较运算符

如果要改变运算顺序，可以使用括号来控制。例如，公式"＝(3＋5)＊2"就是先求和，然后再计算乘积。

公式中的括号可以嵌套使用，即在括号内部还可以有括号，Excel 会先计算最里面括号中的表达式。此外，使用括号时必须是左括号和右括号同时使用，否则 Excel 会显示错误信息。

6.7.4　单元格引用

在使用公式和函数进行计算时，往往需要引用单元格中的数据。通过引用可以在公式中使用同一个工作表中不同部分的数据，或者在多个公式中使用同一单元格或区域的数值，还可以引用相同工作簿中不同工作表上的单元格和其他工作簿中的单元格数据。

引用根据样式可以分为 A1 引用样式和 R1C1 引用样式。根据单元格地址可以分为相对引用、绝对引用和混合引用。

1. A1 引用样式和 R1C1 引用样式

默认情况下 Excel 使用 A1 引用样式，就是采用列的字母标识和行的数字标识，在工作表中查找其纵横相交的单元格。例如，A2 引用的是 A 列和第 2 行交叉处的单元格。若想引用单元格区域，则需要输入区域左上角的单元格引用标识，后面跟一个冒号，接着输入区域右下角的单元格引用标识。例如，B3:E6 引用的是 B3～E6 所在区域的所有单元格。

在 Excel 中有时也使用 R1C1 引用样式。R1C1 引用是使用"R"加行数字和"C"加列数字来确定单元格的位置。例如，R3C5 引用的是第 3 行和第 5 列交叉处的单元格；R[2]C[5]引用的是指针所在单元格的下面第 3 行右面第 6 列交叉处的单元格；R3C4:R5C8 引用的是第 3 行 4 列到第 5 行 8 列之间的所有单元格。

在 R1C1 引用样式中，[]中表示的是数据的相对位置，即指针所在位置为当前激活单元格位置，而引用的是移动括号内的数字后的单元格或者区域。当前位置向下向右用正数表示，向上向左用负数表示。

在没有特别说明的情况下，系统默认使用的是 A1 引用样式。因此在工作表中要使用 R1C1 引用样式则需要重新进行一些设置。

2. 相对引用

相对引用是指引用单元格的相对地址，即被引用的单元格与公式所在的单元格之间的位置是相对的。如果公式所在的单元格的位置发生了变化，那么引用的单元格的位置也会相应地发生变化。所以当带有相对引用的公式被复制到其他单元格时，公式内引用的单元格将变成与目标单元格相对位置上的单元格。

下面来看一个计算总分的例子,具体的操作步骤如下:

(1) 制作成绩表,在 H3 中输入公式"＝C3＋D3＋E3＋F3＋G3",按 Enter 键后即可得到结果。

(2) 计算其余人的总分不需要再次输入公式,只需拖动复制即可。选中单元格 H3,将鼠标移至单元格的右下角,待鼠标变成十字形状时即可按住左键不放拖动到合适的单元格位置即可,这里是拖到单元格 H6。

(3) 双击 H4：H6 单元格的任意区域单元格,查看其公式的变化。例如双击 H5 单元格,会看到其公式为"＝C5＋D5＋E5＋F5＋G5"。

这时公式中参数的引用为相对引用,即被引用的单元格区域会自动地改变。

3. 绝对引用

绝对引用是指被引用的单元格与公式所在的单元格之间的位置关系是绝对的,即不管公式被复制到什么位置,公式中所引用的还是原来单元格区域的数据。在某些操作中如果不希望调整引用位置,则可使用绝对引用。A1 样式的单元格绝对引用是在单元格的行和列前加上"＄"符号,例如"＄B＄5"表示 B 列 5 行交叉处的单元格；R1C1 样式中单元格的绝对引用是直接在"R"的后面加行号,在"C"的后面加列号,如 R3C4 则表示第 3 行第 4 列交叉处的单元格。

4. 混合引用

混合引用就是在单元格引用中既有绝对引用又有相对引用,例如"＄A1""A＄1"。

列绝对、行相对混合引用采用"＄A1""＄B1"等形式。公式的计算结果不随公式所在单元格的列位置变化而改变,而随公式所在单元格的行位置变化而改变。

在某些情况下,复制公式时只需改变行或者只需改变列,这时就需要使用混合引用。

在 Excel 中可以用 F4 键改变引用类型。方法是选择含有公式的单元格,在编辑栏中选中要修改的引用,然后按 F4 键即可。例如将"B3"转换成"＄B＄3"可按 F4 键,再按一次将转换成"B＄3",再按一次又将转换成"＄B3",第四次按 F4 键就可以回到相对引用"B3"。

5. 引用其他工作表或工作簿中的单元格

在单元格引用中,不仅仅是引用当前工作表中的单元格,有时需要引用同一工作簿中其他工作表中的单元格。这就需要使用叹号"!"来实现,格式为:

＝工作表名称!单元格地址

即在单元格地址前加上工作表名称和叹号。

如果要引用不同工作簿中某一工作表的单元格,则需要使用如下格式:

＝[工作簿名称]工作表名称!单元格地址

即用[]将工作簿名称括起来。

6.7.5　公式的错误和审核

在使用 Excel 公式或者函数的过程中,如果不能正确地计算出结果,就将显示一个错误值,例如"＃＃＃＃＃""＃NAME?"等。由于错误原因不同,显示的错误值也不同。只有了解这些错误值的含义,才能解决公式中的错误,得到正确结果。

1. Excel 常见错误

表 6.7 列出了常见的公式返回的错误值以及产生的原因,从中可见 Excel 中返回的错误值都是以 ♯ 开头的。

表 6.7　常见的公式返回的错误值以及产生的原因

错误值	产生的原因
♯ ♯ ♯ ♯ ♯ !	公式计算的结果太长,单元格容纳不下
♯DIV/O	除数为 0。当公式被空单元格除时也会出现这个错误
♯N/A	公式中无可用的数值或者缺少函数参数
♯NAME?	公式中引用了一个无法识别的名称。当删除一个公式正在使用的名称或者在使用文本时有不相称的引用,也会返回这种错误
♯NULL!	使用了不正确的区域运算或者不正确的单元格引用
♯NUM!	在需要数字参数的函数中使用了不能接受的参数,或者公式的计算结果的数字太大或太小而无法表示
♯RFF!	公式中引用了一个无效的单元格。如果单元格从工作表中被删除就会出现这个错误
♯VALUE!	公式中含有一个错误类型的参数或者操作数

2. 使用错误检查

Excel 使用特定的规则来检查公式中的错误。这些规则虽然不能保证工作表中没有错误,但对发现错误却非常有帮助。错误检查规则可以单独打开或关闭。

在 Excel 中可以使用两种方法检查错误:一是像使用拼写检查器那样一次检查一个错误;二是检查当前工作表中的所有错误。一旦发现错误,在单元格的左上角会显示一个三角。这两种方法检查到错误后都会显示相同的选项。

当单击包含错误的单元格时,在单元格旁边就会出现一个错误提示按钮 ◇ ,单击该按钮会打开一个菜单,显示错误检查的相关命令,如图 6.32 所示。使用这些命令可以查看错误的信息、相关帮助、显示计算步骤、忽略错误、转到编辑栏中编辑公式,以及设置错误检查选项等。

如果要一次检查一个公式错误,可以按照以下步骤进行操作:

(1) 选择要进行错误检查的工作表。

(2) 按 F9 键手动计算工作表。

(3) 单击"公式"选项卡中"公式审核"组的"错误检查"按钮,弹出"错误检查"对话框,如图 6.33 所示。

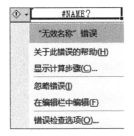

图 6.32　弹出菜单

图 6.33　"错误检查"对话框

如果要查看该错误的帮助,则单击"关于此错误的帮助"按钮;如果要忽略错误,则单击"忽略错误"按钮;如果要在公式编辑栏中更正公式的错误,则单击"在编辑栏中编辑"按钮,在编辑栏中对公式进行修改。

（4）更正完毕,单击"下一个"按钮继续查找工作表中的公式错误。

（5）继续检查直到完成整个工作表的错误检查。

6.8　函数

函数是 Excel 提供的内部工具,是一些预定义的公式,利用函数可以使公式的功能得到提升。它可以更加简单、便捷地进行多种运算,这些运算中有很多是使用普通公式无法完成的。

6.8.1　函数简介

函数的一般结构是:

函数名(参数 1,参数 2, …)

其中,函数名是函数的名称,每个函数名是唯一标识一个函数的。参数就是函数的输入值,用来计算所需的数据。参数可以是常量、单元格引用、数组、逻辑值或者是其他的函数。

按照参数的数量和使用区分,函数可以分为无参数型和有参数型。无参数型如返回当前日期和时间的 NOW 函数,不需要参数。大多数函数至少有一个参数,有的甚至有八九个。这些参数又可以分为必要参数和可选参数。必要参数指函数要求的参数必须出现在括号内,否则会产生错误信息。可选参数则依据公式的需要而定。

Excel 中提供了大量函数,按照功能可以分为数学和三角函数、文本函数、逻辑函数、财务函数、日期和时间函数等类型。使用函数可以大大增强公式的功能,并能完成常用运算符难以实现的运算。例如 COS 函数可用于计算一个角度的余弦值,而用数学运算符则很难完成。

6.8.2　函数的输入

要在工作表中使用函数必须先输入函数。函数的输入有两种常用的方法:一种是通过手工输入;另一种是使用函数向导来输入。

1. 手工输入

手工输入函数不用进行过多的操作,但需要对输入的函数非常熟悉,包括函数名称和各种对应的参数及类型。手工输入的方法和在单元格中输入公式的方法类似,可以说函数的输入是公式输入的一种特例。

以求平均值的函数 AVERAGE 为例,选定要输入函数的单元格后先输入"＝"号,然后输入函数名称 AVERAGE,接着是括号和参数,多个参数之间用逗号隔开。当输入了正确的函数名和左括号后就会出现一个显示该函数所有参数的提示框,显示该函数应正确输入的参数及其格式。例如成绩表中，可在单元格 I3 中输入"＝AVERAGE(C3:G3)"，按 Enter 键后就会得到杨文山的平均分，如图 6.34 所示。

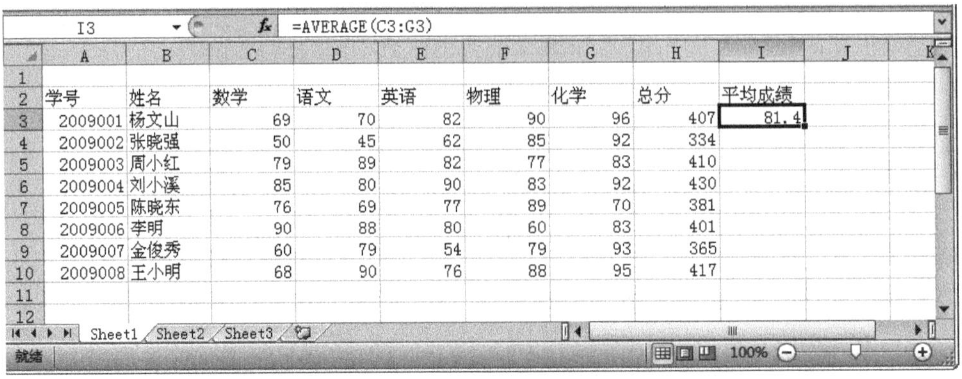

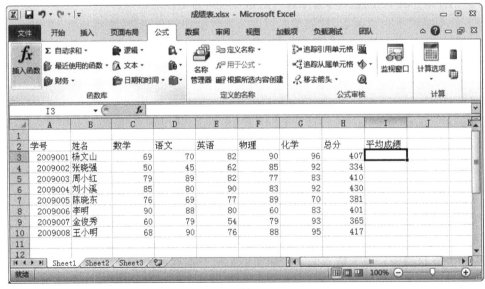

图 6.34　手工输入函数

2. 使用函数向导输入

对于一些比较复杂的函数或者参数较多的函数来说，一般使用函数向导来输入。利用函数向导来输入函数可以确保输入名称的正确性，同时还可以提供正确的参数次序及参数个数。使用函数向导输入函数的具体步骤如下：

（1）选定要输入函数的单元格。

（2）单击"公式"选项卡中"函数库"组的"插入函数"按钮，如图 6.35(a)所示，弹出"插入函数"对话框，如图 6.35(b)所示。在该对话框中，包括了 Excel 2010 中提供的所有内部函数，这些函数分类显示在函数列表中，在函数列表的下方还有该函数的简单说明。

(a)

图 6.35　"插入函数"对话框

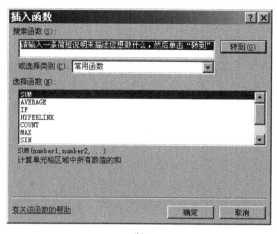

(b)

图 6.35　（续）

（3）在"或选择类别"下拉列表中选择要使用函数所在的类，这里选择默认的"常用函数"，然后在下面的"选择函数"列表框中选择所需要的函数（在这里选择 AVERAGE 函数），选中后在"选择函数"列表框的下面就会出现该函数的参数及对函数的简要说明。

如果不知道要使用的函数在哪一类，也可以在"搜索函数"文本框中输入关于该函数的关键词，如"平均值"，然后单击"转到"按钮，Excel 就会自动查找函数中包含求平均值功能的函数。

（4）单击"确定"按钮，弹出"函数参数"对话框，如图 6.36 所示。

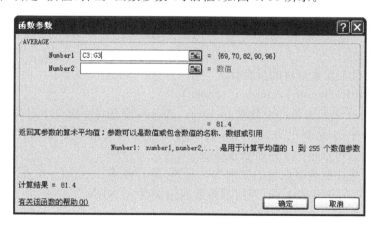

图 6.36　"函数参数"对话框

（5）在"函数参数"对话框中输入必要的参数。如果引用的是单元格或者单元格区域，也可直接单击参数文本框右侧的 按钮，然后直接选择工作表中的区域，选定后单击 按钮即可返回"函数参数"对话框。

（6）设置完所有的参数后单击"确定"按钮，即可在选择的单元格中显示出函数的结果。

6.8.3 常用函数

Excel 2010 提供了非常丰富的函数,利用这些函数用户可对数据进行统计与分析。这些函数是预先定义好的特殊公式,但与公式有所不同,二者既有区别又相互联系。利用函数可以使公式的功能得到提高,可以给用户带来极大的便利,更加简单、便捷地进行多种使用普通公式无法完成的运算。

Excel 2010 提供了 12 种类型的函数,这些函数大大提高了 Excel 的功能,它们分别是数学和三角函数、逻辑函数、文本函数、日期和时间函数、财务函数、统计函数、信息函数、工程函数、数据库函数、查找和引用函数、加载宏和自动化函数、多维数据集函数。

Excel 2010 中使用函数有两种方式,一种是在单元格中直接使用函数;另一种是利用"插入函数"对话框来使用函数。在单元格中直接使用函数方法简单,但需要记住很多函数的名称、参数和语法规则。利用"插入函数"对话框来使用函数是通过函数向导,该方式虽然输入过程复杂,但不用记函数名、不用记语法规则。

Excel 函数中,参数可以是常量、逻辑值、数组、错误值或单元格引用,甚至可以是一些复杂的内容作为函数的参数。但指定的参数必须为有效参数值,否则将返回错误信息。

1. 数学函数的使用

1）基本数学函数

(1) ABS。

功能:计算数值的绝对值。

语法:ABS(number)。

参数:number 是需要计算其绝对值的一个实数。

举例:B1=-20,则函数"=ABS(B1)"的值为 20。

(2) COMBIN。

功能:计算指定元素数目的组合数。

语法:COMBIN(number,number_chosen)。

参数:number 表示对象的总数量,number_chosen 则是每一组合中对象的数量。

举例:假设有 15 名羽毛球运动员,从中选出任意两人搭配参加双打,则函数为"=COMBIN(15,2)",可以得出 105 种搭配方案。

函数中的参数按照截尾取整的原则参与运算,并且要求 number>0、number_chosen>0 以及 number>number_chosen,否则都将返回错误值"♯NUM"。

(3) FACT。

功能:计算给定正整数的阶乘。

语法:FACT(number)。

参数:number 为要计算其阶乘的非负数。

举例:B1=5,则函数"=FACT(B1)"的值为 120 (1*2*3*4*5=120)。

number 是计算其阶乘的非负数,若 number 为负数,则返回错误值"♯NUM"。如果输入的 number 不是整数,则截去小数部分取整数。

(4) MOD。

功能:计算两数相除的余数,其结果的正负号与除数相同。

语法：MOD(number，divisor)。

参数：number 为被除数，divisor 为除数（divisor 不能为零）。

举例：B1＝21，则函数"＝MOD(B1，4)"的值为 1；"＝MOD(－101，－2)"的值为－1。

（5）PI。

功能：计算圆周率 π，精确到小数点后 14 位。

语法：PI()。

参数：无。

举例：函数"＝PI()"的值 3.141 592 653 589 79。

（6）POWER。

功能：计算给定数字的乘幂。

语法：POWER(number，power)。

参数：number 为底数，power 为指数，均可以为任意实数。

举例：B1＝2.5，则函数"＝POWER(B1，7)"的值为 610.3516；"＝POWER(4，1/2)的值为 2。

可以用"^"运算符代替 POWER 函数执行乘幂运算，例如公式"＝5^2"与函数"＝POWER(5，2)"相同。

（7）PRODUCT。

功能：计算所有参数的乘积。

语法：PRODUCT(number1，number2，…)。

参数：Number1，number2，…为 1～30 个需要相乘的数字参数。

举例：B1＝25、B2＝26、B3＝80，则函数"＝PRODUCT(B1：B3)"的值为 52 000；"＝PRODUCT(22，26，39)"的值为 22 308。

（8）RAND。

功能：产生一个大于等于 0 小于 1 的随机数，每次计算工作表（按 F9 键）将返回一个新的数值。

语法：RAND()。

参数：无。

举例："＝RAND()＊100"产生一个大于等于 0、小于 100 的随机数。

如果要生成 a 与 b 之间的随机实数，可以使用函数"＝RAND()＊(b－a)＋a"。如果在某一单元格内应用函数"＝RAND()"，然后在编辑状态下按 F9 键，将会产生一个变化的随机数。

（9）RANDBETWEEN。

功能：产生位于两个指定数值之间的一个随机数，每次重新计算工作表（按 F9 键）都将返回新的数值。

语法：RANDBETWEEN(bottom，top)。

参数：bottom 是 RANDBETWEEN 函数可能产生的最小随机数，top 是 RANDBETWEEN 函数可能产生的最大随机数。

举例："＝RANDBETWEEN(10，99)"将产生一个大于等于 10、小于等于 99 的随机数。

该函数只有在加载了"分析工具库"以后才能使用。

（10）SIGN。

功能：返回数值的符号。正数返回 1，零返回 0，负数时返回－1。

语法：SIGN(number)。

参数：number 是需要返回符号的任意实数。

举例：B1＝6.25，则函数"＝SIGN(B1)"返回 1；"＝SIGN(－6.12)"返回－1；"＝SIGN(9－9)"返回 0。

（11）SQRT。

功能：计算某一正数的算术平方根。

语法：SQRT(number)。

参数：number 为需要求平方根的一个正数。

举例：B1＝36，则函数"＝SQRT(B1)"的值为 6；"＝SQRT(4＋12)"的值为 4。

（12）EXP。

功能：计算 e 的 n 次幂。

语法：EXP(number)。

参数：number 为底数 e 的指数。

举例：B1＝3，则函数"＝EXP(B1)"的值为 20.085 537，即 e^3。

2）舍入和取整函数

（1）INT。

功能：将数值向下舍入计取整。

语法：INT(number)。

参数：number 为需要取整任意一个实数。

举例：B1＝3.8、B2＝－3.4，则函数"＝INT(B1)"的值为 3；"＝INT(B2)"的值为－4。

（2）ODD、EVEN。

功能：将数值舍入为奇或偶数。

语法：ODD(number)，将数值按绝对值增大方向取整为最接近的奇数；

　　　　EVEN(number)，将数值按绝对值增大方向取整为最接近的偶数。

参数：number 为需要取整的一个数值。

举例："＝ODD(31.3)"值为 33；"＝ODD(－26.38)"值为－27。

　　　　"＝EVEN(－2.6)"值为－4；"＝EVEN(－4.56＋6.87)"值为 4。

参数 number 必须是一个数值参数，不论它的正负号如何，其结果均按远离 0 的方向舍入。

（3）TRUNC。

功能：将数值的小数部分截去，返回整数。

语法：TRUNC(number,num_digits)。

参数：number 是需要截去小数部分的数值，num_digits 则指定保留小数的精度（几位小数）。

举例："＝TRUNC(78.192,1)"值为 78.1；"＝TRUNC(－8.963,2)"值为－8.96。

TRUNC 函数可以按需要截取数值的小数部分，而 INT 函数则将数字向下舍入到最接近的整数。INT 和 TRUNC 函数在处理负数时有所不同：TRUNC(－4.3)返回－4，而

INT(－4.3)返回－5。

(4) ROUND。

功能：按指定位数四舍五入数值。

语法：ROUND(number,num_digits)。

参数：number 是需要四舍五入的数值,num_digits 为指定的位数。

举例："＝ROUND(56.16,1)"值为 56.2;"＝ROUND(21.5,－1)"值为 20。

如果 num_digits 大于 0,则四舍五入到指定的小数位;如果 num_digits 等于 0,则四舍五入到最接近的整数;如果 num_digits 小于 0,则在小数点左侧按指定位数四舍五入。

3) 求和函数

(1) SUM。

功能：计算某一单元格区域中所有数值之和。

语法：SUM(number1,number2,…)。

参数：number1,number2,…为 1~30 个需要求和的数值(包括逻辑值及文本表达式)、区域或引用。

举例：A1＝4、A2＝5、A3＝6,则公式"＝SUM(A1:A3)"的值为 15;"＝SUM("35",2,TRUE)"的值为 38,因为"35"被转换成数字 35,而逻辑值 TRUE 被转换成数字 1。

参数表中的数值、逻辑值及数字的文本表达式都可以参与计算,其中逻辑值被转换为 1、数字文本被转换为数值。如果参数为数组或引用,只有其中的数字将被计算,数组或引用中的空白单元格、逻辑值、文本或错误值将被忽略。

(2) SUMIF。

功能：根据指定条件对若干单元格、区域或引用求和。

语法：SUMIF(range,criteria,sum_range)。

参数：range 为用于条件判断的单元格区域,criteria 是由数字、逻辑表达式等组成的判定条件,sum_range 为需要求和的单元格、区域或引用。

举例：某学校要统计教师职称为"教授"的工资总额,假设工资总额存放在工作表的 B 列,员工职称存放在工作表 C 列。则函数为"＝SUMIF(C1:C10000,"教授",B1:B10000)",其中"C1:C10000"为提供逻辑判断依据的单元格区域,"教授"为判断条件,"B1:B10000"为实际求和的单元格区域。

2. 三角函数的使用

1) 求弧度与角度值

(1) DEGREES。

功能：将弧度转换为角度。

语法：DEGREES(angle)。

参数：angle 是采用弧度单位的一个角度。

举例：函数"＝DEGREES(PI()/180)"的值为 1°。

(2) RADIANS。

功能：将角度转换为弧度。

语法：RADIANS(angle)。

参数：angle 为需要转换成弧度的角度。

举例："＝RADIANS(180)"的值为 3.14(取两位小数)。

2) 三角和反三角函数

(1) SIN。

功能：求正弦值。

语法：SIN(number)。

参数：number 是需求正弦值的一个角度(采用弧度单位)，如果它的单位是度，则必须乘以 PI()/180 转换为弧度。

举例："＝SIN(60 * PI()/180)"的值为 0.866。

(2) ASIN。

功能：求反正弦值。

语法：ASIN(number)。

参数：number 为某一角度的正弦值，其大小范围为－1～1。

举例："＝ASIN(0.5) * 180/PI()"的值为－300。

(3) COS。

功能：求余弦值。

语法：COS(number)。

参数：number 为需要求余弦值的一个角度，必须用弧度表示。如果 number 的单位是度，可以乘以 PI()/180 转换为弧度。

举例："＝COS(60 * PI()/180)"的值 0.5。

(4) ACOS。

功能：求反余弦值。

语法：ACOS(number)。

参数：number 是某一角度的余弦值，大小在－1～1 之间。

举例："＝ACOS(－0.5) * 180/PI()"的值为 120°。

(5) TAN。

功能：求正切值。

语法：TAN(number)。

参数：number 为需要求正切的角度，以弧度表示。如果参数的单位是度，可以乘以 PI()/180 转换为弧度。

举例："＝TAN(60 * PI()/180)"的值为 1.732 050 808。

(6) ATAN。

功能：求反正切值。

语法：ATAN(number)。

参数：number 为某一角度的正切值。如果要用度表示返回的反正切值，需将结果乘以 180/PI()。

举例：函数"＝ATAN(1)"的值为 0.785 398(π/4)。

3. 逻辑函数的使用

逻辑函数是用来判断真假值，或者进行复合检验的 Excel 函数。在 Excel 中提供了七种逻辑函数，即 AND、OR、NOT、IF、TRUE、FALSE 和 IFERROR 函数。下面介绍其中的四种。

1) AND

功能：当 AND 的参数全部为 TRUE 时，返回结果为 TRUE，否则为 FALSE。

语法：AND(logical1，logical2，…)。

参数：logical1，logical2，…表示待检测的 1~30 个条件值，各条件值可能为 TRUE，也可能为 FALSE。参数必须是逻辑值，或者包含逻辑值的数组或引用。

举例：

(1) 如果 B2＝100，则公式"＝AND(B2＞50，B2＜200)"的结果为 TRUE。

(2) 如果 B1—B3 单元格中的值为 TRUE、FALSE、TRUE，则公式"＝AND(B1：B3)"的结果为 FALSE。

2) OR

功能：OR 的参数中，如果任一参数为 TRUE，则返回结果为 TRUE，否则为 FALSE。

语法：OR(logical1，logical2，…)。

参数：logical1，logical2，…表示待检测的 1~30 个条件值，各条件值可能为 TRUE，也可能为 FALSE。参数必须是逻辑值，或者包含逻辑值的数组或引用。

举例："＝OR(TRUE，FALSE，TRUE)"的结果为 TRUE。

3) NOT

功能：NOT 函数用于对参数值求反。

语法：NOT(logical)。

参数：logical 为一个可以计算出 TRUE 或 FALSE 的逻辑值或逻辑表达式。

举例：NOT(2＋2＝4)，由于 2＋2 的结果为 4，该参数结果为 TRUE；由于是 NOT 函数，因此返回函数结果与之相反，为 FALSE。

4) IF

功能：对指定的条件计算结果为 TRUE 或 FALSE，返回不同的结果。

语法：IF(logical_test，value_if_true，value_if_false)。

参数：logical_test 表示计算结果为 TRUE 或 FALSE 的任意值或表达式，本参数可使用任何比较运算符；value_if_true 显示在 logical_test 为 TRUE 时返回的值，value_if_true 也可以是其他公式；value_if_false 为 FALSE 时返回的值，value_if_false 也可以是其他公式。

IF 函数的举例：在学校的管理工作中，常常要对学生的考试成绩进行统计分析。假定某班级的考试成绩如图 6.37 所示，假设按照各科平均分对学生的考试成绩进行综合评定。评定规则：如果平均分超过 90 时，评定为优秀，如果平均分小于 90 并且超过 60 则认为是合格，否则记作不合格。根据这一规则，在"综合评定"中输入公式(以单元格 B7 为例)："＝IF(B6＞60，IF(AND(B6＞90)，"优秀"，"合格")，"不合格")"，结果为"合格"，如图 6.38 所示。

如果单元格 B6 的值大于 60，则执行第二个参数，在这里为嵌套函数，继续判断单元格 B6 的值是否大于 90(为了让大家体会一下 AND 函数的应用，写成 AND(B6＞90)，实际上可以仅写 B6＞90)。如果满足条件，在单元格 B6 中显示"优秀"字样；不满足则显示"合格"字样；如果 B6 的值以上条件都不满足，则执行第三个参数，即在单元格 B6 中显示"不合格"字样。在"综合评定"栏中可以看到，由于 D 列和 F 列的同学各科平均分为 92.75 分，综合

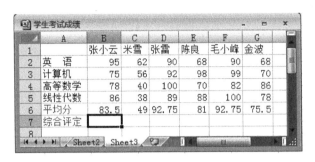

图 6.37　某班级的考试成绩

	A	B	C	D	E	F	G
1		张小云	米雪	张雷	陈良	毛小峰	金波
2	英　语	95	62	90	68	90	68
3	计算机	75	56	92	98	99	70
4	高等数学	78	40	100	70	82	86
5	线性代数	86	38	89	88	100	78
6	平均分	83.5	49	92.75	81	92.75	75.5
7	综合评定	合格	不合格	优秀	合格	优秀	合格
8							

图 6.38　综合评定结果

评定为"优秀"。

4. 文本函数的使用

Excel 的文本函数，可以在公式中处理文字串。例如，可以改变大小写或确定文字串的长度；可以替换某些字符或者去除某些字符等。

1）LOWER

功能：将一个文字串中的所有大写字母转换为小写字母，但不改变文本中的非字母的字符。

语法：LOWER(text)。

参数：text 是要转换为小写字母的文本。

2）UPPER

功能：将文本转换成大写形式。

语法：UPPER（text）。

参数：text 为需要转换成大写形式的文本。text 可以为引用或文本字符串。

3）PROPER

功能：将文本字符串的首字母及任何非字母字符之后的首字母转换成大写，将其余的字母转换成小写。

语法：PROPER(text)。

参数：text 包括在一组双引号中的文本字符串、返回文本值的公式或是对包含文本的单元格的引用。

举例：已有字符串为"pLease ComE Here!"，可以看到由于输入的不规范，这句话大小

写乱用了。通过以上三个函数可以将文本转换显示样式,使得文本变得规范:

```
LOWER("pLease ComE Here!") = please come here!
UPPER("pLease ComE Here!") = PLEASE COME HERE!
PROPER("pLease ComE Here!") = Please Come Here!
```

5. 日期与时间函数的使用

数据表的处理过程中,日期与时间函数是相当重要的处理依据。而 Excel 在这方面也提供了相当丰富的函数供大家使用。

1) DATA

功能:返回当前日期和时间的序列号。

语法:DATE(year,month,day)。

参数:year 的值可以包含 1～4 位数字,Excel 将根据计算机所使用的日期系统来解释 year 参数。默认情况下,Microsoft Excel for Windows 将使用 1900 日期系统,而 Microsoft Excel for Macintosh 将使用 1904 日期系统。month 为一个正整数或负整数,表示一年中从 1—12 月的各个月,如果 month 大于 12,则 month 从指定年份的一月份开始累加该月份数。例如,DATE(2008,14,2)返回表示 2009 年 2 月 2 日的序列号,如果 month 小于 1,month 则从指定年份的一月份开始递减该月份数,然后再加上 1 个月。例如,DATE(2008,−3,2) 返回表示 2010 年 9 月 2 日的序列号;Day 为一个正整数或负整数,表示一月中从 1—31 日的各天,如果 day 大于指定月份的天数,则 day 从指定月份的第一天开始累加该天数。例如,DATE(2008,1,35)返回表示 2008 年 2 月 4 日的序列号,如果 day 小于 1,则 day 从指定月份的第一天开始递减该天数,然后再加上 1 天。例如,DATE(2008,1,−15)返回表示 2010 年 12 月 16 日的序列号。

2) NOW

功能:返回当前日期和时间的序列号。

语法:NOW()。

3) TODAY

功能:返回当前日期的序列号。

语法:TODAY()。

6.9　数据排序

Excel 数据表具有良好的数据管理与数据分析能力,排序是数据管理与分析中最简单和基础的功能,通过排序能够支持用户更直观和深入地理解数据间的关系。Excel 能够支持用户按指定的一列(单字段)或多列(多字段)数据内容,对 Sheet 表中的数据进行升序或降序排序。其中用于决定数据顺序关系的数据列被称为关键字,依据单一数据列进行排序处理称为单字段(单关键字)排序,依据多个数据列进行排序的称为多字段(多关键字)排序。

6.9.1　单字段排序

在实际应用过程当中,往往会有使数据表中的数据按照其中某一列数据的从小到大(升

序)进行组织的需求,达到这个目的的操作过程如下:

（1）选中关键字数据列中的一个单元格,如图 6.39 所示。

（2）选择排序指令,排序指令的选择有两种方式:一种为单击 Excel"开始"选项卡中"编辑"组的"排序与筛选"按钮,如图 6.40 所示;另一种为单击"数据"选项卡中"排序和筛选"组的"排序"按钮,如图 6.41 所示。

（3）在"排序"按钮中指定"升序",如图 6.42 所示。

（4）得到排序结果如图 6.43 所示。

F	G	H
1	322	2
1	129	7
1	999	6
2	166	-1
2	666	-3
3	126	5
3	527	2
4	234	-2
4	452	9

图 6.39　排序操作 1:关键字
数据列选择

图 6.40　"开始"选项卡中"排序和筛选"按钮

图 6.41　"数据"选项卡中"排序"按钮

图 6.42　升序排序命令指定

F	G	H
9	678	-8
9	856	-5
5	455	-4
2	666	-3
4	234	-2
2	166	-1
6	987	-1
1	322	2
3	527	2
6	326	3
3	126	5
1	999	6
8	125	6
1	129	7
7	865	8
4	452	9
5	563	9

图 6.43　升序排序结果

6.9.2　多字段排序

在数据整理与数据应用过程中,如果发现选择作为关键字的数据列中存在大量的数据重复,那么需要使数据能够在具有相同关键字的记录当中按另一个或多个其他数据列的内容组织数据,这就是多关键字排序的用途。观察图 6.44 所示的数据表,进行多字段排序操作过程如下:

（1）选择指定排序的数据区域。

（2）单击"数据"选项卡中"排序和筛选"组的"排序"按钮,如图 6.45 所示。

	A	B	C	D	E	F
1	姓名	班级	性别	英语成绩	数学成绩	平均成绩
2	李林	1	男	82	72	77
3	田野	2	男	80	84	82
4	王辉	1	女	96	100	98
5	甄诚	2	女	90	92	91
6	乐天	3	女	88	98	93
7	李维	1	男	78	70	74
8	陈光	2	男	84	86	85
9	王晨曦	2	女	76	78	77
10	李大为	1	男	88	90	89
11	张晓乐	3	女	78	72	75
12	李林	1	女	84	75	79.5
13	马骏	2	男	94	89	91.5
14	林飞	1	女	82	86	84
15	李林	2	男	96	92	94
16	张爱玲	3	女	92	96	94
17	陈默	3	女	90	94	92
18	朱玉玲	3	女	82	88	85

图 6.44 多关键字排序原始数据

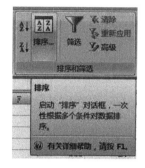

图 6.45 排序命令按钮

（3）弹出"排序"对话框，指定作为关键字的字段和它们的次序，如图 6.46 所示。

图 6.46 多关键字排序关键字设置

（4）在指定的数据区域内观察结果，如图 6.47 所示。

	A	B	C	D	E	F
1	姓名	班级	性别	英语成绩	数学成绩	平均成绩
2	陈光	2	男	84	86	85
3	陈默	3	女	90	94	92
4	乐天	3	女	88	98	93
5	李大为	1	男	88	90	89
6	李林	1	男	82	72	77
7	李林	1	女	84	75	79.5
8	李林	2	男	96	92	94
9	李维	1	男	78	70	74
10	林飞	1	女	82	86	84
11	马骏	2	男	94	89	91.5
12	田野	2	男	80	84	82
13	王晨曦	2	女	76	78	77
14	王辉	1	女	96	100	98
15	张爱玲	3	女	92	96	94
16	张晓乐	3	女	78	72	75
17	甄诚	2	女	90	92	91
18	朱玉玲	3	女	82	88	85

图 6.47 多关键字排序结果

6.10　数据筛选

数据筛选是 Excel 支持数据浏览和数据编辑的有力工具,利用数据筛选,可以在数据表中仅仅显示满足筛选条件的数据记录,以便于有效地缩减数据范围,提供工作效率。数据筛选分为自动筛选和高级筛选两种方式;自动筛选支持用户按照某一个数据列的内容筛选显示数据;而高级筛选则可以通过指定复杂的筛选条件得到更为精简的筛选结果。

6.10.1　自动筛选

实现对当前数据表自动筛选的操作过程如下:

(1) 进入数据表。

(2) 单击"数据"选项卡中"排序和筛选"组的"筛选"按钮。

(3) 数据表进入筛选状态,各个数据列显示筛选下拉按钮,如图 6.48 所示。

(4) 单击需要指定筛选条件的数据列的筛选下拉按钮,系统自动列出本数据列中所有可选的数据元素,通过勾选复选框的方式指定筛选条件,如图 6.49 所示。

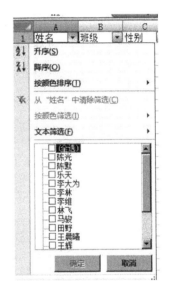

图 6.48　数据表筛选状态　　　　　　　　图 6.49　筛选条件设置

(5) 在图 6.49 的条件设置中选择了姓名(陈默,乐天,李林,田野)之后,单击"确定"按钮,数据表便显示筛选后的数据结果,如图 6.50 所示。

在上述筛选结果的基础上,还可以通过单击其他数据列的筛选下拉按钮,建立多个筛选条件,实现进一步筛选。但是要注意到,在自动筛选当中,条件的选择通过多选构建,也就是说只能实现简单条件的筛选操作。

当数据表处于筛选状态当中,再次指定筛选按钮(偶数次单击),数据表将自动释放筛选状态,恢复到数据表的一般状态。

姓名	班级	性别	英语成绩	数学成绩	平均成绩
陈默	3	女	90	94	92
乐天	3	女	88	98	93
李林	1	男	82	72	77
李林	1	女	84	75	79.5
李林	2	男	96	92	94
田野	2	男	80	84	82

图 6.50 筛选结果

6.10.2 高级筛选

当需要进行复杂条件筛选时,自动筛选显然无法满足筛选要求。在这种情况下,应通过指定针对各个数据列的不同逻辑条件,来实现对当前数据表的高级筛选。高级筛选的操作过程如下:

(1) 进入数据表,原始数据如图 6.51 所示。

姓名	班级	性别	英语成绩	数学成绩	平均成绩
陈光	2	男	84	86	85
陈默	3	女	90	94	92
乐天	3	女	88	98	93
李大为	1	男	88	90	89
李林	1	男	82	72	77
李林	1	女	84	75	79.5
李林	2	男	96	92	94
李维	1	男	78	70	74
林飞	1	女	82	86	84
马骏	2	男	94	89	91.5
田野	2	男	80	84	82
王晨曦	2	女	76	78	77
王辉	1	女	96	100	98
张爱玲	3	女	92	96	94
张晓乐	3	女	78	72	75
甄诚	2	女	90	92	91
朱玉玲	3	女	82	88	85

图 6.51 高级筛选原始数据

(2) 在数据表的空白位置创建各数据列的筛选条件,如图 6.52 所示。

(3) 单击"数据"选项卡中"排序和筛选"组的"高级"按钮。

(4) 弹出"高级筛选"对话框,确定原始数据区、筛选条件区域、筛选数据保存区域,如图 6.53 所示。

英语成绩	数学成绩
>80	>85

图 6.52 高级筛选条件设置

图 6.53 "高级筛选"对话框

（5）显示数据表的筛选结果，如图 6.54 所示。

姓名	班级	性别	英语成绩	数学成绩	平均成绩
陈光	2	男	84	86	85
陈默	3	女	90	94	92
乐天	3	女	88	98	93
李大为	1	男	88	90	89
李林	2	男	96	92	94
林飞	1	女	82	86	84
马骏	2	男	94	89	91.5
王辉	1	女	96	100	98
张爱玲	3	女	92	96	94
甄诚	2	女	90	92	91
朱玉玲	3	女	82	88	85

图 6.54　逻辑条件进行筛选的结果

在"高级筛选"对话框中，利用区域拾取器在"列表区域（L）"内指定原始数据区；在"条件区域（C）"中指定条件数据区；如果选中"将筛选结果复制到其他位置（O）"单选按钮，将在"复制到（T）"中指定筛选结果显示的区域，否则将在原有数据区显示筛选结果。

6.11　数据的分类汇总

分类汇总是指在对原始数据按某数据列的内容进行分类的基础上，对于每一类数据进行计数、求和、最大值、最小值、乘积、数值计数、标准差、总体标准差、方差、总体方差等基本统计。

数据的分类汇总是实际数据统计中的常见需求。Excel 要求在进行分类汇总之前首先对分类数据进行排序，在有序数据的基础上，可以通过简单的指定分类汇总命令，得到清晰的汇总结果。例如对于某个实验管理数据，按实验员进行分类计数汇总，目的在于得到每个实验员的工作统计结果，操作过程如下：

（1）进入数据表。

（2）对"实验员"数据列按升序或降序进行排序处理。

（3）单击"数据"选项卡中"分级显示"组的分类汇总按钮，如图 6.55 所示。

（4）弹出"分类汇总"对话框，如图 6.56 所示。选择分类字段（数据列），按汇总要求指定为"实验员"数据列。

图 6.55　"分类汇总"按钮

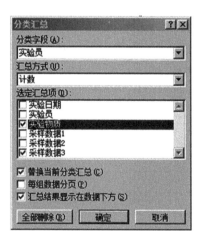

图 6.56　"分类汇总"对话框

（5）得到的分类汇总结果如图6.57所示。应用数据表左侧分类汇总显示的标志，可以得到分类汇总的显示结果，如图6.58所示。单击＋/－按钮，可以调整到所需要的显示状态。

		A	B	C	D	E	F
	1	实验日期	实验员	实验物质	采样数据1	采样数据2	采样数据3
	2	2008/12/1	李欣	A	20	60	20
	3	2008/12/2	李欣	B	21	56	92
	4	2008/12/5	李欣	A	28	67	28
	5	2008/12/6	李欣	C	22	72	56
	6	2008/12/9	李欣	A	25	72	28
	7	2008/12/10	李欣	C	22	76	64
	8		李欣 计数	6			6
	9	2008/12/2	田野	A	25	70	36
	10	2008/12/2	田野	B	20	68	88
	11	2008/12/3	田野	A	26	78	35
	12	2008/12/4	田野	A	21	90	36
	13	2008/12/6	田野	B	22	82	88
	14	2008/12/6	田野	B	24	63	82
	15	2008/12/6	田野	C	25	88	66
	16	2008/12/7	田野	C	26	68	62
	17	2008/12/8	田野	A	24	65	30
	18		田野 计数	9			9
	19		总计数	15			15
	20						

图 6.57　分类汇总结果

在设置"分类汇总"对话框的过程中，指定分类字段时，字段名称在文本框右侧下拉按钮产生的下拉列表单中进行选择，以避免输入时可能导致的错误；汇总方式同样可以通过文本框右侧的下拉按钮进行汇总方法的选择；选定汇总项（D）可以通过多选指定进行统计和汇总的字段。

利用分类汇总数据表右侧的分类展开控制按钮"＋""－"，可以按分类调整数据的显示结果。"＋"按钮表示展开分类结果，"－"按钮表示压缩显示分类结果。单击图6.57中圈出的压缩显示按钮，即可得到如图6.58所示的压缩显示效果。利用压缩按钮还可以得到更简练的显示结果，如图6.59和图6.60所示。

		A	B	C	D	E	F
	1	实验日期	实验员	实验物质	采样数据1	采样数据2	采样数据3
	2	2008/12/1	李欣	A	20	60	20
	3	2008/12/2	李欣	B	21	56	92
	4	2008/12/5	李欣	A	28	67	28
	5	2008/12/6	李欣	C	22	72	56
	6	2008/12/9	李欣	A	25	72	28
	7	2008/12/10	李欣	C	22	76	64
	8		李欣 计数	6			6
	18		田野 计数	9			9
	19		总计数	15			15
	20						

图 6.58　压缩显示结果 1

		A	B	C	D	E	F
	1	实验日期	实验员	实验物质	采样数据1	采样数据2	采样数据3
	8		李欣 计数	6			6
	18		田野 计数	9			9
	19		总计数	15			15
	20						

图 6.59　压缩显示结果 2

	A	B	C	D	E	F
1	实验日期	实验员	实验物质	采样数据1	采样数据2	采样数据3
19		总计数	15			15
20						

图 6.60　压缩显示结果 3

6.12　图表

　　图表能够清晰直观地表现数据间的关系，反映事件发展的趋势，为阅读者留下深刻的印象。Excel 提供 11 类图表展示方式，包括柱形图、折线图、饼图、条形图、面积图、XY（散点图）、股价图、曲面图、圆环图、气泡图、雷达图，如图 6.61 所示。在每一类图表显示中提供按数据组织图表和按百分比组织图表两种图表组织方式，同时在色彩和图形显示方式上提供了多种选择。用户需要根据数据说明的实际需求，选择使用不同的图表类型、组织方式以及显示表现方式。

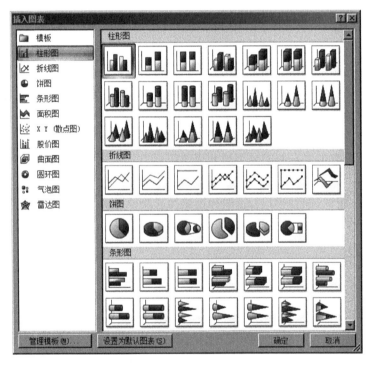

图 6.61　Excel 的图表类型

6.12.1　创建图表

　　Excel 图表的创建方式简洁、清晰，在创建过程中是以所见即所得的方式，随时调整图表类型，最终得到适合表现要求并能够突出说明问题的图表表示类型。创建图表的操作过程如下：进入工作表，选择图表的源数据区域。单击"插入"选项卡中"图表"组的相应按钮进行指定类型图表的创建,如图 6.62 所示,对创建成功的图表进行格式的编辑和修改。

图 6.62　"插入"选项卡中"图表"组

下面需要对常用图表的创建和不同类型的表现形式有一个概要性了解,其中主要包括柱形图、折线图、饼图、条形图、面积图和 XY(散点图)。

1. 柱形图

柱形图的创建步骤如下:

(1) 选择原始数据,如图 6.63 所示。

	A	B	C	D	E
1	销售员	销售货品A	销售货品B	销售货品C	销售货品D
2	程岚	78	96	500	240
3	李欣	120	300	420	80
4	王小鸭	100	60	100	400
5	程朝阳	60	240	120	300

图 6.63　原始数据选择(A~E 列,1~5 行)

(2) 单击"插入"选项卡中"图表"组的"柱形图"按钮,如图 6.64 所示。

(3) 得到柱形图图表,如图 6.65 所示。

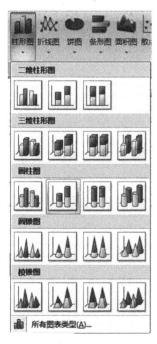

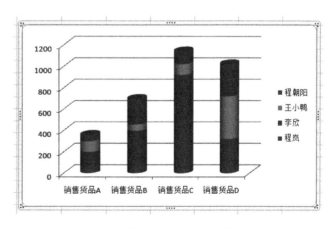

图 6.64　"柱形图"下拉列表(选择"圆柱　　　　图 6.65　圆柱图/组织方式 2 的图表显示
　　　　图"下第二种组织方式)

从图 6.64 的下拉列表中可以看到，Excel 提供了五种柱形图：二维柱形图、三维柱形图、圆柱图、圆锥图和棱锥图。除二维柱形图外，其他图形都提供了四种图形组织方式。以圆柱图为例，同一数据源的图形可以用不同组织形式表示。

1）并列数据图

并列数据图如图 6.66 所示。

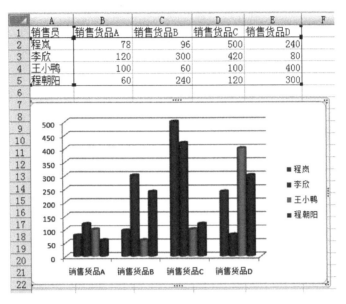

图 6.66　并列数据图

数据以每列为 X 轴的一个坐标单位，统一坐标下的数据并列显示。

2）叠加数据图

叠加数据图如图 6.67 所示。

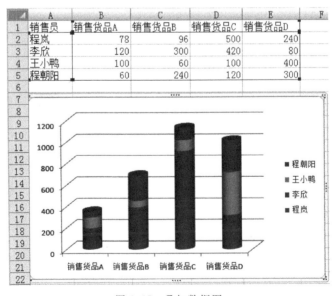

图 6.67　叠加数据图

与图 6.66 比较,从图 6.67 可以看出在同一 x 坐标下,数据被叠加显示,从图中可以清楚地看出同一销售货品的总销售量和每位销售员的销售量。如果需要更清晰地看出每一种货品的销售量中每一位销售员完成销售量占总销售量的百分比,引用百分比图表能够达到预期的目的。

3)百分比数据图

百分比数据图如图 6.68 所示。

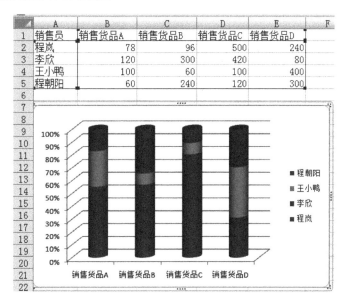

图 6.68　百分比数据图

比较叠加数据图和百分比数据图,可以看到,叠加数据图的 y 坐标是销售量,百分比数据图的 y 坐标是百分比,从百分比数据图中可以清晰地看到每一位销售员的销售量在总销售额中所占的百分比。显然,叠加数据图能够直观地说明不同货品销售量的比较,百分比数据图能够更清晰地反映出每位销售员工作量的比较。当然,只有在同一坐标系中同时有多组数据需要显示时,才有必要使用百分比数据图,若在一个坐标系中只有一组数据需要显示,在指定百分比数据图后,可以想象,我们只能在图中看到一条位置在 100% 的直线。

4)三维数据图

三维数据图与并列数据图的效果类似,只是三维数据图以三维立体的形式显示了数据间的逻辑关系。显示格式如图 6.69 所示。

其他类型的数据图也带有多种不同的数据组织形式,基本组织思想都类似,这里不再一一详细叙述。在使用中需要根据应用目的的不同,选择最能反映问题本质的表达方法来描述数据。

2. 折线图

折线图常常用于表达实验数据的变化趋势。折线图分为二维和三维两种,在二维折线图中提供标注数据点和不标注数据点两种组织方式。

折线图的原始数据如图 6.70 所示,记录了试验采样的时间和对应的采样数据值。相应地,带有数据点标注的二维折线图实例如图 6.71 所示。无数据点标记折线图如图 6.72 所示。

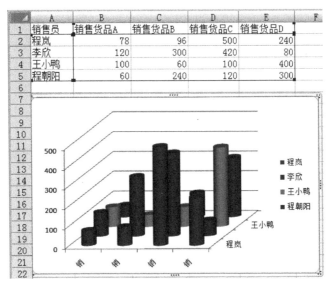

图 6.69 三维数据图

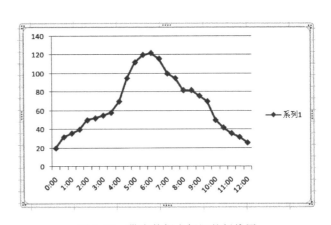

	A	B
17	时间	采样
18	0:00	20
19	0:30	32
20	1:00	36
21	1:30	40
22	2:00	50
23	2:30	52
24	3:00	55
25	3:30	58
26	4:00	70
27	4:30	95
28	5:00	112
29	5:30	120
30	6:00	122
31	6:30	116
32	7:00	100
33	7:30	95
34	8:00	82
35	8:30	82
36	9:00	76
37	9:30	70
38	10:00	50
39	10:30	42
40	11:00	36
41	11:30	32
42	12:00	26

图 6.70 折线图原始数据

图 6.71 带有数据点标记的折线图

3. 饼图

饼图多用于表达各类数据在总体中所占的份额，它能够直观、清晰地表达各部分数据的百分比关系。反映各销售员对货品 A 销售状况的三维饼图如图 6.73 所示。

在应用饼图时需要注意的是，饼图只能反映一个数据系列中的各个数据所占的比例关系。例如对于图 6.73 所示的数据，即使选择了销售货品 A～销售货品 D，指定生成饼图时，系统也只提供销售货品 A 的饼图结果。

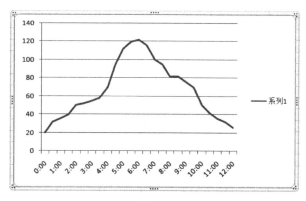

图 6.72 无数据点标记折线图

A	B	C	D	E
销售员	销售货品A	销售货品B	销售货品C	销售货品D
程岚	78	96	500	240
李欣	120	300	420	80
王小鸭	100	60	100	400
程朝阳	60	240	120	300

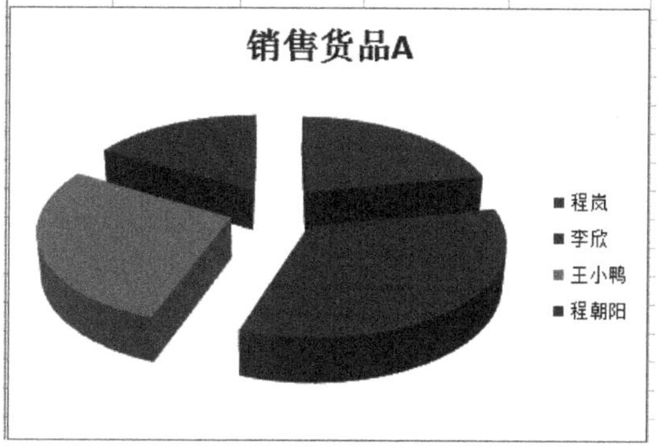

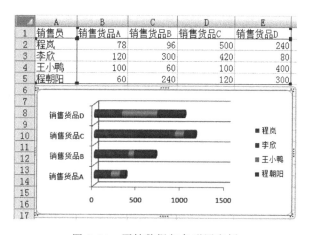

图 6.73 三维饼图

4. 其他图表实例

1) 条形图实例(见图 6.74)

	A	B	C	D	E
1	销售员	销售货品A	销售货品B	销售货品C	销售货品D
2	程岚	78	96	500	240
3	李欣	120	300	420	80
4	王小鸭	100	60	100	400
5	程朝阳	60	240	120	300

图 6.74 原始数据与条形图实例

2）面积图实例（见图 6.75）

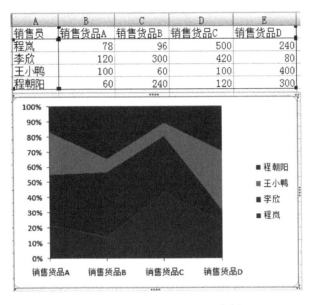

图 6.75　原始数据与面积图实例

3）散点图实例（见图 6.76）

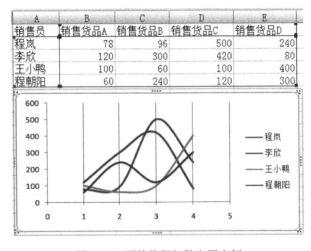

图 6.76　原始数据与散点图实例

6.12.2　图表编辑与设置

Excel 图表功能支持通过指令直接生成不同类型的图表，这些图表具有 Excel 图表模板的标准格式。为了满足复杂图表的构建，Excel 支持对原始数据区域的多种选择方式，可以形成多表或同表内间断数据区域数据的图表构建；为了使图表能够更为简洁、清晰地满足实际应用的需求，Excel 提供了图表编辑功能，通过设置图表标题、调整图例、调整坐标、调整图表布局，而得到清晰、实用、美观的图表效果。

1. 原始数据区域的选择

1) 连续数据区的选择

连续数据区域的选择,是 Excel 最常用的操作方式,从被选择区域左上角开始拖动鼠标,到达被选区域的右下角,释放鼠标按键,系统便以高亮区域或不同颜色明显标注出被选择区域。

2) 间断数据区的选择

首先,以连续数据区域选择方式,选中数据区域,然后在按下 Ctrl 键的同时继续以鼠标拖动方式选择其他不连续的数据区域,待数据区域选择完毕,再在"图表"组选择指定图表类型,此时只对被选中区域的数据生成图表,形成间断数据区的图表创建。采用间断数据区选择方式构建的数据图表如图 6.77 所示。

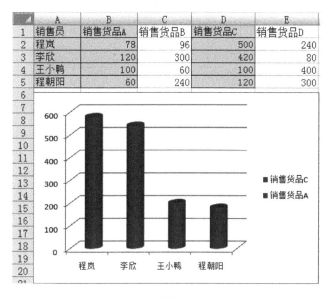

图 6.77 间断数据区图表生成

3) 多工作表间数据区的选择

以多工作表中的数据作为图表的原始数据形成图表的操作,过程分为三个主要步骤:在单工作表内构建数据图表;在图表中添加数据;确认添加的数据序列标题与数据。

在图表中添加数据源的操作过程如下:

(1) 在图表中右击,在弹出的快捷菜单中选择"选择数据",如图 6.78 所示。

(2) 弹出"选择数据源"对话框如图 6.79 所示。在对话框的"图例项(系列)(S)"列表框中已经列出图表内所包含的原始数据区。单击"图例项(系列)(S)"下的"添加"按钮,弹出"编辑数据系列"对话框,进行其他数据序列设置。

(3) "编辑数据系列"对话框如图 6.80 所示,在此对话框中需要指定两部分内容:一为所添加的数据系列名称;二为所添加的数据系列数据内容。首先单击"系列名称"下的区域拾取器(图中圈框选部分),进行数据区域的名称设置。

(4) 进入系列名称区域拾取器,首先选择工作表,在相应工作表中用鼠标选择数据系列的标题区域,如图 6.81 所示。标题选取后,单击对话框中区域拾取器结束设置。

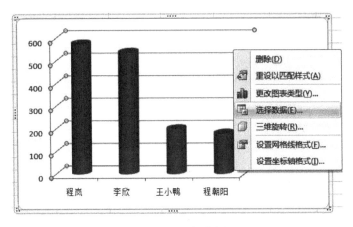

图 6.78　选择数据

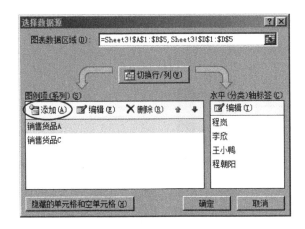

图 6.79　多工作表"选择数据源"对话框

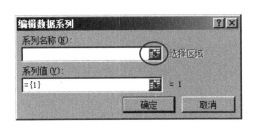

图 6.80　"编辑数据系列"对话框

图 6.81　编辑数据系列标题

（5）返回"编辑数据系列"对话框，单击对话框中"系列值"的区域拾取器，进行数据系列的原始数据区域的选择，如图 6.82 所示。

确认选择正确，单击"编辑数据系列"对话框的区域拾取器，结束数据区设置。返回"编辑数据系列"对话框。

（6）在"编辑数据系列"对话框中，确认数据序列的标题与数据区正确后，单击"确定"按钮，如图 6.83 所示。完成所添加的一个数据区域的选择。

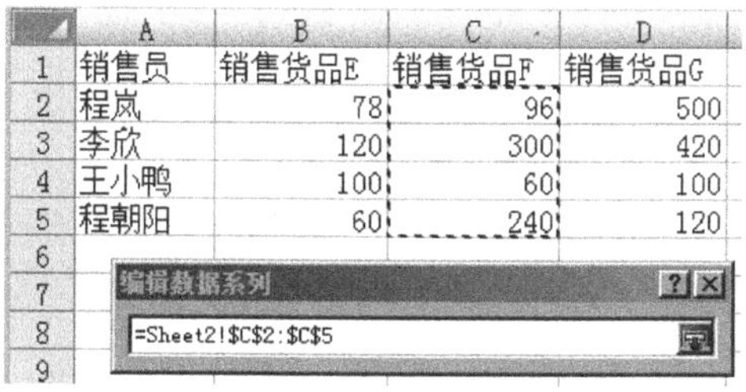

图 6.82 数据系列原始数据区域选择

图 6.83 编辑数据系列的确认

（7）返回"选择数据源"对话框，此时在"选择数据源"对话框中可以看到被添加的数据序列"销售货品 F"，如图 6.84 所示。确认数据选择正确后，单击"确定"按钮。

图 6.84 选择数据源结果

（8）在"选择数据源"对话框被确定之后，可以看到图表已经按新的数据源设置做了调整，调整结果如图 6.85 所示。这样就完成了多表数据源的设置与图表构建。

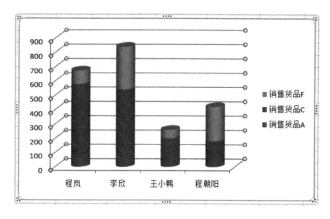

图 6.85 多表数据源图表结果

2. 图表格式编辑

目前我们已经能够对不同数据源构建 Excel 标准格式的图表，为了使图表能更好地满足应用的具体需求，可以利用 Excel 的图表格式编辑、修改与调整图表的格式。Excel 在生成图表后,系统会自动产生"图表工具",其中包括"设计""布局"和"格式"三个选项卡,如图 6.86 所示。利用图表工具可以完成图表的个性化设计。常用的图表格式编辑功能包括图表标题编辑、图表坐标轴标题与刻度编辑、图例编辑、图表数据表编辑。

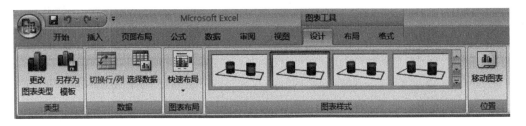

图 6.86　图表工具

1）图表标题编辑

系统生成的图表,默认格式中不带图表标题,插入图表标题,其过程如下:选择图表,单击图表工具"布局"选项卡中"标签"组的"图表标题"按钮,如图 6.87 所示。从其下拉列表中选择对应标题的位置,并输入标题内容。

标题输入后可以调整标题的样式和颜色等属性,操作过程如下:选中标题文字,单击图表工具"格式"选项卡中"形状样式"组的"形状样式"按钮,在其下拉列表中选择形状样式,效果如图 6.88 所示。

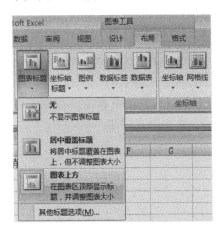

图 6.87　图表标题设置菜单

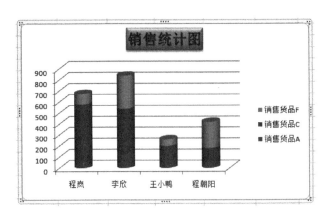

图 6.88　插入图表标题

2）图表坐标轴标题与刻度编辑

系统默认的图表中不带横纵坐标轴标题,添加坐标轴标题的操作过程如下:

（1）选择图表,单击图表工具"布局"选项卡中"形状样式"组的"坐标轴标题"按钮,如图 6.89 所示。

（2）在"坐标轴标题"下拉列表中选择标题形式,结果如图 6.90 所示。

坐标轴标题的题字样式与图表标题相同,可以使用格式工具进行编辑调整。

Excel 创建图表时,能够根据原始数据自动设定坐标轴刻度,当图表坐标轴刻度不能满足应用需求时,可以通过坐标轴格式设置调整坐标的刻度,操作过程如下:

（1）右击图表中需要调整的坐标轴,弹出快捷菜单,如图 6.91 所示。

图 6.89　坐标轴标题设置

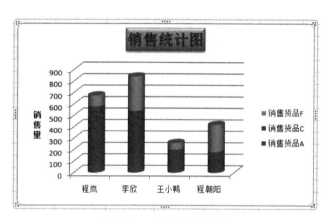

图 6.90　坐标轴标题插入

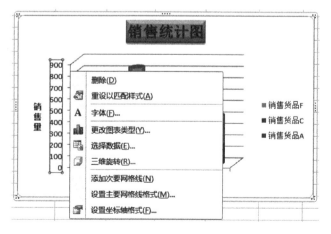

图 6.91　设置坐标轴格式快捷菜单

（2）选择"设置坐标轴格式（F）"，弹出"设置坐标轴格式"对话框，如图 6.92 所示。

图 6.92　设置"坐标轴格式"对话框

（3）在对话框中调整坐标刻度，最终所得的图表如图 6.93 所示。

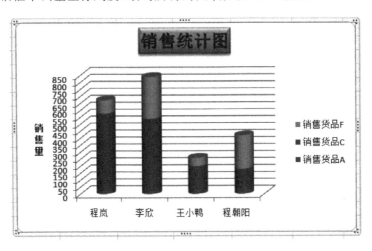

图 6.93　纵坐标的调整结果

3）图例编辑

图例调整的操作过程如下：

（1）选择图表，单击图表工具"布局"选项卡中"标签"组的"图例"按钮，打开下拉列表。

（2）在"图例"下拉列表中选择图例设置属性（见图 6.94），系统依据指定命令调整图表的图例的位置和大小。当指定"在底部显示图例/显示图例并在底端对齐"，可见图表的图例被调整，如图 6.95 所示。

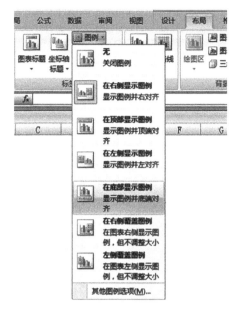

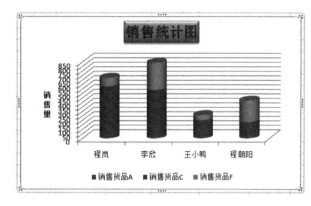

图 6.94 "图例"下拉列表　　　　　　　　图 6.95 图例调整结果

4）数据标签编辑

Excel 图表的数据标签用于对应数据点的数字显示，默认是不显示的。如果需要显示，可以通过相关的工具。操作过程如下：

（1）选择图表，单击图表工具"布局"选项卡中"标签"组的"数据标签"按钮，打开下拉列表，如图 6.96 所示。

图 6.96 "数据标签"下拉列表

（2）从"数据标签"下拉列表中选择数据标签的合适位置，得到设置结果如图 6.97 所示。

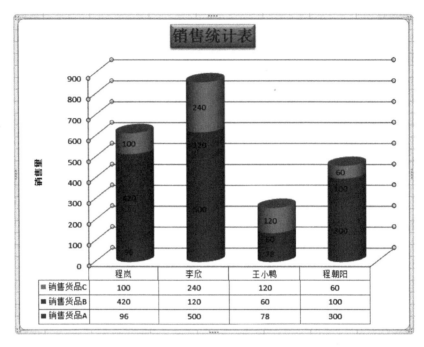

图 6.97　数据标签插入结果

6.12.3　图表布局与样式套用

Excel 在图表的布局方面，提供了八种标准布局模板和多种图表样式。在图表构建完成之后，可以选择布局模板和图表样式，优化图表的显示效果。

布局模板的选择方式如下：

选择图表，单击图表工具"设计"选项卡中"图表布局"组右侧的下拉按钮，打开图表布局样式列表，可以看到图表布局方案如图 6.98 所示。选中已经构建完成的图表，单击上述方案之一，图表将立即转换为对应的格式。

对于图表的样式，针对不同类型的图表，Excel 系统都提供大量的可选择样式，用户可以通过选择图表，单击"图表工具""设计"选项卡中"图表样式"组右

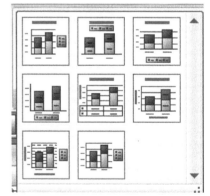

图 6.98　图表布局方案

侧的下拉按钮，打开图表样式下拉列表，如图 6.99 所示，获得不同的可选择的标准样式，如图 6.100 所示。

样式选择的效果如图 6.101 和图 6.102 所示。

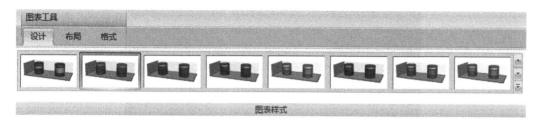

图 6.99 "图表样式"组

图 6.100 图表样式展开

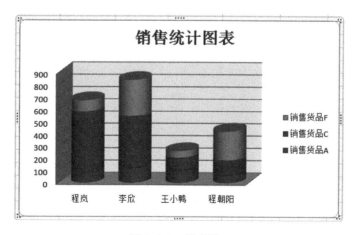

图 6.101 样式图 1

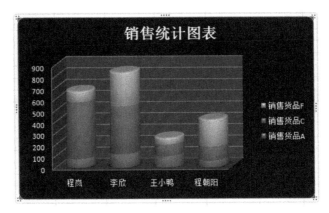

图 6.102　样式图 2

6.13　误差线与趋势线应用

误差线和趋势线是 Excel 在数据系列图表基础上进行数据标示与数据分析的工具，误差线用于在图表中标示数据的允许误差范围，用户可以通过误差设置调整误差线的状态。趋势线可以帮助用户分析数据系列的趋势关系，系统提供多种趋势线方式，用于估计和分析现有数据系列的发展趋势。

6.13.1　误差线的应用

Excel 对于折线图、散点图、气泡图、面积图以及部分组织适当的柱形图和条形图提供误差线的应用，其中对于散点图的数据系列提供 x 误差和 y 误差的描述。误差线表示了图中数据系列不确定性的程度。用户可以在对图表生成误差线之后，利用误差设置对话框，设定误差的允许范围，从而在图表中可以清晰、直观地看到数据的可变化范围。误差线通过单击图表工具"设计"选项卡中"分析"组的"误差线"按钮生成，如图 6.103 所示。

需要注意的是，在图表状态不满足误差线和趋势线应用需求时，这两个按钮为灰色（不可用）。误差线的生成过程如下：

（1）选择原始数据区，如图 6.104 所示。

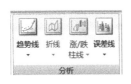

图 6.103　"设计"选项卡中"分析"组

	A	B	C	D	E
1	销售员	第一季度	第二季度	第三季度	第四季度
2	程岚	78	96	500	240
3	李欣	120	300	420	800
4	王小鸭	100	60	100	400
5	程朝阳	60	240	120	300

图 6.104　图表原始数据

（2）创建图表（以散点图为例），如图 6.105 所示。

（3）选择图表，单击图表工具"设计"选项卡中"分析"组的"误差线"按钮。

（4）生成误差线，如图 6.106 所示。

（5）在需要调整误差范围或表达方式时，右击误差线，在弹出的快捷菜单中指定误差线格式设置,弹出"设置误差线"格式对话框,如图 6.107 所示。在对话框中对误差显示与误差量进行调整。

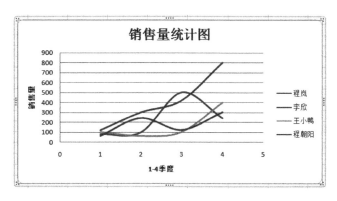

图 6.105 原始数据的散点图

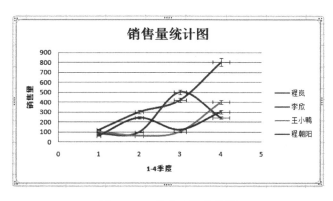

图 6.106 散点＋误差线图

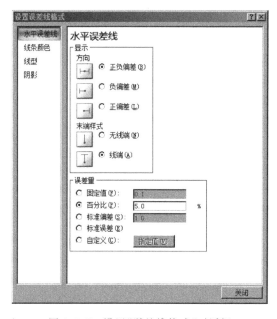

图 6.107 设置"误差线格式"对话框

从"设置误差线格式"对话框中可以看到,系统提供了标准误差、标准偏差及百分比三种误差描述方式。其中,标准误差反映样本平均数与总体平均数之间的离散程度;标准偏差反映数值相对于平均值的离散程度;百分比是指误差范围与采样数据的百分比。

6.13.2　趋势线的应用

为数据系列图表添加趋势线的过程如下:

(1) 选择原始数据区。

(2) 创建图表(以散点图为例),如图 6.108 所示。

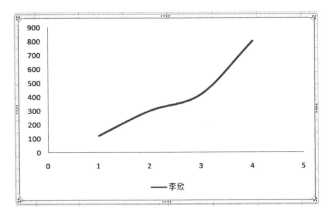

图 6.108　李欣四个季度的销售量图表

(3) 选择图表,单击图表工具"设计"选项卡中"分析工具"组的"趋势线"按钮。

(4) 生成趋势线,如图 6.109～图 6.111 所示。

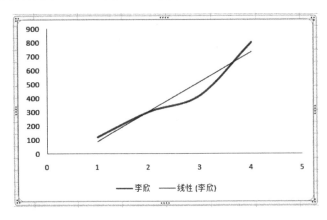

图 6.109　线性趋势线

(5) 在需要调整趋势线格式时,右击趋势线,在弹出的快捷菜单中指定趋势线格式设置,进入"设置趋势线格式"对话框,如图 6.112 所示,对趋势线方式进行调整。

从"设置趋势线格式"对话框中可以看到,系统提供了六种不同的趋势预测/回归分析类型,包括指数、线性、对数、多项式、幂,以及移动平均。利用系统提供的不同方式可以所见即

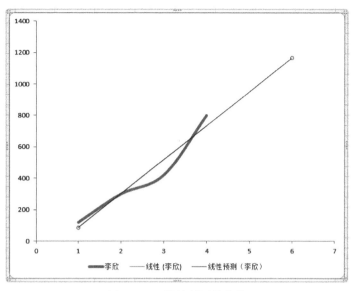

图 6.110　线性预测趋势线

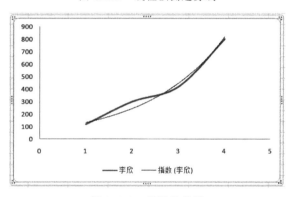

图 6.111　指数趋势线

图 6.112　"设置趋势线格式"对话框

所得地利用趋势线预测数据所描述对象的发展趋势。在"设置趋势线格式"对话框中勾选"显示公式"复选框，就能够在趋势线图表中同时显示趋势线函数公式，结果如图 6.113 所示。

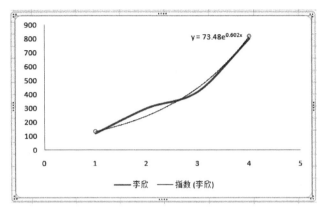

图 6.113 数据趋势线及其公式显示

6.14 讨论题

1. 试分析自定义顺序并进行排序（例如按自定义的课程顺序，如数学、计算机、代数、英语排序）操作。

2. 试述单元格的主要定位形式。

3. 试述条件格式的概念和用法。

4. 试述数据有效性工具的作用和主要用法。

5. 试述自动汇总和分类汇总的用法。

6. 试分析系统图表中的 X 坐标轴是如何自动确定的（即选择数据区的列数＞行数或行数＞列数）。

7. 试述图表创建图例的作用。

第7单元

PowerPoint演示文稿

PowerPoint 工具是微软 Office 套件之一,主要用于文档演示处理,是当下办公自动化运用最广泛的演示文档处理工具。本单元主要介绍 PowerPoint 2010 的基本概念和主要操作,包括演示文稿的基本知识、常用的演示文稿制作程序及母版和模板等高级技术操作。

7.1 演示文稿简介

演示文稿也称电子幻灯片,可在计算机上播放或通过投影仪进行投影播放,主要应用于课堂教学、会议演讲等场合。演示文稿是通过计算机上专门的程序制作出来的,制作好的演示文稿以文件的方式保存到计算机硬盘中。PowerPoint 演示文稿制作程序保存的演示文稿文件扩展名一般为. ppt 或. pptx。由于 PowerPoint 具有很高的知名度,使用也最为广泛,因此人们也把演示文稿称为 ppt 或 ppt 文件。

演示文稿由一张一张的幻灯片组成,通常包括一张标题幻灯片(用来表明主题)和若干张内容幻灯片(用来论述主题),参见图 7.1 所示的演示文稿样例。幻灯片内容可以是文字,也可以是表格、图形、图像、录音或音乐、影片等。演示文稿作者综合运用这些多媒体元素,将所要表达的信息有效组织起来传达给听众,从而取得形象生动的演示效果。

图 7.1 所示的演示文稿样例中包含一张标题幻灯片和两张内容幻灯片。每张幻灯片可以包含多种内容,例如图 7.1(b)中包含标题和正文两种文字内容,图 7.1(c)中包含标题、文字正文和图片正文三种内容。每种内容都单独排放在一个区域中,不同区域可设置不同的排版格式。区域可以重叠,重叠的区域需要通过动画效果在播放时依次播放出来。

制作演示文稿的目的是进行播放演示,能否准确表达思想并给听众留下深刻印象是评价演示文稿好坏的主要标准。在设计制作演示文稿时一般应遵循以下原则:条理清楚、重点突出、简洁明了、形象生动。在演示文稿中应尽量减少文字的使用,大量的文字说明往往使听众感到乏味。适当使用图片、图表、声音、影片等更为直观的多媒体元素,并通过动画播放的形式可加强演示文稿的演示效果。

制作好的演示文稿可以通过投影仪,或直接在计算机屏幕上播放。根据演讲进度,演示文稿播放可以由演讲者控制幻灯片进行顺序播放、跳转播放或计时播放。演示文稿也可以

(a) 标题幻灯片

(b) 内容幻灯片1　　　　　　　　　　(c) 内容幻灯片2

图 7.1　演示文稿样例-中国农业大学简介

预先打印出来作为讲义分发给听众。

7.2　常用的演示文稿制作程序

本节介绍几种常用的演示文稿制作程序。不同操作系统上有不同的演示文稿制作程序，例如 Windows 操作系统上常用的演示文稿制作程序有美国微软（Microsoft）公司开发的 PowerPoint、我国金山（Kingsoft）公司开发的 WPS 和苹果（Apple）公司推出运行于 Mac OSX 操作系统上的 Keynote，而在 Linux 操作系统上常用的演示文稿制作程序则是由国际知名的软件开源组织 OpenOffice.org 开发的 Impress。

7.2.1　Microsoft Office PowerPoint

PowerPoint 是由美国微软公司开发的 Microsoft Office 办公软件中的重要组件之一，也是使用最为广泛的演示文稿制作程序。PowerPoint 具有以下特点：

（1）支持丰富多样的多媒体内容，例如文本、表格、图片、图形、SmartArt、声音、影片、超链接等。

（2）使用动画技术设计生动形象的幻灯片。

（3）使用模板技术快速制作高品质演示文稿。

（4）使用智能标记技术提示用户操作，提高软件易用性。

（5）界面美观，易学易用。

PowerPoint 2010 运行界面如图 7.2 所示。

图 7.2 PowerPoint 2010 运行界面

7.2.2 金山 WPS

WPS 是金山公司研发的 WPS Office 办公套件中的一个组件。WPS 功能强大，可兼容 Microsoft Office PowerPoint 的 ppt 格式，同时也有自己的 dpt 和 dps 格式。WPS 具有以下特点：

（1）完美兼容微软 Office 文档。

（2）操作习惯完全模拟微软 Office，易学易用。

（3）可免费获得正版软件。

（4）同时具有不同操作系统的版本，例如 Windows 版、Linux 版、Android 版等。

（5）通过稻壳儿在线网站提供大量设计精美的在线模板和在线素材。

WPS Office 2010 运行界面如图 7.3 所示。

7.2.3 Apple Keynote

Keynote 诞生于 2003 年，是由苹果（Apple）公司推出的运行于 OS X 上的办公软件 iWork 中的重要组件（称为简报软件）。Keynote 不仅支持几乎所有的图片字体，还可以使界面和设计也更图形化。借助 OS X 内置的 Quartz 等图形技术，制作的幻灯片也更容易夺人眼球。另外，Keynote 还有真三维转换，幻灯片在切换的时候用户便可选择旋转立方体等

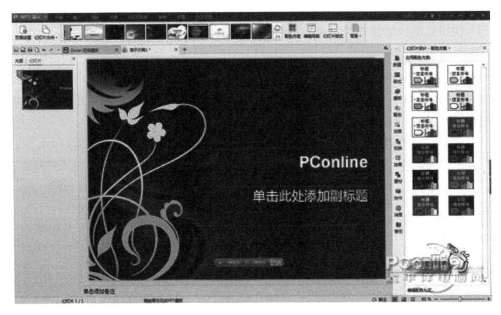

图 7.3　WPS Office 2010 运行界面

多种方式。随着 iOS 系列产品的发展，Keynote 也推出了 iOS 版本，以便在移动设备上编辑及查阅文档，并可以通过 iCloud 在 Mac、iPhone、iPad、iPod Touch 以及 PC 之间共享。之后于 WWDC 2013 大会，苹果推出 Keynote 的 iCloud 版本。在 2013 年 9 月 11 日 iPhone 5s、5c 发布会上，苹果表示 iWork 套件将针对新购买苹果设备的用户开放免费下载。

Apple Keynote 运行界面如图 7.4 所示。

图 7.4　Apple Keynote 运行界面

7.2.4　OpenOffice. org Impress

OpenOffice. org Impress 类似于 Microsoft Office PowerPoint,是一个可用来制作高效率多媒体演讲稿的出色工具。利用平面和立体的图案、特效、动画和高效能绘图等工具,可制作高品质的演示文稿。OpenOffice. org Impress 可以:

(1) 使用"母版页"简化资料准备的任务。

(2) 通过"版式"功能简化版面的设计。

(3) 支持一系列"视图模式":绘图、大纲、幻灯片、批注、讲义,以兼顾不同演讲者及观众的需要。

(4) 使用一系列易用的"绘图"与编辑"图表"工具。

(5) 幻灯片的"动画"与"效果"使演讲变得栩栩如生,"美工字体库"为文字加入了炫目的平面或立体效果。

(6) 将保存为 OpenDocument 格式(.odf,新的世界标准文档格式),这种基于 XML 的文件格式可与其他 OpenDocument 软件兼容。

(7) 可以在 OpenOffice. org Impress 内打开 PowerPoint 的 ppt 文件,或以 ppt 格式保存 OpenOffice. org Impress 制作的演示文稿,还可以保存为 Flash(.swf)文件格式。

(8) 在不同操作系统,例如 Windows、Linux、Mac OS X(X11)或 Solaris 等操作系统上使用。

(9) 是自由软件,任何人都可以免费下载、使用及推广它。

OpenOffice. org Impress 运行界面如图 7.5 所示。

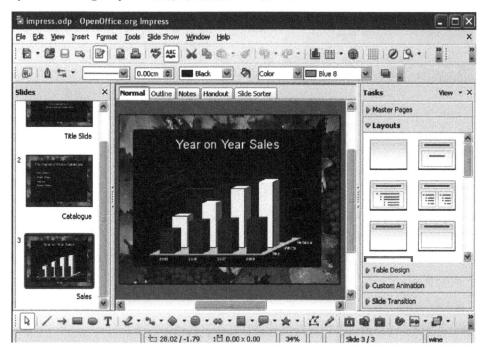

图 7.5　OpenOffice. org Impress 运行界面

7.3 PowerPoint 演示文稿制作

PowerPoint 由微软公司开发，是 Windows 操作系统上运行的一个功能强大的演示文稿制作程序。它继承了 Windows 的友好图形界面，使用户能轻轻松松地进行操作，制作出各种独具特色的演示文稿。利用 PowerPoint 制成的演示文稿可以通过不同的方式播放，可以在演示文稿中设置各种引人入胜的视觉、听觉效果。PowerPoint 中包含多种模板和版式，可以根据自己的要求选择。以这些模板和版式为基础，制作演示文稿变得非常简单便捷。

7.3.1 启动 PowerPoint 软件

目前常用的 PowerPoint 版本有 2003 版、2007 版和 2010 版。2003 版操作界面为"菜单＋工具栏"方式（Windows XP 风格），而 2007/2010 版操作界面以"选项卡＋功能选项"方式（Windows 7/8 风格），如图 7.6 所示。

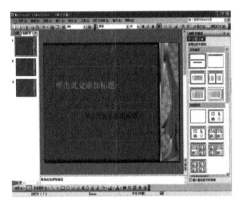 

(a) 2003版界面   (b) 2010版界面

图 7.6　不同版本 PowerPoint 的界面

PowerPoint 2010 版操作界面主要由功能区和内容区两部分组成。

1. 功能区

功能区位于窗口上部，显示各种功能选项图标。PowerPoint 提供了很多功能，需要对这些功能按内在逻辑关系或操作关联性进行分组。每组功能选项图标放置在一个功能选项卡中。不同版本的 PowerPoint 在功能分组上有一些差别，但都不大。PowerPoint 2010 版分九个功能选项卡，分别是文件、开始、插入、设计、切换、动画、幻灯片放映、审阅和视图。

2. 内容区

内容区位于窗口中下部，显示幻灯片内容。PowerPoint 有四种视图方式，它们是普通视图、幻灯片浏览视图、备注页视图和阅读视图。

1）普通视图

制作幻灯片时选用该视图。在普通视图下，内容区又分为三部分，分别是大纲窗格、幻灯片窗格和备注窗格。大纲窗格显示幻灯片缩略图（幻灯片方式）或文字内容（大纲方式），可在大纲方式下修改幻灯片的文字内容，也可以移动、复制、删除幻灯片。幻灯片窗格显示单张幻灯片，可编辑修改全部内容和设计。备注窗格显示当前幻灯片的备注信息，存放播放时提示演讲者的特殊信息。双屏播放幻灯片时，这些信息只有演讲者自己能看到，其他人是看不到的。

2）幻灯片浏览视图

检查幻灯片时选用该视图。在幻灯片浏览视图下，内容区显示所有幻灯片的缩略图。此时可以进行幻灯片的移动、复制、删除和动画设计以及切换设置等。

3）备注页视图

检查幻灯片备注信息时选用该视图。在备注页视图下，内容区显示单张幻灯片的缩略图，并完整显示其备注信息。此时可检查或编辑备注信息。

4）阅读视图

预览幻灯片时选用该视图。在阅读视图下，将全屏播放演示文稿，以方便查看和审阅。

7.3.2 创建 PowerPoint 演示文稿

使用 PowerPoint 创建一份新的演示文稿通常分为六个步骤，按先后顺序分别是创建、开始、输入或插入、设计、动画和保存。

1. 创建

启动 PowerPoint 程序，创建一份新的空白演示文稿，或根据模板创建新演示文稿。PowerPoint 程序启动后，通常会自动创建一份新的空白演示文稿，如图 7.7 所示。

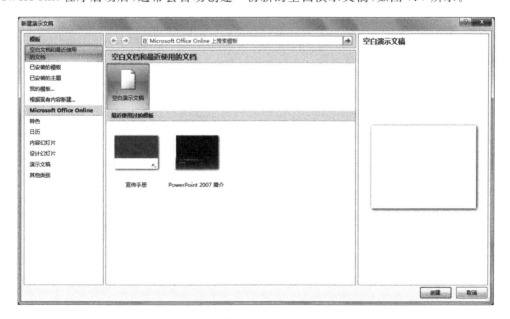

图 7.7 创建一份新的空白演示文稿

2. 开始

选择"新建幻灯片"功能添加新幻灯片。新建幻灯片时可选择不同的预定义版式,例如标题幻灯片、标题和内容、两栏内容等。

版式指的是幻灯片的页面布局,它定义了不同内容区域在幻灯片上排版的位置信息,一个区域用一个占位符表示。

占位符是一种带有虚线边缘的矩形框,在这些框内可以放置文字(如标题和项目符号列表)和其他多媒体内容(如表格、图表、剪贴画、图片、图形、SmartArt、声音和影片等)。

Microsoft Office PowerPoint 预定义了若干种标准版式,用户可以创建自定义版式以满足个性化需求。演示文稿制作人员可以使用标准版式或自定义版式来创建演示文稿,如图 7.8 所示。

图 7.8　新建幻灯片时可选择的不同预定义版式

3. 输入或插入

选择区域,在区域中输入内容,如文字、图片等,如图 7.9 所示。可根据需要调整区域的位置和大小。

可在幻灯片中直接插入 PowerPoint 对象,如图 7.10 所示。PowerPoint 将表格、图片、

图 7.9　输入区域内容

剪贴画、形状、SmartArt、图表、文本框、影片、声音等多媒体内容统称为对象。每插入一个对象，页面上即增加一个包含该对象内容的区域。可根据需要调整对象的位置和大小。

图 7.10　插入 PowerPoint 对象

PowerPoint 预定义了丰富的剪贴画、形状、SmartArt、图表和艺术字等设计模板。利用设计模板可以很容易地设计出高品质的演示文稿。

4. 设计

调整字体、颜色、效果（线条和填充颜色）等，或选择预定义的主题来美化幻灯片设计，如图 7.11 所示。

图 7.11　选择预定义的主题美化幻灯片设计

主题是一组格式选项，包括主题颜色、主题字体（包括标题字体和正文字体）和主题效果（包括线条和填充效果）。PowerPoint 提供了若干种由专业美工设计的预定义主题，用户也可以自己设计主题，然后将其另存为自定义主题来美化演示文稿。

5. 动画

制作演示文稿的目的是播放，动画可以极大地丰富播放的演示效果。幻灯片动画分片内动画和切换动画两种，如图 7.12 所示。

一张幻灯片上有多个对象（区域），对象可以设置动画效果。对象动画称为幻灯片片内

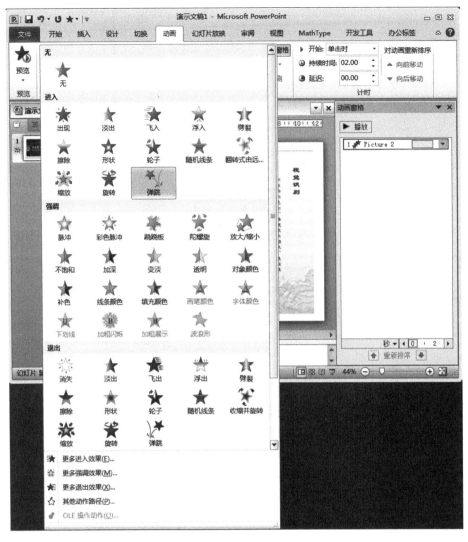

图 7.12　选择预定义动画模板设计幻灯片片内动画和切换动画

动画。对象动画有三种类型：进入、强调和退出。"进入"指放映时对象通过动画进入到幻灯片；"强调"指放映时对象已经在幻灯片上，做完动画后它仍然停留在幻灯片上；"退出"指放映时对象已经在幻灯片上，做完动画后它从幻灯片上消失。路径动画是一种特殊形式的动画，可以让对象按照设定的路径运动。播放动画的方法有三种：单击时、之前和之后。"单击时"指单击鼠标左键启动动画播放；"之前"指和上一个对象动画同时播放；"之后"指在上一个对象动画完成后再播放。"单击时"用于手动控制动画播放；"之前"用于多个对象同时动画；"之后"用于多个对象依次动画。动画播放的顺序由动画窗格窗口内动画项列表的顺序决定。当对象被添加了动画效果后，它就在动画窗格窗口中占有一项。放映时，按照自上而下的顺序依次播放对象动画。

切换动画是指幻灯片播放时，从一个幻灯片移到下一个幻灯片时出现的动画效果。

PowerPoint 通过模板实现动画效果，动画设计就是选择不同的动画模板。可以设置动画效果在播放时的速度和音效。

6. 保存

一份演示文稿可以保存为一个文件(.ppt 或.pptx 等其他形式),如图 7.13 所示。

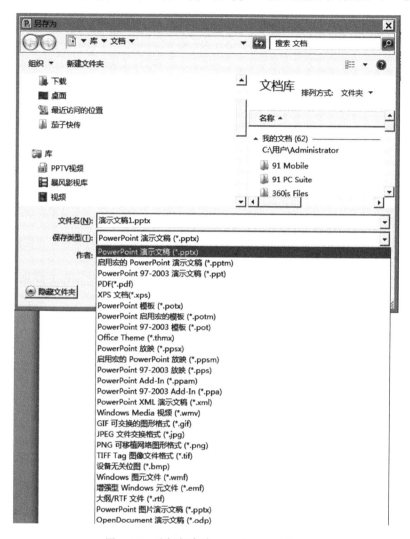

图 7.13 选择保存演示文稿的文件格式

PowerPoint 可以将演示文稿保存为多种文件类型,如表 7.1 所示。

表 7.1 PowerPoint 保存文件类型

保存为的文件类型	扩展名	说　明
PowerPoint 演示文稿	.pptx	Office PowerPoint 2007 及以后版本的默认演示文稿,默认情况下为 XML 文件格式
PowerPoint 启用宏的演示文稿	.pptm	包含 Visual Basic for Applications（VBA)代码的演示文稿
PowerPoint 97/2003 演示文稿	.ppt	可以在早期版本的 PowerPoint(从 97 到 2003)中打开的演示文稿

续表

保存为的文件类型	扩展名	说　明
PDF 文档格式	.pdf	发布为 PDF，由 Adobe Systems 开发的基于 PostScript 的电子文件格式，该格式保留了文档格式并允许共享文件。只有安装有关加载项之后，才能在 Microsoft Office 2007 及以后的版本中将文件另存为 PDF 文件。有关详细信息，请参阅启用对其他文件格式（例如 PDF 和 XPS）的支持
XPS 文档格式	.xps	发布为 XPS，新的 Microsoft 电子纸张格式，用于以文档的最终格式交换文档。只有安装有关加载项之后，才能在 Microsoft Office 2007 及以后的版本中将文件另存为 XPS 文件。有关详细信息，请参阅启用对其他文件格式（例如 PDF 和 XPS）的支持
PowerPoint 设计模板	.potx	作为模板的演示文稿，可用于对将来的演示文稿进行格式设置
PowerPoint 启用宏的设计模板	.potm	包含预先批准的宏的模板，这些宏可以添加到模板中以便在演示文稿中使用
PowerPoint 97/2003 设计模板	.pot	可以在早期版本的 PowerPoint（从 97 到 2003）中打开的模板
Office 主题	.thmx	包含颜色主题、字体主题和效果主题的定义的样式表
PowerPoint 放映	.pps；.ppsx	始终在幻灯片放映视图（而不是普通视图）中打开的演示文稿
PowerPoint 启用宏的放映	.ppsm	包含预先批准的宏的幻灯片放映，可以从幻灯片放映中运行这些宏
PowerPoint 加载宏	.ppam	用于存储自定义命令、Visual Basic for Applications (VBA) 代码和特殊功能（例如加载宏）的加载宏
PowerPoint 97/2003 加载宏	.ppa	可以在早期版本的 PowerPoint（从 97 到 2003）中打开的加载宏
xml 文档格式	.xml	一种用于标记电子文件使其具有结构性的标记语言，广泛运用于多种程序之间的数据交换
WMV（Windows MediaVideo）	.wmv	可作为幻灯片的视频素材插入使用，是微软推出的一种流媒体格式
GIF（图形交换格式）	.gif	可作为幻灯片的图片素材插入使用。GIF 文件格式最多支持 256 色，因此更适合扫描图像（如插图）而不是彩色照片。GIF 也适用于直线图形、黑白图像以及只有几个像素高的小文本。GIF 支持动画和透明背景
JPEG（联合图像专家组）文件格式	.jpg	可作为幻灯片的图片素材插入使用。JPEG 文件格式支持 1600 万种颜色，最适于照片和复杂图像
PNG（可移植网络图形）格式	.png	可作为幻灯片的图片素材插入使用。万维网联合会（W3C）已批准将 PNG 作为一种替代 GIF 的标准。PNG 不像 GIF 那样支持动画，某些旧版本的浏览器不支持此文件格式

保存为的文件类型	扩展名	说　　明
TIFF(Tag 图像文件格式)	.tif	可作为幻灯片的图片素材插入使用。TIFF 是用于在个人计算机上存储位映射图像的最佳文件格式。TIFF 图像可以采用任何分辨率,可以是黑白、灰度或彩色
设备无关位图	.bmp	可作为幻灯片的图片素材插入使用。位图是一种表示形式,包含由点组成的行和列以及计算机内存中的图形图像。每个点的值(不管它是否填充)存储在一个或多个数据位中
Windows 图元文件	.wmf	作为 16 位图形的幻灯片(用于 Microsoft Windows 3. x 和更高版本)
增强型 Windows 元文件	.emf	作为 32 位图形的幻灯片(用于 Microsoft Windows 95 和更高版本)
大纲/RTF	.rtf	仅作为文本文档的演示文稿大纲,可提供更小的文件大小,并能够与具有不同版本的 PowerPoint 或操作系统的其他人共享不包含宏的文件。使用这种文件格式,不会保存备注窗格中的任何文本
OpenDocument 文档	.odp	是 Sun 公司最先提出的规范,其格式基于 XML,用于保存字处理(Text)、表格处理(SpreadSheet)、图表(Graphics)、简报文档(Presentation)等文档

7.3.3　演示文稿播放

演讲者演讲时按以下步骤播放演示文稿:

(1) 演讲或投影展示时,打开演示文稿文件,选择"幻灯片放映"开始播放。

(2) 演讲者根据演讲进度控制幻灯片顺序播放、跳转播放或计时播放。

(3) 演讲结束,退出 PowerPoint 程序。

操作界面如图 7.14 和图 7.15 所示。

图 7.14　播放演示文稿

使用 PowerPoint 播放演示文稿时,可以在幻灯片上绘制圆圈、下画线、箭头或其他标记,以强调要点或阐明联系,如图 7.16 所示。要在演示过程中在幻灯片上书写,可以按如下步骤操作:

(1) 在"幻灯片放映"视图中,右击要在上面书写的幻灯片,在弹出的快捷菜单中选择"指针选项",然后单击某个绘图笔或荧光笔选项。

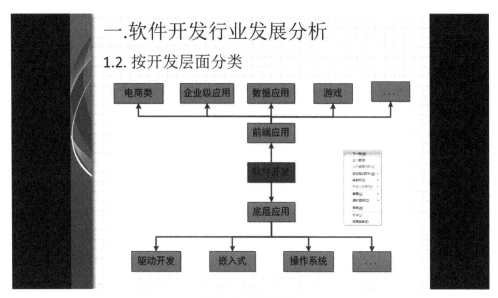

图 7.15　跳转播放

（2）按住鼠标左键并拖动，即可在幻灯片上书写或绘图。

图 7.16　演示文稿播放时标记

演示文稿有三种播放类型，即演讲者放映、观众自行浏览和在展台浏览。

演讲者放映时，由演讲者用鼠标或键盘控制幻灯片的播放和切换。浏览时，全屏幕播放，使用右键可结束放映。

观众自行浏览由用户自行手动控制在窗口模式下播放和切换。浏览时，保留标题栏和工具栏，拖动滚动条换片。

展台浏览用于自动放映幻灯片。浏览时，全屏幕播放，右键不起作用，按 Esc 键结束放映。

上述三种播放类型均可以预先排练并记录下每张幻灯片的演讲时间，即均有排练计时功能。浏览时可按照排练计时自动播放演示文稿，不需要手动切换，同时还能严格控制演讲时间。排练计时不仅记录了幻灯片切换的时间，每一步动画演示过程也同样被记录下来。

7.4　PowerPoint 高级功能

7.4.1　母版和模板

每个 PowerPoint 演示文稿都隐含有一个幻灯片母版，其中存储一组版式和主题信息，具体地说，这些信息包括文本和对象在幻灯片上的放置位置、文本和对象占位符的大小、文本样式、背景、颜色主题、效果和动画。每个幻灯片母版都包含一个或多个标准或自定义的版式集。图7.17所示显示了一个包含三种版式的幻灯片母版样例。

图 7.17　幻灯片母版样例

母版是用于统一演示文稿中幻灯片的版式和主题风格。新建幻灯片或选择幻灯片版式时，可选择母版中预定义的版式。母版格式一旦修改，演示文稿中的幻灯片格式也将同步修改。关于母版的功能选项都放在"视图"选项卡中。

幻灯片母版可单独保存成一个演示文稿模板文件（.pot或.potx），作为今后重复创建新的相似演示文稿时的模板。图7.18是一个幻灯片模板样例。

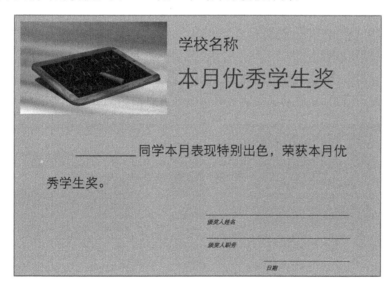

图 7.18　幻灯片模板样例

该模板样例包含一些占位符内容，如"学校名称""颁奖人姓名""颁奖人职务"和"日期"等。它还包含格式、颜色、背景和版式属性，可用作优秀学生奖的统一模板。

演示文稿模板包含一个或多个幻灯片母版，每个母版具有一种或多种版式。模板是由专业设计人员设计的，也可以通过修改已有模板来创建新模板。创建新模板文件的方法是：创建一个或多个母版，添加版式，然后应用主题，最后保存成模板文件。

7.4.2　演示者视图

演讲者视图是 PowerPoint 在双屏播放情况下，演讲者所使用的一种特殊视图。例如一台连接了投影仪的计算机，演讲者在计算机屏幕看到的是演讲者视图，而观众在投影仪屏幕上看到的是普通的放映视图，如图 7.19 所示。这两种视图是不一样的。

1. 相关工具

演示者视图提供下列工具，可以让演讲者更加方便地播放演示文稿：

（1）使用缩略图，演讲者可以不按顺序选择幻灯片，并且可以为观众创建自定义演示文稿。

（2）预览文本可让演讲者看到下一次单击会将什么内容添加到屏幕上，例如，新幻灯片或列表中的下一行项目符号文本。

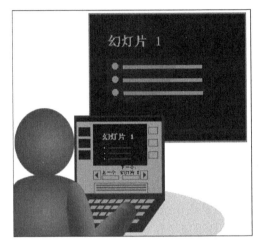

图 7.19　双屏播放演示文稿

（3）演讲者备注以清晰的大字体显示，因此可以将它们用作演示文稿的脚本。

（4）在演示期间可以关掉屏幕，随后可以在中止的位置重新开始。例如，在中间休息或问答时间，可能不想显示幻灯片内容。

2. 相关图标和按钮

在演示者视图中，图标和按钮都很大。这样，即使使用的是不熟悉的键盘或鼠标，进行导航时也很方便。图 7.20 显示了在演示者视图中可以使用的各种工具：

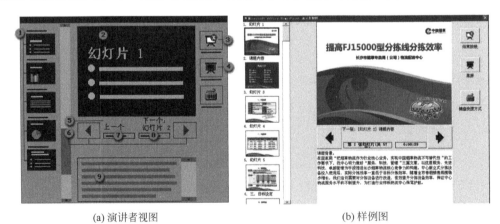

(a) 演讲者视图　　　　　　　　　　　　(b) 样例图

图 7.20　演讲者视图和样例图

（1）幻灯片缩略图，单击它们可跳至某张幻灯片或返回到某张已演示过的幻灯片。

（2）当前正在向观众演示的幻灯片。

（3）"结束放映"按钮,演讲者可以随时单击此按钮来结束演示。

（4）"黑屏"按钮,单击该按钮时,观众看到的屏幕暂时变黑,再次单击该按钮即可演示当前的幻灯片。

（5）"下一个幻灯片"按钮,表示观众将要看到的下一张幻灯片。

（6）"向前""向后"按钮,单击这些按钮可在演示文稿中前后移动。

（7）幻灯片编号（例如幻灯片7/12）。

（8）已放映时间,以小时和分钟为单位,自演示开始时算起。

（9）备注信息,演讲者可以将其用作演示时的脚本。

3. 启用演讲者视图

启用演讲者视图时可以进行如下操作：

（1）单击"幻灯片放映"选项卡中"设置"组的"设置幻灯片放映"按钮。

（2）在"设置放映方式"对话框（见图7.21）中,勾选"显示演示者视图"复选框,然后单击"确定"按钮。

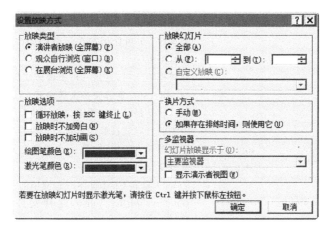

图7.21　"设置放映方式"对话框

7.4.3　多媒体文件格式

PowerPoint所支持的音频文件和视频文件格式参见表7.2和表7.3。

表7.2　音频文件格式

文　件　格　式	扩　展　名	说　　　　明
AIFF 音频文件	.aiff	音频交换文件格式,这种声音格式最初用于 Apple 和 Silicon Graphics（SGI）计算机。波形文件以8位的非立体声（单声道）格式存储,这种格式不进行压缩,因此会导致文件很大
AU 音频文件	.au	UNIX音频,这种文件格式通常用于为 UNIX 计算机或网站创建声音文件
MIDI 文件	.mid 或 .midi	乐器数字接口,这是用于在乐器、合成器和计算机之间交换音乐信息的标准格式

续表

文　件　格　式	扩　展　名	说　明
MP3 音频文件	.mp3	MPEG Audio Layer 3,这是一种使用 MPEG Audio Layer 3 编解码器（由 Fraunhofer Institute 开发）进行压缩的声音文件
Windows 音频文件	.wav	波形格式,这种音频文件格式将声音作为波形存储。一分钟长的声音所占用的存储空间可能仅为 644 KB,也可能高达 27 MB,这取决于各种不同的因素
Windows Media Audio 文件	.wma	Windows Media Audio,这是一种使用 Microsoft Windows Media Audio 编解码器进行压缩的声音文件,该编解码器是 Microsoft 开发的一种数字音频编码方案,用于发布录制的音乐（通常发布到 Internet 上）

表 7.3　视频文件格式

文　件　格　式	扩　展　名	说　明
Windows Media 文件	.asf	高级流格式,这种文件格式存储同步的多媒体数据,并可用于在网络上以流的形式传输音频和视频内容、图像及脚本命令;可让用户在下载的同时同步播放影像,无须等候下载完毕
Windows 视频文件	.avi	音频视频交错,这是一种多媒体文件格式,用于存储格式为 Microsoft 资源交换文件格式（RIFF）的声音和运动画面。这是最常用的格式之一,因为很多不同的编解码器压缩的音频或视频内容都可以保存在 .avi 文件中
影片文件	.mpg 或 .mpeg	运动图像专家组,这是运动图像专家组开发的一组不断发展变化的视频和音频压缩标准。这种文件格式是为与 Video-CD 和 CD-I 媒体一起使用而专门设计的
Windows Media Video 文件	.wmv	Windows Media Video,这种文件格式使用 Windows Media Video 编解码器压缩文件,这是一种压缩率很大的格式,它需要的计算机硬盘存储空间最小

7.4.4　演示文稿旁白

如果希望在演示文稿中加入演讲者的原音讲解,通过在幻灯片中加入旁白就可以实现。录制的旁白直接嵌入到每一张幻灯片,并保存到演示文稿中。加入了旁白的演示文稿可以供缺席者播放观看,或网络在线播放观看。录制旁白的步骤如下:

（1）在普通视图下,选择要开始录制的幻灯片。

（2）单击"幻灯片放映"选项卡中"设置"组的"录制幻灯片演示"按钮,选择"从头开始录制"或"从当前幻灯片开始录制"。

（3）在弹出的"录制幻灯片演示"对话框中勾选"旁白和激光笔"复选框,然后单击"开始录制"按钮进入录音状态,如图 7.22 和图 7.23 所示。

（4）对着话筒进行演讲。单击幻灯片转到下一张,对要添加旁白的每张幻灯片重复执行此过程。

图 7.22 录制旁白设置　　　　　　　图 7.23 录制旁白

提示：若要暂停录制或继续录制旁白，请单击"录制"对话框上的命令按钮。

（5）退出幻灯片放映状态，旁白会自动保存，并询问是否同时保存演示文稿的排练时间。

7.5 讨论题

1. 针对"介绍我的家乡"这个主题，如何规划演示文稿？
2. 在制作演示稿时，动画在幻灯片中的作用是什么？用好动画有什么原则？

第8单元

数据库及Access数据库系统

数据库技术是利用数据库管理系统来对数据进行有效存储和管理的一项技术,广泛运用在各个行业和领域。本单元将分别介绍数据库技术基础和 Microsoft Access 数据库系统的简单运用。

8.1 数据库概述

8.1.1 数据管理技术发展

数据处理的首要问题是数据管理。数据管理是指如何分类、组织、存储、检索及维护数据。自 1946 年世界上第一台计算机诞生以来,随着计算机硬件和软件的发展,数据管理技术不断更新、完善,其发展经历了如下三个阶段:人工管理阶段、文件系统阶段和数据库系统阶段。

1. 人工管理阶段

1)人工管理阶段概述

从 1946 年计算机诞生至 20 世纪 50 年代中期,计算机主要用于科学计算。计算机除硬件设备外没有任何软件可用,使用的外存只有磁带、卡片和纸带,没有磁盘等直接存取的设备。软件中只有汇编语言,没有操作系统,对数据的处理,完全由人工进行管理。

2)人工管理数据的特点

(1)数据不保存。一组数据对应于一个应用程序,应用程序与其处理的数据结合成一个整体。在进行计算时,系统将应用程序与数据一起装入,用完后就将它们撤销,释放被占用的数据空间与程序空间。

(2)没有软件对数据进行管理。应用程序的设计者不仅要考虑数据的逻辑结构,还要考虑存储结构、存取方法以及输入输出方式等。如果存储结构发生变化,程序中的取数子程序也要发生变化,数据与程序不具有独立性。

(3)没有文件概念。数据的组织方法由应用程序开发人员自行设计和安排。

（4）数据面向应用。一组数据对应一个程序。即使两个应用程序使用相同的数据，也必须各自定义数据的存储和存取方式，不能共享相同的数据定义，因此程序与程序之间可能会有大量的重复数据。

3）人工管理数据的模型

人工管理数据的模型如图8.1所示。图8.1(a)说明数据和程序是一体的，即数据置于程序内部；图8.1(b)说明数据和程序是一一对应的，即一组数据只能用于一个程序。

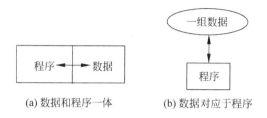

(a) 数据和程序一体　　　　(b) 数据对应于程序

图 8.1　人工管理数据的模型

2. 文件系统阶段

1）文件系统阶段概述

20世纪50年代后期至60年代中期，计算机不仅用于科学计算，而且还大量用于管理。计算机的硬件中有了磁盘、磁鼓等直接存储设备；计算机软件中有了高级语言和操作系统。

2）文件系统阶段数据管理的特点

文件系统阶段数据管理有以下四个特点：

（1）数据可长期保存在磁盘上。用户可使用程序经常对文件进行查询、修改、插入或删除等操作。

（2）文件系统提供数据与程序之间的存取方法。文件管理系统是应用程序与数据文件之间的一个接口。应用程序通过文件管理系统建立和存储文件；反之，应用程序要存取文件中的数据，必须通过文件管理系统来实现。用户不必关心数据的物理位置，程序与数据之间有了一定的独立性。

（3）文件的形式多样化。因为有了直接存取设备，所以可建立索引文件、链接文件和直接存取文件等。对文件的记录可顺序访问、随机访问。文件之间是相互独立的，文件与文件之间的联系要用程序来实现。

（4）数据的存取以记录为单位。

3）文件系统的模型

文件系统的模型如图8.2所示。通过文件管理系统，程序和数据文件之间可以组合，即一个程序可以使用多个数据文件，多个程序也可以共享同一个数据文件。

4）文件系统的缺陷

文件管理系统的使用，使得应用程序按规定的组织方式建立文件并按规定的存取方法使用文件，不必过多地考虑数据物理存储方面的问题。但是文件管理

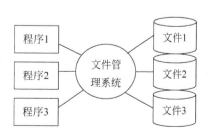

图 8.2　文件系统的模型

下的数据仍然是无结构的信息集合，它可以反映现实世界中客观存在的事物，但不能反映出各事物之间客观存在的本质联系。文件系统有三大缺陷：

（1）数据冗余。因为文件之间缺乏联系，可能有同样的数据在多个文件中重复存储。

（2）不一致性。由于数据冗余，在对数据进行修改时，若不小心，同样的数据在不同的文件中可能不一样。

（3）数据联系弱。这是文件之间缺乏联系造成的。

3. 数据库系统阶段

1）数据库系统阶段概述

从 20 世纪 60 年代后期开始，存储技术取得很大发展，有了大容量的磁盘。计算机用于管理的规模更加庞大，数据量急剧增长。为了提高效率，人们着手开发和研制更加有效的数据管理模式，提出了数据库的概念。

美国 IBM 公司 1968 年研制成功的信息管理系统（Information Management System，IMS）标志着数据管理技术进入了数据库系统阶段。IMS 为层次模型数据库。1969 年，美国数据系统语言协会（Conference On Data System Language，CODASYL）公布了数据库工作组（Data Base Task Group，DBTG）报告，对研制开发网状数据库系统起了重大推动作用。从 1970 年起，IBM 公司的 E. F. Codd 连续发表论文，又奠定了关系数据库的理论基础。

从 20 世纪 70 年代以来，数据库技术发展很快，得到了广泛的应用，已成为计算机科学技术的一个重要分支。

2）数据库系统的特点

数据库系统与文件系统相比，克服了文件系统的缺陷。数据库系统主要有以下特点：

（1）数据库中的数据是结构化的。在文件系统中，从整体上来看，数据是无结构的，即不同文件中的记录型之间没有联系，它仅关心数据项之间的联系。数据库系统不仅考虑数据项之间的联系，还要考虑记录型之间的联系，这种联系是通过存储路径来实现的。例如在学生选课情况的管理中，一个学生可以选修多门课，一门课可被多个学生选修。可用三种记录型（学生的基本情况、课程的基本情况以及选课的基本情况）来进行这种管理，如图 8.3 所示。

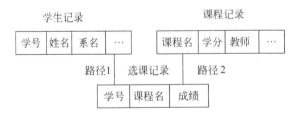

图 8.3　学生选课管理中的数据联系

在查询张三的学习成绩及学分时，如果用文件系统实现学生选课的管理，程序员编程要从三个文件中查找出所需的信息；如果用数据库系统管理学生选课，可通过存取路径来实现。利用存取路径，从一个记录型关联到另一个记录型。事实上，学生记录、课程记录与选课记录有着密切的联系，存取路径表示了这种联系。这是数据库系统与文件系统的根本区别。

（2）数据库中的数据是面向系统的，不是面向某个具体应用的，减少了数据冗余，实现了数据共享。数据库中的数据共享情况如图 8.4 所示。

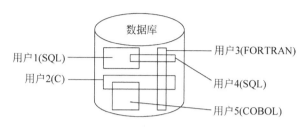

图 8.4　数据库中的数据共享

（3）数据库系统比文件系统有较高的数据独立性。数据库系统的结构分为三级：用户（应用程序或终端用户）数据的逻辑结构、整体数据的逻辑结构（用户数据逻辑结构的最小并集）和数据的物理结构。当整体数据的逻辑结构或数据的物理结构发生变化时，应用不变。数据的独立性是通过数据库系统在数据的物理结构与整体结构的逻辑结构、整体数据的逻辑结构与用户的数据逻辑结构之间提供的映像实现的。例如在图 8.3 中，根据需要把课程记录中的字段"学分"移出，加到选课记录中，即课程记录中减少一个字段，选课记录中增加一个字段，原来的应用不变，仍然可用。

（4）数据库系统为用户提供了方便的接口。用户可以用数据库系统提供的查询语言和交互式命令操纵数据库。用户也可以用高级语言（如 C、FORTRAN、COBOL 等）编写程序来操纵数据库，拓宽了数据库的应用范围。

3）数据库系统的控制功能

（1）数据的完整性。

数据的完整性保证了数据库存储数据的正确性。例如，预订同一班飞机的旅客不能超过飞机的定员数；订购货物中，订货日期不能大于发货日期。使用数据库系统提供的存取方法，设计一些完整性规则，对数据值之间的联系进行校验，可以保证数据库中数据的正确性。

（2）数据的安全性。

并非每个应用都可以存取数据库中的全部数据。例如，建立一个人事档案的数据库，只有那些需要了解工资情况并且有一定权限的工作人员才能存取这些数据。数据的安全性保护数据库不被非法使用，防止数据的丢失和被盗。

（3）并发控制。

当多个用户同时存取、修改数据库中的数据时，可能会发生相互干扰，使数据库中的数据完整性受到破坏，而导致数据的不一致性。数据库的并发控制防止了这种现象的发生，提高了数据库的利用率。

（4）数据库的恢复。

任何系统都不可能永远正确无误地工作，数据库系统也是如此。在运行过程中，会出现硬件或软件的故障。数据库系统具有恢复能力，能把数据库恢复到最近某个时刻的正确状态。

4）数据库的定义

综上所述，可为数据库下一个定义：数据库是与应用彼此独立的、以一定的组织方式存储在一起的、彼此相互关联的、具有较少冗余的、能被多个用户共享的数据集合。数据库技术的发展使数据管理上了新台阶,几乎所有的信息管理系统都以数据库为核心,数据库系统在计算机领域中的应用越来越广泛,数据库系统本身也越来越完善。目前,数据库系统已深入到人类生活的各个领域,从企业管理、银行业务管理到情报检索、档案管理、普查、统计都离不开数据库管理。随着计算机应用的发展,数据库系统也在不断更新、发展和完善。

5）数据库系统的数据管理

数据库中数据的最小存取单位是数据项(文件系统的最小存取单位是记录)。用户(应用程序或终端用户)和数据库的联系如图8.5所示。其中,数据库管理系统(DBMS)是一个软件系统,它能够操纵数据库中的数据,对数据库进行统一控制。

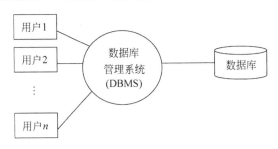

图 8.5　用户与数据库的联系

8.1.2　数据模型

1. 数据模型的作用和类型

数据模型是数据库技术的核心,数据库管理系统都是基于某种数据模型的。目前使用的数据模型基本上可分为两种类型。一种类型是概念模型(也称信息模型),这种模型不涉及信息在计算机中的表示和实现,是按用户的观点进行数据信息建模,强调语义表达能力。这种模型比较清晰、直观,容易被理解。另一种类型是数据模型,这种模型是面向数据库中数据逻辑结构的,如关系模型、层次模型、网状模型和面向对象的数据模型等。用户可以使用这种数据模型定义和操纵数据模型中的数据。

2. 概念模型

1）相关概念

数据模型是对现实世界的抽象描述。在组织数据模型时,人们首先将现实世界中存在的客观事物用某种信息结构表示出来,然后再转化为用计算机能表示的数据形式。

所谓信息是指客观世界中存在的事物在人们头脑中的反映,人们把这种反映用文字、图形等形式记录下来,经过命名、整理和分类就形成了信息。在信息领域中,数据库技术用到的术语有实体、属性、实体集和键等。

实体(Entity)：客观存在并可相互区分的事物。例如,人、部门和员工等都是实体。实体可以指实际的对象,也可以指抽象的对象。

属性(Attribute)：实体所具有的特性,每一特性都称为实体的属性。例如,学生的学号、班级、姓名、性别、出生年月等都是学生的属性。属性描述实体的特征,每一属性都有一个值域。值域的类型可以是整数型、实数型或字符串型等,如学生的年龄是整数型,姓名是字符串型。

实体集:具有相同属性(或特性)的实体的集合。例如,全体教师是一个实体集,全体学生也是一个实体集。

键(Key):能唯一标识一个实体的属性及属性值,也可称为关键字。例如,学号是学生实体的键。

2) 实体间的联系

数据模型反映了现实世界中事物间的各种联系,即实体间的联系。联系通常有两种:一种是实体内部的联系,即实体中属性间的联系;一种是实体与实体之间的联系。在数据模型中,不仅要考虑实体属性间的联系,更重要的是要考虑实体与实体之间的联系,下面主要讨论后一种联系。

实体间的联系是错综复杂的,但就两个实体的联系来说,有以下三种情况:

(1) 一对一的联系。这是最简单的一种实体间的联系,它表示了两个实体集中的个体间存在着一对一的联系。例如,每个班级有一个班长,这种联系记为 1:1。

(2) 一对多的联系。这是实体间存在的另一种联系。例如,一个班级有许多学生,这种联系记为 1:M。

(3) 多对多的联系。实体间更多的联系是多对多的联系。例如,一个教师教许多学生,一个学生被许多教师教。多对多的联系表示了多个实体集,其中一个实体集中的任一实体与另一实体集中的实体间存在一对多的联系;反之亦然。这种联系记为 $M:N$。

实体间的联系可用图形方式表示,如图 8.6 所示。

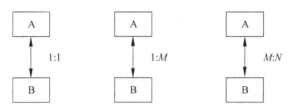

图 8.6　实体间的联系

3. 实体联系模型

1) 实体联系模型的概念

实体联系模型(Entity-Relationship Model,一般简称 ER 模型)是一个面向问题的概念模型,即用简单的图形方式描述现实世界中的数据。这种描述不涉及这些数据在数据库中如何表示、如何存取,这种描述方式非常接近人的思维方式。后来又有人提出了扩展实体联系模型(Extend Entity-Relationship Model,一般简称 EER 模型),这种模型表示更多的语义,扩充了子类型的概念。

EER 模型目前已成为一种使用较广泛的概念模型,为面向对象的数据库设计提供了有效的工具。

在实体联系模型中,信息由实体、实体属性和实体联系三种概念单元来表示。

(1) 实体表示建立概念模型的对象。

(2) 实体属性说明实体。实体和实体属性共同定义了实体的类型。若一个或一组属性的值能唯一确定一种实体类型的各个实例，就称该实体属性或属性组为这一实体类型的键。

（3）实体联系是两个或两个以上实体类型之间的有名称的关联。实体联系可以是一对一、一对多或多对多。

2）实体类型内部的联系

（1）一对一的联系。

图 8.7 所示是实体类型"人"的一个实例，通过"结婚"可以与另一个实例联系。在一夫一妻制的条件下，图 8.7 表示实体类型内部的 1：1 的联系。

（2）一对多的联系。

图 8.8 所示是实体类型"职工"的一个实例。在只有一个管理人员的条件下，图 8.8 表示实体类型内部的 1：N 的联系。

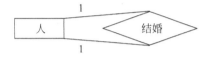

图 8.7　实体类型内部的 1：1 的联系

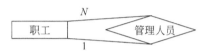

图 8.8　实体类型内部的 1：N 的联系

（3）多对多的联系。

在图 8.9 中，实体类型"零件"包括有结构的零件和无结构的零件，一个有结构的零件可以由多个无结构的零件组成，一个无结构的零件可以出现在多个有结构的零件中。在这种条件下，图 8.9 表示实体类型内部的 $M：N$ 的联系。

3）三元联系

如图 8.10 所示，"公司""国家"和"产品"这三个实体之间有多种销售关系。一个产品可以出口到许多国家，一个国家可以进口许多产品；一个公司可以销售多种产品，一种产品可以由多个公司销售；一个公司可以出售多种产品到多个国家，一个国家进口的产品可以由多个公司提供。

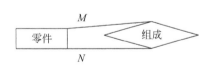

图 8.9　实体类型内部的 $M：N$ 的联系

图 8.10　实体间的三元联系

4. 关系模型

关系模型是在层次模型和网状模型之后发展起来的，它表示实体间联系的方法与层次模型和网状模型的方法不同。

在现实世界中，人们经常用表格形式（如履历表、工资表、体检表和各种统计报表等）表示数据信息。不过人们日常所使用的表格有时比较复杂，如履历表中个人简历一栏要包括若干行，这样处理起来不太方便。在关系模型中，基本数据结构被限制为二维表格。

表 8.1 和表 8.2 是学生情况表和教师任课情况表。从这两个表中可以得到这样一些信息：张三老师上 1 班的数据结构课，李四是他的学生；王五是 2 班的学生，他选修的操

作系统课是孙立老师讲授的。这些信息是从两个表中得到的，说明在这两个表之间存在着一定的联系。这一联系是通过学生情况表和教师任课情况表中都有"班级"这一栏而建立的。

表 8.1　学生情况表

姓　名	性　别	年　龄	班　级
李四	女	20	1
王五	男	19	2
张来	女	21	1
李工	男	22	2
…	…	…	…

表 8.2　教师任课情况表

姓　名	年　龄	所　在　院	任　课　名	班　级
张三	45	计算机	数据结构	1
孙立	40	计算机	操作系统	2
高山	56	管院	管理学	1
…	…	…	…	…

在关系模型中，数据被组织成类似以上两个表的一些二维表格，每一张二维表称为一个关系（Relation）。二维表中存放了两类数据——实体本身的数据和实体间的联系。这里的联系是通过不同关系中具有相同的属性名来实现的。

所谓关系模型就是将数据及数据间的联系都组织成关系的形式的一种数据模型。所以在关系模型中，只有单一的"关系"的结构类型。

由于关系模型有严格的数学基础，许多专家及学者在此基础上发展了关系数据理论。关系型数据库的数学模型和设计理论将在后面的章节中详细地描述。

Microsoft Access 2010 同大多关系数据库系统一样，能将不同来源的数据建立起关联，提供存储和管理信息的方式。用户可利用这些功能，采用不同的方法，对数据库进行创建、查询、更新和维护。但相对于其他的关系型数据库而言，Microsoft Access 2010 更具有其独一无二的优点和魅力，这一点读者将会在稍后的章节中了解到。可以说，通过了解 Access 2010 来学习数据库原理与技术是一个最佳选择。

5. 数据库系统的不同视图

前面已讲述，数据库系统的管理、开发和使用人员主要有数据库管理员、系统分析员、应用程序员和用户。这些人员的职责和作用是不同的，因而涉及不同的数据抽象级别，有不同的数据视图，如图 8.11 所示。

1）用户

用户分为应用程序和最终用户（End User）两类，他们通过数据库系统提供的接口和开发工具软件使用数据库。目前常用的接口方式有菜单驱动、表格操作、利用数据库与高级语言的接口编程、生成报表等。这些接口给用户带来很大方便。

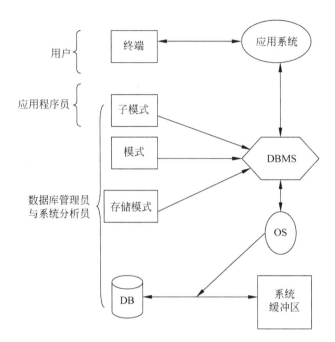

图 8.11　数据库系统的不同数据视图

2）应用程序员

应用程序员负责设计应用系统的程序模块，编写应用程序，通过数据库管理员为他（她）建立的外模式来操纵数据库中的数据。

3）系统分析员

系统分析员负责应用系统的需求分析和规范说明。系统分析员要与用户和数据库管理员配合好，确定系统的软硬件配置，共同做好数据库各级模式的概要设计。

4）数据库管理员

数据库管理员（DataBase Administrator，DBA）可以是一个人，也可以是由几个人组成的小组。他们全面负责管理、维护和控制数据库系统，一般由业务水平较高和资历较深的人员担任。下面介绍 DBA 的具体职责。

（1）决定数据库的信息内容。数据库中存放什么信息是由 DBA 决定的。他们确定应用的实体（实体包括属性及实体间的联系），完成数据库模式的设计，并同应用程序员一起完成用户子模式的设计工作。

（2）决定数据库的存储结构和存取策略，确定数据的物理组织、存放方式及数据存取方法。

（3）定义存取权限和有效性检验。用户对数据库的存取权限、数据的保密级别和数据的约束条件都是由 DBA 确定的。

（4）建立数据库。DBA 负责原始数据的装入，建立用户数据库。

（5）监督数据库的运行。DBA 负责监视数据库的正常运行，当出现软硬件故障时，能及时排除，使数据库恢复到正常状态，并负责数据库的定期转储和日志文件的维护等工作。

（6）重组和改进数据库。DBA 通过各种日志和统计数字分析系统性能。当系统性能下降(如存取效率和空间利用率降低)时,对数据库进行重新组织,同时根据用户的使用情况,不断改进数据库的设计,以提高系统性能,满足用户需要。

8.2 规划数据库

8.2.1 数据库设计的内容和要求

一个数据库的设计主要包括两个方面,即结构特性的设计和行为特性的设计,它们分别描述了数据库的静态特性和动态性能。

1. 结构特性的设计

结构特性的设计是指数据结构的设计,设计结果能否得到一个合理的数据模型,这是数据库设计的关键。数据模型用来反映和显示事物及事物间的联系,对现实世界模拟的精确程度越高,形成的数据模型就越能反映现实世界,在此基础上生成的应用系统就能较好地满足用户对数据处理的要求。

传统的软件设计一般注重处理过程的设计,而忽视对数据语义的分析和抽象。而对数据库应用系统来说,管理的数据量很大,数据间联系复杂,数据要供多用户共享,因此数据模型设计是否合理,将直接影响应用系统的性能和质量。

结构特性的设计涉及实体、属性及相互的联系,域和完整性的约束等。它包括模式和子模式的设计,设计最后要建立数据库。结构特性的设计如图8.12表示。

结构特性的设计应满足如下几点:

(1)能正确反映现实世界,满足用户要求。

(2)减少和避免数据冗余。

(3)维护数据的完整性。

2. 行为特性的设计

行为特性的设计是指应用程序的设计,在分析用户需要处理哪些数据的基础上,完成对各个功能模块的设计,如完成对数据的查询、修改、插入、删除、统计和报表等。行为特性的设计还包括对事务的设计,以保证在多用户环境下数据的完整性和一致性。行为特性的设计可以用图8.13表示。

在数据库设计中,结构特性和行为特性的设计可以结合起来进行。

数据库设计是一项复杂的工程,它要求设计人员不但具有数据库的基本知识和数据库设计技术,熟悉DBMS,而且要有应用领域方面的知识,了解应用环境和用户业务,才能设计出满足应用要求的数据库应用系统。

一个满足应用要求的数据库系统应具有良好的性能。数据库的性能包括数据库的存取效率和存储效率。数据库的存取效率主要表现在对数据访问的请求和存取次数。存取次数是指为查找一个记录所需存取逻辑记录的次数。存储效率是指存储数据的空间利用率,即存储用户数据所占有实际存储空间的大小。存取效率和存储效率经常是一对矛盾体,有时为了提高存取效率,不得不保存大量中间数据,降低存储效率。计算机硬件的进步也主要是提高运算及存取速度和增加内部及外部存储空间。

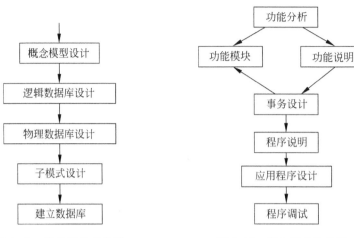

图 8.12　结构特性的设计　　　　图 8.13　行为特性的设计

随着计算机硬件和软件技术的不断发展，数据库使用越来越普遍，数据库应用系统是否便于使用、便于维护和便于扩充等方面，越来越成为衡量数据库系统性能的重要指标，因为这些指标直接影响到数据库应用系统是否具有较长的使用寿命。

8.2.2　数据库设计过程

数据库设计与应用环境联系紧密，其设计过程与应用规模、数据复杂程度密切有关。实践表明，数据库设计应分阶段进行。

早期的数据库设计，由于应用涉及面小，通常只是处理某一方面的应用，如工资管理和人事档案管理等系统，需求比较简单，数据库结构并不复杂。设计人员在了解用户的信息要求、处理要求和数据量之后，就可以经过分析和综合，建立起数据模型，然后结合 DBMS，将数据的逻辑结构、物理结构和系统性能一起考虑，直接编程，完成应用系统的设计。使用这种手工设计方法，数据库设计的好坏完全取决于设计者的经验和水平，缺乏科学根据，因而很难保证设计的质量。

现在大多数数据库管理系统与早期数据库系统相比，规模越来越大，需要处理的信息量越来越多。设计中存在以下几个问题：

（1）数据间的关系十分复杂，仅凭设计者的经验很难准确地表达不同用户的要求和数据间的关系。

（2）直接把逻辑结构、物理结构和系统性能一起考虑，涉及的因素太多，设计过程复杂，难以控制。

（3）在设计中缺乏文档资料，很难与用户交流，而准确了解用户需求是数据库应用系统成功的关键。

大型数据库系统一般设计周期都比较长，有的可能需要两三年的时间。如果在设计后期发现错误，轻则影响系统质量，重则导致整个设计失败。因此，在设计过程中需要进行阶段评审，及时发现错误，及时纠正。

所以,数据库的设计应分阶段进行,不同阶段完成不同的设计内容。

数据库的设计过程可以分为如下六个阶段:需求分析、概念设计、逻辑设计、物理设计、实施和运行以及使用和维护。

1. 需求分析

需求分析阶段主要是对所要建立数据库的信息要求和处理要求的全面描述;通过调查研究,了解用户业务流程,对需求与用户取得一致认识。

2. 概念设计

概念设计阶段要对收集的信息和数据进行分析整理,确定实体、属性及它们之间的联系,将各个用户的局部视图合并成一个总的全局视图,形成独立于计算机的反映用户观点的概念模式。概念模式与具体 DBMS 无关,接近现实世界,结构稳定,用户容易理解,能较准确地反映用户的信息需求。

3. 逻辑设计

逻辑设计要在概念模式的基础上导出数据库可处理的逻辑结构(仍然与具体 DBMS 无关),即确定数据库模式和子模式,包括确定数据项、记录及记录间的联系、安全性和一致性约束等。

导出的逻辑结构是否与概念模式一致,从功能和性能上是否能满足用户要求还要进行模式评价。如果达不到用户要求,还要反复修正或重新设计。

4. 物理设计

物理设计的任务是确定数据在介质上的物理存储结构,即数据在介质上如何存放,包括存取方式及存取路径的选择。物理设计的结果将导出数据库的存取模式。

逻辑设计和物理设计的好坏对数据库的性能影响很大。在物理设计完毕后,要进行性能分析和测试。如果有问题,要重新设计逻辑结构。在逻辑结构和物理结构确定后,就可以建立数据库了。

5. 实施和运行

实施阶段包括建立实际数据库结构、装入数据、完成编码和进行测试。经过实施,然后就可以投入运行了。

6. 使用和维护

按照软件工程的设计思想,软件生存期指软件从开始分析、设计直到停止使用的整个时间。使用和维护阶段是整个生存期的最长时间段。数据库使用和维护阶段需要不断完善系统性能和改进系统功能,进行数据库的再组织和重构造,以延长数据库使用时间。

以上数据库设计过程如图 8.14 所示。

为保证设计质量,在数据库设计的不同阶段要产生文档资料或程序产品,进行评审检查,并与用户交流。如果阶段设计不能满足用户要求,则需要回溯、重复设计过程。为了减少反复,降低开发成本,应特别重视需求分析和概念设计阶段的工作。

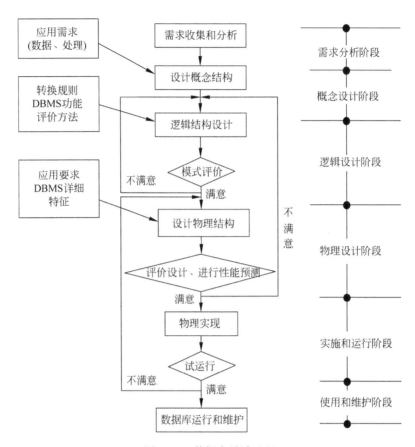

图 8.14　数据库设计过程

8.3　Access 数据库操作

8.3.1　Access 2010 简介

1. Access 发展简介

1992 年 11 月，Microsoft 公司发行了 Windows 数据库关系系统 Access 1.0 版本；1995 年，Access 成为办公软件 Office 95 的一部分；之后先后出现了多个版本：Access 2.0、7.0/ 95、8.0/97、9.0/2000、10.0/2002，直到 Access 2003、2007 和 2010 版。

2. Access 2010 数据库的系统结构

Access 2010 有六种不同的对象，分别是表、查询、窗体、报表、宏和模块。这些对象在数据库中有不同的作用。

1）表

表（Table）是数据库的基础，是存储数据的对象。Access 的一个数据库中可以包含多个表，用户可以在表中存储不同类型的数据。通过在表之间建立关系，可以将不同表中的数据联系起来，以便用户使用。在表中，数据以二维表的形式保存。

表中的列称为字段,字段是数据信息的最基本载体,是一条信息在某一方面的属性。在图 8.15 给出的会员表中,显示出来的字段包括编号、姓名、性别、工作单位、职务、职称和所在省份等。

记录 →

编号	姓名	性别	工作单位	职务	职称	所在省份	党员否
3016706901	范端阳	男	湖北省武穴市龙坪镇农技中心	主任		湖北省	☑
3027511241	陈文祥	男	山东省惠民县农业局	站长	高级农艺师	山东省	☑
3036784800	贺道华	男	西北农林科技大学	教师	讲师	陕西省	□
3037873944	赖中华	男	西南大学农生学院		讲师	重庆市	☑
3070535768	刘冠军	男	新疆巴州库尔勒市普惠农场	副场长	农艺师	新疆自治区	☑
3073706689	张红	女	辽宁省种子管理局		高级农艺师	辽宁省	□
3080721101	徐立华	男	江苏省农科院经作所	主任	研究员	江苏省	☑
3080721102	何旭平	男	江苏省农科院经作所	主任	研究员	江苏省	☑
3080721103	陈旭升	男	江苏省农科院经济作物研究所	主任	研究员	江苏省	☑
3110766339	王峰	男	湖南农业大学		讲师	湖南省	☑
3126781168	吴宁	女	安徽省农技推广总站	副总农艺师	研究员	安徽省	☑
3132137289	丁胜	男	新疆兵团农一师农业科学研究所	主任	副研究员	新疆自治区	☑
3153089859	邓祥顺	男	河北省农业厅经作处	处长		河北省	☑
3256203106	谢德意	男	河南省农业科学院经济作物研究所	主任	研究员	河南省	☑
3261125331	周明炎	男	湖北省农业厅种植业处	处长	高级农艺师	湖北省	☑
3347113808	任德新	男	新疆巴音郭楞蒙古自治州农科所	所长	研究员	新疆自治区	☑
3389221092	喻树迅	男	中国农业科学院棉花研究所	所长		河南省	☑
3439921901	徐水波	男	中国纤维检验局	总工程师	高级工程师	北京市	☑
3450255652	吴军	男	新疆生产建设兵团29团生产科	科长	高级农艺师	新疆自治区	☑

图 8.15 "会员管理"数据库中的"会员表"

表中的行称为记录,记录由一个或多个字段组成。一条记录就是一个完整的信息。

2) 查询

查询是数据库设计目的的体现。建立数据库之后,数据只有被使用者查询,才能体现出它的价值。查询是用户希望查看表中的数据时,按照一定的条件或准则从一个或多个关联表中筛选出所需要的数据,形成一个动态数据集。

用户可以浏览、查询、打印甚至可以修改这个动态数据集中的数据,并可将查询结果作为其他数据库对象的数据源。

查询到的数据记录集合称为查询的结果集。结果集也是以二维表的形式显示出来,但它们不是基本表。每个查询只记录该查询的查询操作方式,这样,每进行一次查询操作,其结果集显示的都是基本表中当前存储的实际数据,它反映的是查询的那一个时刻数据表的存储情况,查询的结果是静态的。

图 8.16 就是查询"会员入会情况"的运行结果。

使用查询可以按照不同的方式查看、更改和分析数据,也可以将查询作为窗体和报表的记录源。

3) 窗体

窗体是数据库和用户联系的界面。在窗体中可以显示数据表中的数据,可以将数据库中的表链接到窗体中,利用窗体作为输入记录的界面。通过在窗体中插入按钮,可以控制数据库程序的执行过程。窗体中不仅可以包含普通的数据,还可以包含图片、图形、声音和视频等不同的数据类型。图 8.17 中给出的是"会员入会登录"窗体。

4) 报表

数据库应用程序通常要进行一些打印输出,在 Access 中如果要打印输出数据,使用报表是很有效的方法。利用报表可以将数据库中需要的数据提取出来进行分析、整理和计算,

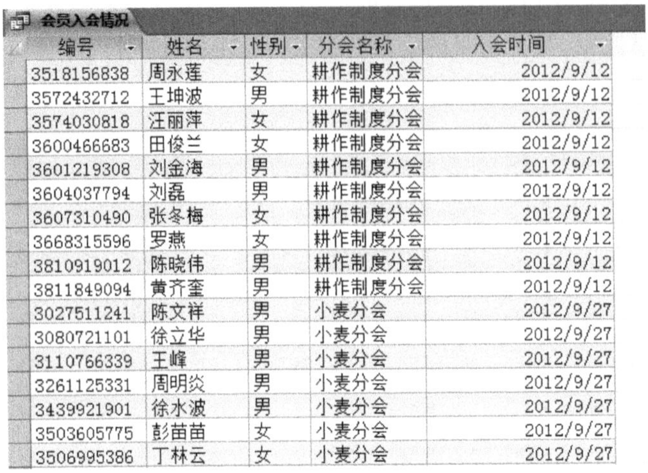

会员入会情况

编号	姓名	性别	分会名称	入会时间
3518156838	周永莲	女	耕作制度分会	2012/9/12
3572432712	王坤波	男	耕作制度分会	2012/9/12
3574030818	汪丽萍	女	耕作制度分会	2012/9/12
3600466683	田俊兰	女	耕作制度分会	2012/9/12
3601219308	刘金海	男	耕作制度分会	2012/9/12
3604037794	刘磊	男	耕作制度分会	2012/9/12
3607310490	张冬梅	女	耕作制度分会	2012/9/12
3668315596	罗燕	女	耕作制度分会	2012/9/12
3810919012	陈晓伟	男	耕作制度分会	2012/9/12
3811849094	黄齐奎	男	耕作制度分会	2012/9/12
3027511241	陈文祥	男	小麦分会	2012/9/27
3080721101	徐立华	男	小麦分会	2012/9/27
3110766339	王峰	男	小麦分会	2012/9/27
3261125331	周明炎	男	小麦分会	2012/9/27
3439921901	徐水波	男	小麦分会	2012/9/27
3503605775	彭苗苗	女	小麦分会	2012/9/27
3506995386	丁林云	女	小麦分会	2012/9/27

图 8.16　查询“会员入会情况”的运行结果

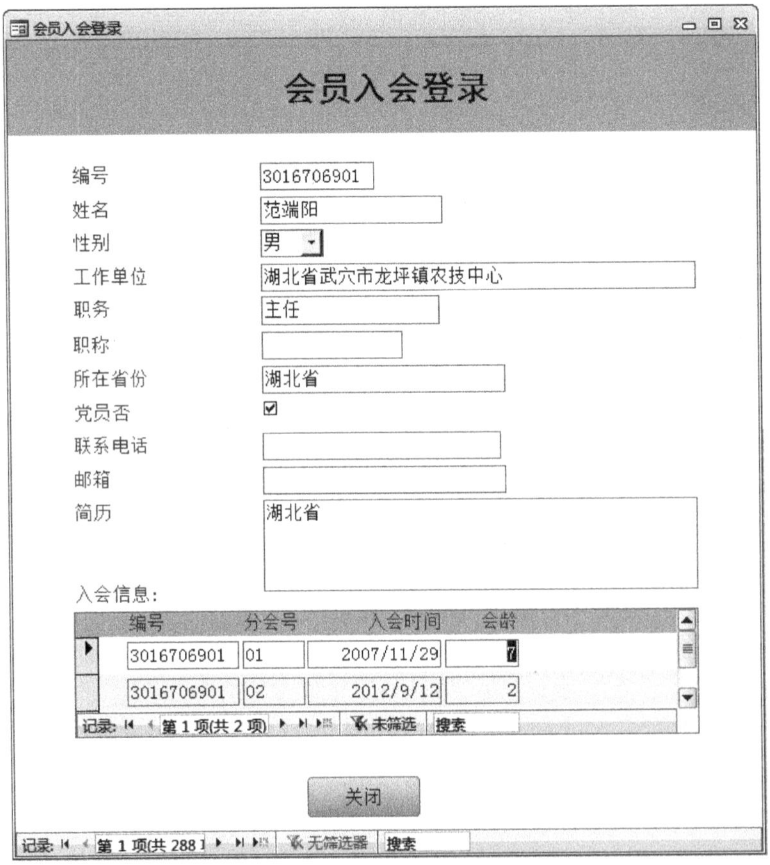

图 8.17　“会员入会登录”窗体

并将数据以格式化的方式发送到打印机。用户可以在一个表或查询的基础上来创建一个报表，也可以在多个表或查询的基础上来创建报表。利用报表不仅可以创建计算字段，而且还可以对记录进行分组以便计算出各组数据的汇总结果等。在报表中，可以控制显示的字段、每个对象的大小和显示方式，并可以按照所需的方式来显示相应的内容。

图 8.18 所示为“会员管理”数据库中的“会员信息表”报表。

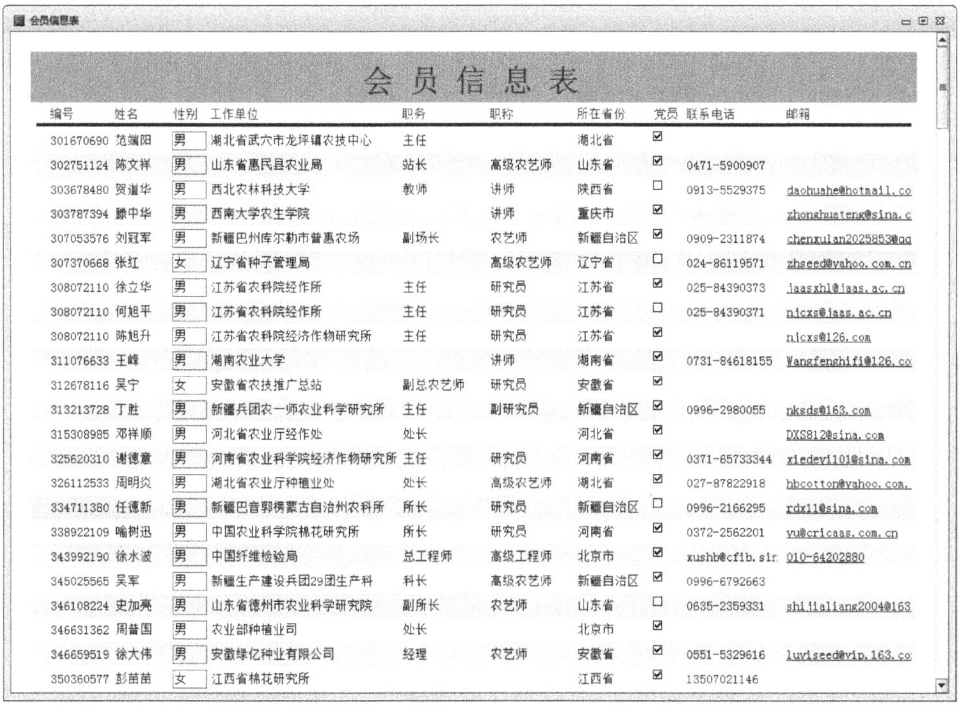

会员信息表

编号	姓名	性别	工作单位	职务	职称	所在省份	党员	联系电话	邮箱
301670690	范端阳	男	湖北省武穴市龙坪镇农技中心	主任		湖北省	☑		
302751124	陈文祥	男	山东省惠民县农业局	站长	高级农艺师	山东省	☑	0471-5900907	
303678480	贺道华	男	西北农林科技大学	教师	讲师	陕西省	☐	0913-5529375	daohuahe@hotmail.co
303787394	滕中华	男	西南大学农生学院		讲师	重庆市	☑		zhonghuateng@sina.c
307053576	刘冠军	男	新疆巴州库尔勒市普惠农场	副场长	农艺师	新疆自治区	☑	0909-2311874	chenxulan2025853@qq
307370668	张红	女	辽宁省种子管理局		高级农艺师	辽宁省	☐	024-86119571	zhseed@yahoo.com.cn
308072110	徐立华	男	江苏省农科院经作所	主任	研究员	江苏省	☑	025-84390373	jaasxhl@jaas.ac.cn
308072110	何旭平	男	江苏省农科院经作所	主任	研究员	江苏省	☐	025-84390371	njcxs@jaas.ac.cn
308072110	陈旭升	男	江苏省农科院经济作物研究所	主任	研究员	江苏省	☑		njcxs@126.com
311076633	王峰	男	湖南农业大学		讲师	湖南省	☑	0731-84618155	Wangfenghifi@126.co
312678116	吴宁	女	安徽省农技推广总站	副总农艺师	研究员	安徽省	☑		
313213728	丁胜	男	新疆兵团农一师农业科学研究所	主任	副研究员	新疆自治区	☑	0996-2980055	nksds@163.com
315308985	邓祥顺	男	河北省农业厅经作处	处长		河北省	☑		DXS812@sina.com
325620310	谢德意	男	河南省农业科学院经济作物研究所	主任	研究员	河南省	☑	0371-65733344	xiedeyi101@sina.com
326112533	周明炎	男	湖北省农业厅种植业处	处长	高级农艺师	湖北省	☑	027-87822918	hbcotton@yahoo.com.
334711380	任德新	男	新疆巴音郭楞蒙古自治州农科所	所长	研究员	新疆自治区	☐	0996-2166295	rdx11@sina.com
338922109	喻树迅	男	中国农业科学院棉花研究所	所长	研究员	河南省	☑	0372-2562201	yu@cricaas.com.cn
343992190	徐水波	男	中国纤维检验局	总工程师	高级工程师	北京市	☑	xushb@cfib.sir	010-64202880
345025565	吴军	男	新疆生产建设兵团29团生产科	科长	高级农艺师	新疆自治区	☑	0996-6792663	
346108224	史加亮	男	山东省德州市农业科学研究院	副所长	农艺师	山东省	☐	0635-2359331	shijialiang2004@163
346631362	周普国	男	农业部种植业司	处长		北京市	☑		
346659519	徐大伟	男	安徽绿亿种业有限公司	经理	农艺师	安徽省	☑	0551-5329616	luyiseed@vip.163.co
350360577	彭苗苗	女	江西省棉花研究所			江西省	☑	13507021146	

图 8.18 “会员管理”数据库中的“会员信息表”报表

5）宏

宏(Macro)是一系列操作的集合，其中每个操作都能实现特定的功能，例如打开窗体、生成报表、保存修改等。在日常工作中，用户经常需要重复大量的操作，利用宏可以简化这些操作，使大量的重复性操作自动完成，从而使管理和维护 Access 数据库更加简单。

6）模块

模块(Module)的主要作用就是建立复杂的 VBA(Visual Basic for Applications)程序以完成宏等不能完成的任务。模块中的每一个过程都是一个函数过程或子程序。通过将模块与窗体、报表等 Access 对象相联系，可以建立完整的数据库应用系统。

一般而言，使用 Access 不需编程就可以创建功能强大的数据库应用程序，但是通过在 Access 中编写 Visual Basic 程序，用户可以编写出复杂的运行效率更高的数据库应用程序。

3. Access 2010 主界面

同其他 Microsoft Office 程序一样，在使用数据库时也需要首先打开 Access，然后再打开需要使用的数据库。启动 Access 2010 之后，屏幕显示的初始界面如图 8.19 所示。

Access 2010 用户界面由三个主要部分组成，分别是后台(Backstage)视图、功能区和导航窗格。这三部分提供了用户创建和使用数据库的基本环境。

1）后台视图

后台视图是 Access 2010 中新整合出来的功能。在打开 Access 2010 但未打开数据库

图 8.19　Access 2010 的初始界面

时所看到的窗口就是后台视图。

后台视图中不仅有多个选项卡，可以创建新数据库、打开现有数据库、进行数据库维护，还包含适用于整个数据库文件的其他命令和信息（如"压缩和修复"）等。

2）功能区

功能区位于 Access 主窗口的顶部，它取代了 Access 2007 之前的版本中的菜单和工具栏的主要功能，由多个选项卡组成，每个选项卡上有多个按钮组。功能区中包括将相关常用命令分组在一起的主选项卡、只在使用时才出现的上下文选项卡，以及快速访问工具栏。

在 Access 2010 中打开一个数据库，单击"创建"选项卡，在如图 8.20 所示的屏幕中可以看到与"创建"选项卡相关的按钮组。

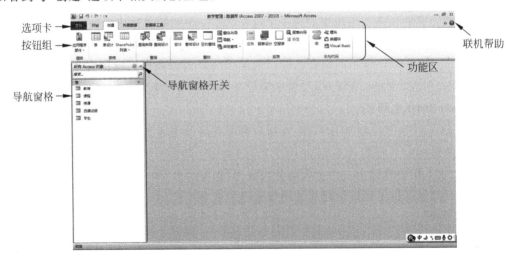

图 8.20　Access 2010 单击"创建"选项卡后的窗口

Access 2010 的主要命令选项卡包括"文件""开始""创建""外部数据"和"数据库工具"。每个选项卡都包含多组相关命令。例如从图 8.21 中可以看到,在"创建"选项卡中包含了"模板""表格""查询""窗体""报表"和"宏与代码"六个命令组(按钮组),在"报表"命令组中包括了"报表""报表设计""空报表""报表向导"和"标签"五个与创建报表相关的命令按钮。

图 8.21　Access 2010 功能区示意图

3)导航窗格

导航窗格在 Access 窗口的左侧,可以在其中使用数据库对象。

导航窗格按类别和组进行组织。可以从多种组织选项中进行选择,也可以创建自定义组织方案。默认情况下,新数据库使用"对象类型"类别,该类别包含对应于各种数据库对象的组。"对象类型"类别组织数据库对象的方式,与早期版本中的默认"数据库窗口"显示屏相似。

导航窗格可以最小化,也可以隐藏,但不能用打开的数据库对象覆盖导航窗格。

8.3.2　表对象的操作

1. 创建数据库

Access 数据库以单独文件保存在磁盘中,且每个文件存储 Access 数据库的所有对象。Access 2010 创建的数据库文件扩展名是 .accdb,但也兼容早期版本的 .mdb 文件。

创建数据库有两种方法:一是先建立一个空数据库,然后向其中添加表、查询、窗体和报表等对象;二是使用 Access 提供的模板,通过简单操作创建数据库。创建数据库后,可随时修改或扩展数据库。

1)创建空数据库

如果有特别的设计要求,需要创建一个复杂的数据库,或者需要在数据库中存放、合并现有数据,可以先创建空数据库。创建空数据库的实质是创建数据库的外壳,数据库中没有对象和数据。创建空数据库后,可以根据需要,添加表、查询、窗体、报表、宏和模块等对象。

例 8.1　建立"会员管理"数据库,并将建好的数据库保存在 D 盘 Access 文件夹中。

操作步骤如下:

① 启动 Access 后在 Access 窗口中单击"文件"选项卡,在左侧窗格中单击"新建"命令,在右侧窗格中单击"空数据库"选项。

② 在右侧窗格下方"文件名"文本框中,有一个默认的文件名"Database1.accdb",将该文件名改为"会员管理"。输入文件名时,如果未输入文件扩展名,则 Access 会自动添加。

③ 单击其右侧的"浏览"按钮📁,弹出"文件新建数据库"对话框。在该对话框中,找到 D 盘 Access 文件夹并打开,如图 8.22 所示。

图 8.22　"文件新建数据库"对话框

④ 单击"确定"按钮，返回到 Access 窗口。在右侧窗格下方显示将要创建的数据库的名称和保存位置。

⑤ 单击"创建"按钮，这时 Access 开始创建空数据库，并自动创建一个名称为"表 1"的数据表，该表以数据表视图方式打开。数据表视图中有两个字段，一个是默认的 ID 字段，另一个是用于添加新字段的标识"单击以添加"，光标位于"单击以添加"列的第一个空单元格中，如图 8.23 所示。

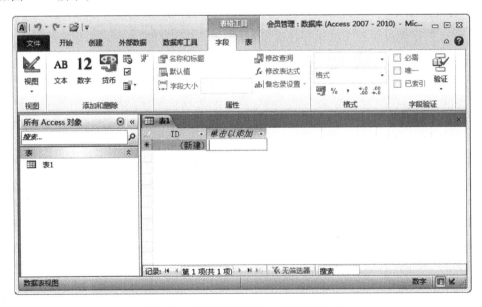

图 8.23　以数据表视图方式打开"表 1"

在创建的"会员管理"空数据库中还没有其他数据库对象，可以根据需要建立。注意，创建数据库前，最好先建立用于保存该数据库文件的文件夹，以方便创建和管理。

2）使用模板创建数据库

为方便操作，Access 2010 提供了多种可选择的数据库模板，如"慈善捐赠 Web 数据库""教职员""联系人 Web 数据库""罗斯文""任务"和"事件"等，如图 8.24 所示。

图 8.24　可选择数据库模板

如果能够找到并使用与设计要求接近的模板，就可利用这些模板方便、快速地创建基准数据库。

2. 打开和关闭数据库

数据库建好后，就可以对其进行各种操作。在进行这些操作之前应先打开数据库，操作结束后需要关闭数据库。

1）打开数据库

打开数据库有两种方法。

（1）在 Access 环境下，使用"打开"命令或"最近所用文件"命令打开。

（2）在资源管理器中直接单击数据库文件(.accdb 或.mdb)打开。

2）关闭数据库

当完成数据库操作后，需要将其关闭。关闭数据库常用方法有如下四种。

（1）单击 Access 窗口右上角的"关闭"按钮 ✕ 。

（2）双击 Access 窗口左上角的"控制"菜单图标 ▲ 。

（3）单击 Access 窗口左上角的"控制"菜单图标，从弹出的菜单中选择"关闭"。

（4）单击"文件"选项卡，选择"关闭数据库"。

3. 建立表

表是 Access 数据库的基础，是存储和管理数据的对象，也是数据库其他对象的数据来源。

1）表的组成

Access 表由表结构和表内容（记录）两部分构成。其中，表结构是指表的框架，其组成要素是字段名称、数据类型和字段属性等。

字段名称：每个字段均具有唯一的名字，称为字段名称。

数据类型：表中的同一列数据应具有相同的数据特征。其主要类型有以下 11 种：

- 文本：用于存储字符或数字。文本型字段最多可存储 255 个字符。
- 备注：用于存储较长的字符和数字。最多可存储 65 535 个字符。
- 数字：用于存储数字数据。可设置字段大小属性来定义特定的数字类型。
- 日期/时间：用于存储日期、时间或日期时间组合，字段长度固定为 8B。
- 货币：等价于双精度数字类型。输入数据自动添加货币符、千位分隔符和两位小数。
- 自动编号：添加新记录时，Access 会自动插入一个唯一的递增顺序号。
- 是/否：针对只有两种不同取值的字段而设置。
- 超链接：以文本形式保存超链接的信息。
- 附件：用于存储所有种类的文档和二进制文件。
- 计算：用于显示计算结果，计算时必须引用同一表中的其他字段。
- OLE 对象：用于存储对象，可以是 Word、Excel、图像、声音等数据。最大容量为 1GB。
- 查阅向导：用来实现查阅另外表上的数据，或查阅从一个列表中选择的数据。

字段属性：即表的组织形式，包括表中字段的个数，各字段的大小、格式、输入掩码、有效性规则等。

2）建立表结构

建立表结构包括定义字段名称、数据类型，设置字段的属性等。建立表的方法有两种：使用数据表视图或设计视图。

（1）使用数据表视图。

数据表视图是按行和列显示表中数据的视图。在数据表视图中，可以进行字段的添加、编辑和删除，也可以完成记录的添加、编辑和删除，还可以实现数据的查找和筛选等操作。

例 8.2 在例 8.1 创建的"会员管理"数据库中建立"分会表"。"分会表"表结构如表 8.3 所示。

表 8.3 "分会表"表结构

字段名	类 型	字段大小
分会号	文本，主键	2
分会名称	文本	10
分会说明	备注	

操作步骤如下：

① 打开例 8.1 创建的"会员管理"数据库。单击"创建"选项卡中"表格"组的"表"按钮，这时将创建名为"表 1"的新表，并以数据表视图方式打开。

② 选中 ID 字段列,单击表格工具"字段"选项卡中"属性"组的"名称和标题"按钮,如图 8.25 所示。

图 8.25　"名称和标题"按钮

③ 弹出"输入字段属性"对话框,在该对话框的"名称"文本框中输入"分会号",如图 8.26 所示。单击"确定"按钮。

④ 选中"分会号"字段列,单击"字段"选项卡中"格式"组的"数据类型"下拉按钮,从弹出的下拉列表中选择"文本";在"属性"组的"字段大小"文本框中输入字段大小值"2",如图 8.27 所示。

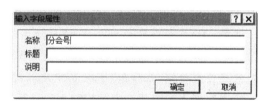

图 8.26　"输入字段属性"对话框

图 8.27　设置字段名称及属性

⑤ 按照"分会表"表结构，参照第④步添加其他两个字段，结果如图 8.28 所示。

图 8.28　在数据表视图中建立表结构的结果

⑥ 单击快速访问工具栏上的"保存"按钮，在弹出的"另存为"对话框的"表名称"文本框中输入"分会表"，单击"确定"按钮。

注意：ID 字段默认数据类型为"自动编号"，"单击以添加"添加的新字段默认数据类型为"文本"。如果要添加的字段是其他数据类型，可单击"字段"选项卡中"添加和删除"组的相应数据类型按钮，然后在"字段 1"中输入新字段的字段名称。

使用数据表视图建立表结构时无法进行更详细的属性设置，对于比较复杂的表结构来说，可以在创建完毕后使用设计视图修改表结构。

（2）使用设计视图。

一般情况下，使用设计视图建立表结构，详细说明每个字段的字段名称和数据类型。

例 8.3　在"会员管理"数据库中建立"会员表"表，其结构如表 8.4 所示。

表 8.4　"会员表"表结构

字段名	类型/大小	字段名	类型/大小	字段名	类型/大小
编号	文本,10,主键	职务	文本,25	邮箱	超链接
姓名	文本,8	职称	文本,25	简历	备注
性别	文本,1	所在省份	文本,5	材料	附件
年龄	数字,整型	党员否	是/否	相片	OLE 对象
工作单位	文本,50	联系电话	文本,15		

使用设计视图建立"会员表"表结构，操作步骤如下：

① 在 Access 窗口中，单击"创建"选项卡中"表格"组的"表设计"按钮，进入表设计视图，如图 8.29 所示。

表设计视图分为上、下两部分。上半部分是字段输入区，从左至右分别为"字段选定器""字段名称"列、"数据类型"列和"说明"列。"字段选定器"用来选择某一字段；"字段名称"

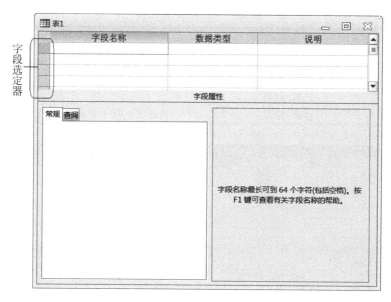

图 8.29　表设计视图

列用来说明字段的名称；"数据类型"列用来定义该字段的数据类型；如果有需要，可以在"说明"列中对字段进行必要的说明。

② 单击设计视图第一行"字段名称"列，并在其中输入"编号"；单击"数据类型"列，并单击其右侧下拉按钮，从下拉列表中选择"文本"；在"说明"列中输入说明信息"主键"。

③ 使用相同的方法，按照表 8.4 所列字段名称和数据类型等信息，定义表中其他字段。

④ 定义完全部字段后，单击第一个字段的字段选定器，然后单击"设计"选项卡中"工具"组的"主键"按钮，这时主键字段选定器上显示"主键"图标 ，表明该字段是主键字段。

⑤ 保存表，并命名为"会员表"，结果如图 8.30 所示。

字段名称	数据类型	说明
编号	文本	主键
姓名	文本	
性别	文本	
年龄	数字	
工作单位	文本	
职务	文本	
职称	文本	
所在省份	文本	
党员否	是/否	
联系电话	文本	
邮箱	超链接	
简历	备注	
材料	附件	
相片	OLE 对象	

图 8.30　"会员表"表设计结果

同样，也可以在表设计视图中对已建表结构进行修改。

使用上述方法可以设计出"会员管理"数据库中的第三个表"入会表"。其结构如表 8.5 所示。设计结果如图 8.31 所示。

表 8.5　"入会表"表结构

字段名	类型	字段大小
编号	文本，主键	10
分会号	文本，主键	2
入会时间	日期/时间	
会龄	计算，整型	表达式：2014-Year([入会时间])

图 8.31　"入会表"表设计结果

（3）定义主键。

在 Access 中，通常每个表都应有一个主键。主键是唯一标识表中每一条记录的一个字段或多个字段的组合。只有定义了主键，表与表之间才能建立起联系。

在 Access 中，有两种类型的主键：单字段主键和多字段主键。

单字段主键是以某一个字段作为主键来唯一标识表中的记录；多字段主键是由两个或更多字段组合在一起来唯一标识表中的记录。

3）设置主要字段属性

字段属性定义了数据的保存、处理或显示方式。在 Access 2010 的"表设计器"下部的"常规"选项卡上提供了一些主要字段属性的设置。

（1）字段大小。

字段大小属性用于限制输入到该字段的最大长度。

字段大小属性只适用于"文本""数字"或"自动编号"类型的字段。文本型字段的字段大小属性取值范围是 0～255，默认值为 255，可在数据表视图和设计视图中设置。数字型字段的字段大小属性可以设置的种类最多，包括整型、长整型、单精度、双精度等。

（2）格式。

格式属性只影响数据的显示格式。例如，可将"入会时间"字段的显示格式改为"×××　×年××月××日"。不同类型的字段格式有所不同。

利用格式属性可使数据的显示统一美观。但应注意，格式属性只影响数据的显示格式，并不影响其在表中存储的内容。

如果需要控制数据的输入格式并按输入时的格式显示,则应设置输入掩码。

(3) 输入掩码。

输入数据时常会遇到有些数据有相对固定的书写格式。例如,电话号码为"010-12345678",其中,"010-"为固定部分。如果手工重复输入这种固定格式的数据,显然很麻烦。此时,可以定义一个输入掩码,将格式中不变的内容固定成格式的一部分,这样在输入数据时只需输入变化的值即可。对于文本、数字、日期/时间、货币等数据类型的字段,均可以定义输入掩码。

注意:如果为某字段定义了输入掩码,同时又设置了它的格式属性,格式属性将在数据显示时优先于输入掩码的设置。这意味着即使已经保存了输入掩码,在数据设置格式显示时将被忽略。

输入掩码只为文本型和日期/时间型字段提供向导,对其他数据类型没有向导帮助。因此,对于数字或货币类型字段来说,只能使用字符直接定义输入掩码。所用字符及说明如表8.6所示。

表 8.6 输入掩码属性字符及说明

字　　符	说　　明
0	必须输入数字(0～9),不允许输入加号和减号
9	可以选择输入数字或空格,不允许输入加号和减号
♯	可以选择输入数字或空格,允许输入加号和减号
L	必须输入字母(A ～ Z,a～z)
?	可以选择输入字母(A ～ Z,a～z)或空格
A	必须输入字母或数字
a	可以选择输入字母或数字
&	必须输入任意字符或一个空格
C	可以选择输入任意字符或一个空格
. , : ; - /	小数点占位符及千位、日期与时间的分隔符(实际的字符将根据 Windows"控制面板"中"区域或语言"中的设置而定)
<	将输入的所有字符转换为小写
>	将输入的所有字符转换为大写
!	使输入掩码从右到左显示,而不是从左到右显示。输入掩码中的字符始终都是从左到右填入。可以在输入掩码中的任何地方输入感叹号
\	使接下来的字符以原义字符显示(例如\A 只显示为 A)

直接使用字符定义输入掩码时,可以根据需要将字符组合起来。例如,假设会员表中年龄字段的值只能为数字,且不应超过两位,则可将该字段的输入掩码定义为"00"。定义时,先打开会员表的设计视图,然后在年龄字段的输入掩码属性文本框中输入"00"。

对于文本或日期/时间型字段,也可以直接使用字符进行定义。

(4) 默认值。

在一个数据表中,往往会有一些字段的数据内容相同或者包含有相同的部分。为了减少数据输入量,可以将出现较多的值作为该字段的默认值。

输入文本值时,若未加引号,系统会自动加上。设置默认值后,插入新记录时系统会将这个默认值显示在相应的字段。

Access 允许使用表达式定义默认值。例如，在某字段默认值属性框中输入表达式"= Date( )"，则在输入日期/时间型字段值时将显示当前系统日期。

注意：设置默认值时必须与字段的数据类型匹配，否则将出错。

（5）有效性规则。

有效性规则是指向表中输入数据时应遵循的约束条件。

有效性规则的形式及设置目的随字段的数据类型不同而不同。对于文本型字段可设置输入的字符个数不能超过某一个值。对于数字型字段可设置输入数据的范围。对于日期/时间型字段可设置输入日期的月份或年份范围。

设置字段的有效性规则后，在向表中输入数据时，若输入的数据不符合有效性规则，系统将显示提示信息。

有效性规则表达式的设计请参照"8.3.3 查询对象的操作"中"查询条件"的内容介绍。

（6）有效性文本。

当输入的数据违反了有效性规则，会显示系统提示信息。但这种提示信息不清楚、不直观。此时，可定义有效性文本，即用户自定义的提示信息。

（7）索引。

索引是非常重要的属性，能根据键值提高数据查找和排序的速度，并且能对表中的记录实施唯一性。

在 Access 中，同一个表可以创建多个唯一索引，其中一个可设置为主索引。一个表只能有一个主索引。

可以选择的索引属性选项有三个，如表 8.7 所示。

表 8.7　索引属性选项

索引属性值	说　　明
无	该字段不建立索引
有（有重复）	以该字段建立索引，且字段中的内容可以重复
有（无重复）	以该字段建立索引，且字段中的内容不能重复。这种字段适合作为主键

如果经常需要同时搜索或排序两个或更多的字段，可以创建多字段索引。使用多字段索引进行排序时，将首先用定义在索引中的第一个字段进行排序，如果第一个字段有重复值，再用索引中的第二个字段排序，以此类推。

4）建立表间关系

为了更好地管理和使用表中数据，还应建立表间关系。表间关系分为一对一、一对多和多对多三种。通常，一对一关系的两个表可以合并为一个表，这样既不会出现数据冗余，也便于数据查询；多对多关系的表可拆成多个一对多关系的表。

在 Access 中，将一对多关系中与"一"端对应表称为主表，与"多"端对应表称为相关表。通过表间关系可以创建和实施参照完整性。

例如，假设有两个关系表，分别是会员表和入会表，表中包含的字段如下：

会员表（编号，姓名，性别，年龄，职称），"编号"为主键，"课程编号"是该教师主讲的课程编码，是外键。

入会表（编号，分会号，入会时间），编号+分会号是主键，"编号"是外键。

根据参照完整性规则,入会表中的"编号"的值为会员表编号之一。

如果关系中设置了参照完整性,那么主表中没有相关记录时,就不能将记录添加到相关表中,也不能在相关表中存在匹配记录时删除主表中的记录,更不能在相关表中有相关记录时更改主表中的主键值。也就是说,实施参照完整性后,对表中主键字段进行操作时系统会自动检查主键字段,确定该字段是否被添加、修改或删除。如果对主键的修改违背了参照完整性要求,那么系统会强制执行参照完整性。

例 8.4　定义"会员管理"数据库中已存在表之间的关系并实施参照完整性。

操作步骤如下:

① 单击"数据库工具"选项卡中"关系"组的"关系"按钮,弹出"关系"窗口。单击"设计"选项卡中"关系"组的"显示表"按钮,弹出"显示表"对话框。

② 在"显示表"对话框中,双击"会员表";使用同样的方法将"分会表"和"入会表"添加到"关系"窗口中。

③ 单击"关闭"按钮,关闭"显示表"对话框。

④ 选定"入会表"中的"编号"字段,然后按下鼠标左键并拖动到"会员表"中的"编号"字段上,释放鼠标。此时屏幕上显示如图 8.32 所示的"编辑关系"对话框。

在"编辑关系"对话框中的"表/查询"列表框中列出了主表"会员表"的"编号";在"相关表/查询"列表框中列出了相关表"入会表"的"编号"。在列表框下方有三个复选框,如果勾选了"实施参照完整性"复选框,然后勾选"级联更新相关字段"复选框,可以在更改主表的主键

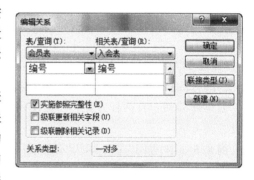

图 8.32　"编辑关系"对话框

值时自动更新相关表中对应的数值;如果勾选了"实施参照完整性"复选框,然后勾选"级联删除相关字段"复选框,可以在删除主表中的记录时自动删除相关表中相关记录;如果只勾选了"实施参照完整性"复选框,则相关表中相关记录发生变化时,主表中主键不会相应改变,而且当删除相关表中任何记录时,也不会更改主表中记录。

⑤ 勾选"实施参照完整性"复选框,然后单击"创建"按钮。

⑥ 使用相同的方法将"入会表"中的"分会号"拖到"分会表"中的"分会号"字段上。设置结果如图 8.33 所示。

⑦ 单击"关闭"按钮,这时会询问是否保存布局的更改,单击"是"按钮。

定义关系后,还可以编辑表间关系,也可以删除不再需要的关系。

5) 向表中输入数据

在 Access 中,可以在数据表视图向目标表中直接手工输入数据,也可以利用已有的表进行筛选后向目标表追加。如果需要,还可以从外部数据源导入数据。

(1) 使用数据表视图直接输入数据。

一般情况下,表中大部分字段值都来自于直接输入的数据。

(2) 使用查阅列表输入数据。

如果某字段值是一组固定数据,例如"会员表"中的"性别"字段值为"男"和"女",那么输

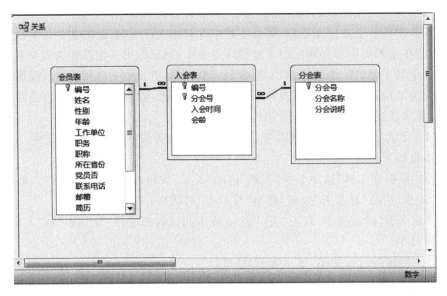

图 8.33　建立关系结果

入时，通过手工直接输入显然比较麻烦。此时可将这组固定值设置为一个列表，从列表中选择，既可以提高输入效率，也能够避免输入错误。

创建查阅列表有两种方法：一是使用向导创建，比较简单；二是直接在"查阅"选项卡中设置。

例 8.5　用"查阅"选项卡，为"会员表"中"性别"字段设置查阅列表，列表中显示"男"和"女"。

操作步骤如下：

① 用设计视图打开"会员表"，单击"性别"字段行。

② 在设计视图下方，单击"查阅"选项卡。

③ 单击"显示控件"行右侧下拉按钮，从弹出的下拉列表中选择"列表框"；单击"行来源类型"行右侧的下拉按钮，从弹出的下拉列表中选择"值列表"；在"行来源"文本框中输入""男"；"女""。最终设置结果如图 8.34 所示。

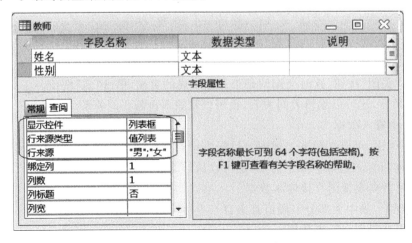

图 8.34　查阅列表参数设置结果

注意："行来源类型"属性必须为"值列表"或"表/查询"；"行来源"属性必须包含值列表或查询。

切换到"会员表"的数据表视图，单击空记录"性别"字段，右侧出现下拉按钮，单击该按钮，弹出一个下拉列表，列表中列出了"男"和"女"两个值，如图 8.35 所示。

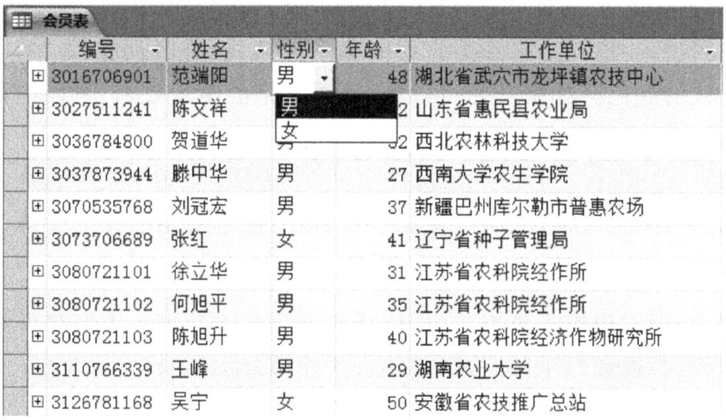

会员表				
编号	姓名	性别	年龄	工作单位
3016706901	范端阳	男	48	湖北省武穴市龙坪镇农技中心
3027511241	陈文祥	男	2	山东省惠民县农业局
3036784800	贺道华	女	2	西北农林科技大学
3037873944	滕中华	男	27	西南大学农生学院
3070535768	刘冠宏	男	37	新疆库尔勒市普惠农场
3073706689	张红	女	41	辽宁省种子管理局
3080721101	徐立华	男	31	江苏省农科院经作所
3080721102	何旭平	男	35	江苏省农科院经作所
3080721103	陈旭升	男	40	江苏省农科院经济作物研究所
3110766339	王峰	男	29	湖南农业大学
3126781168	吴宁	女	50	安徽省农技推广总站

图 8.35　查阅列表设置结果

Access 2010 提供了"计算"数据类型，可以将计算结果保存在该类型的字段中。

Access 2010 使用"附件"数据类型，可以将 Word 文档、演示文稿、图像等文件的数据添加到记录中。"附件"数据类型可以在一个字段中存储多个文件，而且这些文件的数据类型可以不同。

需要说明的是，附件中包含的信息不在数据表视图中显示，在窗体视图才能显示出来。对于文档、电子表格等类型信息，只能显示图标。

（3）获取外部数据。

利用 Access 提供的导入和链接功能可以将外部数据直接添加到当前的 Access 数据库中。在 Access 中，可以导入的表类型包括 Excel 工作表、SharePoint 列表、XML 文件、其他Access 数据库以及其他类型文件。

从外部导入数据是指从外部获取数据后形成数据库中的数据表对象，并与外部数据源断绝连接；从外部链接数据是指在自己的数据库中形成一个链接表对象，每次在 Access 数据库中操作数据时，都是即时从外部数据源获取数据，链接的数据并未与外部数据源断绝连接。

4．维护表

在创建数据表时，由于种种原因，可能表的结构设计不合理，有些内容不能满足实际需要。为使数据表结构更合理、内容使用更有效，需要对表进行维护。

1）修改表结构

修改表结构主要包括增加字段、删除字段、修改字段、重新设置主键等。在 Access 中添加和删除字段非常方便，可在设计视图中操作，也可在数据表视图中进行修改。

2）编辑表内容

编辑表内容是为了确保表中数据的准确，使所建表能够满足实际需要。编辑表内容的操作主要包括记录定位、添加记录、修改数据、删除记录以及复制字段中的数据等。

3）调整表外观

调整表外观是为了使表看上去更清楚、美观。调整表外观的操作包括改变字段显示次序、调整行高和列宽、设置数据字体、调整表中网格线样式及背景颜色、隐藏字段和冻结字段等。

4）设置数据表格式

在数据表视图中，一般在水平和垂直方向显示网格线，并且网格线、背景色和替换背景色均采用系统默认的颜色。如果需要，可以改变单元格的显示效果，可以选择网格线的显示方式和颜色，可以改变表格的背景颜色。

5）改变字体

为了使数据的显示美观清晰、醒目突出，可以改变数据表中数据的字体、字型和字号。

5. 操作表

数据表建好后，可以根据需求查找、排序或筛选表中的数据。本节将详细介绍如何改变记录中数据的查找、替换和显示顺序，如何筛选指定条件的记录。

1）查找数据

在一个有多条记录的数据表中，若要快速查找信息，可以通过数据查找操作来完成。

例 8.6 查找"会员表"中"性别"为"男"的会员记录。

具体操作步骤如下：

① 用数据表视图打开"会员表"，单击"性别"字段列的字段名行（字段选定器）。

② 单击"开始"选项卡中"查找"组的"查找"按钮，弹出"查找和替换"对话框，在"查找内容"框中输入"男"，其他部分选项如图 8.36 所示。

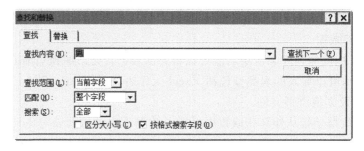

图 8.36 "查找和替换"对话框

如果需要，也可以在"查找范围"下拉列表框中选择"整个表"作为查找范围。注意，"查找范围"下拉列表框中所包括的字段为在进行查找之前光标所在的字段。最好在查找之前将光标移到所要查找的字段上，这样比对整个表进行查找会节省更多时间。在"匹配"下拉列表框中，除图 8.36 所示内容外，也可以选择其他的匹配部分，如"字段任何部分""字段开头"等。

③ 单击"查找下一个"按钮，将查找下一个指定的内容。连续单击"查找下一个"按钮，可以将全部指定的内容查找出来。

④ 单击"取消"按钮或"关闭"按钮，结束查找。

在指定查找内容时，如果希望在只知道部分内容的情况下对数据表进行查找，或者按照特定的要求查找记录，可以使用通配符作为其他字符的占位符实现模糊查找。在"查找和替换"对话框中,可以使用如表8.8所示的通配符。

表8.8　通配符的用法

字　符	用　　法	示　　例
*	通配任意个数的字符	wh＊可以找到 white 和 why,但找不到 wash 和 without
?	通配任意单个字符	b?ll 可以找到 ball 和 bill,但找不到 blle 和 beall
[ ]	通配方括号内任意单个字符	b[ae]ll 可以找到 ball 和 bell,但找不到 bill
!	通配任意不在括号内的字符	b[!ae]ll 可以找到 bill 和 bull,但找不到 bell 和 ball
-	通配范围内的任意一个字符	b[a-c]d 可以找到 bad、bbd 和 bcd,但找不到 bdd
♯	通配任意单个数字字符	1♯3 可以找到 103、113 和 123,但找不到 1a3

Access 还提供了一种快速查找的方法,通过记录导航条直接定位到要找的记录。

2) 替换数据

在操作数据库表时,如果要修改多处相同的数据,可以使用替换功能,自动将查找到的数据替换为新数据。

例8.7　查找"会员表"中"职务"为"主任"的所有记录,并将其值改为"科长"。

操作步骤如下:

① 用数据表视图打开"会员表",单击"职务"字段选定器。

② 单击"开始"选项卡中"查找"组的"替换"按钮,弹出"查找和替换"对话框。在"查找内容"框中输入"主任",然后在"替换为"框中输入"科长",在"查找范围"框中确保选中当前字段,在"匹配"框中选择"整个字段",如图8.37所示。

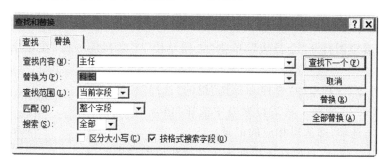

图 8.37　设置查找和替换选项

③ 如果一次替换一个,单击"查找下一个"按钮,找到后单击"替换"按钮。如果不替换当前找到的内容,则继续单击"查找下一个"按钮。如果要一次替换出现的全部指定内容,则单击"全部替换"按钮。单击"全部替换"按钮后,屏幕将显示一个提示框,提示进行替换操作后将无法恢复,询问是否要完成替换操作,单击"是"按钮,进行替换操作。

注意:替换操作是不可恢复的操作,为避免替换操作失误,在进行替换操作前最好对表进行备份。

3) 排序记录

在浏览表中数据时,通常记录的显示顺序是记录的输入顺序,或者是按主键升序排列的顺序。而实际应用中,记录的显示顺序是按需要排列的。Access 提供的排序功能可以有效地实现记录的重新排列。

（1）排序规则。

排序是根据当前表中一个或多个字段的值对整个表中的所有记录进行重新排列。排序时可按升序，也可按降序。不同的字段类型，排序规则有所不同。具体规则如下：

- 英文按字母顺序排序，大、小写视为相同。
- 中文按拼音字母的顺序排序。
- 数字按数字的大小排序。
- 日期按日期的先后顺序排。

（2）单字段排序。

单字段排序即按一个字段排序，可以在数据表视图中进行。

（3）多字段排序。

在 Access 中，不仅可以按一个字段排序，也可以按多个字段排序。按多个字段进行排序时，首先根据第一个字段按照指定的顺序进行排序，当第一个字段具有相同值时，再按照第二个字段进行排序，以此类推，直到按全部指定的字段排好序为止。

4）筛选记录

使用数据表时，经常需要从众多数据中挑选出满足条件的记录进行处理。

Access 2010 提供了四种筛选记录的方法，分别是按选定内容筛选、使用筛选器筛选、按窗体筛选和高级筛选。筛选后，表中只显示满足条件的记录，而那些不满足条件的记录将被隐藏。设置筛选后，如果不再需要筛选的结果，可以将其清除。

（1）按选定内容筛选。

例 8.8 在"会员表"中筛选出来自"农业部"的会员。

操作步骤如下：

① 用数据表视图打开"会员表"，单击"工作单位"字段列任一行，在该字段找到"农业部"并选中。

② 单击"开始"选项卡中"排序和筛选"组的"选择"按钮，弹出下拉列表，如图 8.38 所示。从下拉列表中选择"包含"农业部""，Access 将根据所选项，筛选出相应的记录。

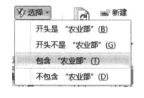

图 8.38　筛选选项

如果需要其他筛选，只要在下拉列表中选择相应的命令即可。如果需要将数据表恢复到筛选前的状态，可单击"排序和筛选"组中的"切换筛选"按钮。

（2）使用筛选器筛选。

筛选器提供了一种灵活的筛选方式，它将选定的字段列中所有不重复的值以列表形式显示出来，供用户选择。除 OLE 对象和附件类型字段外，其他类型的字段均可以应用筛选器。

例 8.9 在"会员表"中筛选出职称为"研究员"的会员记录。

操作步骤如下：

① 用数据表视图打开"会员表"，单击"职称"字段列任一行。

② 单击"开始"选项卡中"排序和筛选"组的"筛选器"按钮或单击"职称"字段名行右侧下拉按钮。

③ 在弹出的下拉列表中，取消勾选全部复选框，勾选"研究员"复选框，如图 8.39 所示。

单击"确定"按钮,系统将显示筛选结果。

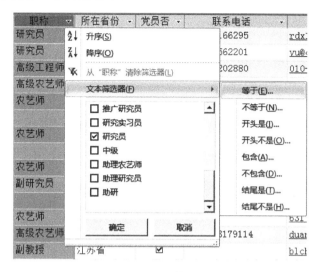

图 8.39　设置筛选选项

筛选器中显示的筛选项随所选字段的数据类型和字段值不同而有所不同。

（3）按窗体筛选。

按窗体筛选记录时,Access 将数据表变成一个记录,并且每个字段都是一个下拉列表,可以从每个下拉列表中选取一个值作为筛选内容。如果选择两个以上值,可以通过窗体底部的"或"标签来确定两个字段值之间的关系。

（4）高级筛选。

前面介绍的三种方法是筛选记录中最容易的方法,筛选条件单一,操作简单。在实际应用中,常常涉及比较复杂的筛选条件。例如,找出北京市的"陈"姓男会员。此时使用"筛选"窗口,可以更容易地实现。使用"筛选"窗口不仅可以筛选出满足复杂条件的记录,还可以对筛选结果进行排序。

清除筛选是将数据表恢复到筛选前的状态。可以从单个字段中清除单个筛选,也可以从所有字段中清除所有筛选。清除所有筛选的方法是,单击"开始"选项卡中"排序和筛选"组的"高级"按钮,在弹出的下拉列表中选择"清除所有筛选器"。

8.3.3　查询对象的操作

查询是 Access 处理和分析数据的工具,它能够将多个表中的数据抽取出来,供用户查看、统计、分析和使用。

1. 认识查询

查询是 Access 数据库的重要对象,是按照一定条件从 Access 数据库表或已建立的查询中检索需要数据的主要方法。

查询的目的是根据指定的条件对表或其他查询进行检索,找出符合条件的记录构成一个新的数据集合,以方便对数据进行查看和分析。在 Access 中,利用查询可以实现多种功能。

1）选择字段

在查询中，可以只选择表中的部分字段。如建立一个查询，只显示"会员表"中会员的姓名、性别、工作单位和职务。利用此功能，可以选择一个表中的不同字段来生成所需的多个表或多个数据集。

2）选择记录

可以根据指定的条件查找所需记录，并显示找到的记录。如建立一个查询，只显示"会员表"中职称是研究员的男性会员。

3）编辑记录

编辑记录包括添加记录、修改记录和删除记录等。在 Access 中，可以利用查询添加、修改和删除表中记录，如将"入会表"中"入会时间"为空的信息从该表中删除。

4）实现计算

查询不仅可以找到满足条件的记录，而且可以在建立查询的过程中进行计算，如计算每个分会的入会人数。另外，还可以建立一个计算字段，利用计算字段保存计算的结果，如根据"会员表"表中的"年龄"字段可计算出每名会员的出生年月。

5）建立新表

利用查询得到的结果可以建立一个新表，如将"小麦分会"的入会会员找出并存放在一个新表中。

6）为窗体或报表提供数据

为了从一个或多个表中选择合适的数据显示在窗体或报表中，可以先建立一个查询，然后将该查询结果作为数据源。每次打印报表或打开窗体时，该查询就将从它的基表中检索出符合条件的最新记录。

查询对象不是数据集合，而是操作集合。查询运行的结果是一个数据集，也称动态集。它很像一个表，但并没有存储在数据库中。创建查询后，只保存查询的操作，只有在运行查询时才会从查询数据源中抽取数据，并创建它；只要关闭查询，查询的动态集就会自动消失。

2. 查询分类

在 Access 中，查询分为五种类型，分别是选择查询、交叉表查询、参数查询、操作查询和 SQL 查询。五种查询的应用目标不同，对数据源的操作方式和操作结果也不同。

1）选择查询

选择查询是根据给定的条件，从一个或多个数据源中获取数据并显示结果；也可以利用查询条件对记录进行分组，并进行求和、计数、平均值等运算。Access 的选择查询主要有简单选择查询、统计查询、重复项查询、不匹配项查询等几种类型。

2）交叉表查询

交叉表查询能够汇总字段数据，汇总计算的结果显示在行与列交叉的单元格中。交叉表查询可以计算平均值、合计、计数、求最大值和最小值等。例如，统计每个省份男女会员的人数。此时，可以将"所在省份"作为交叉表的行标题，"性别"作为交叉表的列标题，统计的人数显示在交叉表行与列交叉的单元格中。

3）参数查询

参数查询是一种根据输入的条件或参数来检索记录的查询。例如,可以设计一个参数查询,提示输入两个成绩值,然后检索在这两个值之间的所有记录。输入不同的值,得到不同的结果。因此,参数查询可以提高查询的灵活性。执行参数查询时,屏幕会显示一个设计好的对话框,以提示输入信息。

4）操作查询

操作查询与选择查询相似,都需要指定查询条件,但选择查询是检索符合特定条件的一组记录,而操作查询是在查询操作中可对检索到的记录进行编辑等操作。

操作查询有四种,分别是生成表查询、删除查询、更新查询和追加查询。生成表查询是利用一个或多个表中的部分或全部数据建立新表;删除查询可以从一个或多个表中删除记录;更新查询可以对一个或多个表中的一组记录进行全面更改;追加查询能够将一个或多个表中的记录追加到一个表的尾部。

5）SQL 查询

SQL 查询是使用 SQL 语句创建的查询,包括联合查询、传递查询、数据定义查询和子查询四种。联合查询是将两个以上的表或查询对应的多个字段的记录合并为一个查询表中的记录。传递查询是直接将命令发送到 ODBC 数据库服务器中,由另一个数据库来执行查询。数据定义查询可以创建、删除或更改表,或者在当前数据库中创建索引。子查询是基于主查询的查询,一般可以在查询"设计网格"的"字段"行中输入 SQL SELECT 语句来定义新字段,或在"条件"行来定义字段的查询条件。通过子查询作为查询条件对某些结果进行测试,可以查找主查询中大于、小于或等于子查询返回值的值。

3. 建立查询

1）查询条件

查询数据需要指定相应的查询条件。查询条件可由运算符、函数、数值、文本值、处理日期结果字段值、空值或空字解等任意组合,能够计算出一个结果。

（1）使用运算符作为查询条件。

运算符是构成查询条件的基本元素。Access 提供了关系运算符、逻辑运算符和特殊运算符。三种运算符及含义如表 8.9～表 8.11 所示。

表 8.9 关系运算符及含义

关系运算符	说　明	关系运算符	说　明
=	等于	<>	不等于
<	小于	<=	小于等于
>	大于	>=	大于等于

表 8.10 逻辑运算符及含义

逻辑运算符	含　义	说　明
Not	非	当 Not 连接的表达式为真时,整个表达式为假
And	与	当 And 连接的两个表达式均为真时,整个表达式为真,否则为假
Or	或	当 Or 连接的两个表达式均为假时,整个表达式为假,否则为真

表 8.11　特殊运算符及含义

特殊运算符	说　　明
In	用于指定一个字段值的列表,列表中的任意一个值都可与查询的字段相匹配
Between	用于指定一个字段值的范围。指定的范围之间用 And 连接
Like	用于指定查找文本字段的字符模式。在所定义的字符模式中,用"?"表示该位置可匹配任何一个字符;用"＊"表示该位置可匹配任何多个字符;用"♯"表示该位置可匹配一个数字;用方括号描述一个范围,用于可匹配的字符范围
Is Null	用于指定一个字段为空
Is Not Null	用于指定一个字段为非空

（2）使用函数作为查询条件。

Access 提供了大量的内置函数,如算术函数、字符函数、日期/时间函数、统计函数等。

（3）使用数值作为查询条件。

在创建查询时可使用数值作为查询条件。以数值作为查询条件的简单示例如表 8.12 所示。

表 8.12　使用数值作为查询条件示例

字段名	条　　件	功　　能
年龄	＜ 35	查询年龄小于 35 的记录
	Between 30 And 60	查询年龄在 30 ～ 60 之间的记录
	＞＝30 And ＜＝60	
	Not 40	查询年龄不为 40 的记录
	28 Or 31	查询年龄为 28 或 31 的记录

（4）使用文本值作为查询条件。

使用文本值作为查询条件可以限定查询的文本范围。查询条件示例如表 8.13 所示。

表 8.13　使用文本值作为查询条件示例

字段名	条　　件	功　　能
职称	"研究员"	查询职称为研究员的记录
	"研究员" Or "副研究员"	查询职称为研究员或副研究员的记录
	Right([职称], 3) = "研究员"	
	InStr([职称],"研究员")＝1 Or InStr([职称]," 研究员")＝2	
	InStr([职称],"研究员")＜＞"0"	
	InStrRev([职称],"研究员")＜＞"0"	
姓名	In("陈书宜","刘朋")	查询姓名为"陈书宜"或"刘朋"的记录
	"陈书宜" Or "王朋"	
	Not "陈书宜"	查询姓名不为"陈书宜"的记录
	Left([姓名],1) = "王"	查询姓"王"的记录
	Like"王＊"	
	InStr([姓名],"王")＝1	
	Len([姓名])＜＝2	查询姓名为两个字的记录

续表

字段名	条　　件	功　　能
分会名称	Right([分会名称],2) = "分会"	查询分会名称最后两个字为分会的记录
会员编号	Mid([编号],5,2) = "99"	查询会员编号第5和第6个字符为99的记录
	InStr([编号],"99") = 5	

（5）使用处理日期结果作为查询条件。

使用处理日期结果作为条件可以限定查询的时间范围。查询条件的示例如表 8.14 所示。

表 8.14　使用处理日期结果作为查询条件示例

字段名	条　　件	功　　能
工作时间	Between ＃1992-01-01＃ And ＃1992-12-31＃	查询 1992 年参加工作的记录
	Year([工作时间]) = 1992	
	＜Date( )－15	查询 15 天前参加工作的记录
	Between Date( ) And Date( )－20	查询 20 天之内参加工作的记录
	Year([工作时间]) = 1999 And Month([工作时间]) = 4	查询 1999 年 4 月参加工作的记录
	Year([工作时间])＞1980	查询 1980 年后(不含 1980)参加工作的记录
	In(＃1992-1-1＃,＃1992-2-1＃)	查询 1992 年 1 月 1 日或 1992 年 2 月 1 日参加工作的记录

书写这类条件时应注意,日期常量使用英文的"＃"号括起来。

（6）使用字段值作为查询条件。

使用字段值作为查询条件可以限定查询范围。查询条件的示例如表 8.15 所示。

表 8.15　使用字段值作为查询条件示例

字段名	条　　件	功　　能
分会名称	Like "玉米＊"	查询分会名称以"玉米"开头的记录
	Left([分会名称], 2) = "玉米"	
	InStr([分会名称],"玉米") = 1	
	Like "＊玉米＊"	查询分会名称中包含"玉米"的记录
姓名	Not "王＊"	查询不姓王的记录
	Left([姓名],1)＜＞"王"	

（7）使用空值或空字符串作为查询条件。

空值是使用 Null 或空白来表示字段的值。空字符串是用双引号括起来的字符串,且双引号中间没有空格。查询条件示例如表 8.16 所示。

表 8.16 使用空值或空字符串作为查询条件示例

字段名	条 件	功 能
姓名	Is Null	查询姓名为 Null(空值)的记录
	Is Not Null	查询姓名有值(不是空值)的记录
电话号码	""	查询没有电话号码的记录

2) 创建选择查询

根据指定条件,从一个或多个数据源中获取数据的查询称为选择查询。创建选择查询有两种方法,使用查询向导或设计视图。

(1) 使用查询向导。

使用查询向导创建查询比较简单,操作者可以在向导引导下选择一个或多个表、一个或多个字段,但不能设置查询条件。

例 8.10 查找哪些分会还没有会员加盟,并显示分会号和分会名称。

操作步骤如下:

① 打开"新建查询"对话框。在该对话框中,选择"查找不匹配项查询向导",然后单击"确定"按钮,弹出"查找不匹配项查询向导"第一个对话框。

② 选择在查询结果中包含记录的表。在该对话框中,单击"表:分会表"选项,如图 8.40 所示。单击"下一步"按钮,弹出"查找不匹配项查询向导"第二个对话框。

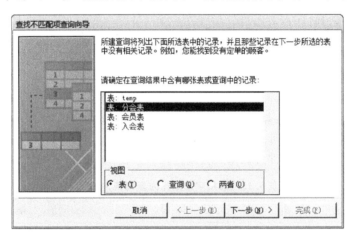

图 8.40 选择在查询结果中包含记录的表

③ 选择包含相关记录的表。在该对话框中,单击"表:入会表"选项,如图 8.41 所示。单击"下一步"按钮,弹出"查找不匹配项查询向导"第三个对话框。

④ 确定在两个表中都有的信息。Access 将自动找出相匹配的字段"分会号",如图 8.42 所示。单击"下一步"按钮,弹出"查找不匹配项查询向导"第四个对话框。

⑤ 确定查询中所需显示的字段。分别双击"分会号"和"分会名称",将它们添加到"选定字段"列表框中,如图 8.43 所示。单击"下一步"按钮,弹出"查找不匹配项查询向导"最后一个对话框。

⑥ 指定查询名称。在"请指定查询名称"文本框中输入"没有会员加盟的分会查询",然后单击"查看结果"单选按钮,单击"完成"按钮。查询过程和查询结果如图 8.44 所示。

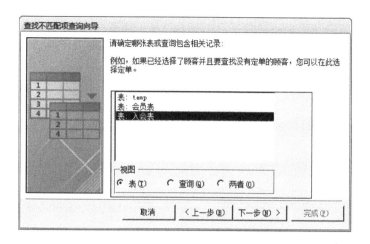

图 8.41　选择包含相关记录的表

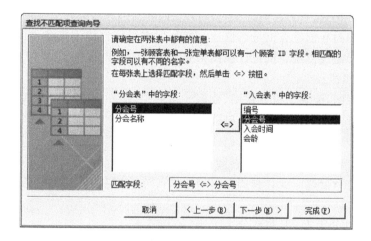

图 8.42　确定在两张表中都有的信息

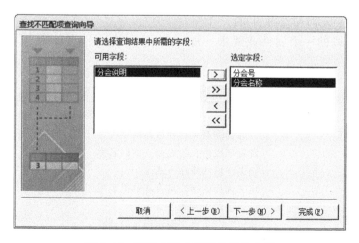

图 8.43　确定查询中所需显示的字段

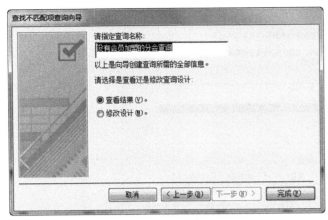

(a) 实施分会查询　　　　　　　　　(b) 查询结果

图 8.44　实施分会查询和查询结果

（2）使用设计视图。

前述使用查询向导创建查询虽然快速、方便，但它只能创建不带条件的查询，而对于有条件的查询则需要通过使用查询设计视图来完成。

① 设计视图组成。

查询有五种视图，分别为设计视图、数据表视图、SQL 视图、数据透视表视图和数据透视图视图。在设计视图中，既可以创建不带条件的查询，也可以创建带条件的查询，还可以对已建查询进行修改。设计视图窗口组成如图 8.45 所示。

设计视图窗口分为上、下两部分。上半部分为"字段列表"区，显示所选表的所有字段；下半部分为"设计网格"区，"设计网格"区中的每一列对应查询动态集中的一个字段，每一行对应字段的一个属性或要求。每行的作用如表 8.17 所示。

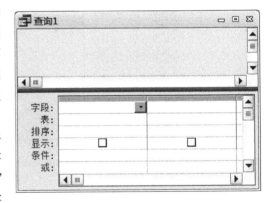

图 8.45　设计视图窗口组成

表 8.17　查询设计网格中行的作用

行 的 名 称	作　　用
字段	设置查询对象时要选择的字段
表	设置字段所在的表或查询的名称
排序	定义字段的排序方式
显示	定义选择的字段是否在数据表视图中显示出来
条件	设置字段限制条件
或	设置"或"条件来限定记录的选择

注意：对于不同类型的查询，设计网格中包含的行项目会有所不同。

② 创建普通查询。

例 8.11 查找北京市女性会员的入会情况信息,并显示"姓名""分会名称""入会时间"三列内容。

操作步骤如下:

(a) 在 Access 中,单击"创建"选项卡中"查询"组的"查询设计"按钮,打开设计视图,并显示一个"显示表"对话框,如图 8.46 所示。

(b) 选择数据源。分别双击"会员表""入会表"和"分会表"三个表,将它们添加到设计视图的上面区域中,再依据三表之间的关联关系,添加关联线。单击"关闭"按钮关闭"显示表"对话框,如图 8.47 所示。

图 8.46 "显示表"对话框

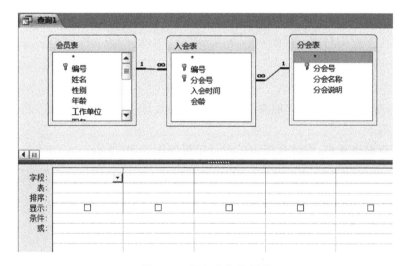

图 8.47 添加查询数据源

(c) 添加查询字段。查询结果没有要求显示"所在省份"和"性别"两字段,但由于查询条件需要使用这些段,因此,在确定查询所需字段时必须选择它们。分别双击"姓名""分会名称""入会时间""所在省份"和"性别"等字段。

(d) 设置显示字段。按照题目要求,不显示"所在省份"和"性别"字段。分别取消勾选"所在省份"和"性别"字段"显示"行上的复选框,这时复选框内变为空白。

(e) 输入查询条件。在"所在省份"字段列的"条件"行中输入""北京市"",在"性别"字段列的"条件"行中输入""女"",结果如图 8.48 所示。

(f) 保存查询。保存所建查询,将其命名为"北京市女性会员入会情况查询"。

(g) 切换到数据表视图,查询结果如图 8.49 所示。

在本例所建查询中,查询条件涉及"性别"和"所在省份"两个字段,要求两个字段值均等于条件给定值。此时,应将两个条件同时设置在"条件"行上。若两个条件是"或"关系,应将其中一个条件放在"或"行。

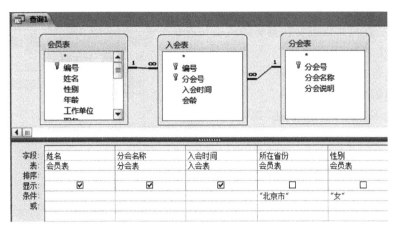

图 8.48　设置查询条件结果

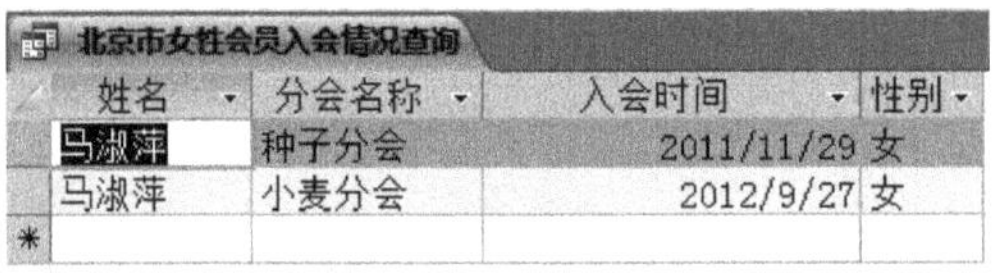

图 8.49　查询结果

例 8.12　查找年龄小于 30 的女会员和年龄大于 50 的男会员，显示"姓名""性别"和"年龄"三列内容。

使用"或"行设置条件，设计视图中的设计结果如图 8.50 所示。

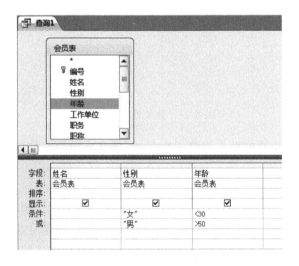

图 8.50　使用"或"行设置条件的设置结果

③ 在查询中进行计算。

实际应用中，常常需要对查询结果进行统计计算，如合计、计数、求最大值和求平均值等。Access 允许在查询中利用设计网格中的"总计"行进行各种统计，通过创建计算字段进行任意类型的计算。

在查询中可以执行两类计算,预定义计算和自定义计算。

预定义计算即"总计"计算,是系统提供的用于对查询中的记录组或全部记录进行的计算,包括合计、平均值、计数、最大值、最小值等。

在查询设计视图中,单击"显示/隐藏"组中的"汇总"按钮 Σ ,可以在设计网格中插入一个"总计"行。对设计网格中的每个字段,均可以在"总计"行中选择总计项,来对查询中的一条、多条或全部记录进行计算。"总计"行包含12个总计项,其名称及含义如表8.18所示。

表 8.18 总计项名称及含义

总 计 项		功 能
函数	合计	求一组记录中某字段的合计值
	平均值	求一组记录中某字段的平均值
	最小值	求一组记录中某字段的最小值
	最大值	求一组记录中某字段的最大值
	计数	求一组记录中某字段的非空值个数
	StDev	求一组记录中某字段值的标准偏差
其他总计项	Group By	定义要执行计算的组
	First	求一组记录中某字段的第一个值
	Last	求一组记录中某字段的最后一个值
	Expression	创建一个由表达式产生的计算字段
	Where	指定不用于分组的字段条件

自定义计算可以用一个或多个字段的值进行数值、日期和文本计算。例如,用某一个字段值乘上某一数值,用两个日期时间字段的值相减等。对于自定义计算,必须在设计网格中创建新的计算字段,创建方法是将表达式输入到设计网格的空"字段"行上,表达式可以由多个计算组成。

例 8.13 统计男性会员的人数。

设置查询条件及总计项如图8.51所示。保存该查询,并将其命名为"男性会员人数统计"。查询结果如图8.52所示。

图 8.51 设置查询条件及总计项   图 8.52 带条件的总计查询结果

在该查询中，由于"性别"只作为条件，并不参与计算或分组，故在"性别"的"总计"行上选择了 Where。Access 规定，Where 总计项指定的字段不能出现在查询结果中，因此统计结果中只显示了统计人数，没有显示性别来。

如果需要对记录进行分组统计，可以使用分组统计功能。分组统计时，只需将设计视图中用于分组字段的"总计"行设置成 Group By 即可。

例 8.14 计算各个省份的会员人数。

设置分组总计项结果如图 8.53 所示。查询结果如图 8.54 所示。

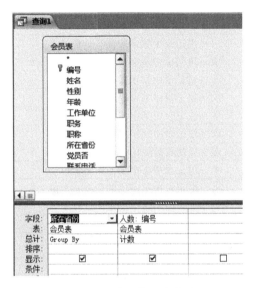

图 8.53 设置分组总计项   图 8.54 查询结果

无论是一般统计还是分组统计，显示统计结果的字段名往往可读性比较差，例如本例显示统计结果的字段名为"姓名之计数"。事实上 Access 允许重新命名字段（别名）。重新命名字段的方法有两种：

- 设计网格"字段"行中直接命名，使用"别名：字段（表达式）"形式，如图 8.53 中的"人数：编号"。
- 利用"属性表"对话框来命名。

有时，需要统计的字段并未出现在数据源表中，或者用于计算的数据值来源于多个字段。此时可以在设计网格中添加一个新字段。新字段的值是根据一个或多个表中的一个或多个字段并使用表达式计算得到，也称计算字段。

例 8.15 查找党员有关信息，并显示其"编号""姓名"和"出生年"三列内容。

分析该查询要求发现，"编号"和"姓名"信息可以通过字段直接获得，而"出生年"信息虽不能直接获得，但可以通过"年龄"字段结合系统当前日期间接计算得到。

操作步骤如下：

（a）打开查询设计视图，并将"会员表"添加到设计视图上半部分的窗口中。

（b）在"字段"行顺次排放"编号""姓名""年龄"和"党员否"四个字段。设置"党员否"字段为不显示且准则条件为 True；修正"年龄"字段为计算字段，计算表达式为"Year(Date())－[会员表]![年龄]"，标题显示为"出生年"。

这里"出生年"是计算字段,其计算表达式中引用的字段一般需要注明其数据源,特别是多表查询并引用同名公共字段时,必须注明其具体来源。数据源和引用字段均应使用方括号括起来,并用"!"符号作为分隔符。

Access 提供两种对象分割运算符,它们是:

- "!"运算符,用来引用集合中由用户定义的一个对象或控件。
- "."运算符,用来引用 Access 定义的属性、VBA 方法或某个集合。另外,也可以使用"."运算符引用 SQL 语句中的字段值。

(c) 保存该查询,并将其命名为"党员出生信息"。设置结果如图 8.55 所示。查询结果如图 8.56 所示。

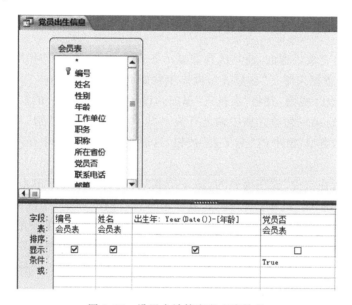

图 8.55　设置含计算字段查询结果

编号	姓名	出生年
3016706901	范端阳	1966
3027511241	陈文祥	1972
3037873944	滕中华	1987
3070535768	刘冠宏	1977
3080721101	徐立华	1983
3080721103	陈旭升	1974
3110766339	王峰	1985
3126781168	吴宁	1964
3132137289	丁胜	1970
3153089859	邓祥顺	1971
3256203106	谢德意	1973
3261125331	周明炎	1964
3389221092	喻树迅	1967
3439921901	徐水波	1962

图 8.56　含计算字段查询结果

④ 创建交叉表查询。

交叉表查询以行和列的字段作为标题和条件选取数据，并在行与列的交叉处对数据进行统计。交叉表查询以一种独特的概括形式返回一个表内的总计数字，便于分析和使用。

交叉表查询是将来源于某个表中的字段进行分组，一组列在交叉表左侧，一组列在交叉表上端，并在交叉表行与列交叉处显示表中某个字段的各种计算值。

在创建交叉表查询时，需要指定三种字段：一是放在交叉表最左端的行标题，它将某一字段的各类数据放入指定的行中；二是放在交叉表最上端的列标题，它将某一字段的各类数据放入指定的列中；三是放在交叉表行与列交叉位置上的字段，需要为该字段指定一个总计项，如合计、平均值、计数等。在交叉表查询中，只能指定一个列字段和一个总计类型的字段。

例 8.16 创建交叉表查询，使其统计并显示各省男女会员的平均年龄。

本例查询所需数据来源于"会员表"，操作步骤如下：

（a）打开查询设计视图，并将"会员表"添加到设计视图上半部分的窗口中。

（b）在"字段"行第一列单元格中输入有关字段："所在省份""性别"和"年龄"。

（c）单击"查询类型"组中的"交叉表"按钮，这时查询设计网格中显示一个"总计"行和一个"交叉表"行。

（d）为了将"所在省份"放在第一列，应单击其"交叉表"行，然后单击右侧下拉按钮，从下拉列表中选择"行标题"；为了将"性别"放在第一行，应在"性别"字段的"交叉表"行选择"列标题"；为了在行和列交叉处显示年龄的平均值，应在"年龄"字段的"交叉表"行选择"值"；将"总评成绩"字段的"总计"行设置为"平均值"，设置结果如图 8.57 所示。

（e）保存查询，并将其命名为"各省男女会员平均年龄交叉表"。切换到数据表视图，查询结果如图 8.58 所示。

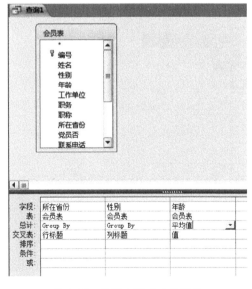

图 8.57　设置交叉表中的字段　　　　图 8.58　"各省男女会员平均年龄交叉表"查询结果

⑤ 创建参数查询。

使用前面介绍的方法创建的查询,无论是内容,还是条件都是固定的,如果希望根据某个或某些字段不同的值来查找记录,就需要不断地更改所建查询的条件,显然很麻烦。为了更灵活地实现查询,可以使用 Access 提供的参数查询。

参数查询利用对话框,提示用户输入参数,并检索符合所输参数的记录。用户可以建立一个参数提示的单参数查询,也可以建立多个参数提示的多参数查询。

例 8.17 按照会员姓名查看其入会情况信息,并显示"编号""姓名""分会名称"和"入会时间"。

设置结果如图 8.59 所示,输入参数如图 8.60 所示,查询结果如图 8.61 所示。

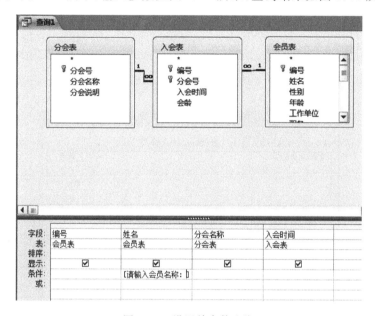

图 8.59 设置单参数查询

图 8.60 运行查询时输入参数值　　图 8.61 单参数查询的查询结果

对话框中的提示文本正是在查询字段的"条件"行中输入的内容。按照需要输入查询条件,如果条件有效,查询结果将显示所有满足条件的记录;否则不显示任何数据。

创建多参数查询,即指定多个参数。在执行多参数查询时,需要依次输入多个参数值。

参数查询提供了一种灵活的交互式查询。但在实际应用中,参数往往来源于窗体的控件选择或输入,亦即参数查询需要结合窗体操作使用。

在查询设计中,如果字段表达式或准则表达式输入的内容较长,可右击"条件"单元格,在弹出的快捷菜单中选择"显示比例",弹出"缩放"对话框。在该对话框中输入表达式,如

图 8.62 所示。然后单击"确定"按钮，表达式将自动出现在"条件"单元格中。如果还需要构造复杂表达式或引用系统函数，也可以选择"生成器"，在弹出的"表达式生成器"对话框中操作，如图 8.63 所示。

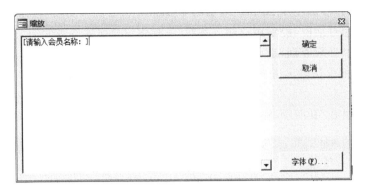

图 8.62 "缩放"对话框

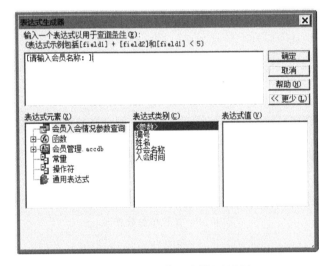

图 8.63 "表达式生成器"对话框

3）创建操作查询

操作查询是指仅在一次操作中更改记录值的查询。操作查询包括生成表查询、删除查询、更新查询和追加查询四种。

（1）生成表查询。

生成表查询是利用一个或多个表中的全部或部分数据建立新表。

例 8.18 将会龄在 3 年及以上的会员基本信息（编号，姓名，性别，年龄）存储到一个新表中。

操作步骤如下：

① 打开查询设计视图，并将"会员表"和"入会表"两个表添加到查询设计视图上半部分的窗口中。

② 将"会员表"中的"编号""姓名""性别"和"年龄"等字段和"入会表"中的"会龄"字段

添加到设计网格第1~5列中。

③ 在"会龄"字段的"条件"行中输入条件">=3"并取消"显示"行的显示"√"。

④ 考虑到此时查询结果含有重复记录,故需要打开"属性表"窗口并设置"唯一值"属性为"是",设置窗口如图8.64所示。

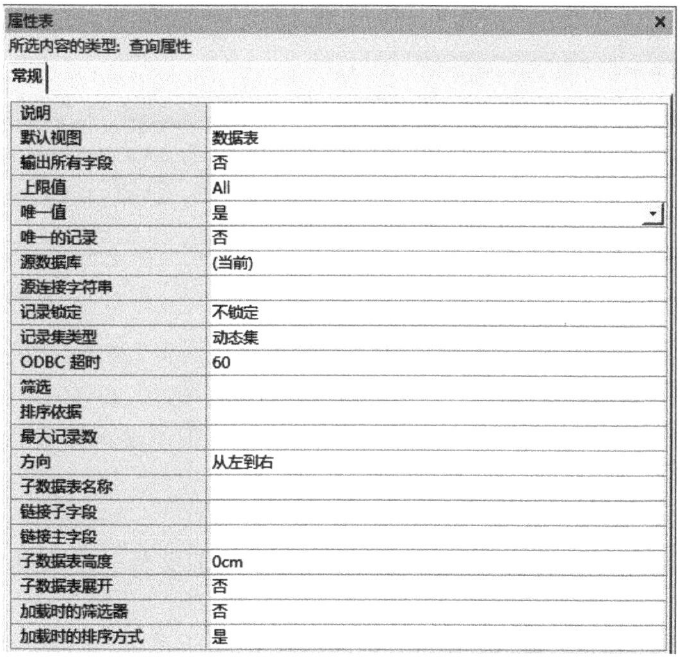

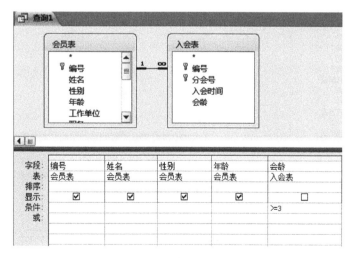

图8.64 "属性表"窗口

⑤ 单击"查询类型"组的"生成表"按钮,弹出"生成表"对话框,在"表名称"文本框中输入要创建的表名称"3年以上会龄会员",选中"当前数据库"单选按钮,将新表放入当前打开的"会员管理"数据库中,设置结果如图8.65和图8.66所示。单击"确定"按钮。

图8.65 "生成表查询"设计视图

⑥ 切换到数据表视图，预览新建表，如果不满意，可再次单击"结果"组中的"视图"按钮，返回到设计视图，对查询进行更改，直到满意为止。

⑦ 在设计视图中，单击"结果"组中的"运行"按钮，弹出一个生成表提示框，如图 8.67 所示。单击"是"按钮，开始建立"3 年以上会龄会员"表，生成新表后不能撤销所做的更改；单击"否"按钮，不建立新表。本例单击"是"按钮。

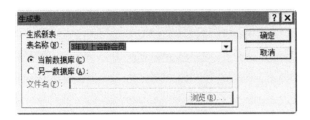

图 8.66　"生成表"对话框　　　　　　　　图 8.67　生成表提示框

⑧ 此时在导航窗格中，可以看到名为"3 年以上会龄会员"的新表，在设计视图中打开这个新表，将"编号"设置为主键。

生成表查询创建的新表将继承源表字段的数据类型，但不继承源表字段的属性及主键设置，因此往往需要为生成的新表设置主键。

（2）删除查询。

随着时间的推移，表中数据会越来越多。删除查询能够从一个或多个表中删除无用记录。

删除查询设计可以在一般选择查询设计的基础上，通过单击"查询类型"组中的"删除"按钮转换而成。

例 8.19　将"会员表"中年龄超过 55 的会员记录删除。

设置结果如图 8.68 所示，运行中的删除提示如图 8.69 所示。

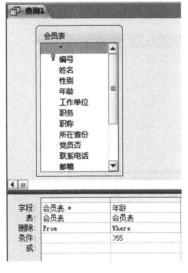

图 8.68　设置删除查询　　　　　　　　　图 8.69　删除提示

删除查询将永久删除指定表中的记录，并且无法恢复。

删除查询每次删除整条记录,而不是指定字段中的数据。如果只删除指定字段中的数据,可以使用更新查询将该值改为空值。

（3）更新查询。

更新查询用于对一个或多个表中的一组记录进行更新。

更新查询可以在一般选择查询设计的基础上,通过单击"查询类型"组中的"更新"按钮转换而成。

例 8.20　将年龄大于 30 的"讲师"职称会员改为"副教授"职称。

设置结果如图 8.70 所示,运行中的更新提示如图 8.71 所示。

图 8.70　设置更新查询

图 8.71　更新提示

Access 可以更新一个字段的值,也可以更新多个字段的值。只要在查询设计网格中指定要修改字段的内容即可。注意,每执行一次更新查询就会对源表更新一次。

（4）追加查询。

追加查询能够将一个或多个表的数据追加到另一个表的尾部。

追加查询可以在一般选择查询设计的基础上,通过单击"查询类型"组中的"追加"按钮,在弹出的"追加"对话框中进行设置转换而成。

例 8.21　建立一个追加查询,将新疆会员的基本信息（编号,姓名,年龄,性别）添加到已建立的"新疆会员"表中。

"追加"对话框如图 8.72 所示,设置结果如图 8.73 所示,运行中的追加查询提示如图 8.74 所示。

与选择查询相比,操作查询会对表中数据进行修改且无法撤销,因此运行时需要特别注意。

4）SQL 查询

SQL（Structured Query Language,结构化查询语言）是集数据定义、数据查询、数据操纵和数据控制功能于一体的关系数据库语言,是在数据库领域中应用最为广泛的数据库语言。

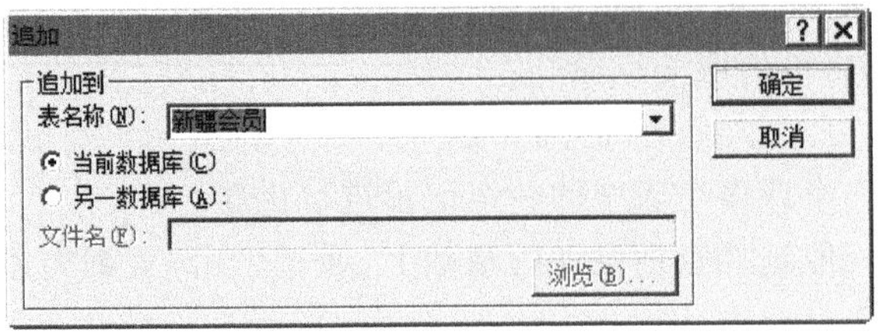

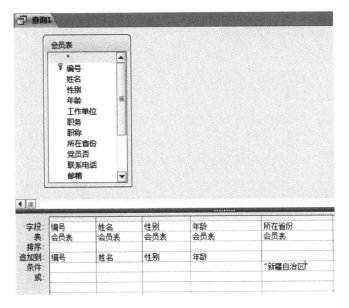

图 8.72 "追加"对话框

图 8.73 设置追加查询

图 8.74 追加查询提示

实际上，前面利用"查询设计器"设计的各类查询，最终都将以 SQL 命令方式存储并起作用。同时，查询设计视图的设计和对应 SQL 视图的内容是双向互动、互相影响的。可以说，"查询设计器"是帮助初学者快速掌握数据查询和操作的一种工具，即使不熟悉 SQL 语言的用户也可以方便快捷地学习和了解。

例 8.22 查找职称为空的会员信息，并显示"姓名"和"工作单位"。

查询设计如图 8.75 所示，对应 SQL 查询如图 8.76 所示。

关于 SQL 语言的具体学习会涉及较多基础知识，一般仅会在专业课程中讲解，本教程不做深入介绍。感兴趣的同学可以查阅与数据库技术教程的有关内容。

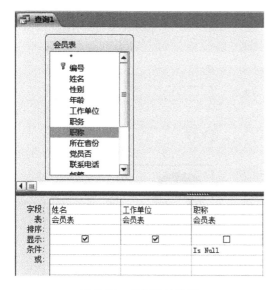

图 8.75　查询设计视图　　　　　　　图 8.76　SQL 查询

8.3.4　窗体对象的操作

窗体是 Access 数据库的重要对象之一,它既是管理数据库的窗口,也是用户与数据库交互的桥梁。通过窗体可以输入、编辑、显示和查询数据。

1. 窗体概述

窗体本身并不存储数据,但应用窗体可以直观、方便地对数据库中的数据进行输入、修改和查看。

1) 窗体的作用

窗体是应用程序和用户之间的接口,是创建数据库应用系统最基本的对象。例如,图 8.77 所示的"会员录入窗体"窗体中,"编号""姓名""性别"等是说明性文字,不随记录而变化;而"3016706901""范端阳""男"等是"会员表"中字段的具体值,查看的记录不同,值不同。利用控件可在窗体的信息和窗体的数据源之间建立链接。

窗体的作用主要是:

* 输入和编辑数据;
* 显示和打印数据;
* 控制应用程序执行流程。

2) 窗体的类型

Access 窗体有多种分类方法,通常按功能、数据的显示方式和显示关系进行分类。

按功能可将窗体划分为数据操作窗体、控制窗体、信息显示窗体和交互信息窗体四类。

(1) 数据操作窗体主要用来对表或查询进行显示、浏览、输入、修改等操作,如图 8.77 所示。

图 8.77　"会员录入窗体"窗体

（2）控制窗体主要用来操作、控制程序的运行，它是通过选项卡、按钮、选项按钮等控件对象来响应用户请求的，如图 8.78 所示。

图 8.78　控制窗体

（3）信息显示窗体主要用来显示信息。以数值或者图表的形式显示信息，如图 8.79 所示。

（4）交互信息窗体可以是用户定义的，也可以是系统自动产生的，如图 8.80 所示。

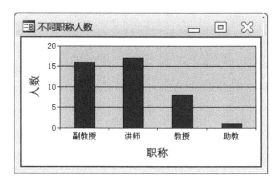

图 8.79　信息显示窗体

图 8.80　交互信息窗体

3）窗体的视图

在 Access 中窗体有六种视图，分别是窗体视图、数据表视图、数据透视表视图、数据透视图视图、布局视图和设计视图。最常用的是窗体视图、布局视图和设计视图。窗体的不同视图之间可以进行切换。

（1）窗体视图是最终面向用户的视图，是用于输入、修改或查看数据的窗口，设计过程中用来查看窗体运行的效果，如图 8.81 所示。

（2）数据表视图是显示数据的视图，同样也是完成窗体设计后的结果，如图 8.82 所示。

图 8.81　窗体的窗体视图

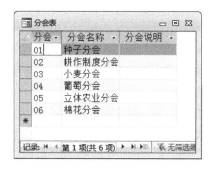

图 8.82　窗体的数据表视图

（3）数据透视表视图是使用"Office 数据透视表"组件创建，实现数据的汇总、小计和总计。

（4）数据透视图视图是使用"Office Chart 组件"帮助用户创建动态的交互式图表，将表中的数据和汇总数据以图形化的方式直接显示出来。

（5）布局视图是 Access 2010 新增加的一种视图，主要用于调整和修改窗体设计。窗体的布局视图界面与窗体视图界面几乎一样，区别仅在于在布局视图中各控件的位置可以移动，但不能添加控件，如图 8.83 所示。在布局视图中，窗体处于运行状态，可在修改窗体的同时看到数据。

（6）设计视图是用于创建和修改窗体的窗口，如图 8.84 所示。

图 8.83　窗体的布局视图

图 8.84　窗体的设计视图

2. 创建窗体

创建窗体有两种途径：一种是在窗体的设计视图中通过手工方式创建；另一种是使用 Access 提供的向导快速创建。

在 Access 2010 的"创建"选项卡的"窗体"组中，提供了多种创建窗体的功能按钮。其中包括"窗体""窗体设计"和"空白窗体"三个主要按钮，还有"窗体向导""导航"和"其他窗体"三个辅助按钮。

各按钮的功能如下。

- 窗体：是一种快速地创建窗体的工具，只需要单击一次便可以利用当前打开（或选定）的数据源（表或者查询）自动创建窗体。
- 窗体设计：单击该按钮，可以进入窗体的设计视图。
- 空白窗体：是一种快捷的窗体构建方式，可以创建一个空白窗体，在这个窗体上能够直接从字段列表中添加绑定型控件。
- 窗体向导：是一种辅助用户创建窗体的工具。通过提供的向导，建立基于一个或多个数据源的不同布局的窗体。
- 导航：用于创建具有导航按钮的窗体，也称导航窗体。导航窗体有六种不同的布局格式，但创建方式是相同的。导航工具更适合于创建 Web 形式的数据库窗体。
- 其他窗体：可以创建特定窗体，包含"多个项目"窗体、"数据表"窗体、"分割窗体""模式对话框"窗体、"数据透视图"窗体和"数据透视表"窗体。

1）自动创建窗体

Access 提供了多种方法自动创建窗体。基本步骤都是先打开（或选定）一个表或者查询，然后选用某种自动创建窗体的工具创建窗体。

（1）使用"窗体"按钮。

使用"窗体"按钮创建的窗体，其数据源来自某个表或某个查询，窗体布局结构简单整齐。这种方法创建的窗体是一种显示单个记录的窗体。

例 8.23　使用"窗体"按钮创建"会员入会登录"窗体。

操作步骤如下：

① 打开"会员管理"数据库，在导航窗格中，选中作为窗体数据源的"会员表"。

② 单击"创建"选项卡中"窗体"组的"窗体"按钮，系统自动创建如图8.85所示的窗体。

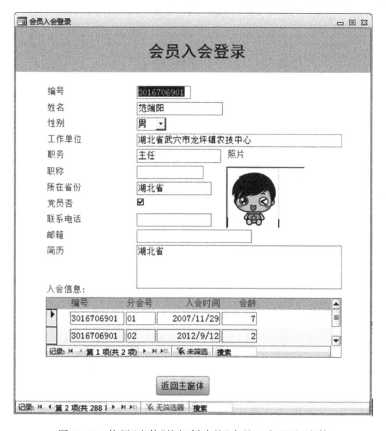

图 8.85　使用"窗体"按钮创建的"会员入会登录"窗体

可以看到，在生成的主窗体下方有一个子窗体，显示了与"会员表"关联的子表"入会表"的数据，且是主窗体中当前记录关联的子表中的相关记录。

（2）使用"多个项目"工具。

"多个项目"即在窗体上显示多个记录的一种窗体布局形式。

例 8.24　使用"多个项目"工具，创建"会员入会登录"窗体。

具体操作步骤如下：

① 在导航窗格中，选中"会员表"。

② 单击"创建"选项卡中"窗体"组的"其他窗体"按钮，在弹出的下拉列表中选择"多个项目"，系统自动生成对应的窗体。

用"多个项目"生成的窗体中，"OLE对象"数据类型的字段可以在表格中正常显示。

（3）使用"分割窗体"工具。

"分割窗体"是用于创建一种具有两种布局形式的窗体。窗体上方是单一记录纵栏式布局方式，窗体下方是多个记录数据表布局方式。

例 8.25 使用"分割窗体"工具，创建"分会"窗体。

具体操作步骤如下：

① 在导航窗格中，选中"分会表"。

② 单击"创建"选项卡中"窗体"组的"其他窗体"按钮，在弹出的下拉列表中选择"分割窗体"，系统自动生成如图 8.86 所示的窗体。

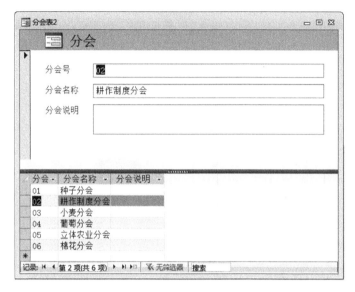

图 8.86 使用"分割窗体"工具创建的"分会"窗体

这种窗体特别适合于数据表中记录很多，又需要浏览某一条记录明细的情况。

（4）使用"模式对话框"工具。

使用"模式对话框"工具可以创建模式对话框窗体。这种形式的窗体是一种交互信息窗体，带有"确定"和"取消"功能两个命令按钮。这类窗体的特点是：其运行方式是独占的，在退出窗体之前不能打开或操作其他数据库对象。

2）创建图表窗体

使用"其他按钮"工具可以创建数据透视表窗体和数据透视图窗体。这种窗体能以更加直观的图表方式显示记录和各种统计分析的结果。

（1）创建数据透视表窗体。

数据透视表是一种特殊的表，用于进行数据计算和分析。

例 8.26 以"会员表"表为数据源，创建计算京津冀地区男女会员人数的数据透视表窗体。

操作步骤如下：

① 在导航窗格中，选中"会员表"。

② 在"其他窗体"下拉列表中选择"数据透视表"，进入数据透视表的设计界面，如图 8.87 所示。

③ 将"数据透视表字段列表"中的"所在省份"字段拖至"行字段"区域，将"性别"字段拖至"列字段"区域，选中"编号"字段，在右下角的下拉列表中选择"数据区域"，单击"添加到"按钮，如图 8.88 所示。

注意：将"所在省份"行字段筛选出京津冀三省市。

图 8.87 "数据透视表"设计界面

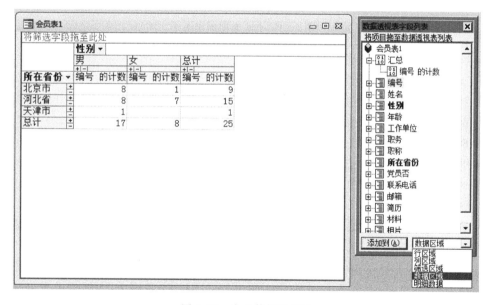

图 8.88 会员数据透视表

"数据透视表字段列表"根据窗体的"记录源"属性来显示可供数据透视表使用的字段。当前选中或打开的数据源即新建窗体的"记录源"。

（2）创建数据透视图窗体。

数据透视图是一种交互式的图表,功能与数据透视表类似,只不过以图形化的形式来表现数据。

例 8.27 以"会员表"表为数据源,创建数据透视图窗体,统计京津冀地区男女会员人数。

操作步骤如下：

① 在导航窗格中，选中"会员表"。

② 在"其他窗体"的下拉列表中选择"数据透视图"，进入数据透视图的设计界面。

③ 将"图表字段列表"中的"所在省份"字段拖至"分类字段"区域，将"性别"字段拖至"系列字段"区域，将"编号"字段拖至"数据字段"区域。

④ 关闭"图表字段列表"窗口，保存生成的数据透视表窗体，如图 8.89 所示。

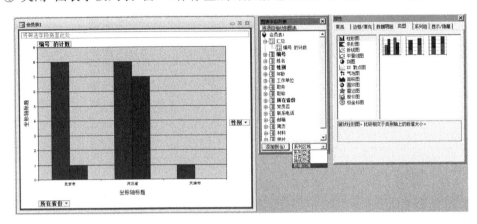

图 8.89　会员数据透视图

（3）使用"空白窗体"按钮创建窗体。

"空白窗体"按钮是 Access 2010 增加的新功能。使用空白窗体按钮创建窗体是在布局视图中创建数据表窗体。在使用"空白窗体"按钮创建窗体的同时，Access 打开用于窗体的数据源表，根据需要可以将表中的字段拖到窗体上，从而完成创建窗体的工作。

例 8.28　用"空白窗体"按钮，创建显示"编号""姓名""年龄"和"相片"的窗体。

操作步骤如下：

① 单击"创建"选项卡中"窗体"组的"空白窗体"按钮，打开"空白窗体"，同时弹出"字段列表"对话框。

② 单击"字段列表"对话框中的"显示所有表"链接，单击"会员表"左侧的"＋"，展开其所包含的字段，如图 8.90 所示。

③ 依次双击"会员表"中的"编号""姓名""年龄"和"相片"字段。这些字段则被添加到空白窗体中，且立即显示"会员表"中的第一条记录。同时"字段列表"对话框的布局从一个窗格变为两个小窗格，分别是"可用于此视图的字段"和"相关表中的可用字段"，如图 8.91所示。

④ 关闭"字段列表"对话框，调整控件布局，保存该窗体，窗体名称为"会员"。生成的窗体如图 8.92 所示。

3）使用向导创建窗体

使用"窗体"按钮、"其他窗体"按钮等工具创建窗体虽然方便快捷，但是无论在内容和形式上都受到很大的限制，不能满足用户自主选择显示内容和显示方式的要求。为此可以使用"窗体向导"创建窗体，主要有两种类型：创建基于单个数据源的窗体和创建基于多个数据源的窗体。

图 8.90 "字段列表"对话框

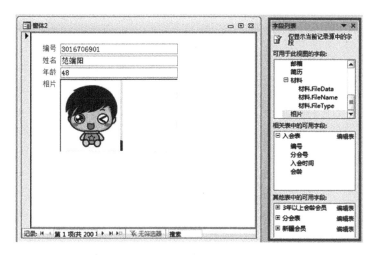

图 8.91 添加了字段后的"空白窗体"和"字段列表"对话框

图 8.92 用"空白窗体"创建的窗体

例 8.29 将"入会信息"窗体设置为"会员"窗体的子窗体。

操作步骤如下：

① 打开窗体设计视图，在导航窗格中，右击"会员"窗体，在弹出的快捷菜单中选择"设计视图"，打开设计视图。

② 将导航窗格中的"入会信息"窗体直接拖曳到主窗体的适当位置上，Access 将在主窗体中添加一个子窗体控件，如图 8.93 所示。

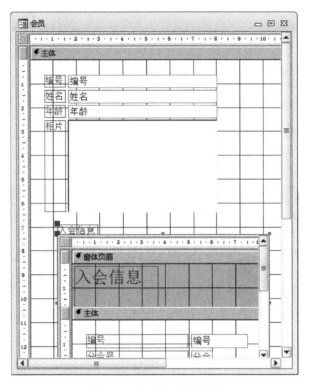

图 8.93　添加子窗体结果

③ 切换到窗体视图，可以看到图 8.94 所示的窗体。

3. 设计窗体

在创建窗体的各种方法中，更多时候是使用窗体设计视图来创建窗体，这种方法更自主、更灵活。

1）窗体的设计视图

在导航窗格中，单击"插入"选项卡的"窗体"组中的"窗体设计"按钮，可以打开窗体的设计视图。

（1）设计视图的组成。

窗体设计视图由五部分组成，每部分称为节，分别是窗体页眉、页面页眉、主体、页面页脚和窗体页脚，如图 8.95 所示。

① 窗体页眉位于窗体顶部位置，一般用于设置窗体的标题、窗体使用说明或打开相关窗体及执行其他功能的命令按钮等。

② 页面页眉一般用来设置窗体在打印时的页头信息，例如，标题或用户要在每一页上

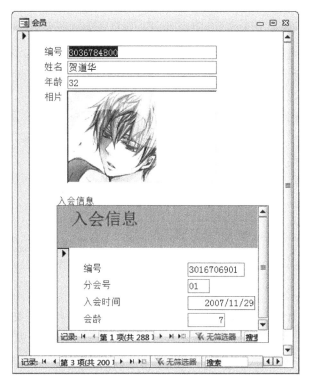

图 8.94 "会员"与"入会信息"主/子窗体

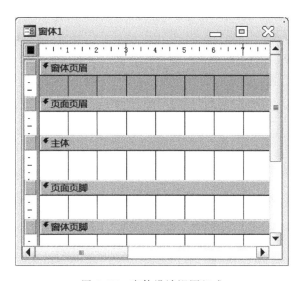

图 8.95 窗体设计视图组成

方显示的内容。

③ 主体通常用来显示记录数据,可以在屏幕或页面上只显示一条记录,也可以显示多条记录。

④ 页面页脚一般用来设置窗体在打印时的页脚信息,例如,日期、页码或用户要在每一页下方显示的内容。

⑤ 窗体页脚位于窗体底部，一般用于显示对所有记录都要显示的内容、使用命令的操作说明等信息，也可以设置命令按钮，以便进行必要的控制。

默认情况下，窗体设计视图只显示主体节。若要显示其他四个节，需要右击主体节的空白区域，在弹出的快捷菜单中选择"窗体页眉/页脚"和"页面页眉/页脚"。

（2）窗体设计工具。

打开窗体设计视图后，在功能区中会出现"窗体设计工具"，它由"设计""排列"和"格式"三个选项卡组成。其中"设计"选项卡提供了设计窗体时用到的主要工具，包括"视图""主题""控件""页眉/页脚"以及"工具"五个组，如图 8.96 所示。

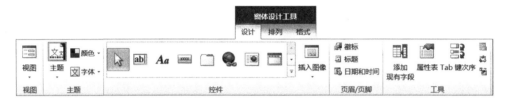

图 8.96　窗体设计工具

控件是窗体中的对象，它在窗体中起着显示数据、执行操作以及修饰窗体的作用。"控件"组集成了窗体设计中用到的控件，常用控件按钮的名称及功能如表 8.19 所示。

表 8.19　常用控件名称及功能

按　钮	名　称	功　能
	选择	用于选取控件、节或窗体。单击该按钮可以释放以前锁定的按钮
	使用控件向导	用于打开或关闭控件"向导"。使用控件向导可以创建列表框、组合框、选项组、命令按钮、图表、子窗体或子报表。要使用向导来创建这些控件，必须单击"使用控件向导"按钮
Aa	标签	用于显示说明文本的控件，如窗体上的标题或指示文字。Access 会自动为创建的控件附加标签
abl	文本框	用于显示、输入或编辑窗体的基础记录源数据，显示计算结果，或接收用户输入的数据
xyz	选项组	与复选框、选项按钮或切换按钮搭配使用，可以显示一组可选值
	切换按钮	作为绑定到"是/否"字段的独立控件，或用来接收用户在自定义对话框中输入数据的未绑定控件，或者选项组的一部分
⊙	选项按钮	可以作为绑定到"是/否"字段的独立控件，也可以用于接收用户在自定义对话框中输入数据的未绑定控件，或者选项组的一部分
☑	复选框	可以作为绑定到"是/否"字段的独立控件，也可以用于接收用户在自定义对话框中输入数据的未绑定控件，或者选项组的一部分
	组合框	该控件具有列表框和文本框的特性，即可以在文本框中输入文字或在列表框中选择输入项，然后将值添加到基础字段中
	列表框	显示可滚动的数值列表。在窗体视图中，可以从列表中选择值输入到新记录中，或者更改现有记录中的值

续表

按　钮	名　　称	功　　能
	按钮	用于完成各种操作,如查找记录、打印记录或应用窗体筛选
	图像	用于在窗体中显示静态图片。由于静态图片并非 OLE 对象,因此一旦将图片添加到窗体或报表中,便不能在 Access 内进行图片编辑
	未绑定对象框	用于在窗体中显示未绑定 OLE 对象,例如 Excel 电子表格。当在记录间移动时,该对象将保持不变
	绑定对象框	用于在窗体或报表上显示 OLE 对象,例如一系列的图片。该控件针对的是保存在窗体或报表基础记录源字段中的对象。当在记录间移动时,不同的对象将显示在窗体或报表上
	插入分页符	用于设计分页窗体
	选项卡控件	用于创建一个多页的选项卡窗体或选项卡对话框。可以在选项卡控件上复制或添加其他控件
	子窗体/子报表	用于显示来自多个表的数据
	直线	用于突出相关的或特别重要的信息
	矩形	显示图形效果,例如在窗体中将一组相关的控件组织在一起
	ActiveX 控件	是由系统提供的可重用的软件组件。使用 ActiveX 控件,可以很快地在窗体中创建具有特殊功能的控件

（3）字段列表。

一般情况下,窗体都是基于某一个表或查询建立起来的,因此窗体内控件通常显示的是表或查询中的字段值。单击"工具"组中的"字段列表"按钮,可以弹出"字段列表"对话框,再单击表名称左侧的"＋",可以展开该表所包含的字段,如图 8.97 所示。

在创建窗体时,可以将该字段拖到窗体内,窗体会根据字段的数据类型自动创建相应类型的控件,并与此字段关联。

2）控件的基本操作

在设计视图中设计窗体,需要用到各种各样的控件和布局。

图 8.98 和图 8.99 分别是"会员管理"窗体的"设计视图"和"窗体视图"。该设计使用了不同的控件来完成功能要求,主要有:

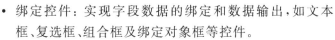

图 8.97　"字段列表"对话框

- 绑定控件：实现字段数据的绑定和数据输出,如文本框、复选框、组合框及绑定对象框等控件。
- 非绑定控件：无须与字段数据关联,单纯输出固定文字或图像等信息,如标签、命令按钮、选项卡及图像等控件。

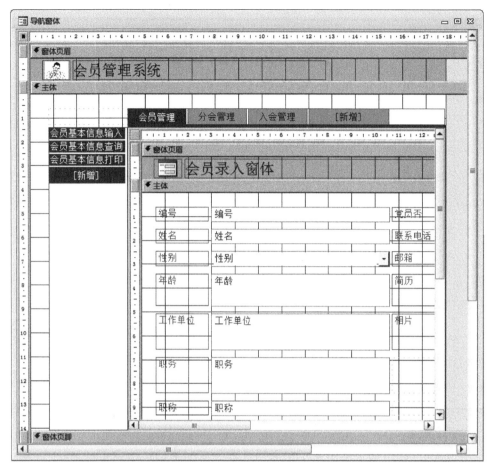

图 8.98　设计视图

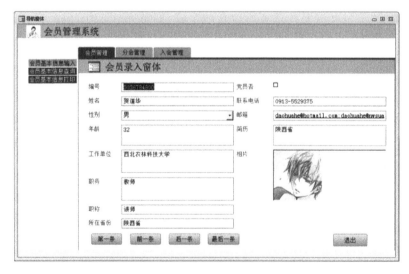

图 8.99　窗体视图

窗体的布局主要取决于窗体中的控件。Access将窗体中的每个控件都看作是一个独立的对象,用户可以使用鼠标单击控件进行选择,被选中的控件四周将出现小方块状的控制柄。可以将鼠标放置在控制柄上拖曳以调整控件的大小,也可以将鼠标放置在控件左上角的移动控制柄上拖曳来移动控件。

若要改变控件的类型,则需先选择该控件,然后右击,在弹出的快捷菜单中选择"更改为"级联菜单中所需的新控件类型。如果希望删除不用的控件可以选中要删除的控件,按Delete键。如果只想删除控件中附加的标签,可以只单击该标签,然后按Delete键。

3)窗体和控件的属性

属性用于决定表、查询、字段、窗体及报表的特性。窗体及窗体中的每一个控件都具有各自的属性,这些属性决定了窗体及控件的外观、数据及鼠标或键盘事件的响应。

(1)"属性表"对话框。

在窗体设计视图中,窗体和控件的属性可以在"属性表"对话框中进行设置。单击"工具"组的"属性表"按钮或右击,并从弹出的快捷菜单中选择"属性",可以弹出"属性表"对话框,如图8.100所示。

"属性表"对话框包含五个选项卡,分别是"格式""数据""事件""其他"和"全部"。其中,"格式"选项卡包含了窗体或控件的外观属性;"数据"选项卡包含了与数据源、数据操作相关的属性;"事件"选项卡包含了窗体或当前控件能够响应的事件;"其他"选项卡包含了"名称""制表位"等其他属性。选项卡左侧是属性名称,右侧是属性值。

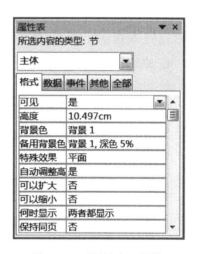

图8.100 "属性表"对话框

在"属性表"对话框中,设置某一属性时,先单击要设置的属性,然后在属性框中输入一个设置值或表达式。如果属性框中显示有下拉按钮,也可以单击该按钮,并从下拉列表中选择一个数值。如果属性框右侧显示"生成器"按钮,单击该按钮,显示一个生成器或显示一个可用以选择生成器的对话框,通过该生成器可以设置其属性。

(2)常用的"格式"属性。

"格式"属性主要用于设置窗体和控件的外观或显示格式。

控件的"格式"属性包括标题、字体名称、字号、字体粗细、倾斜字体、前景色、背景色、特殊效果等。控件中的"标题"属性用于设置控件中显示的文字;"前景色"和"背景色"属性分别用于设置控件的底色和文字的颜色;"字体名称""字号""字体粗细""倾斜字体"等属性,用于设置控件中显示文字的格式。

窗体的"格式"属性包括标题、默认视图、滚动条、记录选择器、导航按钮、分隔线、自动居中、控制框、"最大/最小化"按钮、"关闭"按钮、边框样式等。

(3)常用的"数据"属性。

"数据"属性决定了一个控件或窗体中的数据源,以及操作数据的规则,而这些数据均为绑定在控件上的数据。控件的"数据"属性包括控件来源、输入掩码、有效性规则、有效性文本、默认值、是否有效、是否锁定等。

"控件来源"属性告诉系统如何检索或保存在窗体中要显示的数据，如果控件来源中包含一个字段名，那么在控件中显示的就是数据表中该字段值，对窗体中的数据所进行的任何修改都将被写入字段中；如果设置该属性值为空，除非编写程序，否则在窗体控件中显示的数据将不会写入数据库表的字段中。如果该属性含有一个计算表达式，那么这个控件会显示计算结果。

窗体的"数据"属性包括记录源、排序依据、允许编辑、数据输入等。"数据输入"属性值需在"是"或"否"两个选项中选取，如果选取"是"，则在窗体打开时只显示一个空记录，否则显示已有记录。

（4）常用的"其他"属性。

"其他"属性表示了控件的附加特征。控件的"其他"属性包括名称、状态栏文字、自动Tab键、控件提示文本等。

窗体中的每一个对象都有一个名称，若在程序中指定或使用某一个对象，可以使用这个名称，这个名称是由"名称"属性来定义的，控件的名称必须是唯一的。

4. 修饰窗体

窗体的基本功能设计完成后，要对窗体上的控件及窗体本身的一些格式进行设定，使窗体界面看起来更加友好，布局更加合理，使用更加方便。除了通过设置窗体或控件的"格式"属性来对窗体及窗体中的控件进行修饰外，还可以通过应用主题和条件格式等功能进行格式设置。

1）主题的应用

主题是修饰和美化窗体的一种快捷方法，它是一套统一的设计元素和配色方案，可以使数据库中的所有窗体具有统一的色调。在窗体设计工具"设计"选项卡中的"主题"组包括"主题""颜色"和"字体"三个按钮。Access 2010 提供了 44 套主题供用户选择。

例 8.30 对"会员管理"数据库应用主题。
操作步骤如下：

① 打开"会员管理"数据库，用设计视图打开某一个窗体。

② 单击窗体设计工具"设计"选项卡中"主题"组的"主题"按钮，打开"主题"列表，在列表中双击所需的主题，如图 8.101 所示。

可以看到，在窗体页眉节的背景颜色发生变化。此时，打开其他窗体，会发现所有窗体的外观均发生了变化，而且外观的颜色是一致的。

图 8.101 "主题"列表

2）条件格式的使用

除可以使用"属性表"对话框设置控件的"格式"属性外，还可以根据控件的值，按照某个条件设置相应的显示格式。

3）提示信息的添加

为了使界面更加友好、清晰，需要为窗体中的一些字段数据添加帮助信息，也就是在状态栏中显示的提示信息。在窗体设计视图环境下，打开某个控件的"属性表"对话框，选择"其他"选项卡，在"状态栏文字"属性行中输入提示信息即可。

4）窗体的布局

在窗体的最后布局阶段，需要调整控件的大小，排列或对齐控件，以使界面有序、美观。

（1）选择控件。

要调整控件首先要选定控件。在选定控件后，控件的四周出现六个黑色方块，称为控制柄。其中，左上角的控制柄由于作用特殊，因此比较大。使用控制柄可以调整控件的大小，移动控件的位置。选择控件的操作有如下几种：

- 选择一个控件。用鼠标左键单击该对象。
- 选择多个相邻控件。从空白处拖动鼠标左键拉出一个虚线框，包围住的控件全部被选中。
- 选择多个不相邻控件。按住 Shift 键，用鼠标分别单击要选择的控件。
- 选择所有控件。按 Ctrl+A 组合键。
- 选择一组控件。在垂直尺或水平标尺上按下鼠标左键，这时出现一条竖直线（或水平线），释放鼠标后直线所经过的控件全部选中。

（2）移动控件。

移动控件的方法有两种：鼠标和键盘。用鼠标移动控件时，首先选定要移动的一个或多个控件，然后按住鼠标左键移动。当鼠标放在控件的左上角以外的其他地方时，会出现一个十字形箭头，此时拖动鼠标即可移动选中的控件。这种移动是将相关联的两个控件同时移动。将鼠放在控件的左上角，拖动鼠标时能独立地移动控件本身。

（3）调整控件大小。

调整控件大小的方法有两种：将鼠标放在控件的控制柄上调整；在控件"属性表"对话框的"格式"选项卡设置相关属性。

（4）对齐控件。

使用鼠标拖动来调整控件的对齐是最常用的方法。但是这种方法效率低，很难达到理想的效果。对齐控件最快捷的方法是使用系统提供的"控件对齐方式"命令。

（5）调整间距。

调整多个控件之间水平和垂直间距的最简便方法是：单击窗体设计工具"排列"选项卡中"调整大小和排列"组的"大小/空格"按钮，在弹出的下拉列表中根据需要选择"水平相等""水平增加""水平减少""垂直相等""垂直增加"和"垂直减少"等。

5. 定制系统控制窗体

窗体是应用程序和用户之间的接口，其作用不仅是为用户提供输入数据、修改数据、显示处理结果的界面，更主要的是可以将已经建立的数据库对象集成在一起，为用户提供一个可以进行数据库应用系统功能选择的操作控制界面。Access 提供的切换面板管理器和导航窗体可以很容易地将各项功能集成起来，能够创建出具有统一风格的应用系统控制界面。本节将以使用这两个工具创建"教学管理"为例进行介绍。

1）创建切换窗体

切换窗体实质上是一个控制菜单，通过选择菜单实现对所集成的数据库对象的调用。每级控制菜单对应一个界面，称为切换面板页；每个切换面板页上提供相应的切换项，即菜单项。

创建切换窗体时，首先启动切换面板管理器，然后创建所有的切换面板页和每页上的切换项，设置默认的切换面板页，最后为每个切换项设置相应内容。

例 8.31 使用切换面板管理器创建"会员系统"切换窗体。

每部分的操作步骤如下：

① 添加切换面板管理器工具。

通常，使用切换面板管理器创建系统控制界面的第一步是启动切换面板管理器，由于 Access 2010 并未将"切换面板管理器"工具放在功能区中，因此使用前要先将其添加到功能区中。效果图如图 8.102 所示。

图 8.102　修改后的功能区

② 启动切换面板管理器。

启动切换面板管理器的操作步骤如下：

（a）单击"数据库工具"选项卡中"切换面板"组的"切换面板管理器"按钮。由于是第一次使用切换面板管理器，因此 Access 显示"切换面板管理器"提示框。

（b）单击"是"按钮，弹出"切换面板管理器"对话框，如图 8.103 所示。

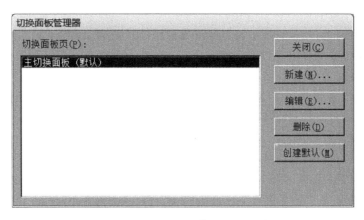

图 8.103　"切换面板管理器"对话框

此时，"切换面板页"列表框中有一个由 Access 创建的"主切换面板（默认）"项。

③ 创建新的切换面板页。

此例中需要创建的"会员系统"切换窗体中包含了三个切换面板页，其中主切换面板页以及其他页上的切换板面项之间的对应关系如图 8.104 所示。

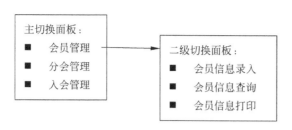

图 8.104　切换面板页与切换面板项之间的对应关系

由图 8.104 可知,"会员系统"需要建立包括主切换面板页在内的四个切换面板页,分别是"会员系统""会员管理""分会管理"和"入会管理"。其中,"会员系统"为主切换面板页。创建切换面板页的操作步骤如下:

(a) 在图 8.103 所示的对话框中,单击"新建"按钮,弹出"新建"对话框,在"切换面板页名"文本框中,输入所建切换面板页的名称"会员系统",然后单击"确定"按钮。

(b) 按照相同的方法创建"会员管理""分会管理"以及"入会管理"等切换面板页。

④ 设置默认的切换面板页。

默认的切换面板页是启动切换窗体时最先打开的切换面板页,也就是上面提到的主切换面板页,它由"(默认)"来标识,如图 8.105 所示。"会员系统"切换窗体首先要打开的切换面板页应为已经建立的切换面板页中的"会员系统"页。设置默认页的操作步骤如下:

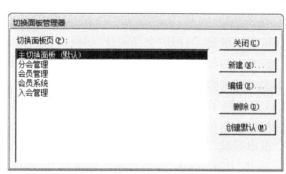

图 8.105　切换面板页创建结果

(a) 在"切换面板管理器"对话框中选择"会员系统"选项,单击"创建默认"按钮,这时在"会员系统"后面自动加上"(默认)",说明"会员系统"切换面板页已经变为默认切换面板页。

(b) 在"切换面板管理器"对话框中选择"主切换面板"选项,然后单击"删除"按钮,弹出"切换面板管理器"提示框。

(c) 单击"是"按钮,删除 Access"主切换面板"选项。设置后的"切换面板管理器"对话框如图 8.106 所示。

⑤ 为切换面板页创建切换面板项目。

"会员系统"切换面板页上的切换项目应包括"会员管理""分会管理"和"入会管理"等。在主切换面板页上加入切换面板项目,可以打开相应的切换面板页,使其在不同的切换面板页之间进行切换。操作步骤如下:

(a) 选择"切换面板页"列表框中"会员系统(默认)"选项,然后单击"编辑"按钮,弹出"编辑切换面板页"对话框。

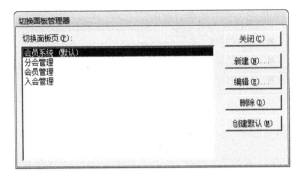

图 8.106　设置默认切换面板页的结果

（b）单击"新建"按钮，弹出"编辑切换面板项目"对话框。在"文本"文本框中输入"会员管理"，在"命令"下拉列表中选择"转至'切换面板'"选项（选择此项的目的是为了打开对应的切换面板页），在"切换面板"下拉列表框中选择"会员管理"选项，如图 8.107 所示。

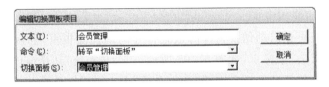

图 8.107　创建切换面板页上的切换面板项

（c）单击"确定"按钮，此时创建了打开"会员系统"切换面板页的切换面板项目。

（d）使用相同的方法，在"会员系统"切换面板页中加入"分会管理"和"入会管理"等切换面板项目，分别用来打开相应的切换面板页。

如果对切换面板项目先后顺序不满意，可以选中要进行移动的项目，然后单击"向上移"或"向下移"按钮。对不再需要的项目可选中该项目后单击"删除"按钮删除。

（e）最后建立一个"退出系统"切换面板项来实现退出应用系统的功能。在"编辑切换面板页"对话框中，单击"新建"按钮，弹出"编辑切换面板项目"对话框，在"文本"文本框中输入"退出系统"，在"命令"下拉列表框中选择"退出应用程序"选项，单击"确定"按钮。结果如图 8.108 所示。

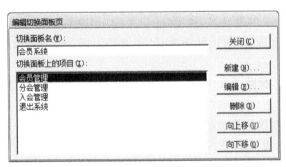

图 8.108　切换面板项创建结果

（f）单击"关闭"按钮，返回到"切换面板管理器"对话框。

⑥ 为切换面板上的切换项设置相关内容。

"会员系统"切换面板页上已加入了切换项目,但是"会员管理""分会管理""入会管理"等其他切换面板页上的切换项还未设置,这些切换面板页上的切换项目直接实现系统的功能。例如,"会员管理"切换面板页上应有"会员信息录入""会员信息查询"和"会员信息打印"三个切换项目。下面为"会员管理"切换面板页创建一个"会员信息录入"切换面板项,该项打开已经建立的"会员录入窗体"。

(a) 在"切换面板管理器"对话框中,选中"会员管理"切换面板页,然后单击"编辑"按钮,弹出"编辑切换面板页"对话框。

(b) 在该对话框中,单击"新建"按钮,弹出"编辑切换面板项目"对话框。

(c) 在"文本"文本框中输入"会员信息录入",在"命令"下拉列表框中选择"在'编辑'模式下打开窗体"选项,在"窗体"下拉列表框中选择"会员录入窗体"窗体,如图 8.109 所示。

图 8.109　设置"会员信息录入"切换面板项

(d) 单击"确定"按钮。

对于其他切换面板项的创建,方法与此完全相同。注意,在每个切换面板页中都应创建"返回主菜单"的切换项,这样才能保证在各个切换面板页之间进行相互切换。

创建完成后,在"窗体"对象下会产生一个名为"切换面板"的窗体,双击该窗体,即可看到图 8.110(a)所示的"会员系统"启动窗体,单击该窗体中的"会员管理"项目即可看到图 8.110(b)所示的窗体,单击图 8.110(b)的"会员信息录入"项目即可看到图 8.110(c)所示的窗体。

为了方便使用,可将所建窗体名称和窗体标题由"切换面板"改为"会员系统"。

2) 创建导航窗体

Access 2010 提供了一种新型的窗体,称为导航窗体。在导航窗体中,可以选择"导航"按钮的布局,可以在所选布局上直接创建导航按钮,并通过这些按钮将已建数据库对象集成在一起形成数据库应用系统。使用导航窗体创建应用系统控制界面更简单,更直观。

例 8.32　使用"导航"按钮,创建"会员系统"控制窗体。

操作步骤如下:

① 单击"创建"选项卡中"窗体"组的"导航"按钮,从弹出的下拉列表中选择一种所需的窗体样式,本例选择"水平标签和垂直标签,左侧"选项,进入导航窗体的布局视图。将一级功能放在水平标签上,将二级功能放在垂直标签上。

② 在水平标签上添加一级功能。单击上方的"新增"按钮,输入"会员管理"。使用相同的方法创建"分会管理"和"入会管理"按钮。设置结果如图 8.111 所示。

③ 在垂直标签上添加二级功能,如创建"会员管理"的二级功能按钮。单击"会员管理"按钮,单击左侧"新增"按钮,输入"会员信息录入"。使用相同的方法创建"会员信息查询"和"会员信息打印"按钮。设置结果如图 8.112 所示。

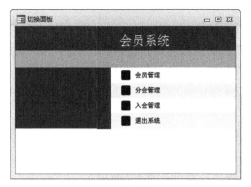

(a) 会员系统

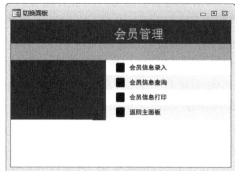

(b) 会员管理

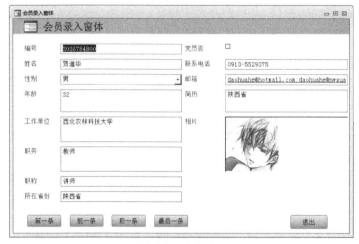

(c) 会员录入窗体

图 8.110　切换面板创建结果

图 8.111　创建一级功能按钮

　　④ 为"会员信息录入"添加功能。右击"会员信息录入"导航按钮，从弹出的快捷菜单中选择"属性"，弹出"属性表"对话框；在"属性表"对话框中选择"事件"选项卡，单击"单击"事件下拉按钮，从弹出的下拉列表中选择已建宏"打开会员信息录入"（关于宏的创建请参见后续章节）。使用相同的方法设置其他导航按钮的功能。

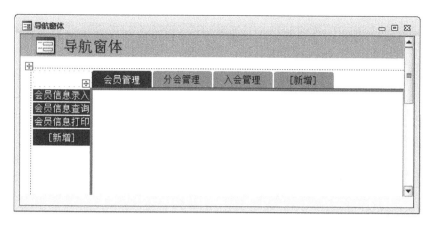

图 8.112　创建二级功能按钮

⑤ 修改导航窗体标题。此处可以修改两个标题：一是修改导航窗体上方的标题，选中导航窗体上方显示"导航窗体"文字的标签控件，在"属性表"对话框中选择"格式"选项卡，在"标题"栏中输入"会员系统"；二是修改导航窗体标题栏上的标题，在"属性表"对话框中单击上方对象下拉列表框右侧下拉按钮，从弹出的下拉列表中选择"窗体"对象，选择"格式"选项卡，在"标题"栏中输入"会员系统"。

⑥ 切换到窗体视图，单击"会员信息录入"导航按钮，此时将会弹出"会员录入窗体"，如图 8.113 所示。

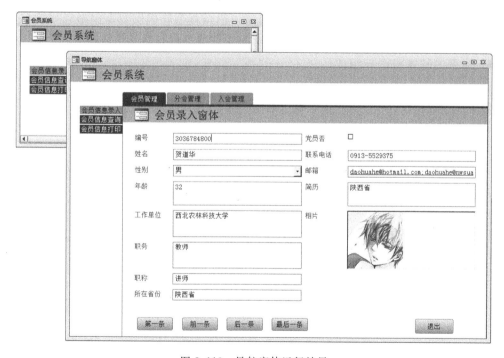

图 8.113　导航窗体运行效果

使用布局视图创建和修改导航窗体更直观、方便。因为在这种视图中，窗体处于运行状态，创建或修改窗体的同时可以看到运行的效果。

3）设置启动窗体

完成"会员系统"切换窗体或导航窗体的创建后，每次启动时都需要双击该窗体。如果希望在打开"会员管理"数据库时自动打开该窗体，需要设置其启动属性。

操作步骤如下：

（1）打开"会员管理"数据库，打开"Access 选项"对话框。

（2）设置窗口标题栏显示信息。在该对话框的"应用程序标题"文本框中输入"会员系统"，这样在打开数据库时在 Access 窗口的标题栏上会显示"会员系统"。

（3）设置窗口图标。单击"应用程序图标"文本框右侧的"浏览"按钮，找到所需图标所在的位置，并将其打开，这样将会用该图标代替 Access 图标。

（4）设置自动打开的窗体。在"显示窗体"下拉列表中选择"会员系统"窗体，将该窗体作为启动后显示的第一个窗体，这样在打开"会员管理"数据库时，Access 会自动打开"会员系统"窗体。

（5）取消勾选"显示导航窗格"复选框，这样在下一次打开数据库时，导航窗格将不再出现。单击"确定"按钮。

当某一数据库设置了启动窗体，在打开数据库时想终止自动运行的启动窗体，可以在打开这个数据库的过程中按住 Shift 键。

8.3.5　报表对象的操作

报表是 Access 提供的一种对象。报表对象可以将数据库中的数据以格式化的形式显示和打印输出。与窗体相比，报表只能查看数据，不能通过报表修改或输入数据。

1. 报表的基本概念与组成

1）报表的基本概念

报表的功能包括：可以以格式化形式输出数据；可以对数据分组，进行汇总；可以包含子报表及图表数据；可以输出标签、发票、订单和信封等多种样式报表；可以进行计数、求平均、求和等统计计算；可以嵌入图像或图片来丰富数据表现形式。

Access 2010 的报表操作有四种视图：报表视图、打印预览、布局视图和设计视图。其中，报表视图用于显示报表；打印视图是让用户提前观察报表的打印效果；布局视图的界面与报表视图几乎一样，但是在该视图中可以移动各个控件的位置，可以重新进行控件布局；设计视图用于设计和修改报表的结构，添加控件和表达式，设置控件的各种属性、美化报表等。打开任意报表，单击屏幕左上角的"视图"下拉按钮，可以弹出如图 8.114 所示的视图选择菜单。

图 8.115 是一个打开的报表"设计"视图，可以看出报表由如下五部分组成：

- 报表页眉：在报表的开始处，用来显示报表的大标题、图形或说明性文字，每份报表只有一个报表页眉。
- 页面页眉：显示报表中的字段名称或对记录的分组名称，报表的每一页有一个页面页眉，以保证当数据较多报表需

图 8.114　视图选择菜单

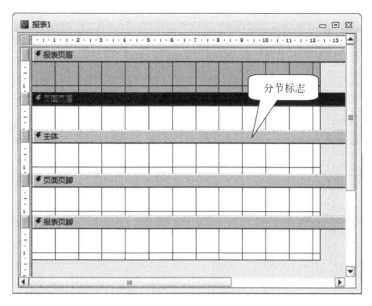

图 8.115　报表的组成区域

要分页的时候,在报表的每页上面都有一个表头。

- 主体:打印表或查询中的记录数据,是报表显示数据的主要区域。
- 页面页脚:打印在每页的底部,用来显示本页的汇总说明,报表的每一页有一个页面页脚。
- 报表页脚:用来显示整份报表的汇总信息或者是说明信息,在所有数据都被输出后再输出。

以上各个区域具有不同的功用,可以根据需要进行灵活设计。

在设计报表时可以添加表头和注脚,可以对报表中的控件设置格式,例如字体、字号、颜色、背景等,也可使用剪贴画、图片对报表进行修饰。这些功能与窗体设计相似。

2) 报表设计区

设计报表时,可以将各种类型的文本和字段控件放在报表“设计”窗体中的各个区域内。在报表设计的时候可以根据数据进行分组,形成一些更小的一些区段,在报表的“设计”视图中区段称为节。报表中的信息可以安排在多个节中,每节在页面上和报表中具有特定的目的并按照预期顺序输出打印。

图 8.116 是一个“会员信息列表”的报表设计打印预览样例。

(1) 报表页眉节。

报表页眉中的全部内容都只能输出在报表的开始处。在报表页眉中,一般是以大号字体将该份报表的标题放在报表顶端的一个标签控件中。

(2) 页面页眉节。

页面页眉中的文字或控件一般输出在每页的顶端。通常,它是用来显示数据的列标题。可以给每个控件文本标题加上特殊的效果,如加颜色、字体种类和字体大小等。

一般来说,报表的标题放在报表页眉中,该标题输出时仅在第一页的开始位置出现。如果将标题移动到页面页眉中,则在每一页上都输出显示该标题。

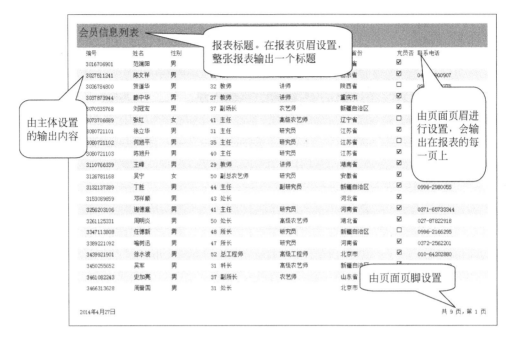

图 8.116　报表设计打印预览样例（局部）

（3）组页眉节。

根据需要，在报表设计五个基本节区域的基础上，还可以使用"排序与分组"属性设置"组页眉/组页脚"区域，以实现报表的分组输出和分组统计。其中 1 组页眉节内主要安排文本框或其他类型控件以输出分组字段等数据信息。

（4）主体节。

主体节用来定义报表中最主要的数据输出内容和格式，将针对每条记录进行处理，各字段数据均要通过文本框或其他控件（主要是复选框和绑定对象框）绑定显示，可以包含通过计算得到的字段数据。

（5）组页脚节。

组页脚节内主要安排文本框或其他类型控件显示分组统计数据。组页眉和组页脚可以根据需要单独设置使用。

（6）页面页脚节。

一般包含有页码或控制项的合计内容，数据显示安排在文本框和其他一些类型控件中。

（7）报表页脚节。

该节区一般是在所有的主体和组页脚输出完成后才会出现在报表的最后面。通过在报表页脚区域安排文本框或其他一些控件，可以输出整个报表的计算汇总或其他的统计信息。

2. 建立报表

Access 中提供了五种创建报表的工具："报表""报表设计""空报表""报表向导"和"标签"。其中，"报表"是利用当前打开的数据表或查询自动创建一个报表；"报表设计"是进入报表设计视图，通过添加各种控件自己设计建立一张报表；"空报表"是创建一张空白报表，通过将选定的数据表字段添加进报表中建立报表；"报表向导"是借助向导的提示功能创建一张报表；"标签"是运用标签向导创建一组有机标签报表。

创建报表的工具如图 8.117 所示。

图 8.117　创建报表的工具

1) 用"报表"工具创建报表

在实际应用过程中,为了提高报表的实际效率,对于简单的报表可以使用系统提供的生成工具生成,然后再根据需要进行修改。

操作步骤如下:

(1) 选择某个表或查询,作为报表数据源。

(2) 单击"创建"选项卡中"报表"组的"报表"按钮,系统自动生成报表。

(3) 进入"布局视图",主窗口上面功能区切换为"报表布局工具",使用这些工具可以对报表进行简单的编辑和修饰。

(4) 保存修改后的报表。

2) 用"报表设计"工具创建报表

在实际应用过程中,在"设计"视图下可以灵活建立或修改各种报表,熟练掌握"报表设计"可提高报表设计的效率。

例 8.33　使用"设计"视图来创建简单的"会员名单"报表。

操作步骤如下:

① 单击"创建"选项卡中"报表"组的"报表设计"按钮。显示如图 8.118 所示,进入报表设计视图并打开"报表页眉/报表页脚"节。

图 8.118　报表设计视图

② 在图 8.118 所示的报表设计网格右侧的空白区域右击，在弹出的快捷菜单中选择"属性"，弹出"属性表"对话框。

③ 在"属性表"对话框中选择"数据"选项卡，单击"数据源"属性右侧的"省略号"按钮，打开查询生成器。

④ 在弹出的"显示表"对话框中双击"会员表"，如图 8.119 所示，关闭窗体。在查询生成器中选择需要输出的字段（编号，姓名，性别，年龄和所在省份）并添加到设计网格中，如图 8.120 所示。

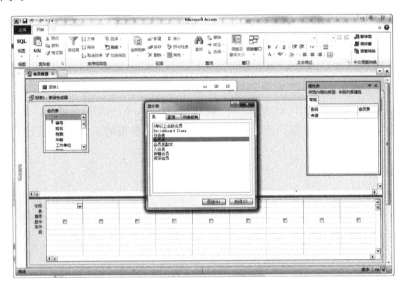

图 8.119　打开查询生成器

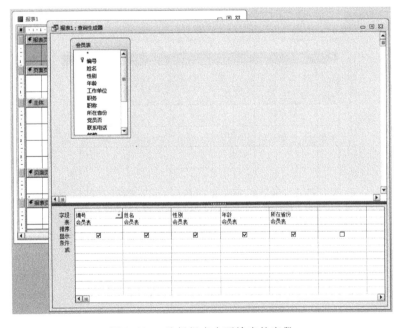

图 8.120　选择报表中要输出的字段

⑤ 将报表保存为"会员列表",关闭查询生成器。完成数据源设置之后,关闭"属性表"对话框,返回报表的设计视图。单击工具组中的"添加现有字段"按钮,弹出"字段列表"对话框,如图8.121所示。将字段列表中的字段依次拖曳到报表的主体节中,并适当调整位置。

图8.121　"字段列表"对话框

⑥ 在页面页眉节中,单击报表设计工具中的标签控件,然后在页面页眉节的中间进行拖曳,设定适当的大小,在标签中输出"会员名单",然后再次选中该标签,右击,在弹出的快捷菜单中选择"属性表"。在属性表中设置字号24磅、文本对齐方式"居中"。

⑦ 保存报表,其"设计视图"如图8.122所示。切换到打印预览视图,如图8.123所示。这样设计出"堆积"布局形式的报表。

图8.122　报表样式图(设计视图-堆积)

如果需要也可以修正设计,将布局改为"表格"方式输出报表。这时只需要在前面"堆积"布局设计视图下,选择主体节区域所有控件,并右击,在弹出的快捷菜单中选择"布局/表格",最后进行适当调整即可。其效果图"设计视图"如图8.124所示,"报表视图"如图8.125所示。

3)用"空报表"工具创建报表

使用"空报表"工具创建报表也是另一种灵活、方便的方式。

例8.34　使用"空报表"工具创建"会员入会情况表"。

操作步骤如下:

① 单击"创建"选项卡中"报表"组的"空报表"按钮。显示如图8.126所示,直接进入报表的布局视图,屏幕的右侧自动显示"字段列表"窗格。

② 在"字段列表"窗格中单击"显示所有表",单击"会员表"表前面的"＋"号,在窗格中

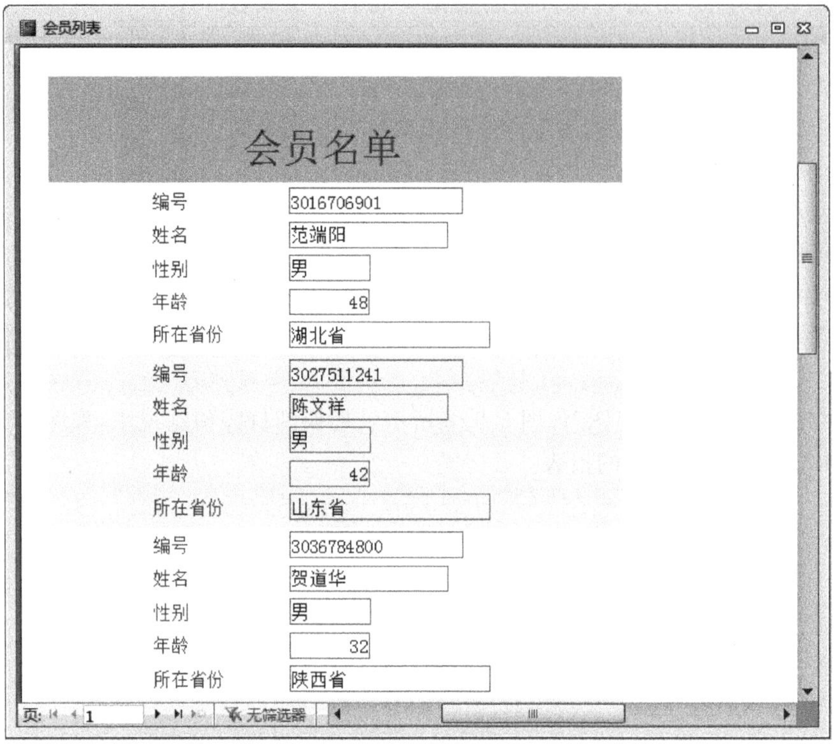

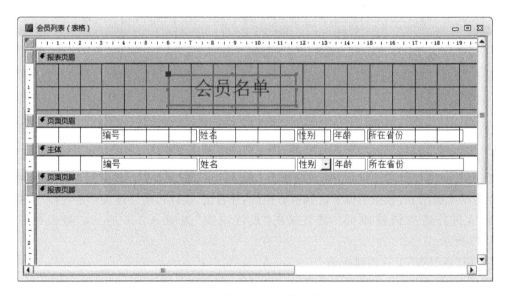

图 8.123　报表样式（报表视图-堆积）

图 8.124　报表样式图（设计视图-表格）

会显示出该表所包含的字段名称。

　　③ 依次双击窗格中需要输出的字段：编号、姓名、性别和年龄。

　　④ 在"相关表的可用字段"中单击"入会表"前面的"＋"号，显示出表中包含的字段。双击"入会时间"和"会龄"两字段。此时，屏幕右侧的"字段列表"窗格也随之发生变化。

编号	姓名	性别	年龄	所在省份
3016706901	范端阳	男	48	湖北省
3027511241	陈文祥	男	42	山东省
3036784800	贺道华	男	32	陕西省
3037873944	滕中华	男	27	重庆市
3070535768	刘冠宏	男	37	新疆自治区
3073706689	张红	女	41	辽宁省
3080721101	徐立华	男	31	江苏省
3080721102	何旭平	男	35	江苏省
3080721103	陈旭升	男	40	江苏省
3110766339	王峰	男	29	湖南省
3126781168	吴宁	女	50	安徽省
3132137289	丁胜	男	44	新疆自治区
3153089859	邓祥顺	男	43	河北省
3256203106	谢德意	男	41	河南省
3261125331	周明炎	男	50	湖北省
3347113808	任德新	男	48	新疆自治区
3389221092	喻树迅	男	47	河南省
3439921901	徐水波	男	52	北京市
3450255652	吴军	男	31	新疆自治区
3461082243	史加亮	男	37	山东省
3466313628	周普国	男	31	北京市

图 8.125 报表样式（报表视图-表格）

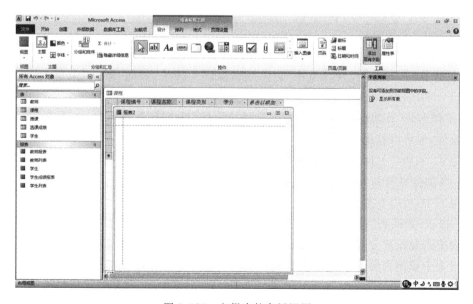

图 8.126 空报表的布局视图

⑤ 在"相关表的可用字段"中单击"分会表"表前面的"＋"号，显示出表中包含的字段。双击"分会名称"字段。

通过"字段列表"窗格的操作，完成报表的基本设计，如图 8.127 所示。

图 8.127　添加相关字段

⑥ 简单调整、保存设计，输入报表名"入会情况表"。切换到打印预览视图，可以看见报表输出如图 8.128 所示。

4）编辑报表

在报表的设计视图中可以创建报表，也可以对已有的报表进行进行编辑和修改：添加日期和时间以及页码等美化工作。

（1）添加日期和时间。

在报表"设计"视图中给报表添加日期和时间。操作步骤如下：

① 打开报表，切换到"设计视图"；在报表设计工具的"页眉/页脚"中单击"日期和时间"按钮。

② 在弹出的"日期和时间"对话框中选择显示日期和时间及显示格式，单击"确定"按钮即可。此外，也可以在报表上添加一个文本框，通过设置其"控件来源"属性为日期或时间的计算表达式，例如，"＝Date()"等，该控件可安排在报表的任何节区域中。

（2）添加分页符和页码。

在报表中，可以在某一节中使用分页控制符来标志要另起一页的位置。其操作步骤如下：打开报表，切换到"设计视图"；在报表设计工具的"控件"中单击"插入分页符"按钮。选择报表中需要设置分页符的位置然后单击，分页符会以短虚线标志在报表的左边界上。

在报表中添加页码的操作步骤如下：打开报表，切换到"设计视图"；在报表设计工具的"页眉/页脚"中单击"页码"按钮。在弹出的"页码"对话框中，根据需要选择相应的页码格式、位置和对齐方式等选项。

也可用表达式创建页码。Page 和 Pages 是内置变量，[Page]代表当前页号，[Pages]代

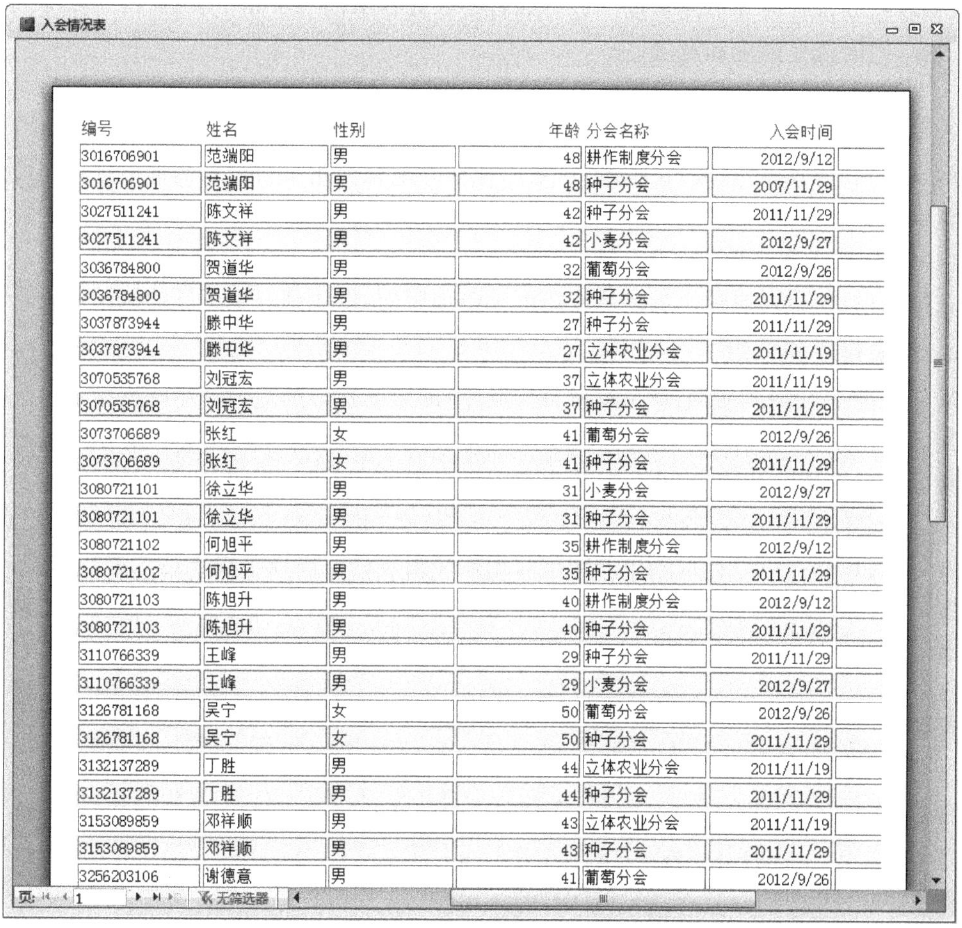

编号	姓名	性别	年龄	分会名称	入会时间
3016706901	范端阳	男	48	耕作制度分会	2012/9/12
3016706901	范端阳	男	48	种子分会	2007/11/29
3027511241	陈文祥	男	42	种子分会	2011/11/29
3027511241	陈文祥	男	42	小麦分会	2012/9/27
3036784800	贺道华	男	32	葡萄分会	2012/9/26
3036784800	贺道华	男	32	种子分会	2011/11/29
3037873944	滕中华	男	27	种子分会	2011/11/29
3037873944	滕中华	男	27	立体农业分会	2011/11/19
3070535768	刘冠宏	男	37	立体农业分会	2011/11/19
3070535768	刘冠宏	男	37	种子分会	2011/11/29
3073706689	张红	女	41	葡萄分会	2012/9/26
3073706689	张红	女	41	种子分会	2011/11/29
3080721101	徐立华	男	31	小麦分会	2012/9/27
3080721101	徐立华	男	31	种子分会	2011/11/29
3080721102	何旭平	男	35	耕作制度分会	2012/9/12
3080721102	何旭平	男	35	种子分会	2011/11/29
3080721103	陈旭升	男	40	耕作制度分会	2012/9/12
3080721103	陈旭升	男	40	种子分会	2011/11/29
3110766339	王峰	男	29	种子分会	2011/11/29
3110766339	王峰	男	29	小麦分会	2012/9/27
3126781168	吴宁	女	50	葡萄分会	2012/9/26
3126781168	吴宁	女	50	种子分会	2011/11/29
3132137289	丁胜	男	44	立体农业分会	2011/11/19
3132137289	丁胜	男	44	种子分会	2011/11/29
3153089859	邓祥顺	男	43	立体农业分会	2011/11/19
3153089859	邓祥顺	男	43	种子分会	2011/11/29
3256203106	谢德意	男	41	葡萄分会	2012/9/26

图 8.128 “入会情况表”输出

表总页数。常用的页码格式如：= "第"&[Page]&"页或者= [Page] "/" [Pages]。

(3) 使用节。

报表中的内容是以节划分的。每一个节都有其特定的目的，而且按照一定的顺序输出在页面及报表上。在设计视图中，节代表各个不同的带区，每一节只能被指定一次。

- 添加或删除报表页眉、页脚和页面页眉、页脚。

在报表设计视图中，打开属性表网格，选择“报表页眉”，然后可以在格式选项卡中设置属性“可见”为是或否。

页眉和页脚只能作为一对同时添加。如果不需要页眉或页脚，可以将相关节的“可见”属性设为“否”，或者删除该节的所有控件，然后将其大小设置为零或将其“高度”属性设为“0”。

如果删除页眉和页脚，Access 将同时删除页眉、页脚中的控件。

- 改变报表的页眉、页脚或其他节的大小。

可以单独改变报表上各个节的大小。但是，报表只有唯一的宽度，改变一个节的宽度将改变整个报表的宽度。

可以将鼠标放在节的底边(改变高度)或右边(改变宽度)上，上下拖动鼠标改变节的高度，或左右拖动鼠标改变节的宽度。也可以将鼠标放在节的右下角上，然后沿对角线的方向拖动鼠标，同时改变高度和宽度。

- 为报表中的节或控件创建自定义颜色。

如果调色板中没有需要的颜色，用户可以利用节或控件的属性表中的"前景颜色"（对控件中的文本）、"背景颜色"或"边框颜色"等属性框并配合使用"颜色"对话框来进行相应属性的颜色设置。

（4）绘制线条和矩形。

在报表设计中，可通过添加线条或矩形来修饰版面，以达到一个更好的显示效果。

3. 报表排序和分组

默认情况下，报表中的记录是按照自然顺序，即数据输入的先后顺序排列显示的。在实际应用过程中，经常需要按照某个指定的顺序排列记录数据或者就某字段分组来进行一些统计操作并输出统计信息，这就是报表的"分组"操作。

1）记录排序

在设计报表时，可以让报表中的输出数据按照指定的字段或字段表达式进行排序。

报表记录排序主要通过设计视图内"分组与排序"按钮打开"分组、排序和汇总"窗口进行设置，如图 8.129 所示。

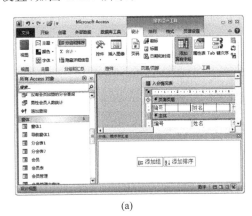
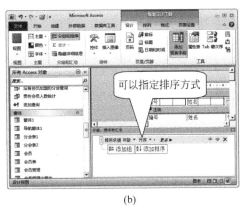

(a)　　　　　　　　　　　　　(b)

图 8.129　排序字段操作

在此过程中可以选择排序依据及其排序次序。在报表中设置多个排序字段时，先按第一排序字段值排列，第一排序字段值相同的记录再按第二排序字段值去排列，以此类推。

2）记录分组

分组是指报表设计时按选定的某个（或几个）字段值是否相等而将记录划分成组的过程。通过分组可以实现同组数据的汇总和输出，增强了报表的可读性。一个报表中最多可以对 10 个字段或表达式进行分组。

例 8.35　按姓氏对会员信息表进行分组统计并输出各组平均年龄。

操作步骤如下：

① 打开会员信息报表，进入设计视图，单击"分组与排序"使屏幕的下方出现"分组、排序和汇总"区。

② 单击"添加组"按钮,在弹出的字段菜单中选择某个或几个字段作为分组字段处理。本例是按姓氏分组,无法直接选择"姓名"字段,必须构建分组表达式,所以选择最后一项"表达式"打开"表达式生成器"进行构造:假设不考虑复姓,则可以设置为"=Left([姓名],1)"。屏幕显示如图 8.130 和图 8.131 所示。确定后会出现"=Left([姓名],1)页眉",如图 8.132 所示。

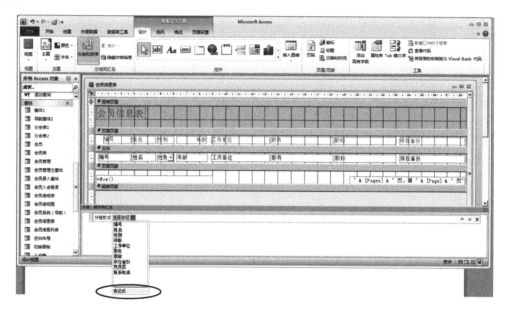

图 8.130　选择分组字段(表达式)

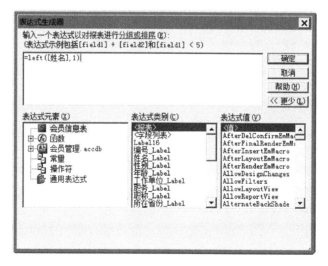

图 8.131　构建分组表达式

此时,可以根据需要设置其他分组属性。

如果要添加"=Left([姓名],1)页脚",可单击图 8.132 中的"更多"按钮,将"无页脚节"改为"有页脚节",即可在屏幕上出现"=Left([姓名],1)页脚",同时,也即可以在属性表中设置"=Left([姓名],1)页脚页脚"的相关属性。

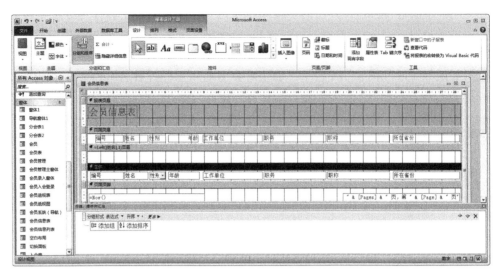

图 8.132　设置组页眉和组页脚

③ 打开"属性表"窗格，将"=Left([姓名],1)页眉"对应的"组页眉 0"中的属性"高度"设置为 1cm，并根据需要可以设置其他属性。

④ 将原来"主体"节中"姓名"控件复制到"=Left([姓名],1)页眉"节中，重置其控件来源属性为"=Left([姓名],1)"以输出姓氏；将原来"主体"节中"年龄"控件复制到"=Left([姓名],1)页脚"节中，重置其控件来源属性为"＝Avg([年龄])"以输出平均年龄，如图 8.133 所示。

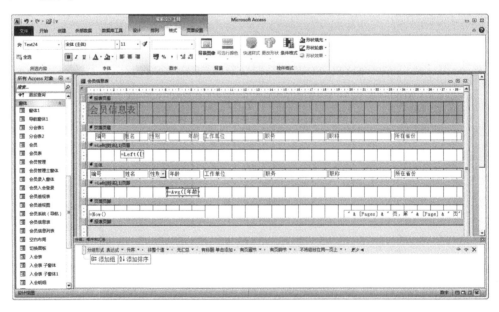

图 8.133　设置组页眉和组页脚相关内容和格式

⑤ 保存报表，切换到打印预览视图，报表显示效果如图 8.134 所示。

对已经设置排序或分组的报表，可以在上述排序或分组设置环境里进行以下操作：添

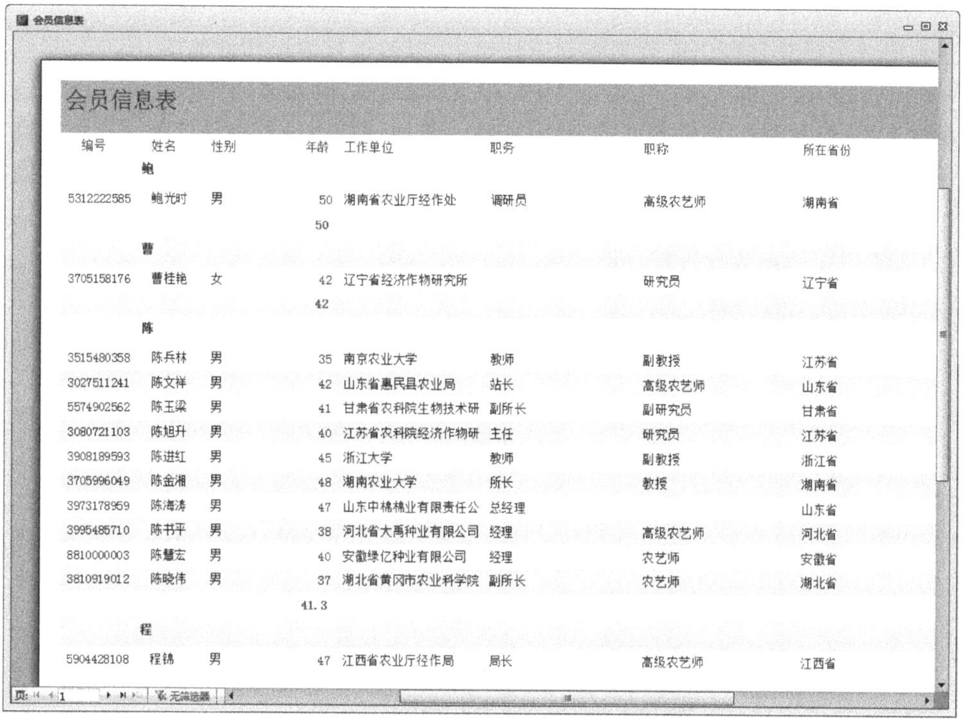

图 8.134　报表显示效果

加排序、分组字段或表达式,删除排序、分组字段或表达式,更改排序、分组字段或表达式。

4．使用计算控件

报表设计过程中,除在版面上布置绑定控件直接显示字段数据外,还经常要进行各种运算并将结果显示出来。例如,报表中页码的输出、分组统计数据的输出等均是通过设置绑定控件的控件来源为计算表达式而实现的,这些控件称为计算控件。

1）报表添加计算控件

计算控件的控件来源是计算表达式,当表达式的值发生变化时,会重新计算结果并输出。文本框是最常用的计算控件。

比如报表数据源中不直接绑定会员年龄输出,而是要输出其出生年。这就需要利用计算控件来实现,只需设置它的"控件来源"属性为"＝Year(Date())－[年龄]"即可。

注意,计算控件的控件来源必须是等号"＝"开头的计算表达式。

根据需要,可以在报表设计中增加新的文本框,然后通过添加设置控件来源中的表达式完成更复杂的计算。

2）报表统计计算

报表设计中,可以根据需要进行各种类型统计计算并输出显示,操作方法就是将计算控件的"控件来源"设置为需要统计计算表达式。

在 Access 中利用计算控件进行统计运算并输出结果,有两种操作形式:

（1）主体节内添加计算控件。

在主体节内添加计算控件对记录的若干字段求和或计算平均值时,只要设置计算控件的"控件来源"为相应字段的运算表达式即可。

这种形式的计算还可以前移到查询设计当中，以改善报表操作性能。

（2）组页眉/组页脚节区内或报表页眉/报表页脚节区内添加计算字段。

在组页眉/组页脚内或报表页眉/报表页脚内添加计算字段对记录的若干字段求和或进行统计计算，这种形式的统计计算要使用 Access 提供的内置统计函数完成相应计算操作。

如果是进行分组统计并输出，则统计计算控件应该布置在"组页眉/组页脚"节区内相应位置，然后使用统计函数设置控件源即可。

3）报表中常用的函数

报表设计中，常用的函数包括计算类函数、日期类函数等，常用的函数及功能如表 8.20 所示。

表 8.20　报表中常用的函数及功能

函　　数	功　　能
Avg	在指定的范围内，计算指定字段的平均值
Count	计算指定范围内记录个数
First	返回指定范围内多条记录中的第一记录指定的字段值
Last	返回指定范围内多条记录中的最后一记录指定的字段值
Max	返回指定范围内多条记录中的最大值
Min	返回指定范围内多条记录中的最小值
Sum	计算指定范围内的多条记录指定字段值的和
Date	当前日期
Now	当前日期和时间
Time	当前时间
Year	当前年

5. 预览和打印报表

预览报表可显示打印页面的版面，这样可以快速查看报表打印结果的页面布局，并通过查看预览报表的每页内容，在打印之前确认报表数据的正确性。

打印报表则是将设计报表直接送往选定的打印设备进行打印输出。

1）报表预览

通过"版面预览"可以快速检查报表的页面布局。

直接进入报表的"打印预览"视图，即打开预览窗口。

页间切换，可以使用"打印预览"窗体底部的"定位"按钮；页中移动，可以使用滚动条。

2）报表打印

第一次打印报表以前，还需要检查页边距、页方向和其他页面设置的选项。当确定一切布局都符合要求后，单击"打印"按钮会弹出"打印"对话框，如图 8.135 所示，再确定打印范围和份数，即可实施打印。

8.3.6　宏和模块对象的操作

宏操作，简称宏，是 Access 中的一个对象。通过宏能够自动执行重复任务，使用户更方

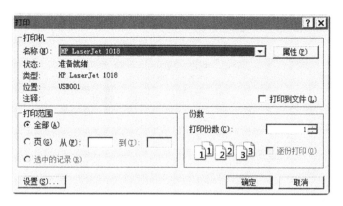

图 8.135　"打印"对话框

便快捷地操纵 Access 数据库系统。

Access 内嵌 VBA(Visual Basic for Application)开发语言进行复杂应用程序的开发,可以解决向导和宏所不能涉及的关键环节问题。

1. 宏的功能

1) 宏的基本概念

宏是由一个或多个操作组成的集合,其中每个操作均能够实现特定的功能。

Access 2010 为用户提供了 70 种宏操作,可以在宏中定义各种操作,如打开或关闭窗体、显示及隐藏工具栏、预览或打印报表等。

Access 中宏可以分为操作序列宏、宏组和含有条件操作的条件宏。

宏可以是包含操作序列的一个宏,也可以是一个宏组。如果设计时将不同的宏按照分类组织到不同的宏组中,将有助于数据库的管理。使用条件表达式的条件宏可以在满足特定条件时才执行对应的操作。

图 8.136 创建了名为 macro1 的宏,其中只包含一个 MessageBox 操作。运行后弹出一个对话框显示"程序结束!"信息,运行效果如图 8.137 所示。

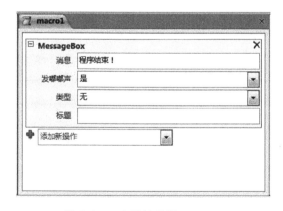

图 8.136　宏设计示例：macro1

图 8.137　宏运行示例

2) 设置宏操作

Access 中提供了一系列基本的宏操作,每个操作都有自己的参数,可以按需要进行设置。

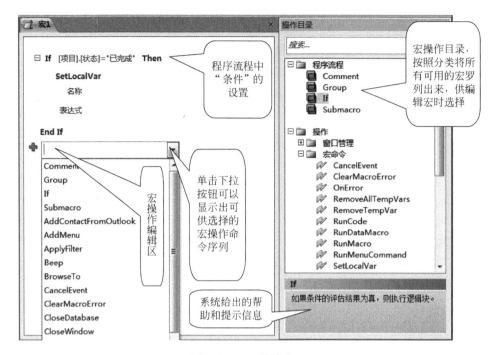

图 8.138　宏设计窗口

　　图 8.138 是进行宏设计时使用的宏设计窗口。在进行宏设计过程中，添加操作时可以从"添加新操作"列表中选择相应的操作，也可以从操作目录中双击或者拖动相应操作。

　　与宏设计窗口相关的工具栏如图 8.139 所示。工具栏中主要按钮的功能见表 8.21。

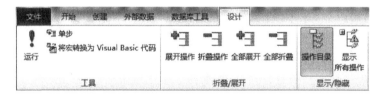

图 8.139　与宏设计窗口相关的工具栏

表 8.21　宏设计工具栏中主要按钮的功能

按　钮	名　　称	功　　能
!	运行	执行当前宏
⑤	单步	单步运行，一次执行一条宏命令
⑤	宏转换	将当前宏转换为 Visual Basic 代码
⁺⅃	展开操作	展开宏设计器所选的宏操作
⁻⅃	折叠操作	折叠宏设计器所选的宏操作
⁺⅃	全部展开	展开宏设计器全部的宏操作
⁻⅃	全部折叠	折叠宏设计器全部的宏操作

按 钮	名 称	功 能
🖼	操作目录	显示或隐藏宏设计器的操作目录
🖼	显示所有操作	显示或隐藏操作列下拉列表中所有操作或者尚未受信任的数据库中允许的操作

2. 建立宏

建立宏的过程主要有指定宏名、添加操作、设置参数及提供注释说明信息等。建立完宏之后,可以选择多种方式来运行、调试宏。

1) 创建独立的宏

这些宏对象将显示在导航窗格中的"宏"下。如果在应用程序的很多位置重复使用宏,则可以建立独立的宏。

要创建独立的宏,操作步骤如下:

① 单击"创建"选项卡中"宏与代码"组的"宏"按钮,Access 将打开如图 8.138 所示的宏设计窗口。

② 在"添加新操作"列表中选择某个操作,或在文本框中输入操作名称。

③ 如有必要,可以选择一个操作,然后将指针移至参数上,以查看每个参数的说明。

④ 如需添加更多的操作,可以重复上述步骤②和③。

⑤ 在软件界面左上方快速访问工具栏上,单击"保存"按钮。在"另存为"对话框中,为宏输入一个名称,然后单击"确定"按钮,命名并保存设计好的宏。

运行宏是按宏名进行调用。命名为 AutoExec 的宏在打开该数据库时会自动运行。要取消自动运行,打开数据库时按住 Shift 键即可。

2) 创建宏组

宏组,顾名思义是将多个宏组织在一起统一管理的一种形式。

添加子宏时应在常规宏设计视图的"添加新操作"下拉列表中选择 Submacro 选项,展开子宏块设计窗格以设计该子宏。

保存宏组时,指定的名字是宏组的名字。这个名字也是显示在"数据库"窗体中的宏和宏组列表中的名字。

宏组的命名方法与其他数据库对象相同。调用宏组中宏的格式为:宏组名.宏名。

3) 创建条件操作宏

在数据处理过程中,如果希望只是当满足指定条件时才执行宏的一个或多个操作,可以使用 If 块进行程序流程控制,还可以使用 Else If 和 Else 块来扩展 If 块,类似于 VBA 等其他序列编程语言。

在输入条件表达式时,可能会引用窗体、报表或相关控件值。可以使用如下格式:

引用窗体:Forms![窗体名]

引用窗体属性:Forms![窗体名].属性

引用控件:Forms![窗体名]![控件名] 或 [Forms]![窗体名]![控件名]

引用控件属性:Forms![窗体名]![控件名].属性

引用报表:Reports![报表名]

引用报表属性：Reports![报表名].属性

引用控件：Reports![报表名]![控件名]　或　[Reports]![报表名]![控件名]

引用控件属性：Reports![报表名]![控件名].属性

设置条件的含义是：如果前面的条件式结果为 True，则执行此行中的操作；若结果为 False，则忽略其后的操作。在 If 块内的所有操作，就可以在上述条件为 True 时连续执行其后的操作。

4）设置宏的操作参数

在宏中添加了某个操作之后，可以在"宏"设计窗体的下部设置与这个操作相关的参数。设置操作参数的方法简要介绍如下：

（1）可以在参数框中输入数值，也可以从列表中选择某个设置。

（2）通过从"数据库"窗体以拖动数据库的方式向宏中添加操作，系统会设置适当参数。

（3）如果操作中有调用数据库对象名的参数，则可以将对象从"数据库"窗体中拖动到参数框，从而由系统自动设置操作及其对应的对象类型参数。

（4）可以用前面加等号"＝"的表达式来设置操作参数。

3. 运行宏

宏有多种运行方式。可以直接运行某个宏，还可以通过响应窗体、报表及其上控件的事件来运行宏。

1）直接运行宏

下列操作方法之一即可直接运行宏：

① 从"宏"设计窗体中运行宏，单击工具栏上的"执行"按钮。

② 在导航窗格中执行宏，双击相应的宏名。

③ 使用"RunMacro"或"OnError"宏操作调用宏。

④ 在对象的事件属性中输入宏名称。宏将在该事件触发时运行。

2）通过响应窗体、报表或控件的事件运行宏或事件过程

通常情况下直接运行宏或宏组里的宏是在设计和调试宏的过程中进行。在确保宏设计无误后，可以将宏附加到窗体、报表或控件中，以对事件做出响应，或创建一个执行宏的自定义菜单命令。

在 Access 中可以通过设置窗体、报表或控件上发生的事件来响应宏或事件过程。操作步骤如下：

① 打开窗体或报表，将视图设置为"设计"视图。

② 设置窗体、报表或控件的有关事件属性为宏的名称或事件过程。

③ 在打开窗体、报表后，如果发生相应事件，则会自动运行设置的宏或事件过程。

4. 调试宏

在 Access 系统中提供了单步执行的宏调试工具。使用单步跟踪执行，可以观察宏的流程和每个操作的结果，从中发现并排除出现问题或错误的操作。

例 8.36　以图 8.136 所示的宏 macro1 为例，调试宏。

操作步骤如下：

① 打开要调试的宏。

② 在工具栏上单击"单步"按钮,使其处于凹陷起作用的状态。在工具栏上单击"执行"按钮,系统将弹出"单步执行宏"对话框,如图 8.140 所示。

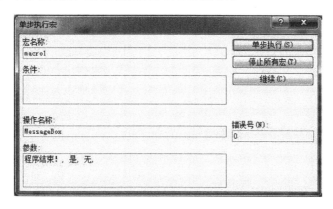

图 8.140　"单步执行宏"对话框

③ 单击"单步执行"按钮,执行其中的操作。单击"停止所有宏"按钮,停止宏的执行并关闭对话框。单击"继续"按钮会关闭"单步执行宏"对话框,并执行宏的下一个操作命令。如果宏操作有误,则会出现"操作失败"对话框。如果要在宏执行过程中暂停宏的执行,可按Ctrl+Break 组合键。

5. 通过事件触发宏

在实际的应用系统中,设计完成的宏更多的是通过窗体、报表或查询产生的事件触发相应的宏,使之投入运行。

1) 事件的概念

事件(Event)是在数据库中执行的一种特殊操作,是对象所能辨识和检测的动作,当此动作发生于某一个对象上时,其对应的事件便会被触发。例如,当使用鼠标单击窗体中的一个按钮时,会引起"单击"(Click)事件,此时事先指派给"单击"事件的宏或事件程序也就被投入运行。

事件是预先定义好的活动,事件过程是为响应由用户或程序代码引发的事件或由系统触发的事件而运行的过程。

打开或关闭窗体,在窗体之间移动,或者对窗体中数据进行处理时,将发生与窗体相关的事件。由于窗体的事件比较多,在打开窗体时,将按照下列顺序发生相应的事件:打开(Open)→加载(Load)→调整大小(Resize)→激活(Activate)→成为当前(Current)。

在关闭窗体时,将按照下列顺序发生相应的事件:卸载(Unload)→停用(Deactivate)→关闭(Close)。

引发事件不仅仅是用户的操作,程序代码或操作系统也可能引发事件。

2) 通过事件触发宏

下面通过一个示例进行说明。

例 8.37　设计一个简单的程序,通过宏实现系统窗体转换和关闭。

在主窗体单击命令按钮(btInput)触发宏打开"会员录入窗体",如图 8.141 所示;在主窗体单击命令按钮(btClose)触发宏关闭当前窗体,如图 8.142 所示。

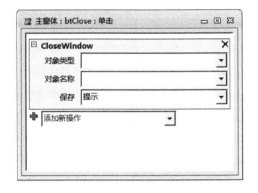

图 8.141　触发宏打开窗体　　　　　　图 8.142　触发宏关闭窗体

在会员入会登录窗体单击命令按钮（btRetu）触发宏先关闭本窗体，再返回主窗体，如图 8.143 所示。

图 8.143　触发宏返回主窗体

6. 模块简介

VBA(Visual Basic for Application)是集成在 Office 办公软件中用来实现一些文档元素的复杂和自动化操作的编程语言，其编写单位是子过程和函数过程。在 Access 中以模块对象形式组织和管理。

1) 模块环境

在 Access 2010 中，进入模块设计环境有三种方式：

(1) 直接进入 VBA。

在数据库中，单击"数据库工具"选项卡中"宏"组的 Visual Basic 按钮，如图 8.144 所示。

图 8.144 "数据库工具"选项卡

（2）创建模块进入 VBA。

在数据库中,单击"创建"选项卡中"宏与代码"组的 Visual Basic 按钮,如图 8.145 所示。

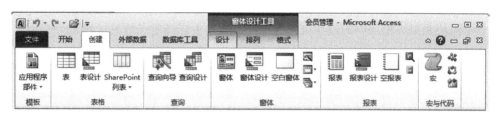

图 8.145 "创建"选项卡

（3）通过窗体和报表等对象的设计进入 VBA。

通过窗体和报表等对象的设计进入 VBA 可以有两种方法。一是通过控件的事件响应,具体操作是：在控件的"属性表"中,单击对象事件的"省略号"按钮添加事件过程,在窗体、报表或控件的事件过程中进入 VBA,如图 8.146 所示。二是通过在窗体或报表设计视图的设计工具中单击"查看代码"按钮进入 VBA,如图 8.147 所示。

图 8.146 通过事件过程进入 VBA

图 8.147 通过查看代码进入 VBA

2）模块类型

模块分为标准模块和类模块两种类型。窗体和报表的特定模块一般叫作窗体模块和报表模块，属于类模块。

（1）标准模块。

标准模块一般用于存放供其他 Access 数据库对象或代码使用的公共过程。

在各个标准模块内部，变量和函数方法默认为 Public 属性供外部引用；如果需要也可以使用 Private 关键字来定义私有变量和私有过程仅供本模块内部使用。

（2）类模块。

类模块，顾名思义是以类的形式封装的模块。

窗体模块和报表模块通常都含有事件过程，而过程的运行用于响应窗体或报表上的事件。使用事件过程可以控制窗体或报表的行为以及它们对用户操作的响应。

窗体模块和报表模块中的过程可以调用标准模块中已经定义好的过程。

7. 模块编写

过程是模块的主要单元组成，由 VBA 代码编写而成。过程分两种类型：Sub 子过程（用 Sub 定义）和函数过程（用 Function 定义）。

一个模块包含一个声明区域，且可以包含一个或多个子过程（以 Sub 开头）或函数过程（以 Function 开头）。

1）子过程

子过程又称 Sub 过程，执行一系列操作，无返回值。定义格式如下：

```
Sub 过程名
    过程体代码
End Sub
```

可以引用过程名来调用该子过程。此外，VBA 提供了一个关键字 Call，可显式调用一个子过程。在过程名前加上 Call 是一个很好的程序设计习惯。

2）函数过程

函数过程又称 Function 过程，执行一系列操作，有返回值。定义格式如下：

```
Function 过程名 As (返回值)类型
    函数体代码
End Function
```

函数过程不能使用 Call 来调用执行，需要直接引用函数过程名，并由接在函数过程名后的括号所辨别。

8. VBA 程序设计基础

VBA 是微软 Office 套件的内置编程语言，其语法与 Visual Basic 编程语言互相兼容。

1）面向对象程序设计的基本概念

Access 内部提供了功能强大的向导机制，能处理基本的数据库操作。在此基础上再编写适当的程序代码，可以极大改善程序功能。

（1）集合和对象。

Access 采用面向对象程序开发环境，其数据库窗口可以方便地访问和处理表、查询、窗体、报表、页、宏和模块对象。

一个对象就是一个实体,如一辆自行车或一个人等。每种对象都具有一些属性以相互区分,如自行车的尺寸、颜色等。

对象的属性按其类别会有所不同,而且同一对象的不同实例属性构成也可能有差异。如自行车对象的属性与人这个对象的属性显然不同,同属自行车对象的普通自行车和专用自行车的属性构成也不尽相同。

对象除了属性以外还有方法。对象的方法就是对象的可以执行的行为,如自行车骑行、人说话等。一般情况下,对象都具有多个方法。

Access 应用程序由表、查询、窗体、报表、页、宏和模块对象列表构成,形成不同的类。

集合表达的是某类对象所包含的实例构成。

(2) 属性和方法。

属性和方法描述了对象的性质和行为。其引用方式为:对象. 属性或对象. 行为。

Access 中对象可以是单一对象,也可以是对象的集合。例如,Label1. Caption 属性表示"标签"控件对象的标题属性。数据库对象的属性均可以在各自的"设计"视图中,通过"属性窗体"进行浏览和设置。

Access 中除数据库的七个对象外,还提供一个重要的对象——Docmd 对象。它的主要功能是通过调用包含在内部的方法实现 VBA 编程中对 Access 的操作。

例如,利用 Docmd 对象的 OpenReport 方法可打开报表"教师信息",语句格式为:Docmd. OpenReport "教师信息";使用 RunMacro 方法,可以执行设计好的宏 macro1,其调用格式为:Docmd. RunMacro "macro1"。

(3) 事件和事件过程。

事件是 Access 窗体或报表及其上的控件等对象可以"辨识"的动作,如单击鼠标、窗体或报表打开等。在 Access 数据库系统中,可以通过两种方式来处理窗体、报表或控件的事件响应:一是使用宏对象来设置事件属性,对此前面已有叙述;二是为某个事件编写 VBA 代码过程,完成指定动作,这样的代码过程称为事件过程或事件响应代码。实际上,Access 窗体、报表和控件的事件有很多,一些主要对象的事件可参阅相关教程。

例 8.38 新建窗体并在其上放置一个命令按钮,然后创建该命令按钮的"单击"事件响应过程。

操作步骤如下:

① 进入 Access 的窗体"设计"视图,在新建窗体上添加一个命令按钮并命名为 Test,如图 8.148 所示。

② 单击 Test 按钮,右击打开属性窗体,单击"事件"卡片并设置"单击"属性为"(事件过程)"以便运行代码,如图 8.149 所示。

③ 单击属性栏右旁的"……"按钮,即进入新建窗体的类模块代码编辑区,在打开的代码编辑区中,可以看见系统已经为该命令按钮的"单击"事件自动创建了事件过程的模板,如图 8.150 所示。

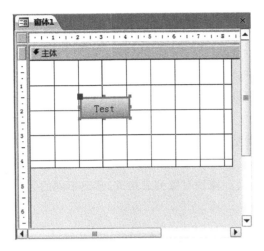

图 8.148　新建窗体画面

图 8.149　设置"单击"事件属性

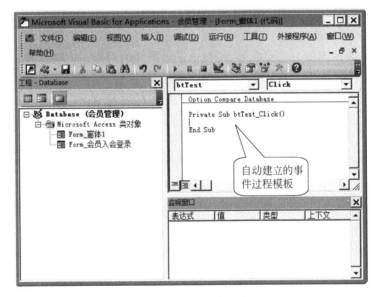

图 8.150　事件过程代码编辑区

此时，只需在模板中添加 VBA 程序代码，这个事件过程即作为命令按钮的"单击"事件响应代码，这里，仅给出了一条语句：

```
MsgBox "测试完毕!", vbInformation, "title"
```

如图 8.151 所示。

④ 按 Alt＋F11 组合键回到窗体"设计"视图，运行窗体，单击 Test 按钮即激活命令按钮"单击"事件，系统会调用设计好的事件过程来响应"单击"事件的发生，弹出"测试完毕!"消息框。响应代码运行效果如图 8.152 所示。

2）程序语句书写原则

VBA 程序语句书写的基本原则主要有三项。

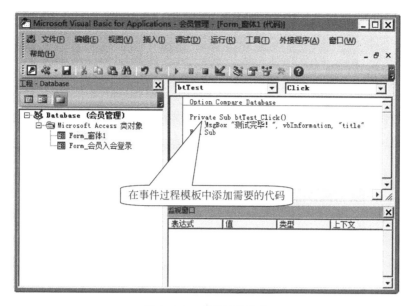

图 8.151 事件过程代码

图 8.152 响应代码运行结果

（1）语句书写规定。

通常将一个语句写在一行。语句较长，一行写不下时，可以用续行符（_）将语句连续写在下一行。

可以使用冒号（:）将几个语句分隔写在一行中。

当输入一行语句并按下 Enter 键后，如果该行代码以红色文本显示（有时伴有错误信息出现），则表明该行语句存在错误应更正。

（2）注释语句。

一个好的程序一般都有注释语句。这对程序的维护有很大的好处。

在 VBA 程序中，注释可以通过以下两种方式实现：

使用 Rem 语句，格式为：Rem 注释语句

用单引号"'"，格式为：'注释语句

注释可以添加到程序模块的任何位置，并且默认以绿色文本显示。还可以利用"编辑"工具栏中的"设置注释块"按钮和"解除注释块"按钮，对大块代码进行注释或解除注释。

（3）采用缩进格式书写程序。

采取正确的缩进格式以显示出流程中的结构，也可以利用模块编辑窗口中"编辑"菜单

下的"缩进"或"凸出"命令进行设置,如图 8.153 所示。

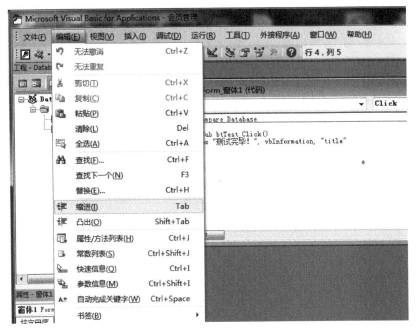

图 8.153　缩进格式操作

8.4　讨论题

1. 试对比分析数据处理技术发展三个阶段的示意图,说明三个阶段对数据管理的区别及应用程序跟数据的关系。

2. 试分析 Access 2010 数据库的主要对象,讨论数据表和查询两对象与其他对象的相互关系与作用差异。

3. 试分析 Access 的建表方法和建表要素,学习数据表的三种视图模式。

4. 试分析 Access 的主要数据类型及其使用。

5. 试了解和掌握输入掩码、默认值及有效性规则等约束机制。

6. 了解计算字段和附件字段的使用,掌握数据项的下拉列表选择设计技术。

7. 了解 Access 的主要外部数据(txt,xls)导入导出操作,理解导入和链接的概念。

8. 试分析查询的类型,掌握主要几种查询的设计。

9. 试学习和了解窗体和报表的作用和简单设计。

10. 试学习和了解宏和模块的作用和简单设计应用。

第9单元

多媒体技术

　　多媒体是一种在 20 世纪 90 年代崛起的全新的计算机技术,它可以在计算机上对文本、图形、动画、光存储、图像、声音等媒介进行综合处理,并能使处理结果实现图、文、声、像并茂,达到生动活泼的新境界。本单元介绍多媒体信息处理技术的基本知识和方法,包括多媒体基本概念及常见媒体类型、多媒体系统组成、数字图像处理基础、声音处理技术基础、视频处理技术基础、动画制作技术基础和虚拟现实技术基础。

9.1　多媒体基本概念及常见媒体类型

　　“多媒体”取自 Multimedia,Multi 意为“多”,Media 即“介质,媒质,媒介”或“媒体”。Multimedia 一词于 1983 年被作为专门术语而正式使用。Media 的含义是信息的载体,信息的存在形式或表现形式,也就是人们为表达思想或感情所使用的手段、方式或工具,像语言、文字、图像、图形、动画和视频等都属于多媒体范畴。事实上,媒体一词意指存储信息的实体,如报纸、书刊、磁带、磁盘、录音带、录像带等。而 Multimedia 其本意是各种信息形式,各种表达方式。多媒体指可以存储、处理和传递各种信息的实体,被衍生理解为能够处理和提供声、图、文等多媒介信息的计算机技术和计算机系统。

　　多媒体技术的特点,决定了可以有一个非常直观的、鼠标驱动的、基于图形外加下拉式的用户窗口,而且当在计算机的交互性能中加进具有照片质量的图像、动画、优质声音时,能使计算机的性能更强、更易使用。

9.1.1　常见媒体类型

1. 文本

　　现实世界中,文字是人们通信的主要方式。在计算机中,文字是人与计算机之间信息交换的主要媒体。文字用二进制编码表示,也就是使用不同的二进制编码来代表不同的文字。在计算机发展的早期,比较流行的终端一般为文字终端,在屏幕上显示的都是文字信息。由于人们在现实生活中常常用语言、图形进行交流,因此出现了图形、图像、声音等媒体,这样也就相应地出现了多种终端设备。

文本是各种文字的集合。它是用得最多的一种符号媒体形式，是人和计算机交互作用的主要形式。文本是计算机文字处理程序的基础，也是多媒体应用程序的基础。

文本数据可以在文本编辑软件里制作，如 Word 编写的文本文件大都可以直接应用到多媒体应用系统中。但多媒体文本大多直接在制作图形的软件或多媒体编辑软件时一起制作。

相对于图像而言，文本媒体的数据量要小得多。它不像图像记录特定区域中的所有的一切，只是按需要抽象出事物中最本质的特征加以表示。

2. 音频

音频泛指声音，除语音、音乐外，还包括各种音响效果。将音频信号集成到多媒体中，可提供其他任何媒体不能取代的效果，从而烘托气氛、增加活力。

音频通常被作为"音频信号"或"声音"的同义语，如波形声音、语音和音乐等，它们都属于听觉媒体，其频率范围大约为 20Hz～20kHz。

波形声音包含了所有的声音形式。任何声音信号，包括麦克风、磁带录音、无线电和电视广播、光盘等各种声源所产生的声音，都要首先对其进行模数转换，然后再恢复出来。

人的声音不仅是一种波形，而且还有内在的语言、语音学的内涵，可以利用特殊的方法进行抽取，通常语音也作为一种媒体。

音乐是符号化了的声音。这种符号就是乐曲，乐谱是转化为符号媒体的声音。MIDI 是十分规范的一种形式。

声音数据具有很强的前后相关性，数据量大，实时性强。声音有两种类型：一类是直接获取的声音，一类是合成声音。合成声音可以是音乐或语音。主要音频文件类型如图 9.1 所示。

图 9.1　主要音频文件类型

3. 图形、图像

一般地说，凡是能被人类视觉系统所感知的信息形式或人们心目中的有形想象都称为图像。事实上，无论是图形，还是文字、视频等，最终都以图像的形式出现，但是由于在计算机中对它们分别有不同的表示、处理及显示方法，一般把它们看成不同的媒体形式。

图形文件基本上可以分为两大类：位图和向量图。

位图图像是一种最基本的形式。位图是在空间和亮度上已经离散化的图像，可以把一幅位图图像看成一个矩阵，矩阵中的任一元素对应于图像的一个点，而相应的值对应于该点的灰度等级。

图形是指从点、线、面到三维空间的黑白或彩色几何图形，也称向量图。图形是一种抽象化的图像，是对图像依据某个标准进行分析而产生的结果。

向量图形文件则用向量代表图中的文件，以直线为例，在向量图中，有一数据说明该元件为直线，另外有些数据注明该直线的起始坐标及其方向、长度或终止坐标。

图形文件保存的不是像素点的值，而是一组描述点、线、面等几何图形的大小、形状、位置、维数等其他属性的指令集合，通过读取指令可以将其转换为屏幕上显示的图像。由于大多数情况下不需要对图形上的每一个点进行量化保存,因此,图形文件比图像文件数据量小很多。图形与图像是两个不同的概念,如图9.2和图9.3所示。

图9.2　图形

图9.3　图像

4. 动画

图像或图形都是静止的。由于人眼的视觉暂留作用,在亮度信号消失后亮度感觉仍可保持1/20s～1/10s。利用人眼的视觉惰性,在时间轴上,每隔一段时间在屏幕上展现一幅有上下关联的图像、图形,就形成了动态图像。任何动态图像都是由多幅连续的图像序列构成的,序列中的每幅图像称为一帧,如果每一帧图像是由人工或计算机生成的图形时,称为动画;若每帧图像为计算机产生的具有真实感的图像时,称为三维真实感动画;当图像是实时获取的自然景物图像时就称为动态影像视频,简称视频。

用计算机制作动画的方法有两种:一种称为造型动画,另一种称为帧动画。帧动画由一幅幅连续的画面组成图像或图形序列,是产生各种动画的基本方法。造型动画则是对每一个活动的对象分别进行设计,赋予每个对象一些特征(如形状、大小、颜色等),然后用这些对象组成完整的画面。造型动画每帧由图形、声音、文字、调色板等造型元素组成,用制作表组成的脚本来控制动画每一帧中活动对象表演和行为。动画样式如图9.4所示。

图9.4　动画样式

5. 视频

视频是动态图像的一种,与动画一样,由连续的画面组成,只是画面图像是自然景物的图像。视频一词源于电视技术,但电视视频是模拟信号,而计算机视频则是数字信号。

计算机视频图像可来自录像带、摄像机等视频信号源,这些视频图像使多媒体应用系统功能更强、更精彩。但由于视频信号的输出一般是标准的彩色全电视信号,因此,在将其输入到计算机之前,先要进行数字化处理,即在规定时间内完成取样、量化、压缩和存储等多项工作。视频截图如图9.5所示。

6. 3D 模型

3D 模型就是三维的、立体的模型，D 是英文 Dimensions 的缩写。图像、视频等传统媒体形式一直以来都是 2D 模式的，但是随着 3D 技术的不断进步，在未来，将会有越来越多的互联网应用以 3D 的方式呈现给用户，包括网络视讯、电子阅读、网络游戏、虚拟社区、电子商务、远程教育等。甚至对于旅游业，3D 互联网也能够起到推动的作用，一些世界名胜、雕塑、古董将在互联网上以 3D 的形式来让用户体验，这种体验的真实震撼程度要远超现在的 2D 环境下的模型。

3D 模型的构建主要有三种：人工软件构建 3D 模型、三维扫描仪构建 3D 模型和基于图像构建 3D 模型。3D 模型如图 9.6 所示。

图 9.5　视频截图

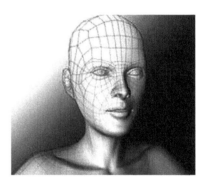

图 9.6　3D 模型

9.1.2　常见媒体信息文件格式

1. 文本文件格式

常用的文本文件的格式有 TXT、RTF 以及 Word 格式的 DOC、DOCX、DOT 文件。这些都是大家比较熟悉的文件格式。

2. 声音文件格式

常用的声音文件格式有 WAV、MIDI 和 MP3 等。

1）WAV 文件

Windows 使用的标准数字音频称为波形文件，文件的扩展名为 WAV，记录了对实际声音进行采样的数据。在适当的硬件及计算机控制下，使用波形文件能够重现各种声音，无论是不规则的噪声还是 CD 音质的音乐，无论是单声道还是立体声。

波形文件的缺点是文件太大，不适合长时间记录。如果应用系统使用 CD 音质的波形文件配音，声音内容应尽可能简洁。

通过 Windows 的对象连接与嵌入技术，波形文件可以嵌在其他 Windows 应用系统中使用。由于波形文件记录的是数字化音频信号，因此，可由计算机对其进行处理和分析，如放慢或加快放音速度，将声音重新组合或抽取一些片段单独处理等。Windows 中的录音机就是一个方便的工具。

WAV 文件还原成的声音的音质取决于声卡采样样本的尺寸。一般来说，采样的样本

尺寸越大,采样频率越高,音质就越好,但波形音频文件也就越大,开销就越大。因此,波形音频一般适用于以下几个场合:

(1) 播放的声音是讲话语音,音乐效果对声音的质量要求不太高的场合。

(2) 需要从 CD-ROM 驱动器同时加载声音和其他数据,声音数据的传输不能独占处理时间的场合。

(3) 需要在 PC 硬盘中存储的声音数据在 1min 以下以及可用存储空间足够的场合。

2) MIDI 文件

MIDI 是音乐与计算机相结合的产物。MIDI(Musical Instrument Digital Interface)是指乐器数字化接口,MIDI 文件的扩展名是. mid。MIDI 是一种技术规范,它定义了一种把乐器设备连接到计算机所需的电缆端口的标准以及控制 PC 和 MIDI 设备之间信息交换的规则。MIDI 标准是数字式音乐的国际标准。把一个 MIDI 设备连接到 PC 的主要目的是记录 MIDI 乐器产生的声音;然后对记录的音乐进行编辑和后期处理,把它们与其他乐器的录音进行组合,以产生出类似管弦乐队演奏效果的音乐。

MIDI 音频是多媒体计算机产生声音的另一种方法,可以满足长时间音乐的需要。

3) MP3 文件

随着因特网的普及,MP3 格式的音乐越来越受到人们的欢迎。MP3 文件是一种压缩格式的声音文件,其扩展名为 MP3。MP3 文件的特点是音质好、数据量小。

MP3 是一种数据音频压缩标准,全称为 MPEG Layer 3,是 VCD 影像压缩标准 MPEG 的一个组成部分。用该标准制作、储存的音乐称为 MP3 音乐。MP3 可以将高保真的 CD 声音以 12 倍的比率压缩,并可保持 CD 出众的音质。MP3 已经成为传播音乐的一种重要形式。

MP3 文件是压缩文件,因此需要相应的 MP3 播放软件将 MP3 文件还原。这些播放软件可以从因特网上直接下载。例如,WinAmp 可以到 http://www.winamp.com 上下载。

3. 图形、图像文件格式

为了适应不同应用的需要,图像可以以多种格式进行存储。例如,Windows 中的图像以 BMP 或 DIB 格式存储。另外还有很多图像文件格式,如 PCX、PIC、GIF、TGA 和 JPG 等等。不同格式的图像可以通过工具软件来转换。

常见的图形文件的格式有 GIF、BMP、JPG、TGA、TIF、PCX 等。

1) GIF 文件

GIF 文件格式是由 Compu-Serve 公司在 1987 年 6 月为制定彩色图像传输协议而开发的。GIF 是一种压缩图像存储格式,压缩比高,文件长度小。GIF 格式是图形交换文件格式,支持黑白、16 色和 256 色的彩色图像。

GIF 提供足够的信息并很好地组织这些信息,使得许多不同的输入、输出设备能够方便地交换图像,主要用于在不同平台上进行图像交流和传输。它同时支持静态、动态两种形式,在网页制作中受到普遍欢迎。

2) BMP 文件

BMP 是一种与设备无关的图形文件格式,它是 Windows 软件推荐使用的一种格式,随着 Windows 的普及,BMP 的应用越来越广泛。

BMP 是标准 Windows 和 OS/2 的图形图像的基本位图格式,Windows 软件的图像资源多数是以 BMP 或与其等价的 DIB 格式存储的。多数图形图像软件，特别是在 Windows 环境下运行的软件，都支持这种文件格式。BMP 文件有压缩和非压缩之分，一般作为图像资源使用的 BMP 文件都是非压缩的。BMP 文件格式支持黑白、16 色和 256 色的伪彩色图像以及 RGB 真彩色图像。

Windows 的应用程序"图画"就是以 BMP 格式存取图形文件。

3）JPG 文件

JPG 文件原来是在 Apple Mac 机器上使用的一种图像格式，使用 JPG 方法进行图像数据压缩，近年来 PC 上十分流行。这种格式的最大特点是文件非常小，而且可以调整压缩比，非常适合要处理大量图像的场合。它是一种有损压缩的静态图像文件存储格式，支持灰度图像、RGB 真彩色图像和 CMYK 真彩色图像。JPG 文件显示比较慢，仔细观察图像的边缘可以看到不太明显的失真。

4）TGA 文件

TGA 图形文件格式是 Truevision 公司为支持 Targe 和 Visa 图像捕获卡而设计的文件格式，Targe 和 Visa 图像捕获卡在 PC 上得到广泛的应用，因此，TGA 图形文件格式的应用也越来越广泛。TGA 图形文件格式结构比较简单，它由描述图形属性的文件头以及描述各点像素值的文件体组成。许多在全色彩的色彩类型下工作的专业图形处理系统常常采用此种格式。

5）TIF 文件

TIF 格式由 Aldus 和 Microsoft 合作开发，最初用于扫描仪和桌面出版业，是工业标准格式，支持所有图像类型。TIF 格式的文件分成压缩和非压缩两大类。TIF 格式文件的压缩方法有好几种，而且是可以扩充的，因此要正确读出每一个压缩格式的 TIF 文件是非常困难的。由于非压缩的 TIF 文件具有良好的兼容性，而压缩存储时又有很大的选择余地，因此这种格式是许多图像应用软件所支持的主要文件格式之一。

6）PCX 文件

PCX 图形文件格式是 ZSoft 公司研制开发的，主要用于商业性 PC Paintbrush 图形软件。PCX 文件可以分成三类：各种单色的 PCX 文件、不超过 16 种颜色的 PCX 文件和具有 256 色与 16 色的不支持真彩色的图形文件。PCX 文件通常采用压缩编码，读写 PCX 时需要一段编码和解码程序。

PCX 是微机上使用最广泛的图像文件格式之一，绝大多数图像编辑软件，如 Photo Styler，CorelDRAW 等均能处理这种格式。另外，由各种扫描仪扫描得到的图像几乎都能存成 PCX 格式的文件。PCX 文件格式简单，压缩比适中，适合于一般软件的使用，压缩和解压缩的速度都比较快，支持黑白图像、16 色和 256 色的伪彩色图像、灰度图像以及 RGB 真彩色图像。

7）PCD 文件

PCD 文件格式是 Kodak 公司开发的电子照片文件存储格式，是 Photo-CD 的专用存储格式，一般都存在 CD-ROM 上，读取 PCD 文件要用 Kodak 公司的专门软件。PCD 文件中含有从专业摄影照片到普通显示用的多种分辨率的图像，所以都非常大。由于 Photo-CD 的应用非常广泛，现在许多图像处理软件都可以将 PCD 文件转换成其他标准图像文件。

除了上述几种常用的图像文件格式外，其他格式还有 CorelDRAW 默认图像文件格式

（CDR）、Photoshop 默认图像文件格式（PSD）、CAD 中使用的绘图文件格式（DXF）、Kodak 数码相机支持的文件格式（FPX）、Windows 的图元文件格式（WMF）等。

4. 影像文件格式

影像文件通常泛指自扫描仪或视频卡读入的静态画面（影像）。因为这种影像不容易像圆、直线、方形、曲线等图形元件那样清楚地被定义，所以都是以点阵的方式存入文件。换句话说，可以将影像文件视为位图图形文件。

电视、录像片等大家日常使用的视频图像都是采用模拟信号对图像还原的，都属于模拟视频图像。模拟视频图像往往采用不可逆或数字化的介质作为记录材料。录像带是大家非常熟悉的，它所记录的内容是典型的模拟视频图像。模拟视频图像具有成本低、还原度好的优点，因此，在电视上看到的风景，往往有身临其境的感觉。模拟视频图像的最大缺点是不论记录的图像多么清晰，经过长时间的存放后，视频质量将大幅降低，或者经过多次复制后，图像失真就会很明显。PC 只能处理数字信息，对视频图像也不例外。模拟视频信号输入计算机后需要经过模数转换。在 PC 上存储视频图像的优点是视频图像的可逆转性，使用视频编辑软件可以逐帧编辑或将图像播放方向逆转，制造出特殊的效果。此外，视频图像不会随时间的推移，出现图像衰减或失真的问题。

数字视频图像有两层技术含义：一是模拟视频信号输入计算机进行数字化视频编辑，最后的成品称为数字化视频图像；二是指视频图像由数字化的摄像机拍摄下来，从信号源开始，就是无失真的数字化视频。输入计算机时不再考虑视频质量的衰减问题，然后通过软件编辑制成成品。这是第二层含义的数字化视频，也是更纯粹的数字视频技术。一般我们所指的数字化视频技术主要还是前一种数字视频技术，即模拟视频的数字化处理存储输出技术。

目前，在动态图像的文件格式中，常用的有 AVI 、MOV、MPG、DAT、DIR 和 MP4 文件等。

1）AVI

Video for Windows 所使用的文件称为音频-视频交错文件（Audio-Video Interleaved），文件扩展名为.avi。AVI 格式的文件将视频信号和音频信号混合交错地存储在一起，是一种不需要专门硬件参与就可以实现大量视频压缩的视频文件格式，在各种多媒体演示系统中被广泛应用。

AVI 文件在小窗口范围内演示时（一般不大于 320×240 分辨率），其效果是令人满意的。因此，大多数的 CD-ROM 多媒体光盘系统都选用 AVI 作为视频存储格式。Intel 公司为 AVI 的 Indeo 标准提供更高的视频指标。这样，AVI 的视频质量大幅度提高。作为当前 PC 桌面视频标准的 AVI 格式将和 MPEG 标准进行激烈的竞争，而 AVI 和 MPEG 两种标准在竞争中不断发展，在很长一段时间里并存下来。

AVI 文件采用了 Intel 公司的 Indeo 视频有损压缩技术将视频信息与音频信息交错地存储在同一文件中，较好地解决了音频信息与视频信息同步的问题。在计算机系统未加硬件的情况下，一般可实现每秒播放 15 帧，同时具有从硬盘或光盘播放，在内存容量有限的计算机上播放；加载和播放以及高压缩比、高视频序列质量等特点。AVI 实际上包括两个工具，一个是视频捕获工具，另一个是视频编辑、播放工具。

AVI 文件使用的压缩方法有好几种，主要使用有损压缩，压缩比高。

2）MOV 文件

MOV 文件格式是 Quick for Windows 视频处理软件所选用的视频文件格式。与 AVI 文件格式相同，MOV 文件也采用 Intel 公司的 Indeo 视频有损压缩技术以及视频信息与音频信息混排技术，一般认为，MOV 文件的图像质量比 AVI 格式好。它是 Macintosh 计算机用的视频文件格式。

3）MPG 文件

PC 上的全屏幕活动视频的标准文件为 MPG 格式文件，也称系统文件或隔行数据流。MPG 文件是使用 MPEG 方法进行压缩的全运动视频图像，在适当的条件下，可在 1024×768 的分辨率下以每秒 24、25 或 30 帧的速率播放有 128 000 种颜色的全运动视频图像和同步 CD 音质的伴音。CorelDRAW 等大型图像软件支持 MPG 格式的视频文件。目前许多视频处理软件都支持该格式的视频文件。

4）DAT 文件

DAT 是 Video CD 或 Karaoke CD（卡拉 OK）数据文件的扩展名，也是基于 MPEG 压缩方法的一种文件格式。当计算机配备视霸卡或软解压程序后，可以利用计算机对该格式的文件进行播放。

5）DIR 文件

DIR 是 Macromedia 公司使用的 Director 多媒体著作工具产生的电影文件格式。

6）MP4 文件

MP4，全称 MPEG-4 Part 14，是一种使用 MPEG-4 的多媒体计算机档案格式，扩展名为.mp4，以储存数码音频及数码视频信息为主。另外，MP4 又可理解为 MP4 播放器，MP4 播放器是一种集音频、视频、图片浏览、电子书、收音机等于一体的多功能播放器。

5. 动画文件格式

多媒体应用中使用的动画文件主要有 GIF、SWF、AVI 等。

1）GIF 文件

GIF 文件可保存单帧或多帧图像，支持循环播放。GIF 文件小，是网络唯一支持的动画图形格式，在因特网上非常流行。GIF 与 JPG 的区别在于它支持透明格式，虽然图像压缩比不及 JPG 文件，但是具有更快的传送速度。

2）SWF 文件

SWF 文件是 Macromedia 公司的 Flash 动画文件格式，需要用专门的播放器才能播放，所占内存空间小，在网页上使用广泛。

3）AVI 文件

AVI（Audio Video Inter leaved，音频视频交错）是 Microsoft 公司开发的一种符合 RIFF 文件规范的数字音频与视频文件格式，原先用于 Microsoft Video For Windows（VFW）环境，现在已被 Windows 等多数操作系统直接支持。

6. 3D 模型文件格式

3D 模型的文件格式主要有 OBJ、3DS、FBX 和 X 等。

1）OBJ 文件

OBJ 文件是 Alias|Wavefront 公司为它的一套基于工作站的 3D 建模和动画软件

Advanced Visualizer 开发的一种标准 3D 模型文件格式,很适合用于 3D 软件模型之间的互导,也可以通过 Maya 读写。例如在 3ds Max 或 LightWave 中建了一个模型,想把它调到 Maya 里面渲染或动画,导出 OBJ 文件就是一种很好的选择。目前几乎所有知名的 3D 软件都支持 OBJ 文件的读写,不过其中很多需要通过插件才能实现。

OBJ 文件是一种文本文件,可以直接用写字板打开进行查看和编辑修改。

2）3DS 文件

3DS 文件是著名的动画制作软件 3D Studio Max(以下简称 3ds Max)产生的文件,其他的软件是无法打开的,需要注意的是低版本的 3ds Max 也打不开高版本 3d Max 的所生成的文件。

3）FBX 文件

FBX 文件是 Autodesk 公司出品的一款用于跨平台的免费三维创作与交换格式的软件,通过 FBX 用户能访问大多数三维供应商的三维文件。FBX 文件格式支持所有主要的三维数据元素以及二维、音频和视频媒体元素。FBX 文件可用在 3ds Max、Maya、Softimage 等软件间进行模型、材质、动作和摄影机信息的互导。

4）X 文件

X 文件是微软为 DX 开发提供的一种 3D 文件,包括顶点/纹理、动作。X 文件和其他的 3D 文件包含的内容是一样。只是存储的格式不一样。

9.2 多媒体系统组成

9.2.1 多媒体计算机系统

多媒体计算机系统是对基本计算机系统的软、硬件功能的扩展,作为一个完整的多媒体计算机系统,它应该包括五个层次的结构,如图 9.7 所示。

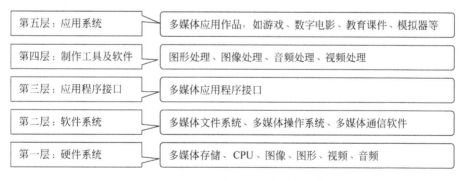

第五层:应用系统	多媒体应用作品,如游戏、数字电影、教育课件、模拟器等
第四层:制作工具及软件	图形处理、图像处理、音频处理、视频处理
第三层:应用程序接口	多媒体应用程序接口
第二层:软件系统	多媒体文件系统、多媒体操作系统、多媒体通信软件
第一层:硬件系统	多媒体存储、CPU、图像、图形、视频、音频

图 9.7 多媒体计算机系统层次结构

第一层为多媒体计算机硬件系统。其主要任务是能够实时地综合处理文、图、声、像信息,实现全动态视像和立体声的处理,同时还需对多媒体信息进行实时的压缩与解压缩。

第二层是多媒体的软件系统。它主要包括多媒体操作系统、多媒体通信软件等部分。操作系统具有实时任务调度、多媒体数据转换和同步控制、多媒体设备的驱动和控制以及图形用户界面管理等功能。为支持计算机对文字、音频、视频等多媒体信息的处理,解决多媒体信息的时间同步问题，提供了多任务的环境。目前在微机上，操作系统主要是 Windows 视窗系统和用于苹果机（Apple）的 Mac OS。多媒体通信软件主要支持网络环境下的多媒体信息的传输、交互与控制。

第三层为多媒体应用程序接口（API）。这一层是为上一层提供软件接口，以便程序员在高层通过软件调用系统功能，并能在应用程序中控制多媒体硬件设备。为了能够让程序员方便地开发多媒体应用系统，Microsoft 公司推出了 DirectX 设计程序，提供了让程序员直接使用操作系统的多媒体程序库的界面，使 Windows 变为一个集声音、视频、图形和游戏于一体的增强平台。

第四层为多媒体著作工具及软件。它是在多媒体操作系统的支持下，利用图形和图像编辑软件、视频处理软件、音频处理软件等来编辑与制作多媒体节目素材，并在多媒体著作工具软件中集成。多媒体著作工具的设计目标是缩短多媒体应用软件的制作开发周期，降低对制作人员技术方面的要求。

第五层是多媒体应用系统。这一层直接面向用户，是为满足用户的各种需求服务的。应用系统要求有较强的多媒体交互功能，良好的人机界面。

多媒体计算机系统硬件体系如图 9.8 所示。

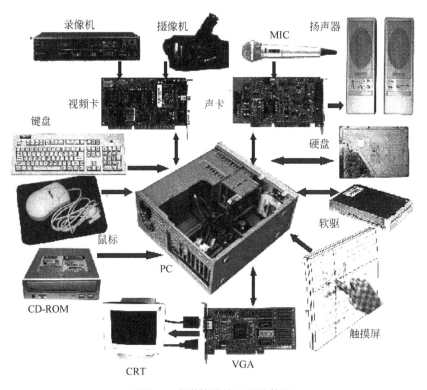

图 9.8　多媒体计算机硬件体系

9.2.2　多媒体计算机性能的发展

随着计算机性能的不断提高，对多媒体计算机性能的要求及标准发生了很大的变化，这种变化可以形容,那就是"更快、更高、更强"。特别是媒体处理器的出现和网络技术的迅速发展,使多媒体计算机不仅成为娱乐中心,也有成为信息处理和通信中心的趋势。计算机芯片技术、网络通信技术、存储压缩技术的发展,大大推动了多媒体技术的发展,同时也加速了自身的发展。

当前飞速发展的高性能视频、三维图形、动画、音频、通信以及虚拟现实技术等对计算机提出了更高的要求。而由专用处理器构成的各种适配卡,如音频卡、视频卡、3D图形加速卡等产品层出不穷,大大降低了CPU的负担。目前多媒体计算机在系统结构上发生了一些变化。在有些新的多媒体系统中,将包括声音、视频、SCSI等常用的外围接口都将集成到母板上,成为集多媒体功能于一体的"一体机",而只留少量的插槽供扩展用。

从整个硬件技术的发展过程来看,第一步总是先有板级产品,通过系统总线与主机交换数据;第二步是设计专用芯片,移植到主板上;第三步是将CPU芯片外的功能集成到CPU芯片内,这个发展过程被描述为系统级(On System)、主板级(On Board)和芯片级(On Chip)的集成,这三种级别的系统集成度越来越高,速度也越来越快。因此,将多媒体功能集成到芯片中、设计到主板上是新一代多计算机系统的发展趋势。

从系统功能上看,声音从FM合成、波表合成发展到波导合成、杜比AC-3(杜比AC-3是配合DVD播放、多声道的立体声规范)。三维图形将成为系统的标准配置。在动态影像方面,除MPEG-1解码之外,MPEG-2解码已在DVD系统中得到应用。在图像处理方面,视频捕捉、压缩、存储、回放将成为普通功能。

构造多媒体系统的另一种方法是为特定的任务处理而设计的专用多媒体芯片。在最新的一代专用芯片中,使用了超大规模集成电路,把通用的和专门处理多媒体的功能均嵌入到专用芯片中。该类型多媒体芯片类似于用来加速数学运算的专门数据协处理器,或用来提高显示分辨率和显示颜色数目的图形协处理器。

将来的计算机及其多媒体技术将向着3C方向发展。其具体的产品是计算机、通信和消费产品三者的结合,因这三者英文的开头字母都是C,所以又称3C产品。

9.2.3 多媒体计算机主要部件介绍

多媒体计算机首先是一台计算机,具有CPU、内存、硬盘、光驱、主板、电源等部件,这些部件在第2章已有详细介绍,本节重点介绍与多媒体显示和处理相关的主要计算机外设部件。

1. 显示系统

显示系统是多媒体计算机的重要组成部分,也是最基本的设备,主要包括显示适配器和显示器两部分。它们是计算机的信息窗口,大部分信息都通过这个窗口提供给使用者。显示适配器与显示器的性能好坏、质量优劣,会影响对信息的理解和把握,从而影响操作的准确性,这一点在图像处理和动画制作时显得格外突出。

另外,显示适配器与显示器之间也存在互相影响、相互作用的现象。质量上乘的显示器,若与廉价低档的显示适配器配套使用,非但体现不出卓越的品质,反而还不如低档显示器的效果,反之亦然。因此,在考虑显示适配器与显示器各自性能的基础上,还要考虑它们之间是否可配套使用的问题。

1）显示适配器

显示适配器简称显卡，其外观如图 2.12 所示。显卡插在主机板的扩展插槽上，其输出通过电缆与显示器相连。不过，目前也有把显卡集成在主机板上的"二合一"产品，目的是为了进一步降低成本。

与集成在主机板上的显卡相比，独立的显卡性能优越、工作稳定，尽管价格相对贵一些，但大部分人还是选用独立的显卡。本节将着重介绍独立显卡的有关内容。

（1）显卡的组成。

显卡的外观如图 9.9 所示，由以下四部分组成。

① ROM BIOS：固化在存储器芯片中的只读驱动程序，显卡的特征参数、基本操作等保存在其中。

② RAM：显示缓冲存储器，其容量大小决定了显示颜色数量的多少和分辨率的高低。

③ 控制电路：控制显示的状态，进行显示指令的处理等。

④ 信号输出端子：将显示信息和控制信号送至显示器。

图 9.9　显卡的外观

（2）显卡的模式。

显卡按照图形显示模式可分为三种：VL 模式、PCI 模式和 AGP 模式。其中，VL 模式和 PCI 模式的图形显示速度比早期的显卡快得多，而 AGP 模式的图形显示速度则更快。

一般的 AGP 显卡均带有图形加速器，可对图形显示进行优化计算，这也是 AGP 显卡图形显示速度快的原因之一。

（3）显卡的种类。

显卡通常按照功能进行分类，主要有以下若干类：

① 一般显卡：完成显示基本功能，显示性能的优劣主要由品牌、工艺质量、缓冲存储器容量等因素确定。

② 图形加速卡：目前以 AGP 显卡为主，带有图形加速器。该卡在显示复杂图像三维图像时速度较快。

③ 3D 图形卡：专为带有 3D 图形的高档游戏开发的显卡，三维坐标变换速度快，图形动态显示反应灵敏、清晰。

④ 显示/TV 集成卡：在显卡上集成了高频头和视频处理电路，使用该显卡既可显示正常多媒体信息，又可收看电视节目。

⑤ 显示/视频输出集成卡：在显卡上集成了视频输出电路，在把信号送至显示器显示正常信号的同时，还把信号转换成视频信号，送到视频输出端子，供电视机或录像机接收、录制和播放。

2）显示器

显示器在计算机设备中体积最大，主要用于显示计算机主机送出的各种信息。

（1）显示器的种类。

按照结构原理分，主要有两种显示器：传统的 CRT（阴极射线管）显示器和 LCD（液晶）显示器。

　　CRT 显示器采用的阴极射线管就是人们常说的"显像管"，该类显示器的体积较大，品种繁多，是人们最常见的显示器，其外观（如图 9.10 所示）。CRT 显示器经历了球面、柱面、平面直角、纯平几个发展阶段，在色彩还原、亮度调节、控制方式、扫描速度、清晰度及外观等方面更趋完善和成熟。

　　目前的纯平显示器又分物理纯平和视觉纯平两种。所谓物理纯平，是指显像管内外部达到真正的完全平面，视角达 180°，使用者不用转动头部，用眼睛余光就可看到整个屏幕。但是，由于显像管玻璃有一定厚度，光线出来时发生折射，因此产生影像"内凹"的感觉，这是物理纯平显示器的一个明显的视觉特点。

　　CRT 显示器如图 9.10 所示。

　　所谓视觉纯平，顾名思义，使影像看上去是"平"的。该类显示器利用了新的设计理念，把显像管的内壁设计成曲面，外壁仍为平面，以此补偿光线折射效应，使影像的内凹感消失。另外，采用先进的电子枪和聚焦技术，使屏幕的边缘的聚焦得到改善。

　　LCD 显示器以液晶作为显示元件，可视面积大，外壳薄，如图 9.11 所示。目前的液晶显示器一般采用 TN 技术，与 CRT 显示器相比，亮度稍弱，色彩稍差，视角窄。

　　近来，日本、韩国及中国台湾地区采用 TFT（非晶硅薄膜晶体管）作为 LCD 显示元件，便显示亮度、色彩和视角有了长足的进步，最大显示面积达到 730mm×920mm。

图 9.10　CRT 显示器　　　　　　　图 9.11　LCD 显示器

　　此外，日本还发展低温多晶硅技术，使显示器的色彩更加艳丽、辐射减少，并且降低了产品价格。按照屏幕尺寸划分，显示器有 15in（1in＝0.0254m）、17in、19in 和 21in 等几种规格。显示器的屏幕尺寸与可视面积不一定相等，相同屏幕尺寸的显示器，由于采用不同品牌、不同工艺的显像管，其可视面积也有一定的差别。

　　根据使用场合和使用者的不同情况，显示器可分为时尚型、专业型和经济型。

　　时尚型显示器注重外观，该类显示器的特点是外观漂亮、色彩应用大胆、追求时尚，在技术上没有什么特别之处。

　　专业型显示器注重显示质量和功能，面向平面制作和多媒体制作的专业人士。该类显示器的外观设计通常比较保守，而在显示色彩和清晰度方面都是佼佼者，显示器状态的调节手段非常丰富，几乎可以调整显示器的每一个细节。与其他显示器相比，价格稍贵一些。

　　经济型显示器注重寻求基本功能和经济性的平衡点，面向一般使用者。这类显示器色彩鲜艳、功耗小、价格便宜，适于办公自动化、文字处理和家庭使用。

（2）显示器的性能指标。

显示器的标准是决定显示器质量优劣的重要条件，但显示器的标准还受显示适配器的制约。只有配备性能优良的显示适配器，显示器才能达到理想的性能指标。

① 屏幕尺寸：显示器的屏幕尺寸分为三种，即显像管尺寸（Tube Size）、可视尺寸（Viewable Size）和光栅尺寸（Raster Size）。其中，显像管尺寸是指显像管正面对角线的长度，一般以英寸为单位；可视尺寸指的是显示器可显示区域对角线的长度，该尺寸小于显像管尺寸，一般以毫米为单位；光栅尺寸是指显像管最大扫描区域的尺寸，用横向数值和纵向数值分别表示区域的大小。

② 点距：显示器上最小的发光单位是像素点，像素点是电子束穿过荧光屏内侧钢板上的阴罩孔激发荧光物质而形成的，同色像点之间的距离称为点距，单位为毫米。

显示器的发展与点距逐步缩小说明了技术的更新和进步，从点距的数值即可看出显示器的发展历程。早期显示器的点距为 0.39mm，后来 0.31mm 点距的显示器问世。20 世纪 90 年代中期，显示器的点距缩小到 0.28mm。20 世纪 90 年代末，0.25mm 点距的显示器占领市场。今天，大多数优质显示器的点距为 0.24mm。

点距是衡量显示器质量好坏的重要指标之一，其数值越小，清晰度越高，显示器质量越好，但技术难度也越大。

③ 扫描频率：显示器的显示器件是显像管，显像管在工作时，电子束按顺序高速扫描整个屏幕，使人们看到近似连续的显示信息。就理论而言，扫描频率越高，显示质量越好，图像越稳定。

扫描频率有水平扫描频率（Horizontal Refresh Rate）和垂直扫描频率（Vertical Refresh Rate）之分。水平扫描频率是指电子束每秒在荧光屏上扫过的水平线的数量，其值等于"场频×垂直分辨率×1.04"，单位为千赫兹（kHz）。水平扫描频率是一个综合分辨率和场频的参数，该值越大，显示器可以提供的分辨率越高，稳定性越好。以 800 * 600 的分辨率、85Hz 的场频为例，显示器的水平扫描频率至少应为 51kHz（600×85＝51 000）。垂直扫描频率是指整个屏幕重写的频率，单位为赫兹（Hz）。如果垂直扫描频率过低，显示器会产生闪烁，人眼很容易疲劳。垂直扫描频率受显示分辨率制约，同一台显示器，显示分辨率越高，则垂直扫描频率越低。因此，只有高档显示器能在高显示分辨率下依然保持很高的垂直扫描频率。目前，好一些的显示器，其垂直扫描频率在 77.5Hz（分辨率为 1600×1200 像素）～118.4Hz（分辨率为 1024×768 像素）。

④ 显示分辨率：显示器的显示分辨率是一组标称值，以像素点（pixel）为基本单位。表示方法是 320×200、640×480，前面是屏幕横向像素点的总数，后面是屏幕纵向像素点的总数。显示分辨率的部分标称值为：320×200、640×480、800×600、1024×768、1152×864、1280×1024、1600×1200。显示分辨率与显示适配器上缓冲存储器的容量有关，容量越大，显示分辨率越高。如果显示器已经具备了高分辨率显示能力，其最大分辨率完全取决于显示适配器的缓冲存储器容量。例如，一台最大显示分辨率为 1600×1200 的高档显示器，配备的显示适配器的缓冲存储器容量仅有 2MB，那么该显示器能够显示的最大分辨率只有 800×600（真彩色模式）。

⑤ 颜色数量：指显示器同屏显示的颜色数量，它主要由显示适配器决定。当显示适配器上的缓冲存储器容量足够大时，显示器同屏显示的颜色数量也足够多。另外，颜色数量的多少与显示分辨率有关。在显示适配器上的缓冲存储器容量固定不变的前提下，显示分辨

率越高,颜色数量越少。

2. 音频设备

1)音频卡

音频卡又称声卡、声音适配器,主要用于处理声音,是多媒体计算机的基本配置。现在,很多机器在主板上集成了音效片,取代了音频卡的功能,有效地提高了整机的性价比。

(1)音频卡的功能。

音频卡即声卡,如图9.12所示。计算机通过它处理音频信号。音频卡的关键技术包括数字音频、音乐合成和MIDI。其主要功能有四种。

① 数字音频的播放。

音频卡的主要技术指标之一是数字化量化位和立体声声道的多少。音频卡是8位、16位,单声道、立体声声道。可以播放CD-DA唱盘及回放WAVE文件。

② 录制生成WAVE文件。

图9.12 音频卡

音频卡配有话筒输入、线性输入接口。数字音频的音源可以是话筒、录音机和CD唱盘等,可选择数字音频参数,如不同的采样率、量化位和压缩编码算法等。在音频处理软件的控制下,通过音频卡对音源信号进行采样、量化、编码生成WAVE格式的数字音频文件,通过软件还可对WAVE文件进行进一步编辑。

③ MIDI和音乐合成。

通过MIDI接口可获得MIDI消息。多采用FM频率合成的方法实现MIDI乐声的合成以及文本-语音转换(Text to Speech)合成。

④ 多路音源的混合和处理。

借助混音器可以混合和处理不同音源发出的声音信号,混合数字音频和来自MIDI设备、CD音频、线性输入、话筒及扬声器等的各种声音。录音时可选择输入来源或各种音源的混合,控制音源的音量、音调。

2)音频卡的安装和使用

(1)硬件安装与使用。

音频卡通过卡上的许多插口和接口与其他设备相连,如图9.13所示。

① 位于卡内的主要插口和接口有:

• CD-ROM 数据接口:可与 CD-ROM 驱动器的数据接口相连。

图9.13 音频卡上的插口和接口

• CD 音频数据接口:与CD-ROM音频线相连,音频卡接上扬声器后就可播放CD-ROM上的声音数据。

② 位于音频卡后面板上的插口和接口有:

• 线路输入(Line In):可与盒式录音机、唱机等相连进行录音。

• 话筒输入(Mic In):可与话筒相连,进行语音录入。

• 线路输出(Line Out):可跳过音频卡的内置放大器,而连接一个有源扬声器或外接放大器进行音频的输出。

• 扬声器输出(Speaker Out):从音频卡内置功率放大器连接扬声器进行输出,该插口的输出功率一般为 2～4W。

- 游戏棒/MIDI 接口（Joystick/MIDI）：可连接游戏棒或 MIDI 设备，如 MIDI 键盘。

（2）软件安装。

安装音频卡需要安装驱动程序，通常 Windows 的操作系统能够自动识别音频卡，并且预装一部分驱动程序，若系统无法正确实装，可上网寻找厂商提供的驱动程序下载并安装即可。

3）声卡芯片的技术分类

音频 CODEC 一般分为 8 位单声道、8 位立体声、通常的 16 位立体声及多通道 16 位立体声，将来还会有多通道 24 位立体声（DVD 音频标准）。位数越高、采样频率越高，精度就越好。同样是 16 位 CODEC，则由信噪比、动态范围及比较专业的时基抖动等数据来区分其档次。音效芯片能够处理的数据位数自然也得与之相配合。

音效芯片的技术指标如下。

（1）声道数：即单声道、双声道和多声道等。

（2）采用的总线形式：包括 ISA、PCI 总线等。

（3）MIDI 合成方式：包括用几个单音（正弦波）来简单地模拟乐器声音的 FM 合成方式、软件波表合成方式及由具有复杂频谱的接近真实乐器声音的硬件波表合成方式。

（4）立体声（3D）音效：起初是把音频信号加加减减以达到立体声加强和展宽的目的，但效果差，而且会让两个声道的声音串来串去，含糊不清。后来出现 SRS 和 Stabilizer 等模拟方式处理的立体声增强电路，可以输出比较宽大、清晰的音效。而真正的第一代 3D 音效出现时，才利用了多声道（双声道效果差些）系统进行 360° 全方向、有距离的音源定位。

现在的第二代 3D 音效则引入了环境效果，可以有更完整的环绕、包围感觉，甚至会有音源高度的感觉。

声卡系统的硬件实现方法也有很多。首先，CODEC 芯片是必不可少的，因为目前计算机处理的数字信号必须变成模拟信号才能从扬声器中播放出声音来（即使是 USB 音箱，也还是使用了音箱里的 CODEC 芯片）；其次，对于音效芯片，廉价的比较耗费 CPU 的运算能力。

声卡采用专用芯片是较普遍的，这又分为两种：一种是由部分处理程序可升级的芯片（如 BIOS 等），其核心是较有灵活性的 DSP；另一种是全部程序固化，而核心是具有专门目的、专用连线的 DSP，虽不甚灵活，但速度很快。

4）3D 音效的原理

为什么能用几个扬声器（7.1 声道、5.1 声道、4.1 声道、5 声道、4 声道，甚至 2 声道）回放出接近于真实世界的各种声音和音乐效果？简单地说，人的耳朵类似于两个拾音器。单个拾音器无法分辨声音的方向和距离，只能判断声音在各种频率下的大小（幅频特性）和声音在各个频率下时间先后（相频特性）。在有两个拾音器的简化模型中，人只能通过两耳听到的声音的大小差异和时间差异来分辨出声源的远近和方位，而且仅仅是从左到右的 180° 内的方位，所以单凭这个模型理论尚无法分辨前后方向的差异。

那么计算机是如何使我们分辨出前后上下的声音呢？是头部相关传递函数算法（Head Reference Transition Function，HRTF）。该算法模拟了耳朵对从空间各个方向传来的声音的不同感受。耳廓的"奇异"形状加上外、中、内耳通道的结构和周围头部组织的各种结构对不同方向的声音有着不同的机械滤波作用，外来声音的幅频和相频特性的频谱结构在不同的方向上各有不同。

第一代3D音效芯片就是将声音信号进行数字滤波,使在后面的声音具有后面声音特有的频谱结构,使在扬声器外面的声音显得如同它就在外面一样,这样就产生了距离的感觉。因为运算能力的问题,第一代3D音效芯片只能做到近似的HRTF算法,因此效果一般,还可能因为扬声器质量或环境问题而大打折扣。

第二代3D音效芯片,一是使用了更复杂、更精确的HRTF算法,方向和距离感自然更强烈;二是添加了初步的环境因素。关于用HRTF算法来计算环绕声,使用几个声道最合适的问题,可以这么考虑:在双声道时人们必须凭借从前面听到的不同声音把它想象到后面去。最简单的多声道是4声道,这样每个扬声器只负责90°左右的方向,HRTF更容易使它们的声音展宽到应有的范围,全频带的4声道系统是比较理想的选择。考虑到带有超低音音箱的卫星式扬声器系统的性价比更高,4.1声道系统就比较完美了。当然,5.1声道系统添上了一个中置声道,处理人物对白,更适合影视迷们对效果的要求。图9.14和图9.15所示分别为2声道音箱和4.1声道音箱。

图9.14 2声道音箱

图9.15 4.1声道音箱

单声道是比较原始的声音复制形式,缺乏对声音的位置定位,而立体声技术则彻底改变了这一状况。立体声声音在录制过程中被分配到两个独立的声道,从而达到了很好的声音定位效果。这种技术在音乐欣赏中显得尤为有用,听众可以清晰地分辨出各种乐器来自的方向,从而使音乐更富想象力,更加接近于临场感受。时至今日,立体声依然是许多产品遵循的技术标准。

立体声虽然满足了人们对左、右声道位置感体验的要求,而要达到好的效果,仅仅依靠两个音箱是远远不够的,随着波表合成技术的出现,由双声道立体声向多声道环绕声的发展就显得格外迫切。因为同时期的家用音响设备已经基本转向多声道环绕声的家庭影院系统,而且随着DVD-ROM的普及,回放DVD影片时的Dolby Digital(杜比AC-3)5.1声道信号的解码也提上了日程。

四声道环绕规定了四个发音点:前左、前右、后左、后右,听众则被包围在这中间。同时还建议增加一个低音音箱,以加强对低频信号的回放处理(这也就是如今4.1声道音箱系统广泛流行的原因)。就整体效果而言,四声道系统可以为听众带来来自多个不同方向的声音环绕,可以获得身临各种不同环境的听觉感受,给用户以全新的体验。如今四声道技术已经广泛融入各类中高档声卡的设计中,成为未来发展的主流趋势。

5.1声道已广泛运用于各类传统影院和家庭影院中,一些比较知名的声音录制压缩格式,如Dolby Digital就是以5.1声音系统为技术蓝本的。其实5.1声音系统来源于4.1环绕,不同之处在于它增加了一个中置单元。这个中置单元负责传送低于 80Hz 的声音信号,在欣赏影片时有利于加强人声,把对话集中在整个声场的中部,以增强整体效果。

5.1 声道是指中央声道、前置左声道、前置右声道、后置左声道、后置右环绕声道及所谓的 0.1 重低音声道。一套系统共可连接六个喇叭,其音箱系统如图 9.16 所示。

中央声道喇叭负责再生配合屏幕上的动作,大多是负责人物对白的部分;前置左、右声道喇叭则是用来弥补在屏幕中央以外或不能从屏幕看到的动作及其他声音;后置右环绕声道喇叭是负责外围及整个背景音乐,让人感觉置身于整个场景的正中央。震人心弦的重低音则是由重低音喇叭负责。由于超重低音(Sub Woofer)声道只有其他声道频带宽度的 1/10,故称为 0.1 声道。这套系统的优点在于可获得更清晰的前面声音、极好的音场形象和更宽阔的音场以及真实的立体环绕声。

人类感知声源位置的最基本的理论是双工理论,这种理论基于两种因素:两耳间声音的到达时间差和两耳间声音的强度差。时间差是由于距离的原因造成,当声音从正面传来时距离相等,因此没有时间差,但若偏右 3°,则到达右耳的时间就要比左耳约少 30μs,而正是这 30μs,使得人耳辨别出了声源的位置。强度差是由于信号的衰减造成,信号的衰减是因为距离而自然产生的,或是因为人的头部遮挡,使声音衰减,产生了强度的差别,使得靠近声源一侧的耳朵听到的声音强度要大于另一侧。

当前 7.1 声道信号系统得到应用,在 5.1 声道基础上增加了侧边环绕声道喇叭,如图 9.17 所示。

图 9.16　5.1 声道音箱系统　　　　　　　图 9.17　7.1 声道音箱系统

3. 数字图像设备

1）摄像头

（1）摄像头简介。

摄像头作为一种视频输入设备,已经诞生了很久。在它被普及之前,一般用于视频会议、远程医疗及实时监控。随着摄像头成像技术的不断进步和成熟,加上 Internet 的推动,它的普及率越来越高,价格也降到了普通用户所能承受的水平。

摄像头基本有两种:一种是数字摄像头,可以独立与计算机配合使用;另一种是模拟摄像头,要配合视频捕捉卡一起使用。和多媒体计算机配合使用的都是前者,下面着重介绍的就是数字摄像头,如图 9.18 所示。

图 9.18　数字摄像头

（2）摄像头的性能指标。

① 镜头。

摄像头的核心是镜头。现在市面上的摄像头有两种感光元器件的镜头：一种是电荷耦合器件（CCD），一般用于摄影摄像方面的高端技术元件，应用技术成熟，成像效果较好，但是价格相对较贵；另外一种是比较新型的感光器件互补金属氧化物半导体（Complementary Metal Oxide Semiconductor，CMOS），它相对 CCD 来说价格低，功耗小。

较早期的 CMOS 对光源的要求比较高，现在采用 CMOS 为感光元器件的产品中，通过采用影像光源自动增益补强技术，自动亮度、白平衡控制技术，色饱和度、对比度，边缘增强及伽马矫正等先进的影像控制技术，可以接近 CCD 摄像头的效果。现在的高端摄像头产品基本采用 CCD 感光元器件，主流产品则基本是 CCD 和 CMOS 平分秋色，总的来说还是 CCD 的效果好一点。

② 像素。

像素是数码摄像头的另外一个重要指标。最早期的产品以 10 万像素者居多，现在的摄像头普遍都在 100 万像素以上，高端产品一般在 300 万像素～600 万像素，或更高达 800 万像素。但是也不一定是像素越高越好，因为像素越高就意味着同一幅图像所包含的数据量越大，对于有限的带宽来说，高像素就会造成低速度。

（3）接口。

数码摄像头的诞生之初就应用了先进的 USB 接口，使得摄像头的硬件检测、安装变得比较方便，而且 USB 接口的最高传输率可达 12Mb/s，这使高分辨率、真彩色的大容量图像实施传送成为可能。

（4）视频捕获能力。

数字摄像头的视频捕获能力是用户最为关心的功能之一，现在厂家一般标示的最大动态视频捕捉像素为 640×480 像素，其实由于现在摄像头的接口大都采用 USB 1.1 标准，因此高分辨率下的数据传输仍然是个瓶颈，都会产生跳帧。最大 30f/s 的视频捕捉能力一般都是在 352×288 像素时才能达到流畅的水平。需要新的 USB 2.0 标准才能够突破这一瓶颈。由于数码摄像头相对于数码相机来说总的像素较低，因此静态视频捕捉能力并不是十分重要，用户可作为一个参考指标来进行选择，一般静止图片捕捉像素为 640×480 像素～1600×1200 像素。

（5）调焦功能。

一般好的摄像头都有较宽广的调焦范围，另外还应该具备物理调焦功能，能够手动调节摄像头的焦距，包括附带软件，摄像头外形；镜头的灵敏性，是否内置麦克风等。

2）数码相机

数码相机（如图 9.19 所示），是一种能够进行拍摄，并通过内部处理把拍摄到的景物转换成以数字格式存放的图像的特殊照相机。与普通相机不同，数码相机并不使用胶片，而是使用固定的或者是可拆卸的半导体存储器来保存获取的图像；数码相机可以直接连接到计算机、电视机或者打印机上。在一定条件下，数码相机还可以直接接到移动式电话机或者手持 PC 上。

图 9.19　数码相机

由于图像是内部处理的，因此使用者可以马上检查图像是否正确，而且可以立刻打印出图像或是通过电子邮件将图像传送出去。

数码相机是由镜头、CCD、ADC（模数转换器）、MPU（微处理器）、内置存储器、LCD（液晶显示器）、SD卡（可移动存储器）和接口（计算机接口、电视机接口）等部分组成，通常它们都安装在数码相机的内部，当然也有一些数码相机的液晶显示器与相机机身分离。

数码相机的工作原理：当按下快门时，镜头将光线汇聚到感光器件CCD上。CCD是半导体器件，它代替了普通相机中胶卷的位置，它的功能是把光信号转变为电信号。这样，我们就得到了对应于拍摄景物的电子图像，但是它还不能马上被送至计算机处理，还需要按照计算机的要求进行从模拟信号到数字信号的转换，ADC（模数转换器）器件用来执行这项工作。接下来MPU（微处理器）对数字信号进行压缩并转化为特定的图像格式，例如JPEG格式。最后，图像文件被存储在内置存储器中。至此，数码相机的主要工作已经完成，剩下要做的是通过LCD查看拍摄到的照片。有些数码相机为扩大存储容量而使用可移动存储器，如PC卡或者SD卡。此外，还提供了连接到计算机和电视机的接口。

3）扫描仪

扫描仪是一种图形输入设备，由光源、光学镜头、光敏元件、机械移动部件和电子逻辑部件组成。该设备主要用于输入黑白或彩色图片资料、图形方式的文字资料等平面素材。配合适当的应用软件后，扫描仪还可以进行中英文文字的智能识别。

（1）扫描仪的结构原理。

扫描仪由电荷耦合器件（Charge Coupled Device，CCD）阵列、光源及聚焦透镜组成。CCD排成一行或一个阵列，阵列中的每个部件能把光信号变为电信号。光敏器件所产生的电量与所接收的光量成正比。

以平面式扫描仪为例，把原件面朝下放在扫描仪的玻璃台上，扫描仪由发出光照射原件，反射光线经一组平面镜和透镜后照射到CCD的光敏器件上。来自CCD的电量送到模数转换器中，将电压转换成代表每个像素色调或颜色的数字值。步进电机驱动扫描头沿平台做微增量运动，每移动一步，即获得一行像素值。

扫描彩色图像时，分别用红、绿、蓝滤色镜捕捉各自的灰度图像，然后把它们组合成为RGB图像。有些扫描仪为了获得彩色图像，扫描头要分三遍扫描。也有一些扫描仪通过旋转光源前的各种滤色镜，使得扫描头只需扫描一次即可。

（2）扫描仪的连接方式。

扫描仪与多媒体个人计算机之间通过数据线直接相连，不同的扫描仪配有不同的扫描仪驱动软件，通过软件驱动程序使计算机能识别扫描仪并与之建立起通信联系。扫描仪一般都配有相应的扫描应用软件，用户通过软件来选择扫描时的工作参数，控制扫描仪的工作。扫描软件还可以对图像做一些预处理，生成的数字图像可按不同的文件格式存储下来。

扫描仪一般具有三种接口形式。

① EPP形式：这是一种早期的接口形式，采用此种接口形式的扫描仪直接连接到计算机主机的并行数据接口上，连接方式比较简单，但数据传输速率不高。

② SCSI形式：采用此种接口形式的扫描仪连接到计算机主机的SCSI接口卡上。个人计算机如果没有特殊要求，一般不附带SCSI接口卡，该卡需要另外购买。SCSI接口卡又有PCI和ISA两种插槽形式，根据需要选购其中的一种，并将其插到主机箱内相应的扩展插槽

中,再把扫描仪的信号电线插头插到 SCSI 接口卡的插座中。这样,扫描信号就会通过信号电缆传送到主机。SCSI 的接口形式的数据传输速率较高,为专业扫描常用。

③ USB 形式:目前新型扫描仪几乎都采用 USB(Universal Serial Bus)接口形式。USB 接口具有信号传输速率快、连接简便、支持热插拔、具有良好的兼容性、支持多设备连接等一系列特点。

(3) 扫描仪的分类。

① 按扫描方式分类。

按扫描方式分类,可分为手动式扫描仪、平面式扫描仪、滚筒式扫描仪和胶片(幻灯片)扫描仪四类通用的扫描仪。后三种用于专业出版部门;平面式扫描仪是三种专业扫描仪中最便宜的;滚筒式扫描仪性能较好,是最贵的一种。

* 手动式扫描仪:用手动进行扫描,一次扫描宽度仅为 105mm,分辨率通常为 400dpi,但小巧灵活,如图 9.20 所示。
* 平面式扫描仪:如图 9.21 所示,用线性 CCD 阵列作为光转换元件,单行排列,称为 CCD 扫描仪。CCD 扫描仪使用长条状光源投射原稿,原稿可以是反射原稿,也可以是透射原稿。这种扫描方式速度较快,原稿安装也方便,价格较低。

图 9.20　手动式扫描仪　　　　　　　　图 9.21　平面式扫描仪

* 滚筒式扫描仪:如图 9.22 所示。使用圆柱形滚筒设计,把待扫描的原稿装贴在滚筒上,滚筒在光源和光电倍增管(PMT)的管状光接收器下面快速旋转,扫描头做慢速横向移动,形成对原稿的螺旋式扫描,其优点是完全覆盖所要扫描的文件。PMT 在暗区捕获到的色彩效果很好,灵敏度很高,不易受噪声影响。由于滚筒式与送纸式的光学成像系统是固定的,原稿通过滚轴馈送扫描,因此这种扫描仪进行扫描时,对原稿的厚度、硬度及平整度均有限制。滚筒式扫描仪可配专用计算机,把 RGB 图像转换为 CMYK 值,为印刷做准备。
* 胶片扫描仪:如图 9.23 所示,主要用来扫描透明的胶片。一些扫描仪只能使用 35mm 格式,而另一些最大可以扫描 4in×5in 的胶片。专用胶片扫描仪的工作方式较特别,光源和 CCD 阵列分居于胶片的两侧。这种扫描仪的步进电机驱动的不是光源和 CCD 阵列,而是胶片本身,光源和 CCD 阵列在整个过程中是静止不动的。

② 按扫描幅面分类。

幅面指可扫描原稿的最大尺寸,最常见的为 A4 和 A3 幅面的台式扫描仪。此外,还有 A0 幅面扫描仪。

③ 按扫描分辨率分类。

分辨率有 600dpi、1200dpi、4800dpi,其至更高。

图 9.22 滚筒式扫描仪

图 9.23 胶片扫描仪

扫描分辨率的单位是 dpi，意思是每英寸能分辨的像素点。例如，某台扫描仪的扫描分辨率是 600dpi，则每英寸可分辨出 600 个像素点。分辨率的数值越大，扫描的清晰度就越高。

④ 按灰度与彩色分类。

扫描仪可分为灰度和彩色两种。对于黑白或彩色图像，用灰度扫描仪扫描只能获得黑白的灰度图像。灰度扫描仪的灰度级表示图像的亮度层次范围。级数越多，图像亮度范围越大，层次越丰富。目前，多数扫描仪为 256 级灰度。

彩色扫描仪的扫描方式有三次扫描和单次扫描两种。三次扫描方式又分三色和单色灯管两种。前者采用 R、G、B 三色氯素灯管作为光源，扫描三次形成彩色图像，这类扫描仪色彩还原准确；后者用单色灯管作为光源，扫描三次，棱镜分色形成彩色图像，也有的通过切换 R、G、B 滤色片扫描三次，形成彩色图像。采用单次扫描的彩色扫描仪，扫描时灯管在每线上闪烁红、绿、蓝三次，形成彩色图像。

⑤ 按反射式或透射式分类。

反射式扫描仪用于扫描不透明的原稿，它利用光源照在原稿上的反射光，获取图像信息；透射式扫描仪用于扫描透明胶片，如胶卷、X 光片等。目前市场上已有两用扫描仪，它是在反射式扫描仪的基础上，加装一个透射光源附件，使扫描更加细腻。

4）扫描仪的技术指标

根据扫描的原理及数字图像的指标，扫描仪的主要性能指标包括三项。

（1）扫描分辨率。

扫描分辨率分为光学分辨率和逻辑分辨率两种。光学分辨率是扫描仪中光学镜头和 CCD 的固有分辨率。是衡量扫描仪性能优劣的重要指标；逻辑分辨率又叫插值分辨率，通过科学算法在两个像素之间插入计算出来的像素，以达到提高分辨率的目的。逻辑分辨率的数值一般大于光学分辨率的数值。

（2）扫描色彩精度。

扫描仪在扫描时，把原稿上的每个像素用 R（红）、G（绿）、B（蓝）三基色表示，而每个基色又分若干个灰质级别，这就是所谓的色彩精度。色彩精度越高，灰度级别越多，图像越清晰，细节越细腻。

（3）扫描速度。

扫描速度是衡量扫描仪性能优劣的一个重要指标。在保证扫描精度的前提下，扫描速度越快越好。扫描速度主要与扫描分辨率、扫描颜色模式和扫描幅面有关，扫描分辨率越低，幅面越小，颜色越少，扫描速度越快。计算机系统配置、扫描仪接口形式、扫描分辨率的设置、扫描参数的设定等也都会影响扫描速度。

4．视频设备

进入 20 世纪 90 年代后，家用摄像机有了迅速的发展，用户在不断追求体积更小的家用摄像机的同时，也在不断追求着更佳的成像质量。以计算机技术为代表的数码技术的来临，也给家用摄像机带来了一场深刻的变革。

1998 年，日本的两大摄像机制造商松下和索尼联合全球 50 多家相关企业开发出新的 DV(Digital Video)数码视频摄像机，如图 9.24 所示。

图 9.24　数码视频摄像机

新的摄像机记录视频采用数码信号的方式，其核心部分就是将视频信号经过数码化处理成 0 和 1 信号并以数码记录的方式，通过磁鼓螺旋扫描记录在 6.35mm 宽的金属视频录像带上，视频信号的转换和记录都是以数码的形式存储，从而提高了录制图像的清晰度，使图像质量轻易达到 500 线以上。在现有的电视系统中，其播放质量达到专业级摄像机拍摄的图像质量，音质达到 CD 级质量，并且还统一了视频格式。

DV 摄像机与计算机的连接也比较方便。它与普通摄像机最大的区别有以下几项：

(1) 图像分辨率高。DV 摄像机一般为 500 线以上，而 VHS 摄像机为 200 线，S-VHS 摄像机为 280～300 线，8mm 摄像机为 380 线左右。

(2) 色彩及亮度频宽比普通摄像机高 6 倍，而色、亮度带宽是影像精确度的首要决定因素，因而色彩极为纯正，达到专业级标准。

(3) 可无限次翻录，影像无损失。

(4) IEEE 1394 数码输出端子(索尼公司将其命名为 i. LINK)可方便地将视频图像传输到计算机。可直接传输数码化后的影像数据，因此没有图像和音频的失真；只需一根电缆，便可将视频、音频、控制等信号进行数据传输；具有热插拔功能，可在多种设备之间进行数据传输。

许多 DV 摄像机也有像数码相机那样静态图像拍摄的功能，为此都具有一个内置存储器插槽，通过随机配有的记忆棒(Memory Stick)或记忆卡(Multimedia Card, MMC)来抓拍静态图像，实现数码摄像机和数码相机的双重功能。

5．打印输出设备

打印机有很多种类，家庭及办公常用的有针式打印机、喷墨打印机和激光打印机等，另外还有热升华打印机、热蜡打印机等。下面主要介绍最常用的三种打印机。

1) 针式打印机

针式打印机以其便宜、耐用、可打印多种类型纸张等原因，普遍应用在多个领域。我们常用的分宽行针式打印机和窄行针式打印机。宽行针式打印机可以打印 A3 幅面的纸，窄行针式打印机一般只能打印 A4 幅面的纸张。同时针式打印机可以打印穿孔纸，它在银行、机关、企事业单位计算机应用中发挥了很大作用。另外，针式打印机有其他机型所不能替代的优点，就是它可以打印多层纸，这使之在报表处理中的应用非常普遍。但针式打印机的打印效果比较一般，而且噪声较大，所以在普通家庭及办公应用中有逐渐被喷墨打印机和激光打印机所取代的趋势。针式打印机一般可以用托纸架传送单页纸或用卡纸轮传送穿孔纸，还可以用手动旋钮微调打印纸的位置（注意，有些打印机只有在断电后才可以方便地调节纸的位置）。针式打印机如图9.25所示。

打印机的面板上都有控制按钮用于打印机操作，例如联机、进纸、退纸、微调等，通过打印机面板上的指示灯，能及时了解现在的打印情况，例如缺纸、联机、正在打印等状态。针式打印机通过打印头击打色带，把色带上的墨打在纸上形成文本或图形，现在的针式打印机通常都是24针打印机（即打印针头有24根针），可以调整打印头与纸张的间距，从而适应打印纸的厚度，而且可以改变打印针头的力度，以调节打印的清晰度，但注意色带用旧了要及时更换。

2）喷墨打印机

喷墨打印机的价格也较便宜，而且它打印时噪声较小，图形质量较高，成为当前家庭打印机的主流。它也有宽行和窄行之分，而且有很多型号可以打印彩色图像，提供了较高的性价比。喷墨打印机如图9.26所示。

图9.25　针式打印机

图9.26　喷墨打印机

喷墨打印机适合打印单页纸，它的打印质量在很大程度上取决于纸张的质量。它的进纸方式及面板控制和针式打印机相似，但它是通过墨盒喷墨打印。

喷墨打印机的墨盒用完了也要及时更换，但相对于针式打印机来说消耗较高。更换墨盒的方法比较简单，具体要参看说明书。

彩色喷墨打印机除了有黑色墨盒外，还有彩色墨盒，较高档的打印机的两个墨盒是同时安装在打印机上的，而有些比较便宜的打印机的两个墨盒需要替换使用，稍有不便，但质量还是可以保证的。喷墨打印机在安装了新的墨盒后，一般都需要清洗打印头才能正常打印，在打印机的面板上通常都会有一个"清洗"打印头的按钮，有一些打印机在更换了墨盒后会自动地进行清洗。最好依据说明书来进行清洗操作。

3）激光打印机

激光打印机更趋于智能化，例如HP6L打印机，它没有电源开关，平时自动处于关机状态，当有打印任务时自动激活。它有自己的内存和处理器，能单独处理打印任务，大大减轻了计算机的负担。激光打印机如图9.27所示。

激光打印机的分辨率很高，有的能达到600dpi以上，打印效果精美细致，但价格较高，所以常用于激光照排系统和办公系统。

激光打印机也有宽行、窄行及彩色、黑白之分，但宽行和彩色机型都很昂贵，所以用于打印A4单页纸的窄行黑白机型是目前应用比较普遍的。激光打印机的操作很简单，需要设置或操作的很少，一般只要接上电源，用打印电缆线连接到计算机主机就可以了。但在装纸时应该注意每次打印后,取出所有完成打印的纸张;加纸前,先取出所有的纸张对齐,加纸后,要调紧纸夹,并要使用辅助送纸器和辅助送出器。只要我们把纸张装好,打印机就会自行处理其他的打印工作。

激光打印机的耗材是硒鼓,其外形如图 9.28 所示。打印机的一个硒鼓可以打印3000～4000 页 A4 纸,当硒鼓中的碳粉消耗尽时,打印出的文字就不清晰了,这时就要更换硒鼓。

图 9.27　激光打印机　　　　　　　图 9.28　激光打印机硒鼓

对比来说,在针式、喷墨、激光打印机中,激光打印机的效果最好,喷墨打印机其次,而且这两种噪声都很小,针式打印机噪声较大,但是可以打印多层打印纸,消耗材料相对较便宜,所以使用量仍然很大。

9.3　数字图像处理基础

有句谚语"百闻不如一见",就是说费了九牛二虎之力的口舌还不如一幅画一目了然;单凭名字不能回忆起某人时,不妨翻看一下他/她的照片;仔细阅读某种机器设备的使用说明书之前,还不如先浏览一下其说明图表等。人类通过眼、耳、鼻、舌等接收信息、感知世界,约 83％的信息来自我们的眼睛,即视觉,而图像是人类视觉的载体。本节对数字图像处理的基础知识进行介绍。

9.3.1　数字图像处理的概念

自然界中的图像都是模拟量,电视、电影、照相机等图像记录与传输设备都是使用模拟信号对图像进行处理,如图 9.29 所示。但是计算机只能处理数字量,而不能处理模拟图像,所以要在处理图像之前进行图像数字化。简单地说,数字图像就是能够在计算机上显示和处理的图像。

一幅图像可定义为一个二维函数 $f(x, y)$,这里 x 和 y 是空间坐标,而在任何一对空间坐标 $f(x, y)$ 上的幅值 f 称为该点图像的强度或灰度。当 x, y 和幅值 f 为有限的、离散的数值时,称该点是由有限的元素组成的。每一个元素都有一个特定的位置和幅值,这些元素称为图像元素、画面元素或像素。像素是广泛用于表示数字图像元素的词汇。其示意图如图 9.30 所示。

图 9.29　自然界中的图　　　　　　　图 9.30　图像像素表示示意图

视觉是人类最高级的感知器官，所以，毫无疑问图像在人类感知中扮演着最重要的角色。然而，人类感知只限于电磁波谱的视觉波段，成像机器则可覆盖几乎全部电磁波谱：从伽马射线到无线电波。它们可以对人类视觉波段以外的那些图像源进行加工，这些图像源包括超声波、电子显微镜及计算机产生的图像。因此，数字图像处理涉及各种各样的应用领域。

图像处理涉及的范畴或其他相关领域（例如图像分析和计算机视觉）的界定在初创人之间并没有一致的看法。有时用处理的输入和输出内容都是图像这一特点来界定图像处理的范围。我们认为这一定义仅是人为界定和限制。例如，在这个定义下，甚至最普通的计算一幅图像灰度平均值的工作都不能算作是图像处理。另一方面，有些领域（如计算机视觉）研究的最高目标是用计算机去模拟人类视觉，包括理解和推理并根据视觉输入采取行动等。这一领域本身是人工智能的分支，其目的是模仿人类智能。人工智能领域处在其发展过程中的初期阶段，它的发展比预期的要慢得多，图像分析（也称图像理解）领域则处在图像处理和计算机视觉两个学科之间。

从图像处理到计算机视觉这个连续的统一体内并没有明确的界限。然而，在这个连续的统一体中可以考虑三种典型的计算处理（即低级、中级和高级处理）来区分其中的各个学科。低级处理涉及初级操作，如降低噪声的图像预处理、对比度增强和图像尖锐化。低级处理是以输入、输出都是图像为特点的处理。中级处理涉及分割（把图像分为不同区域或目标物）以及缩减对目标物的描述，以使其更适合计算机处理及对不同目标的分类（识别）。中级图像处理是以输入为图像，但输出是从这些图像中提取的特征（如边缘、轮廓及不同物体的标识等）为特点的。最后，高级处理涉及在图像分析中被识别物体的总体理解，以及执行与视觉相关的识别函数（处在连续统一体边缘）等。

根据上述讨论，可以看到，图像处理和图像分析两个领域合乎逻辑的重叠区域是图像中特定区域或物体的识别。这样，在本书中，我们界定数字图像处理包括输入和输出均是图像的处理，同时也包括从图像中提取特征及识别特定物体的处理。举一个简单的文本自动分析方面的例子来具体说明这一概念。在自动分析文本时首先获取一幅包含文本的图像，对该图像进行预处理，提取（分割）字符，然后以适合计算机处理的形式描述这些字符，最后识别这些字符，而所有这些操作都在本书界定的数字图像处理的范围内。理解一页的内容可能要根据理解的复杂度从图像分析或计算机视觉领域考虑问题。

9.3.2 数字图像处理的发展

20世纪20年代,图像处理首次应用于改善伦敦和纽约之间海底电缆发送的图片质量。到20世纪50年代,数字计算机发展到一定的水平后,数字图像处理才真正引起人们的兴趣。1964年美国喷气推进实验室用计算机对"徘徊者七号"太空船发回的大批月球照片进行处理,收到明显的效果。20世纪60年代末,数字图像处理具备了比较完整的体系,形成了一门新兴的学科。20世纪70年代,数字图像处理技术得到迅猛的发展,理论和方法进一步完善,应用范围更加广泛。在这一时期,图像处理主要和模式识别及图像理解系统的研究相联系,如文字识别、医学图像处理、遥感图像的处理等。20世纪70年代后期到现在,各个应用领域对数字图像处理提出越来越高的要求,促进了这门学科向更高级的方向发展。特别是在景物理解和计算机视觉(即机器视觉)方面,图像处理已由二维处理发展到三维理解或解释。近年来,随着计算机和其他各有关领域的迅速发展,例如在图像表现、科学计算可视化、多媒体计算技术等方面的发展,数字图像处理已从一个专门的研究领域变成了科学研究和人机界面中的一种普遍应用的工具。

9.3.3 数字图像基础

1. 图像的分辨率

1)图像的空间分辨率

图像的空间分辨率(Spatial Resolution)是指图像中每单位长度包含的像素或点的数目,常以像素/英寸(Pixels Per Inch,PPI)为单位。

如72PPI表示图像中每英寸包含72个像素或点。分辨率越高,图像越清晰,图像文件所需要的磁盘空间越大,处理时间也越长。

一般来说,采样间隔越大,所得图像像素数越少,空间分辨率低,质量差,严重时出现像素呈块状的棋盘格效应(Checkerboard Effect);采样间隔越小,所得图像像素数越多,空间分辨率高,图像质量好,但数据量大。其不同效果如图9.31所示。

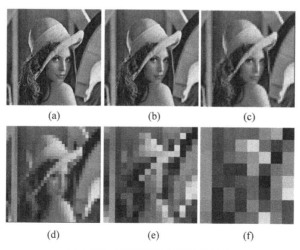

图 9.31 不同空间分辨率的图像

2）图像的灰度分辨率

在数字图像中，灰度级分辨率（Gray-Level Resolution）又称色阶，指图像中分辨的灰度级科目，即灰度级数目，它与存储灰度级别所使用的数据类型有关。由于灰度级量度的是投射到传感器上光辐射值的强度，所以灰度级分辨率也叫辐射计量分辨率。

量化等级越多，所得图像层次越丰富，灰度分辨率高，图像质量好，但数据量大；量化等级越少，图像层次欠丰富，灰度分辨率低，会出现假轮廓现象，图像质量变差，但数据量小。其不同效果如图 9.32 所示。

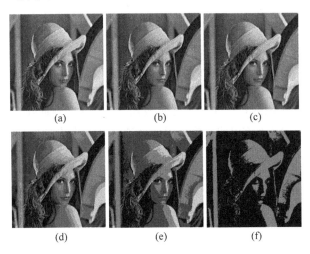

图 9.32　不同灰度分辨率的图像

2. 图像的颜色模式

最近一百多年来，为满足各种不同用途的需求，人们已经开发了许多不同名称的颜色空间（彩色模型），尽管几乎所有的颜色空间都是从 RGB 颜色空间导出的，但随着科学和技术的进步，人们还在继续开发形形色色的颜色空间。

表示颜色的颜色空间（彩色模型）的数目是无穷的，但现有的颜色空间也还没有一个完全符合人的视觉感知特性、颜色本身的物理特性或发光物体和光反射物体的特性。

1）RGB 颜色模式

RGB 是色光的色彩模式。R 代表红色，G 代表绿色，B 代表蓝色，三种色彩叠加形成了其他的色彩。因为三种颜色都有 256 个亮度水平级，所以当不同亮度的基色混合后，便会产生出 256×256×256 种颜色即 1670 万种颜色了，也就是真彩色，通过它们足以再现绚丽的世界，例如，一种明亮的红色可能 R 值为 246，G 值为 20，B 值为 50；当三种基色的亮度值相等时，产生灰色；当三种亮度值都是 255 时，产生纯白色；而当所有亮度值都是 0 时，产生纯黑色。在 RGB 模式中，由红、绿、蓝相叠加可以产生其他颜色，当三种色光混合生成的颜色一般比原来的颜色亮度值高，所以 RGB 模式产生颜色的方法又被称为色光加色法，因此该模式也叫加色模式（或发光模式）。所有显示器、投影设备以及电视机等等许多设备都依赖于这种加色模式来实现的。就编辑图像而言，RGB 色彩模式也是最佳的色彩模式，因为它可以提供全屏幕的 24b 的色彩范围，即真彩色显示。但是，如果将 RGB 模式用于打印就不是最佳的了，因为 RGB 模式所提供的有些色彩已经超出了打印的范围，因此在打印一幅真彩色的图像时，就必然会损失一部分亮度，并且比较鲜艳的色彩肯定会失真的。这主要因为打印所用的是 CMYK 模式，而 CMYK 模式所定义的色彩要比 RGB 模式定义的色彩少很多，因此此打印时，系统自动将 RGB 模式转换为 CMYK 模式，这样就难免损失一部分颜色，出现打印后失真的现象。

2）CMYK 颜色模式

CMYK 模式在本质上与 RGB 模式没有什么区别，只是产生色彩的原理不同。当阳光照射到一个物体上时，这个物体将吸收一部分光线，并将剩下的光线进行反射，反射的光线就是我们所看见的物体颜色。而在 CMYK 模式中由光线照到有不同比例 C、M、Y、K 油墨的纸上，部分光谱被吸收后，反射到人眼的光产生颜色。由于 C、M、Y、K 在混合成色时，随着 C、M、Y、K 四种成分的增多，反射到人眼的光会越来越少，光线的亮度会越来越低，所有 CMYK 模式产生颜色的方法又被称为色光减色法，这是一种减色色彩模式，也叫反光模式。不但我们看物体的颜色时用到了这种减色模式，而且在纸上印刷时应用的也是这种减色模式，按照这种减色模式，就衍变出了适合印刷的 CMYK 色彩模式。

CMY 是三种印刷油墨名称的首字母：青色 Cyan、洋红色 Magenta、黄色 Yellow。而 K 取的是 Black 最后一个字母，之所以不取首字母，是为了避免与蓝色（Blue）混淆。从理论上来说，只需要 CMY 三种油墨就足够了，它们三个加在一起就应该得到黑色。但是由于目前制造工艺还不能造出高纯度的油墨，CMY 相加的结果实际是一种暗红色。因此还需要加入一种专门的黑墨来中和。黑色的作用是强化暗调，加深暗部色彩。

3）Lab 颜色模式

Lab 模式的原型是由 CIE 协会在 1931 年制定的一个衡量颜色的标准，在 1976 年被重新定义并命名为 CIELab。

Lab 模式既不依赖光线，也不依赖于颜料，它是 CIE 组织确定的一个理论上包括了人眼可以看见的所有色彩的色彩模式。

Lab 模式弥补了 RGB 和 CMYK 两种色彩模式的不足。Lab 模式由三个通道组成，但不是 R、G、B 通道。它的一个通道是亮度，即 L，取值范围是 0～100。另外两个是色彩通道，用 A 和 B 来表示，取值范围均为 −120～120。A 通道包括的颜色是从深绿色（底亮度值）到灰色（中亮度值）再到亮粉红色（高亮度值）；B 通道则是从亮蓝色（底亮度值）到灰色（中亮度值）再到黄色（高亮度值）。因此，这种色彩混合后将产生明亮的色彩。

Lab 模式所包含的颜色范围最广，能够包含所有的 RGB 和 CMYK 模式中的颜色。CMYK 模式所包含的颜色最少，有些在屏幕上看到的颜色在印刷品上却无法实现。

4）HSB 颜色模式

HSB 模式是基于人眼对色彩的观察来定义的，在此模式中，所有的颜色都用色相或色调、饱和度、亮度三个特性来描述。HSB 模式只能在吸取颜色或调色过程中才可以看到。

色相（H）：是纯色，即组成可见光谱的单色。红色在 0 度，绿色在 120 度，蓝色在 240 度。它基本上是 RGB 模式全色度的饼状图。色相是与颜色主波长有关的颜色物理和心理特性，从实验中知道，不同波长的可见光具有不同的颜色。众多波长的光以不同比例混合可以形成各种各样的颜色，但只要波长组成情况一定，那么颜色就确定了。非彩色（黑、白、灰色）不存在色相属性；所有色彩（红、橙、黄、绿、青、蓝、紫等）都是表示颜色外貌的属性。它们就是所有的色相，有时色相也称为色调。

饱和度（S）：饱和度指颜色的强度或纯度，表示色相中灰色成分所占的比例，用 0％～100％（纯色）来表示。为 0 时为灰色。白、黑和其他灰色色彩都没有饱和度。在最大饱和度时，每一色相具有最纯的色光。

亮度（B）：是颜色的相对明暗程度，通常用 0％（黑）～100％（白）来度量，最大亮度是色彩最鲜明的状态。

3. 位图与矢量图

数字化图像信息通常有两种存在形式：一种是位图（也叫点阵图），另一种是矢量图。通常把位图称为图像，把矢量图称为图形。其对比效果如图 9.33 所示。

图 9.33　分别放大一倍和缩小一半的矢量图与位图

1）矢量图

矢量图又叫向量图，是用一系列计算机指令来描述和记录一幅图，一幅图可以解为一系列由点、线、面等到组成的子图，它所记录的是对象的几何形状、线条粗细和色彩等。生成的矢量图文件存储量很小，特别适用于文字设计、图案设计、版式设计、标志设计、计算机辅助设计（CAD）、工艺美术设计、插图等。

矢量图只能表示有规律的线条组成的图形，如工程图、三维造型或艺术字等；对于由无规律的像素点组成的图像（风景、人物、山水），难以用数学形式表达，不宜使用矢量图格式；其次矢量图不容易制作色彩丰富的图像，绘制的图像不很真实，并且在不同的软件之间交换数据也不太方便。

另外，矢量图无法通过扫描获得，它们主要是依靠设计软件生成。矢量绘图程序定义（像数学计算）角度、圆弧、面积以及与纸张相对的空间方向，包含赋予填充和轮廓特征性的线框。常见的矢量图处理软件有 CorelDRAW、AutoCAD、Illustrator 和 FreeHand 等。

2）位图

位图又叫点阵图或像素图，计算机屏幕上的图像是由屏幕上的发光点（即像素）构成的，每个点用二进制数据来描述其颜色与亮度等信息，这些点是离散的，类似于点阵。多个像素的色彩组合就形成了图像，称为位图。

将位图放大到一定限度时会发现它是由一个个小方格组成的，这些小方格被称为像素点，一个像素是图像中最小的图像元素。在处理位图图像时，所编辑的是像素而不是对象或形状，它的大小和质量取决于图像中的像素点的多少，每平方英寸中所含像素越多，图像越清晰，颜色之间的混合也越平滑。计算机存储位图像实际上是存储图像的各个像素的位置和颜色数据等到信息，所以图像越清晰，像素越多，相应的存储容量也越大。

位图图像的主要优点在于表现力强、细腻、层次多、细节多，可以十分容易地模拟出像照片一样的真实效果。由于是对图像中的像素进行编辑，因此在对图像进行拉伸、放大或缩小等处理时,其清晰度和光滑度会受到影响。位图图像可以通过数字相机、扫描或 PhotoCD 获得,也可以通过其他设计软件生成。

位图图像,也称点阵图像或绘制图像,是由称作像素的单个点组成的。当放大位图时,可以看见构成图像的单个图片元素。扩大位图尺寸就是增大单个像素,会使线条和形状显得参差不齐。但是如果从稍远一点的位置观看,位图图像的颜色和形状又是连续的,这就是位图的特点。矢量图像,也称绘图图像,在数学上定义为一系列点与点之间的关系,矢量图可以任意放大或缩小而不会出现图像失真现象。

9.3.4 数字图像处理常用方法

1. 图像变换

由于图像阵列很大,直接在空间域中进行处理,涉及计算量很大。因此,往往采用各种图像变换的方法,如傅立叶变换、沃尔什变换、离散余弦变换等间接处理技术,将空间域的处理转换为变换域处理,不仅可减少计算量,而且可获得更有效的处理(如傅立叶变换可在频域中进行数字滤波处理)。目前新兴研究的小波变换在时域和频域中都具有良好的局部化特性,它在图像处理中也有着广泛而有效的应用。

2. 图像编码压缩

图像编码压缩技术可减少描述图像的数据量(即比特数),以便节省图像传输、处理时间和减少所占用的存储器容量。压缩可以在不失真的前提下获得,也可以在允许的失真条件下进行。编码是压缩技术中最重要的方法,它在图像处理技术中是发展最早且比较成熟的技术。

3. 图像增强和复原

图像增强和复原的目的是为了提高图像的质量,如去除噪声,提高图像的清晰度等。图像增强不考虑图像降质的原因,突出图像中所感兴趣的部分。如强化图像高频分量,可使图像中物体轮廓清晰,细节明显;如强化低频分量可减少图像中噪声影响。图像复原要求对图像降质的原因有一定的了解,一般应根据降质过程建立"降质模型",再采用某种滤波方法,恢复或重建原来的图像。

4. 图像分割

图像分割是数字图像处理中的关键技术之一。图像分割是将图像中有意义的特征部分提取出来,其有意义的特征有图像中的边缘、区域等,这是进一步进行图像识别、分析和理解的基础。虽然目前已研究出不少边缘提取、区域分割的方法,但还没有一种普遍适用于各种图像的有效方法。因此,对图像分割的研究还在不断深入之中,是目前图像处理中研究的热点之一。

5. 图像描述

图像描述是图像识别和理解的必要前提。作为最简单的二值图像可采用其几何特性描述物体的特性,一般图像的描述方法采用二维形状描述,它有边界描述和区域描述两类方法。对于特殊的纹理图像可采用二维纹理特征描述。随着图像处理研究的深入发展,已经开始进行三维物体描述的研究,提出了体积描述、表面描述、广义圆柱体描述等方法。

6. 图像分类（识别）

图像分类（识别）属于模式识别的范畴，其主要内容是图像经过某些预处理（增强、复原、压缩）后，进行图像分割和特征提取，从而进行判决分类。图像分类常采用经典的模式识别方法，有统计模式分类和句法（结构）模式分类，近年来新发展起来的模糊模式识别和人工神经网络模式分类在图像识别中也越来越受到重视。

9.3.5 数字图像处理的应用

图像是人类获取和交换信息的主要来源，因此，图像处理的应用领域必然涉及人类生活和工作的方方面面。随着人类活动范围的不断扩大，图像处理的应用领域也将随之不断扩大。

1. 航天和航空技术方面的应用

数字图像处理技术在航天和航空技术方面的应用，除了对月球、火星照片的处理之外，另一方面的应用是在飞机遥感和卫星遥感技术中。许多国家每天派出很多侦察飞机对地球上有兴趣的地区进行大量的空中摄影。对由此得来的照片进行处理分析，以前需要雇用几千人，而现在改用配备有高级计算机的图像处理系统来判读分析，既节省人力，又加快了速度，还可以从照片中提取人工所不能发现的大量有用情报。这些图像无论是在成像、存储、传输过程中，还是在判读分析中，都必须采用很多数字图像处理方法。现在世界各国都在利用陆地卫星所获取的图像进行资源调查（如森林调查、海洋泥沙和渔业调查、水资源调查等），灾害检测（如病虫害检测、水火检测、环境污染检测等），资源勘察（如石油勘查、矿产量探测、大型工程地理位置勘探分析等），农业规划（如土壤营养、水分和农作物生长、产量的估算等），城市规划（如地质结构、水源及环境分析等）。我国也陆续开展了以上诸方面的一些实际应用，并获得了良好的效果。在气象预报和对太空其他星球研究方面，数字图像处理技术也发挥了相当大的作用。

2. 生物医学工程方面的应用

数字图像处理在生物医学工程方面的应用十分广泛，而且很有成效。除了 CT 技术之外，还有一类是对医用显微图像的处理分析，如红细胞、白细胞分类，染色体分析，癌细胞识别等。此外，在 X 光肺部图像增晰、超声波图像处理、心电图分析、立体定向放射治疗等医学诊断方面都广泛地应用了图像处理技术。

3. 通信工程方面的应用

当前通信的主要发展方向是声音、文字、图像和数据结合的多媒体通信。具体地讲，是将电话、电视和计算机以三网合一的方式在数字通信网上传输。其中以图像通信最为复杂和困难，因图像的数据量十分巨大，如传送彩色电视信号的速率达 100Mb/s 以上。要将这样高速率的数据实时传送出去，必须采用编码技术来压缩信息的比特量。在一定意义上讲，编码压缩是这些技术成败的关键。除了已应用较广泛的熵编码、DPCM 编码、变换编码外，目前国内外正在大力开发研究新的编码方法，如分行编码、自适应网络编码、小波变换图像压缩编码等。

4．工业和工程方面的应用

在工业和工程领域中图像处理技术有着广泛的应用,如自动装配线中检测零件的质量、并对零件进行分类,印制电路板疵病检查,弹性力学照片的应力分析,流体力学图片的阻力和升力分析,邮政信件的自动分拣,在一些有毒、放射性环境内识别工件及物体的形状和排列状态,先进的设计和制造技术中采用工业视觉等。其中值得一提的是研制具备视觉、听觉和触觉功能的智能机器人,将会给工农业生产带来新的激励,目前已在工业生产中的喷漆、焊接、装配中得到有效的利用。

5．军事、公安方面的应用

在军事方面,图像处理和识别主要用于导弹的精确制导,各种侦察照片的判读,具有图像传输、存储和显示的军事自动化指挥系统,飞机、坦克和军舰模拟训练系统等;在公安方面,主要用于图片的判读分析,指纹识别,人脸鉴别,不完整图片的复原,以及交通监控、事故分析等。目前已投入运行的高速公路不停车自动收费系统中的车辆和车牌的自动识别都是图像处理技术成功应用的例子。

6．文化艺术方面的应用

目前,这类应用有电视画面的数字编辑、动画的制作、电子图像游戏、纺织工艺品设计、服装设计与制作、发型设计、文物资料照片的复制和修复、运动员动作分析和评分等,现在已逐渐形成一门新的艺术——计算机美术。

7．机器视觉方面的应用

机器视觉作为智能机器人的重要感觉器官,主要进行三维景物理解和识别,是目前处于研究之中的开放课题。机器视觉主要用于军事侦察、危险环境的自主机器人,邮政、医院和家庭服务的智能机器人,装配线工件识别、定位,太空机器人的自动操作等。

8．视频和多媒体系统方面的应用

目前,电视制作系统广泛使用的图像处理、变换、合成,多媒体系统中静止图像和动态图像的采集、压缩、处理、存储和传输等。

9．科学可视化方面的应用

图像处理和图形学紧密结合,形成了科学研究各个领域新型的研究工具。

10．电子商务方面的应用

在当前呼声甚高的电子商务中,图像处理技术也大有可为,如身份认证、产品防伪、水印技术等。

11．农业方面的应用

下面以基于数字图像的草莓白粉病识别与诊断为例介绍数字图像处理技术在农业中的应用。

草莓白粉病是草莓重要病害之一。在草莓整个生长季节均可发生,苗期染病造成秧苗素质下降,移植后不易成活;果实染病后严重影响草莓品质,导致成品率下降。在适宜条件下可以迅速发展,蔓延成灾,损失严重。

草莓白粉病主要危害叶、叶柄、花、花梗和果实,匍匐茎上很少发生。叶片染病,发病初期在叶片背面长出薄薄的白色菌丝层,随着病情的加重,叶片向上卷曲呈汤匙状,并产生大小不等的暗色污斑,以后病斑逐步扩大并叶片背面产生一层薄霜似的白色粉状物(即为病菌的分生孢子梗和分生孢子),发生严重时多个病斑连接成片,可布满整张叶片;后期呈红褐色病斑,叶缘萎缩、焦枯。花蕾、花染病,花瓣呈粉红色,花蕾不能开放。果实染病,幼果不能正常膨大,干枯,若后期受害,果面覆有一层白粉,随着病情加重,果实失去光泽并硬化,着色变差,严重影响浆果质量,并失去商品价值,其病状如图 9.34 所示。

图 9.34　草莓白粉病

要用数字图像处理和模式识别的方式让计算机自动识别判断草莓的白粉病,并进行及时的预防或防治,一般要经过图像获取、图像预处理、图像分割、图像特征提取和病害类型识别这几个步骤。

1) 图像获取

随着数字技术的发展,现在可以方便地用照相机、摄像机、摄像头、智能手机等设备获取草莓的数字图像,也可以自动地利用这些设备进行获取。在进行数字图像获取时尤其要注意尽量使用高分辨率的图像采集模式,一般 1600×1200 像素以上为宜,图像获取尤其要注意光照和拍摄的背景,以降低后期处理的难度。

2) 图像预处理

由于草莓种植一般在室外或者温室,在进行图像获取时会有各种环境噪声的干扰,如光照不均、背景复杂等,这些干扰恶化了图像的质量,使得图像模糊,淹没了特征,给图像分析带来困难,因此首先要对采集的数字图像进行预处理。预处理过程通常使用中值滤波等图像滤波方法去除噪声干扰,增强图像的目标区域,消除光照、复杂背景的干扰。预处理效果如图 9.35 所示。

(a) 原始图像　　　(b) 通过直方图均衡化消除
　　　　　　　　　　光照不均后的图像

图 9.35　预处理图像

3) 图像分割

图像分割是实现图像目标分析的基础,目的是把要分析的对象从背景中分割出来,使得分析的目标变得单一,减少背景对目标进行分析的影响。常用的分割方法有阈值分割算法、灰度形态学方法、均值漂移算法等。通过这些方法对经预处理后采集的草莓图像进行处理，得到完整的草莓果实区域，为后面特征提取提供操作的对象。分割处理效果如图 9.36 所示。

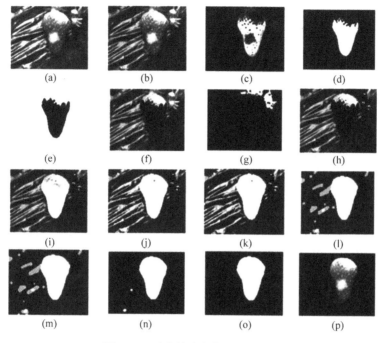

图 9.36 对白粉病草莓的分割结果

4) 图像特征提取

图像特征是对图像视觉效果的量化表示。图像特征描述了图像的内在语义，是图像的抽象表示。图像特征提取是在图像汇总需要识别的物体被分割出来的基础上，提取需要的特征，并对某些参数进行计算、测量，根据测量的结果进行分类。经过分割完后原始图像样本的数据量仍然很大，特征提取的目的就是分离出有用的信息以减少数据的维数，从而简化后续分类器的计算。常用的特征有颜色特征、纹理特征和形状特征等。每种特征根据需要用不同的特征量进行表示。提取的 16 个白粉病草莓的形状特征结果如表 9.1 所示。

表 9.1 提取的 16 个白粉病草莓的形状特征结果

矩形度	圆形度	H1	H2	H3	H4	H5	H6	H7
0.541225	13.7548	0.185982	0.0061047	0.0011034	8.38E−05	2.55E−08	6.51E−06	−5.61E−10
0.623204	13.5039	0.170279	0.002231	0.0003975	2.02E−05	1.78E−09	9.10E−07	3.15E−10
0.623664	13.0403	0.169851	0.0021342	0.000372	1.78E−05	1.39E−09	7.14E−07	4.39E−10
0.492959	14.0933	0.192943	0.0100728	0.0006431	8.20E−05	1.87E−08	8.23E−06	−1.98E−09
0.600814	18.9587	0.178515	0.0046942	2.08E−04	6.27E−06	2.23E−10	4.30E−07	4.29E−11
0.516713	17.1228	0.193388	0.0087012	0.0012091	1.20E−04	4.22E−08	1.00E−05	1.70E−08
0.516422	17.5761	0.193203	0.0086848	0.0012104	1.24E−04	4.56E−08	1.07E−05	1.49E−08
0.536115	17.4995	0.190796	0.0061546	0.0018335	1.37E−04	6.79E−08	1.06E−05	8.17E−09
0.559652	15.4674	0.180552	0.004096	0.0009875	8.05E−05	1.77E−08	3.47E−06	1.42E−08

续表

矩形度	圆形度	H1	H2	H3	H4	H5	H6	H7
0.593489	12.4668	0.176543	0.0042762	0.0004887	2.94E−05	3.25E−09	1.58E−06	1.35E−09
0.619196	13.0987	0.171682	0.001608	0.0007735	5.86E−06	1.85E−10	9.64E−08	3.94E−10
0.650857	12.5707	0.169594	0.0013721	0.000641	1.69E−05	1.71E−09	5.52E−07	3.69E−10
0.655023	12.9051	0.170252	0.0019702	4.04E−04	1.71E−06	−1.30E−11	−2.31E−08	−4.28E−11
0.770569	12.6366	0.162715	5.14E−04	0.000175	6.32E−07	1.21E−12	4.41E−09	6.54E−12
0.67146	12.4674	0.167531	0.0001834	0.0007643	3.16E−06	1.51E−10	3.20E−08	3.67E−11
0.747965	11.3953	0.162832	0.0003859	0.0002096	1.33E−06	1.80E−11	2.45E−08	−1.30E−11

5）病害类型识别

病害类型识别是一种计算机的智能活动，包含分析和判断两个过程。分析的过程在于确定用于划分模式类的特征及其表达方法；判断的过程在于根据待识别对象的特征，将其判属于某一个模式类，目的在于利用计算机实现人的类识别能力，是对两个不同层次的识别能力的对比。识别的本质是根据模式的特征表达和模式类的划分方法，利用计算机将模式判属为特定的类。病害类型识别是在特征提取的基础上，由分类器设计确定的分类判别规则对待识别的图像进行分类，确定该图像中目标的类别名称。常用的方法为利用特征数据使用神经网络、支持向量机等数学模型进行训练，并进行测试，得出病害的分类结果。利用训练得到的模型，对待识别的病害图像特征进行正确的分类，以确定图像中草莓对象的病害类型。

病害类型识别流程如图 9.37 所示。

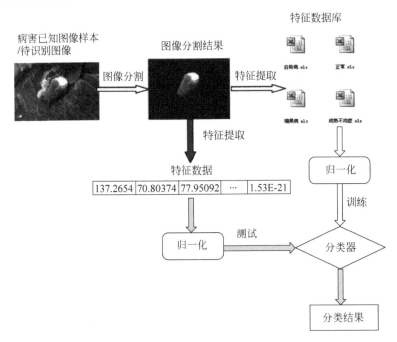

图 9.37　病害类型识别流程

9.4 声音处理技术基础

声音(音频)信息处理是多媒体信息处理的重要内容,音频信息从自然界中动物的声音到我们听的 MP3 音乐无处不在,本节将介绍数字化音频信息产生的原理以及音频压缩与编码方法。

9.4.1 音频信息数字化过程

声音是通过空气传播的一种连续的波,叫声波。声音的强弱体现在声波压力的大小上,音调的高低体现在声音的频率上。声音用电表示时,声音信号在时间和幅度上都是连续的模拟信号。声音进入计算机的第一步就是数字化,数字化实际上就是采样和量化。连续时间的离散化通过采样来实现。

声音数字化过程如图 9.38 所示。

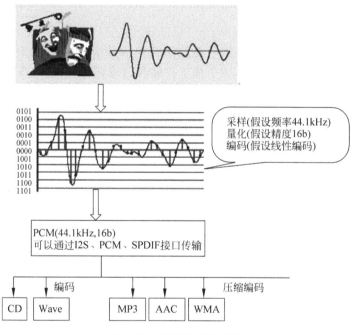

图 9.38 声音数字化过程

声音数字化需要回答两个问题:每秒钟需要采集多少个声音样本,也就是采样频率是多少;每个声音样本的位数应该是多少,也就是量化位数。

1. 采样频率

奈奎斯特理论(采样定理)指出,采样频率不应低于声音信号最高频率的两倍,这样才能把以数字表达的声音还原成原来的声音。采样的过程就是抽取某点的频率值,很显然,在 1s 内抽取的点越多,获取的频率信息更丰富。为了复原波形,一次振动中必须有两个点的采样,人耳能够感觉到的最高频率为 20kHz,因此要满足人耳的听觉要求,则需要至少每秒进行 40 000 次采样，用 40kHz 表达，这个 40kHz 就是采样率。常见的 CD 采样率为 44.1kHz。电话话音的信号频率约为 3.4kHz，采样频率就选为 8kHz。

常见的音频录制及传输格式如表 9.2 所示。

表 9.2 常见音频录制及传输格式

存储类型	声音录制格式	从数字音频接口输入输出
DVD	杜比数字	杜比数字位信号
	线性 PCM	线性 PCM(采样频率 48kHz，量化精度 16b 或 24b 等)
CD	线性 PCM	线性 PCM(采样频率 44.1kHz，量化精度 16b)
VCD	MPEG	线性 PCM(采样频率 44.1kHz，量化精度 16b)

2. 量化精度

光有频率信息是不够的，还必须记录声音的幅度。量化位数越高，能表示的幅度的等级数越多。例如，每个声音样本用 3b 表示，测得的声音样本值为 0～8。常见的 CD 为 16b 的采样精度，即音量等级个数有 2 的 16 次方。样本位数的大小影响到声音的质量，位数越多，声音的质量越高，而需要的存储空间也越多。

3. 压缩编码

经过采样、量化得到的 PCM 数据就是数字音频信号了，可直接在计算机中传输和存储。但是这些数据的体积太庞大了，为了便于存储和传输，就需要进一步压缩，就出现了各种压缩算法，将 PCM 转换为 MP3、AAC、WMA 等格式。

9.4.2 音频编码与压缩

音频文件如未经压缩是非常浪费存储空间的，可以拿一个未压缩的 CD 文件（PCM 音频流）和一个 MP3 文件做一下对比。

PCM 音频：一个采样率为 44.1kHz，采样大小为 16b，双声道的 PCM 编码 CD 文件，它的数据速率则为 1378.125Kb/s(44.1×1000×16×2/1024)，这个参数也被称为数据带宽。再除以 8 将 b 换算成字节 B，就可以得到这个 CD 的数据速率，即 172.3KB/s。这表示存储一秒钟 PCM 编码的音频信号，需要 172.3KB 的空间。

MP3 音频：将这个 WAV 文件压缩成普通的 MP3，44.1kHz，128Kb/s 的码率，它的数据速率为(128Kb/s)/8＝16KB/s。

相同音质下各种音乐文件大小对比如表 9.3 所示。

表 9.3 相同音质下各种音乐文件大小对比

音频格式	比特率	存 1s 音频数据所占空间
CD(线性 PCM)	1378.125Kb/s	172.3KB
MP3	128Kb/s	16KB
AAC	96Kb/s	12KB
mp3PRO	64Kb/s	8KB
WMA	64Kb/s	8KB

采样率表示了每秒对原始信号采样的次数,常见到的音频文件采样率多为44.1kHz,这意味着什么呢? 假设有两段正弦波信号,分别为 20Hz 和 20kHz,长度均为 1s,以对应能听到的最低频和最高频,分别对这两段信号进行 40kHz 的采样,可以得到一个什么样的结果呢? 结果是:20Hz 的信号每次振动被采样了 2000(40k/20)次,而 20k 的信号每次振动只有 2 次采样。显然,在相同的采样率下,记录低频的信息远比高频的详细。CD 的 44.1kHz 采样也无法保证高频信号被较好地记录。要较好地记录高频信号,需要更高的采样率,于是有人在捕捉 CD 音轨的时候使用 48kHz 的采样率,这是不可取的。这其实对音质没有任何好处,对抓轨软件来说,保持和 CD 提供的 44.1kHz 一样的采样率才是最佳音质的保证之一,而不是去提高它。较高的采样率只有相对模拟信号的时候才有用,如果被采样的信号是数字的,请不要去尝试提高采样率。

随着网络的发展,人们对在线收听音乐提出了要求,因此也要求音频文件能够一边读一边播放,而不需要把这个文件全部读出后然后回放,这样就可以做到不用下载就可以实现收听了。也可以做到一边编码一边播放,正是这种特征,可以实现在线直播,架设自己的数字广播电台成为了现实。

下面介绍有损、无损和未压缩音频格式。

所谓无损压缩格式,顾名思义,就是毫无损失地将声音信号进行压缩的音频格式。无损压缩格式,就好像用 ZIP 或 RAR 这样的压缩软件去压缩音频信号,得到的压缩格式还原成 WAV 文件,和作为源的 WAV 文件是一模一样的。目前比较出名的无损压缩格式有 APE、FLAC、LPAC、WavPack。无损压缩的不足就是占用空间大,压缩比不高。

有损压缩就是在压缩过程中会舍弃一些细节,也就是压缩是不可逆的。常见的 MP3、WMA 等格式都是有损压缩格式,与作为源的 WAV 文件相比,它们都有相当大程度的信号丢失,这也是它们能达到 10% 的压缩率的根本原因。例如 MP3,如果将 WAV 压缩成 MP3,再将此 MP3 解压为 WAV,则后来的 WAV 音质明显不如开始的 WAV。有损压缩包括 AC3,DTS,AAC,MPEG-1/2/3 的音频部分。

未压缩音频是一种没经过任何压缩的简单音频。例如 PCM 或 WAV 音轨。

9.5　视频处理技术基础

在网络上可以看到大量的多媒体视频,在现实生活中也可以看到许多地方都安装了视频监控摄像头,视频监控技术已经广泛应用到人防安全、道路监控、水下搜救等各个不同领域。视频处理技术在农业领域也得到了广泛应用,如针对施肥、播种、施药、采摘等不同作业机械的作业环境特点,基于视频处理技术,实现农田作业精确定位导航、病虫害识别;针对规模化、福利化养殖过程中,动物最基本的采食、饮水、排泄等行为,基于视频处理技术,对动物的这些行为进行分析就可以判定其生存环境状况的优劣和健康与否。

视频处理技术所涉及的知识面十分广阔,视频处理技术繁多,应用也极为普遍,本节将从视频的相关概念开始,对视频相关文件的常见格式、视频图像获取途径、视频编码压缩进行介绍,最后以基于视频处理的生猪行为检测跟踪技术为例,讨论视频处理技术在农业养殖过程中的应用。

9.5.1 视频基本概念

1. 视觉暂留现象

人眼有一种视觉暂留的生物现象，即人观察的物体消失后，物体映像在人眼的视网膜上会保留一个非常短暂的时间（约 0.1～0.4s）。视觉暂留现象（Visual Staying Phenomenon, Duration of Vision）又称余晖效应，1824 年由英国伦敦大学教授皮特·马克·罗葛特在他的研究报告《移动物体的视觉暂留现象》中最先提出。人眼在观察景物时，光信号传入大脑神经，需经过一段短暂的时间，光的作用结束后，视觉形象并不立即消失，这种残留的视觉称后像，视觉的这一现象则被称为视觉暂留。

视觉暂留现象首先被中国人运用，走马灯便是据历史记载中最早的视觉暂留运用。宋时已有走马灯，当时称马骑灯。随后法国人保罗·罗盖在 1828 年发明了留影盘，它是一个被绳子在两面穿过的圆盘。盘的一个面画了一只鸟，另一面画了一个空笼子。当圆盘旋转时，鸟在笼子里出现了，这证明了当眼睛看到一系列图像时，它一次保留一个图像。利用视觉暂留现象，将一系列画面中物体移动或形状改变很小的静止图像，以足够快的速度连续播放，就会产生连续活动的场景。

2. 视频的定义

连续的图像变化每秒超过 24 帧（Frame）画面以上时，根据视觉暂留原理，人眼无法辨别单幅的静态画面；看上去是平滑连续的视觉效果，这样连续的画面叫视频，视频又称运动图像或活动图像，它是指连续地随着时间变化的一组静止图像。

视频（Video）处理技术泛指将一系列静态影像以电信号方式加以捕捉、记录、处理、储存、传送、重现的各种技术。视频处理技术最早是为了电视系统而发展，但现在已经发展为各种不同的格式，方便使用者将视频记录下来。网络技术的发展与应用也促使视频的纪录片段以流媒体的形式存在于因特网上，并可被计算机接收与播放。

下面介绍几个相关的概念：

帧：一幅单独的图像；

帧频：每秒播放的帧数，单位是 f/s，典型的帧频有 24f/s、25f/s、30f/s。

3. 视频分类

视频信号按组成和存储方式的不同可分为模拟视频信号和数字视频信号两大类。

1）模拟视频

早期视频的获取、存储和传输都是采用模拟方式。模拟视频就是采用电子学的方法来传送和显示活动景物或静止图像，它是由连续的模拟信号组成的图像序列，也就是通过在电磁信号上建立变化来支持图像和声音信息的传播和显示，大多数家用电视机和录像机显示的都是模拟视频。

模拟视频具有以下特点：

（1）以模拟电信号的形式记录；

（2）依靠模拟调幅手段在空间传播；

（3）使用盒式磁带存储在磁带上。

缺点：多次复制以后信号会产生失真，图像的质量随着时间的流逝而降低，模拟视频信号在传输过程中容易受到干扰。

2）数字视频

数字视频是以离散的数字信号方式表示、存储、处理和传输的视频信息，由随时间变化的一系列数字化的图像序列组成，所用的存储介质、处理设备以及传输网络都是数字化的。本节的视频处理技术指的是数字视频处理技术。

数字视频具有以下特点：

（1）以离散的数字信号形式，在数字存储媒体上记录视频信息；

（2）用逐行扫描方式在输出设备上还原图像；

（3）用数字化设备编辑处理；

（4）通过数字化宽带网络传播。

缺点：处理速度慢、数据量大，所需的数据存储空间大，从而使数字图像的处理成本增高。

3）数字视频与模拟视频相比的优点

（1）适合于网络应用。在网络环境中，视频信息可以很方便地实现资源的共享，数字视频信号可以长距离传输而不会产生任何不良影响，而模拟视频信号在传输过程中会有信号损失。

（2）再现性好。模拟信号由于是连续变化的，因此不管复制时采用的精确度多高，失真总是不可避免的，经过多次复制以后，误差累积。数字视频可以不失真地进行无限次复制，其抗干扰能力是模拟视频无法比拟的。它不会因为存储、传输和复制而产生视频图像质量的退化，从而能够准确地再现。

（3）便于计算机编辑处理。模拟信号只能简单调整亮度、对比度和颜色等，限制了处理手段的应用范围。而数字视频信号可以传送到计算机内进行存储、处理，很容易进行创造性编辑与合成，并进行动态交互。

9.5.2 视频图像获取

1. 视频信号的数字化过程

要使计算机能够对视频进行处理，必须把视频源，即来自于电视机、模拟摄像机、录像机、影碟机等设备的模拟视频信号，通过视频采集卡转换成计算机要求的数字视频形式，并存放在磁盘上，这个过程称为视频的数字化过程，包括三个步骤：

（1）采样：将模拟视频信号以一定的频率进行采样。

（2）量化：进行 A/D 转换和色彩空间转换等处理，就可以转换成相应的数字视频信号。

（3）编码：转换后的数字视频信号数据量大，需经压缩方可保存，经过编码、压缩后，形成不同格式和适量的数字视频，可适用不同的处理和应用要求。

视频信号数字化过程如图 9.39 所示。

2. 视频采集卡

视频采集卡也称视频捕捉卡，其主要功能是从动态视频中实时或非实时捕获图像并存储。将视频采集卡的输入端与摄像机、录像机、视频光盘机等视频信号的输出端连接之后，

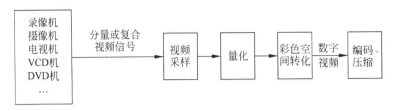

图 9.39 视频信号数字化过程

就可以用采集卡捕捉到视频图像，并且可以根据需要转变成静止图像或者活动图像，以文件的形式保存在硬盘上。视频采集卡能在捕捉视频信息的同时获得伴音，使音频部分和视频部分在数字化时同步保存、同步播放。

按性能分类视频采集卡可以分为广播级视频采集卡、专业级视频采集卡和普通视频采集卡三大类，如图 9.40 所示。

(a) 广播级   (b) 专业级   (c) 普通级

图 9.40 视频采集卡

9.5.3 视频编码技术

视频信号数字化后，视频图像数据有极强的相关性，也就是说有大量的冗余信息。视频编码技术就是指通过特定的压缩技术，将视频图像数据中的冗余信息去掉（去除数据之间的相关性），即通过压缩技术将某个具有冗余数据的视频格式文件转换成另一种视频格式文件的方式。

1. 视频数据压缩技术

1）有损和无损压缩

视频数据压缩的目标是在尽可能保证视觉效果的前提下减少视频数据率。视频数据压缩率是指压缩后的数据量与压缩前的数据量之比。由于视频是连续的静态图像，因此其压缩编码算法与静态图像的压缩编码算法有某些共同之处，但是运动的视频还有其自身的特性，因此在压缩时还应考虑其运动特性才能达到高压缩的目标。在视频数据压缩中有损（Lossy）和无损（Lossless）的概念与静态图像中基本类似。

无损压缩也即压缩前和解压缩后的数据完全一致。多数的无损压缩都采用 RLE 行程编码算法。

有损压缩意味着解压缩后的数据与压缩前的数据不一致，在压缩的过程中要丢失一些人眼和人耳所不敏感的图像或音频信息，而且丢失的信息不可恢复。几乎所有高压缩率的算法都采用有损压缩,这样才能达到低数据率的目标。丢失的数据与压缩比有关,压缩比越小,丢失的数据越多,解压缩后的效果一般越差。此外,某些有损压缩算法采用多次重复压缩的方式,这样还会引起额外的数据丢失。

2)视频数据压缩的可能性

视频数据中存在大量的冗余,即图像的各像素数据之间存在极强的相关性。利用这些相关性,一部分像素的数据可以由另一部分像素的数据推导出来,结果视频数据量就能极大地压缩,有利于传输和存储视频数据。视频数据主要存在的有空间冗余信息和时间冗余信息。

(1)空间冗余信息:视频图像在水平方向相邻像素间、垂直方向像素间的变化一般很小,存在着极强的空间相关性。特别是统一景物个点的灰度和颜色之间往往存在着空间连贯性,从而产生了空间冗余,该冗余也称阵内相关性。

(2)时间冗余信息:在相邻场或相邻帧的对应像素之间,亮度和色度信息存在着极强的相关性。当前帧图像往往具有与前、后两帧图像相同的背景和移动物体,只不过移动物体所在的空间位置略有不同,对大多数像素来说,亮度和色度信息是基本相同的,这种冗余也称帧间冗余。

3)视频数据压缩技术

压缩技术就是将视频数据中的冗余信息去掉(去除数据之间的相关性),常见的压缩技术包含帧内图像数据压缩技术、帧间图像数据压缩技术和熵编码压缩技术。

(1)帧内压缩(Intraframe Compression)。又称空间压缩(Spatial Compression),仅考虑本帧的数据而不考虑相邻帧之间的冗余信息,即去除空间冗余信息。一般采用有损压缩算法,达不到很高的压缩比。

(2)帧间压缩(Interframe Compression)。又称时间压缩(Temporal Compression),是基于许多视频或动画的连续前后两帧具有很大的相关性(即连续的视频其相邻帧之间具有冗余信息)的特点来实现的,通过比较时间轴上不同帧之间的数据实施压缩,一般是无损压缩,主要基于块的运动估计和运动补偿编码技术。

(3)熵编码压缩(Entropy Encoding Compression)。熵编码即编码过程中按照熵原理不丢失任何信息的编码。在视频编码中,熵编码把一系列用来表示视频序列的元素符号转变为一个用来传输或是存储的压缩码流。

2. 常见编码

视频编码方案有很多,常见的音频视频编码有以下几类。

1)MPEG 系列

国际标准化组织(International Organization for Standardization,ISO)和国际电工委员会(International Electrotechnical Commission,IEC)联合成立的专家组开发的视频编码,主要有 MPEG-1、MPEG-2、MPEG-4、MPEG-7。

MPEG-1:压缩率很高,清晰度损失比较大。包括.mpg、.mlv、.mpe、.mpeg 及 VCD 光盘中的.dat 文件等。

MPEG-2:是一种低数据率,高质量的视频压缩算法。包括.mpg、.mpe、.mpeg、.m2v 及 DVD 光盘上的.vob 文件等。

MPEG-4:运动图像压缩算法实现了以最少的数据获得最佳的图像质量,广泛应用于视频电话、视频电子邮件和电子新闻等领域，其数据传输速率要求较低（在 4.8kb/s～64kb/s）。

MPEG-7：多媒体内容描述接口标准（正在研究）。

2）H.26X 系列

H.26X 系列由 ITU（International Telecommunication Union，国际电信联盟）主导，侧重网络传输的视频编码，包括 H.261、H.262、H.263、H.264。

9.5.4　生猪行为检测跟踪技术研究

1. 生猪行为监测跟踪技术研究目标及意义

采食、饮水、排泄等是猪的最基本的行为，贯穿其整个生长过程，通过分析猪的这些行为表现有助于监控其生长过程，判断其健康与否。国外很早就从动物行为纯理论研究转向实际生产应用，并将最新的动物行为学研究成果广泛应用于本国的动物福利养殖及动物产品生产实践中，取得了一些效果。对现代集约化养殖方式和工业化养殖方式进行改进，旨在既能满足家畜生理、心理、行为需要，还能最大限度地降低养殖成本。目前，国内主要采用人工观察的方式监测猪的行为，该方式观察得到的数据主观性较强，不利于精确、稳定、连续地记录。采用机器视觉技术实现对生猪行为的观察和分析，能够较好克服人工观察存在的记录错误。

目标生猪检测是指从视频流中实时地提取出运动的目标生猪，目标生猪跟踪则是对运动的生猪目标进行连续的跟踪，以便分析其行为。采用机器视觉技术对生猪日常行为进行跟踪，能够及时发现和诊治疾病，减少生猪病死率，提高生猪出栏率，对满足人们的消费需求，提高人们的生活水平有很大的现实意义和应用价值。

2. 生猪行为监测跟踪过程及相关技术

1）视频图像获取

为能够完整记录生猪一天 24h 的全部行为特性，采用实时监控。监控设备分前台后台，监控器的后台便于实验员观测猪晚间的活动。前台安装有高清摄像头，保证对生猪的盖排泄区和采食饮水区，进行 24h 不间断拍摄猪的行为活动。视频采集设备布置如图 9.41 所示。

2）视频图像预处理

视频图像的获取是通过彩色 CCD 摄像机进行记录采集。在采集、传输和记录过程中，经常会受到各种噪声的干扰，包括外界光照变化、阴影变化的影响，也包括摄像头成像误差、光路扰动、系统电路失真等引起的噪声。所有的视频图像都或多或少地存在噪声，这将影响图像处理的效果，为了保证跟踪目标生猪图像分割、特征提取、模式识别等处理准确，在图像处理之前，应当选用适当的算法对图像进行平滑处理，消除噪声。最常用的有均值滤波和中值滤波（Median Filter）两种。由于养殖环境所限，所采集的视频图像不是特别清晰。均值滤波对噪声有抑制作用，却会使图像变得模糊，即使是加权均值滤波，改善的效果也是有限的，中值滤波就是一种有效的改善方法。

预处理后的视频图像如图 9.42 所示。

图 9.41 视频采集设备布置

图 9.42 预处理后的视频图像

3）目标生猪检测

（1）目标生猪监测过程。

目标生猪检测就是检测视频序列图像中是否存在相对于场景运动的生猪。目标生猪检测的主要目的是从视频图像中提取出运动生猪目标，并获得运动生猪目标的特征信息，如颜色、轮廓、形状等。提取目标的过程实际上就是图像分割的过程，物体的运动只有在连续的图像序列中才能体现出来，运动生猪目标的提取过程就是在连续的图像序列中寻找差异，并把差异提取出来。运动生猪目标的检测是视频监控系统的第一步，也是实现目标分类、跟踪和行为分析理解的基础，目标检测的结果会影响后续步骤的操作。目标生猪检测的过程如图 9.43 所示。

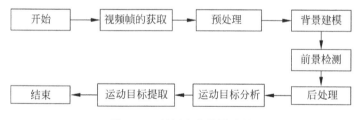

图 9.43 目标生猪监测过程

（2）背景建模。

背景图像与时间和环境有很强的关联性，随着时间和环境的变化，变化的背景图像可能会使运动目标检测的结果发生较大错误。如光线的缓慢变化，导致背景图像超出运动检测范围，可能会使得部分背景被误分类为前景运动物体。所以应建立合适的背景模型，适应外部因素变化，以解决以上因素带来的对运动目标检测的干扰。背景建模方法很多，如直接获取背景模型、统计平均法获取背景模型、中值法获取背景模型、单高斯背景模型等。

背景图像如图 9.44 所示。

（3）生猪目标前景检测。

静态背景下常用的运动目标检测方法主要可以分为三种：第一种是帧间差分法，基于时间序列，对时间序列上的图像进行差分，实现运动目标的检测；第二种是背景差分法，是

图 9.44　背景图像

将当前帧的图像序列与参考背景模型进行相减，实现对运动目标检测；第三种是光流法，是对图像的运动场进行估计，将相似的运动矢量合并形成运动目标。由于背景差分法的实时性能和扩展性都很好，生猪目标检测中可以采用背景差分法来实现运动目标检测，在背景差分法基本原理的基础上进行适当改进以适应生猪目标检测的应用要求。

4）目标生猪跟踪

运动目标跟踪的目的是确定目标的运动轨迹，即在视频序列中确定同一运动目标在不同视频帧中的位置。它是利用运动目标的大小、位置关系、形状、颜色等特征去对相邻视频帧中检测出的运动目标进行匹配，将视频序列中不同帧中的同一个运动目标串联起来，得到运动目标完整的运动轨迹。

常用的跟踪算法主要有基于模型的跟踪（Model-based Tracking）、基于特征的跟踪（Feature-based Tracking）、基于区域的跟踪（Region-based Tracking）、基于活动轮廓的跟踪（Active Contour-based Tracking）。目前研究生猪行为自动跟踪监测的文献并不多，有学者利用像素块对称识别监测生猪目标，即将一组号码标签贴在生猪身上，通过一种基于像素块对称特征的号码识别算法识别出生猪身上的号码，以定位生猪个体；还有学者在生猪身上画彩色序号，利用 Camshift 算法对目标生猪颜色进行跟踪；采用一种以目标生猪的形状几何特征，利用卡尔曼滤波器估计目标生猪在下一帧图像中的运动状态，提高跟踪效率和跟踪的准确性。目标生猪外围几何轮廓提取如图 9.45 所示；目标生猪跟踪如图 9.46 所示。

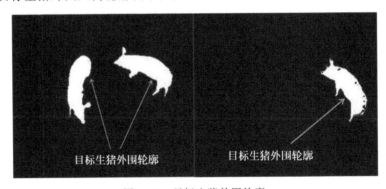

图 9.45　目标生猪外围轮廓

图 9.46 目标生猪跟踪

5）基于视频技术的生猪排泄次数统计

研究还表明，育肥猪的日平均排泄次数为六次左右，当生猪排泄过于频繁时，就有患病的可能。采用的跟踪方法对生猪排泄区进行实时监控，统计生猪的排泄次数，作为判断生猪健康与否的依据。利用基于视频的检测跟踪技术对生猪排泄次数进行统计，结果如表 9.4 所示。

表 9.4 生猪排泄次数统计

2010.5.16	1#号生猪	2#号生猪	3#号生猪	4#号生猪	5#号生猪
第 1 次排泄	06:47	06:12	08:12	07:40	08:23
第 2 次排泄	09:43	09:12	11:21	09:41	14:45
第 3 次排泄	14:12	10:12	15:54	10:18	17:38
第 4 次排泄	16:28	13:51	19:23	12:18	19:12
第 5 次排泄	19:56	18:36		15:25	
第 6 次排泄		20:46		18:34	
第 7 次排泄				20:34	

9.6 动画制作技术基础

大家都喜欢看动画片，不仅小朋友们喜欢，成年人也喜欢。动画的概念不同于一般意义上的动画片，动画是一种综合艺术，它是集合了绘画、漫画、电影、数字媒体、计算机技术、计算机图形学、摄影、音乐、文学等众多艺术门类于一身的艺术表现形式。随着计算机技术以及信息技术的迅速发展，这些新技术逐渐被动画领域吸收，成为现代动画技术的关键和基础（如 CG 技术），促进了动画的发展（如三维动画），拓展了动画的外延领域。动画在农业领域也得到了应用，如针对园林设计演示动画、作物生长过程的动画展示等，通过这些动画过程能够让设计者对园林设计的效果进行有效验证，对作物新品种的生长过程进行完整模拟。

计算机动画的制作是一个复杂的过程，计算机动画技术从制作的角度来看，主要是几何造型和图形图像处理两种技术，应用也极为普遍。本节将从动画的相关概念介绍开始，然后对计算机动画制作常用软件进行介绍，最后以基于动画制作技术的水利工程设计动画仿真演示为例，讨论动画制作技术在水利工程设计过程中的应用。

9.6.1　动画基本概念

1. 计算机图形学

计算机图形学（Computer Graphics，CG）是一种使用数学算法将二维或三维图形转化为计算机显示器的栅格形式的科学。简单地说，计算机图形学的主要研究内容就是研究如何在计算机中表示图形，以及利用计算机进行图形的计算、处理和显示的相关原理与算法。随着以计算机为主要工具进行视觉设计和生产的一系列相关产业的形成，国际上习惯将利用计算机技术进行视觉设计和生产的领域通称为 CG。它既包括制作技术，也包括艺术，几乎囊括了当今计算机时代中所有的视觉艺术创作活动，如三维动画、影视特效、平面设计、网页设计、多媒体技术、印前设计、建筑设计、工业造型设计等。

2. 计算机动画

动画是指对许多帧静止的画面，逐帧拍摄，以一定的速度（如每秒 16 张）连续播放时，肉眼因视觉暂留产生错觉，而误以为画面活动的作品。为了得到活动的画面，每个画面之间都会有细微的改变。最常见的画面的制作方式是手绘在纸张或赛璐珞片上，其他的方式还包含了黏土、模型、纸偶、沙画等。随着计算机网络技术的发展，人们对视觉享受的要求越来越高，数字动画应运而生，出现了许多计算机动画软件，直接在计算机上制作动画，或者是在动画制作过程中使用计算机进行加工。计算机动画（Computer Animation），是借助计算机来制作动画的技术，由于计算机动画可以完成一些简单的中间帧，使得动画的制作得到了简化。计算机动画从表现形式上可以分为二维动画和三维动画两种。

1）二维动画

二维动画也称 2D 动画。借助计算机 2D 位图或者是矢量图形来创建、修改、编辑动画，制作上和传统动画比较类似。许多传统动画的制作技术被移植到计算机上，现在的 2D 动画在前期上往往仍然使用手绘，然后扫描至计算机或者是用手写板直接绘制在计算机上（考虑到成本，大部分二维动画公司采用铅笔手绘），然后在计算机上对作品进行上色的工作。而特效、音响音乐效果、渲染等后期制作则几乎完全使用计算机来完成。

2）三维动画

三维动画也称 3D 动画。基于 3D 计算机图形来表现。有别于二维动画，三维动画提供三维数字空间利用数字模型来制作动画。3D 动画几乎完全依赖于计算机制作，在制作时，大量的图形计算机工作会因为计算机性能的不同而不同。3D 动画可以通过计算机渲染来实现各种不同的最终影像效果，包括逼真的图片效果，以及 2D 动画的手绘效果。三维动画主要的制作技术有建模、渲染、灯光阴影、纹理材质、动力学、粒子效果（部分 2D 软件也可以实现）、布料效果、毛发效果等。

9.6.2　动画制作常用软件

近年来，随着人们应用计算机技术实现对运动控制和渲染技术的研究不断深入，计算机动画技术也得到了长足的进步,尤其是一些专业软件的成功研制和升级。例如 3ds Max、Maya 等,这些软件及一些插件使得计算机对动画的处理功能有了极大的提高,为计算机动画制作提供了基础和平台。

目前,制作动画效果的方法比较多,软件也很多,下面对常用的软件进行简单介绍。

1. 3D Studio Max

3D Studio Max 简称 3ds Max,是由 Autodesk 公司推出的三维动画制作软件,是目前使用最为广泛和最优秀的虚拟仿真设计和动画漫游制作软件之一。它具有灵活多变的三维建模系统、运动动画场景制作和强大的材质编辑功能,广泛应用于广告、影视、工业设计、建筑设计、三维动画、多媒体制作、游戏、辅助教学以及工程可视化等领域。主要利用 3ds Max 进行动画模型创建、编辑,使得模型在设计者的指导下按照一定的轨迹运行,从而达到模拟未来设计场景的功能,直观地表达了设计师的设计思维。

2. Maya

Maya 是美国 Autodesk 公司出品的专业级的三维动画软件,应用对象是专业的影视广告、角色动画、电影特技等。Maya 功能完善,工作灵活,易学易用,制作效率高,渲染真实感强,是电影级别的高端制作软件。

3. Flash

Flash 是美国的 Macromedia 公司于 1999 年 6 月推出的网页动画设计软件。它是一种交互式动画设计工具,可以将音乐、声效、动画以及富有新意的界面融合在一起,以制作出高品质的网页动态效果。Flash 可以包含简单的动画、视频、复杂演示文稿和应用程序以及介于它们之间的任何内容。使用 Flash 创作的各个内容单元称为应用程序,即使它们可能只是很简单的动画。也可以通过添加图片、声音、视频和特殊效果,构建包含丰富媒体的 Flash 应用程序。

4. Photoshop

Photoshop,简称 PS,是一个由 Adobe Systems 开发和发行的图像处理软件。Photoshop 主要处理以像素构成的数字图像,使用其众多的编修与绘图工具,可以更有效地进行图片编辑工作。Photoshop 有强大的功能,涉及各个图像制作领域。

5. AutoCAD

AutoCAD(Auto Computer Aided Design)是 Autodesk 公司首次于 1982 年开发的自动计算机辅助绘图和设计软件,用于二维绘图、详细绘制、设计文档和基本三维设计,现已经成为国际上广为流行的绘图工具。AutoCAD 具有良好的用户界面,通过交互菜单或命令行方式便可以进行各种操作。它的多文档设计环境,让非计算机专业人员也能很快地学会使用。AutoCAD 具有广泛的适应性,它可以在各种操作系统支持的微型计算机和工作站上运行,广泛应用于土木建筑、装饰装潢、工业制图、工程制图、电子工业、服装加工等多方面领域。

9.6.3　三维动画技术在水利工程仿真中的应用

水利工程仿真的主要目的是验证工程规划,通过定性规划、定量三维动画仿真,为工程建设提供决策支持。系统关键技术是三维自然景观的生成、动态水环境的实现和三维海量数据实时交互漫游。

1. 水利工程三维自然景观的生成

水利工程三维自然景观主要包括：利用大量的地理数据和遥感数据，构建三维地理环境模型，主要包括三维地形建模和三维环境建模（如建筑物周围的树木）；利用水利工程设施的设计数据，构建虚拟的三维水利工程设施模型。

1）三维地形建模

地形是自然界复杂的景物，三维地形是模拟自然环境中重要的组成部分，自然地形主要有两方面的特性：地形宏观形状和地貌特征。地形建模分两步实现，即地形造型和地貌特征模拟。地形造型常用曲面造型法和高度造型法，地貌特征模拟主要是指生成地表纹理，常用有纹理映射方法、对景物模型的随机扰动方法和分形方法等。其效果如图 9.47 所示。

2）三维环境建模

树木模型是创建三维环境的一个重要组成部分，它不仅增加场景的真实程度，而且由于树木可能分布于场景的每一个角落，构造其三维模型必然成为现实世界三维自然景观不可或缺的一部分。其基本思想是根据树木的真实感形状、尺度，但是树木的几何形状无规则可循，要用规则几何体表示树木，就必须把树木分割成很多小段，每小段用一个规则体来近似模拟，然后加以组合，其效果如图 9.48 所示。

图 9.47　地貌特征模拟效果　　　　图 9.48　十字交叉面创建三维树木

3）水利建筑物真实感模型构建

大部分的建筑物具有规则几何轮廓，可以通过规则的几何图元（长方体、圆、圆锥、圆柱、平面等）等简单几何叠加得到；对于不规则的建筑，则可采用曲面的放样，生成不规则的外观，其效果如图 9.49 所示。

2. 动态水环境的实现

动态水环境作为水利工程仿真系统的重要内容，是通过建立水力学仿真和水质仿真模型，形象地展示水流及水质状态，其效果如图 9.50 所示。

3. 三维海量数据实时交互漫游

在建立了三维模型后，能否实现实时动画漫游是三维动画可视化系统成功的关键。在显示的过程中建立动态调用三维数据的机制，即采用分页技术，其具体方法如下：假设系统所涉及的地形数据总数为 50×50，每次参与显示的数据页中块的大小为 10×10，视点始终位于数据页中点附近。在视点移动过程中，不断更新数据页的数据块，达到实时显示的效果。

图 9.49　水利建筑物真实感模型

图 9.50　动态水环境效果

9.7　虚拟现实技术基础

游戏是虚拟世界，可是这个虚拟世界是利用什么技术建立起来的呢？这个虚拟的世界就是利用虚拟现实技术构建的。虚拟现实（Virtual Reality，VR）也称灵境技术。利用虚拟现实技术不仅能成功开发各种游戏，满足人们娱乐的需求，而且在航天、军事、通信、医疗、教育、娱乐、图形、建筑、商业以及农业等领域也得到了广泛应用。在农业领域的应用被称为虚拟农业（Virtual Agriculture），如模拟农作物生长发育的虚拟植物、模拟牲畜养殖的虚拟养殖等。虚拟农业的主要目的就是利用先进的信息技术手段，实现研究对象与环境因子交互作用，以品种改良、环境改造、环境适应、增产等为目的的技术，其成果应接受实践的检验。虚拟农业是农业研究方法的革新和先进的技术手段，它将提高农业领域研究的效率，促进农业的发展。

虚拟现实技术是一项综合集成技术，涉及计算机图形学、人机交互技术、传感技术、人工智能等领域，应用也极为普遍，本节将从虚拟现实技术的相关概念介绍开始，对虚拟现实技术的关键技术进行介绍，最后以基于虚拟现实技术的养猪场可视化管理系统为例，讨论虚拟现实技术在农业养殖过程中的应用。

9.7.1　虚拟现实基本概念

虚拟现实是利用计算机生成一个关于视觉、听觉、触觉等感官的三维空间的虚拟世界，让参与者身临其境一般，产生沉浸感。虚拟现实技术是一项综合集成技术，涉及计算机图形学、人机交互技术、传感技术、人工智能等领域，它利用计算机模拟产生逼真的三维空间，以人们习惯的能力和方法，对这个虚拟世界进行客观的观察、体验、控制，甚至分析，让使用者通过感应装置，自然地参与到虚拟环境中，进行逼真体验，与之交互。简单地说，虚拟现实并不是真实的环境，更不是现实世界，而是人们利用计算机把抽象、复杂的计算机数据表现为他们所熟悉的、直观的可以交互的高级人机接口。虚拟现实技术具有三个特征，且相互关联。

1. 沉浸感

虚拟现实技术实现与计算机所创造虚拟环境的交互，能使参与者全身心地沉浸于三维虚拟环境中，产生身临其境的感觉，将人与环境融为一体，使操作者感受到自己是在真实客观的世界一样。

2. 构想感

虚拟现实技术提供一个更广泛的可想象的空间，可拓宽人类的认知范围，不仅可再现真实存在的环境，也可以随意构想客观不存在的甚至是不可能发生的场景。

3. 交互性

在虚拟环境中用户根据自己的想法与虚拟环境之间进行交互控制，通过自己的动作改变感受的内容，可以用自然的方式对虚拟环境中的物体进行操作、获取信息。

9.7.2　虚拟现实的关键技术

虚拟现实技术是多种学科技术的综合，具体涉及计算机图形技术、人工智能、仿真学等领域，是通过计算机软硬件以及传感器，构建一个使参与者获得身临其境的逼真感。其研究内容主要有以下几个方面。

1. 动态环境建模技术

虚拟环境的建立是虚拟现实技术的基础理论，更是核心内容。动态环境建模技术的目的在于利用实际环境的三维数据，并根据应用的需要，利用获取的三维数据建立与之相适应的虚拟环境模型。

2. 实时三维图形生成和显示技术

目前，三维图形的生成技术已经比较成熟，而虚拟现实的关键是实时生成。实时的关键是计算机图形的刷新频率，其刷新频率起码高于 30f/s。为此，在不影响图形质量和复杂程度的基础上，提高刷新频率将是未来主要的研究内容。除此之外，虚拟现实还依赖于立体显示和传感器技术的发展，目前的计算机设备还不能有效满足虚拟现实技术的发展需要，因此开发更高技术的三维图形生成、显示技术是关键。

3. 新型交互设备的研制

虚拟现实能够实现人们与虚拟环境中的对象进行随心所欲地交互，如入其境。所依赖的设备主要有头盔显示器、数据手套、数据衣服、三维位置传感器和三维声音产生器等。语音识别与语音输入技术也是虚拟现实系统的一种重要人机交互手段。在虚拟现实系统中，产生身临其境效果的关键因素之一是让用户能够直接操作虚拟物体并感觉到虚拟物体的反作用力，新型交互设备的研制是未来研究虚拟现实技术的重要方向。

4. 应用系统开发工具

虚拟现实应用的关键是如何发挥想象力和创造性。尤其是选择合适的应用对象，可以有效提高工作效率，优化产品质量，可谓事半功倍。虚拟现实系统开发平台、分布式虚拟现实技术等开发工具是虚拟现实技术应用的关键。

5. 系统集成技术

由于虚拟现实系统中包含大量的感知信息和数据模型,系统集成技术对虚拟现实的发展起着至关重要的作用。集成技术包括信息同步、模型标定、数据转换、数据管理模型、识别与合成等技术。

9.7.3 基于虚拟现实技术的养猪场可视化信息管理的研究

以虚拟现实技术实现养猪场可视化是将养猪场的建筑布局、地形地貌、环境树木、河道、鱼池等信息数据转化为虚拟的三维场景,养殖场管理者在虚拟环境中完成对养猪场真实管理的体验,满足使用者的视觉直接感受和交互处理。

1. 养猪场可视化信息管理系统需求

三维可视化是系统的最大特色,结合计算机网络技术和计算机通信技术,将各种二维、三维信息搭载到虚拟养猪场场景中实现养猪场管理者沉浸感需求、构想感需求和实时交互需求。实现的主要功能为:

(1)通过鼠标和键盘的操作,用户可以自由漫游在虚拟养猪场中,用户具有身临其境的感觉,满足用户沉浸感需求;

(2)在漫游同时,实现养猪场建筑物信息查询、实时视频监控、猪舍环境参数查询、历史数据查询、三维空间分析等信息管理功能,为用户决策、规划、管理提供可视化平台,满足用户构想感需求;

(3)对于用户的决策、管理,通过各种交互手段,用户直接完成必要的操作和感受,满足系统实时交互需求。

2. 可视化三维养猪场构建

可视化三维场景的构建是建立虚拟养猪场的重点,如果将交互设计和信息管理功能的实现称为养猪场可视化信息管理系统的"灵魂",那么三维虚拟场景的构建则完全可以称为系统的"血肉之躯"。三维虚拟场景构建的越真实、准确、细腻,那么最终发布后得到的虚拟养猪场也更加逼真,三维浏览时更具真实性、沉浸性,用户更能得到"身临其境"的切身感受。其主要包括三维环境建模(如建筑物周围的树木、河道、鱼池);利用养猪场建筑物的设计数据,构建虚拟的三维养殖房屋。

1)房屋及环境建模

房屋是养猪场的主要景观,养猪场的房屋包括办公楼、宿舍、猪舍、工厂、辅助用房等,房屋的三维建模是整个三维虚拟场景建模的重点。三维场景中,房屋模型往往是浏览者视点关注的焦点,虚拟养猪场以房屋的建模作为三维建模的重心,房屋建模是整个系统中最精细的建模。环境指的是房屋连接道路、广场等建筑物。依据建筑规划图、效果图和实际比例情况,运用3ds Max的点、线、面、体等建模工具进行模型的基本创建,并赋予已经收集并处理好的纹理贴图,建立三维模型,然后进行三维场景的优化,最后对所有的三维模型进行烘焙,其效果如图9.51所示。

2)三维树木建模

植物是不规则物体,花草树木等植物,其形状千变万化,位置毫无规律,颜色纹理千差万别,使用 3ds Max 对其进行三维建模的时候,如果详尽地描绘出每种植物的形状、位置、颜色,那将是极其巨大的工作量,即使完成建模任务,也将产生极其巨大的数据量,无法进行后续的工作。显然以这种方法对植物进行建模是不可取的,可以采用面片贴图纹理的方式来表现,其效果如图 9.52 所示。

图 9.51　房屋及环境建模

图 9.52　三维树木建模

3）鱼池、河道建模

养猪场内风光旖旎,布满河道和鱼池,项目需要对河道和鱼池进行三维建模。为了减少建模工作量和三维场景数据量,在 3ds Max 中利用已经建立好道路模型的三维场景,依照规划图中的实际比例实现鱼池和河道的建模。

3. 合成场景

按照虚拟养猪场场景层次结构的划分,分别对各个分区的小场景完成建模之后,存储为名称不同的.max 格式文件。然后,将它们统一集合到同一个场景中,按照根据实际情况确定好的位置调整各个场景模型的具体位置坐标,组合成为虚拟养猪场的整体场景,其效果如图 9.53 所示。

图 9.53　虚拟养猪场的整体场景

4. 三维海量数据实时交互漫游

三维模型完成后,同样要建立动态调用三维数据的机制来实现实时动画漫游,达到实时显示的效果。

9.8 讨论题

1. 试结合一两个实例谈谈多媒体的发展趋势。
2. 试分析不同媒体类型和各自用途。
3. 试分析多媒体技术的基本技术和关键技术。
4. 试述网络的发展对各类媒体的发展影响。
5. 试分析不同文件格式和不同媒体类型的对应关系。
6. 试描述(或图示)多媒体计算机系统的主要组成。
7. 试分析多媒体计算机硬件系统的主要组成和作用。
8. 试分析显示器的主要性能指标。
9. 试总结多媒体系统常用的计算机外设设备。
10. 试分析人类肉眼看到的图像与计算机显示的图像的不同和差别。
11. 试比较矢量图和位图的不同及各自的应用领域。
12. 举出几种不同压缩方式的图像格式,讨论对图像做压缩有什么作用。
13. 用于农业病虫害图像诊断的图像是位图还是矢量图? 为什么?
14. 如何分辨一幅图像是不是用 Photoshop 修过?
15. 简要描述音频数字化的过程。
16. 什么是采样频率? 它对音频的数字化有什么作用?
17. 描述你印象最深刻的几类声音。
18. 为什么要对音频进行压缩? 压缩类型有哪几类?
19. 试述视频处理技术在农业病虫害识别的应用流程。
20. 请调研学校的视频监控应用效率,基于视频处理技术提出你的改进思路。
21. 基于动画制作技术的农业园艺设计动画仿真演示的制作过程。
22. 请选择一款动画制作软件,用动画的形式描述你每天的行为轨迹。
23. 基于虚拟现实技术的农场可视化信息管理系统应该如何构建?
24. 请用虚拟现实技术,通过漫游的形式向外界展示学校的教学楼。

第10单元

计算机网络技术应用

20世纪60年代计算机网络起源于美国,原本用于军事通信,后逐渐进入民用,经过短短50多年的不断发展和完善,现已广泛应用于各个领域,并正以高速向前迈进。现在,计算机网络以及Internet已成为我们社会结构的一个基本组成部分。网络被应用于工商业的各个方面,包括电子银行、电子商务、现代化的企业管理、信息服务业等都以计算机网络系统为基础。

10.1 计算机网络概述

从整体上来说,计算机网络就是把分布在不同地理区域的计算机与专门的外部设备用通信线路互联成一个规模大、功能强的系统,从而使众多的计算机可以方便地互相传递信息,共享硬件、软件、数据信息等资源。关于计算机网络的最简单定义是:一些相互连接的、以共享资源为目的的、自治的计算机的集合。从逻辑功能上看,计算机网络是以传输信息为基础目的,用通信线路将多个计算机连接起来的计算机系统的集合,一个计算机网络组成包括传输介质和通信设备。从用户角度看,计算机网络是这样定义的:存在着一个能为用户自动管理的网络操作系统。由它调用完成用户所调用的资源,而整个网络像一个大的计算机系统一样,对用户是透明的。一个比较通用的定义是:利用通信线路将地理上分散的、具有独立功能的计算机系统和通信设备按不同的形式连接起来,以功能完善的网络软件及协议实现资源共享和信息传递的系统。为网络计算机之间进行数据交换而制定的规则、约定和标准称为网络协议。

计算机网络主要由资源子网和通信子网组成。其中,资源子网包括主计算机、终端、通信协议以及其他的软件资源和数据资源;通信子网包括通信处理机、通信链路及其他通信设备,主要完成数据通信任务。

10.1.1 计算机网络的发展和分类

1. 计算机网络的发展

早在20世纪50年代初,以单个计算机为中心的远程联机系统构成,开创了把计算机技术和通信技术相结合的尝试。这类简单的"终端—通信线路—面向终端的计算机"系统,构成了计算机网络的雏形。当时的系统除了一台中央计算机外,其余的终端设备没有独立处理数据的功能,当然还不能算是真正意义上的计算机网络。为了区别以后发展的多个计算机互联的计算机网络,称它为面向终端的计算机网络,又称第一代计算机网络。从 20 世纪 60 年代中期开始,出现了若干个计算机主机通过通信线路互联的系统,开创了"计算机—计算机"通信的时代,并呈现出多个中心处理机的特点。计算机网络的发展大致可划分为四个阶段。

第一阶段:诞生阶段。20 世纪 60 年代中期之前的第一代计算机网络是以单个计算机为中心的远程联机系统。典型应用是由一台计算机和全美范围内 2000 多个终端组成的飞机订票系统。终端是一台计算机的外部设备,包括显示器和键盘,无 CPU 和内存。随着远程终端的增多,在主机前增加了前端机(FEP)。当时,人们把计算机网络定义为"以传输信息为目的而连接起来,实现远程信息处理或进一步达到资源共享的系统",但这样的通信系统已具备了网络的雏形。

第二阶段:形成阶段。20 世纪 60 年代中期至 20 世纪 70 年代的第二代计算机网络是以多个主机通过通信线路互联起来,为用户提供服务,兴起于 60 年代后期,典型代表是美国国防部高级研究计划局协助开发的 ARPANET。主机之间不是直接用线路相连,而是由接口报文处理机(IMP)转接后互联的。IMP 和它们之间互联的通信线路一起负责主机间的通信任务,构成了通信子网。通信子网互联的主机负责运行程序,提供资源共享,组成了资源子网。这个时期,网络概念为"以能够相互共享资源为目的互联起来的具有独立功能的计算机之集合体",形成了计算机网络的基本概念。

第三阶段:互联互通阶段。20 世纪 70 年代末至 20 世纪 90 年代的第三代计算机网络是具有统一的网络体系结构并遵循国际标准的开放式和标准化的网络。ARPANET 兴起后,计算机网络发展迅猛,各大计算机公司相继推出自己的网络体系结构及实现这些结构的软硬件产品。由于没有统一的标准,不同厂商的产品之间互联很困难,人们迫切需要一种开放性的标准化实用网络环境,这样应运而生了两种国际通用的最重要的体系结构,即 TCP/IP 体系结构和国际标准化组织的 OSI 体系结构。

第四阶段:高速网络技术阶段。20 世纪 90 年代末至今的第四代计算机网络,由于局域网技术发展成熟,出现光纤及高速网络技术、多媒体网络、智能网络,整个网络就像一个对用户透明的大的计算机系统,发展为以 Internet 为代表的互联网。

概括来讲,计算机网络的发展过程第一阶段是以单个计算机为中心的远程联机系统,构成面向终端的计算机通信网;第二阶段是多个自主功能的主机通过通信线路互联,形成资源共享的计算机网络;第三阶段形成了具有统一的网络体系结构、遵循国际标准化协议的计算机网络;第四阶段是向互联、高速、智能化方向发展的计算机网络。

2. 计算机网络的分类

计算机网络的分类与的一般的事物分类方法一样,可以按事物所具有的不同性质特点即事物的属性分类。计算机网络的分类方法很多,通常可以从不同的角度对计算机网络进行分类。

1) 从网络的交换功能进行分类

网络的设计者常常根据网络使用的数据交换技术将网络分为电路交换网、报文交换网、分组交换网、帧中继（Frame Relay）网和 ATM（Asynchronous Transfer Mode，异步传送模式）网。

2）从网络的拓扑结构进行分类

根据网络中计算机之间互联的拓扑形式可把计算机网络分为星状网（一台主机为中央结点，其他计算机只与主机连接）、树状网（若干台计算机按层次连接）、总线状网（所有计算机都连接到一条干线上）、环状网（所有计算机形成环形连接）、网状网（网中任意两台计算机之间都可以根据需要进行连接）和混合网（前述数种拓扑结构的集成）等。

3）从网络的控制方式进行分类

按网络的控制方式网络可以分为集中式网络、分散式网络和分布式网络。

4）从网络的作用范围进行分类

从网络作用的地域范围对网络进行分类，可以分为局域网、城域网和广域网。

（1）局域网。

局域网（Local Area Network，LAN）是最常见、应用最广的一种网络。局域网随着整个计算机网络技术的发展和提高得到充分的应用和普及，几乎每个单位都有自己的局域网，有的甚至家庭中都有自己的小型局域网。很明显，所谓局域网，那就是在局部地区范围内的网络，它所覆盖的地区范围较小。局域网在计算机数量配置上没有太多的限制，少的可以只有两台，多的可达几百台。一般来说在企业局域网中，工作站的数量在几十到两百台次左右。在网络所涉及的地理距离上一般来说可以是几米至 10km 以内。局域网一般位于一个建筑物或一个单位内，不存在寻径问题，不包括网络层的应用。

这种网络的特点是：连接范围窄、用户数少、配置容易、连接速率高。目前局域网最快的速率要算现今的 10G 以太网了。IEEE 的 802 标准委员会定义了多种主要的 LAN 网：以太网（Ethernet）、令牌环网（Token Ring）、光纤分布式接口网络（FDDI）、异步传输模式网（ATM）以及最新的无线局域网（WLAN）。这些都将在后面详细介绍。

（2）城域网。

城域网（Metropolitan Area Network，MAN）一般来说是在一个城市，但不在同一地理小区范围内的计算机互联。这种网络的连接距离可以在 10～100km，它采用的是 IEEE 802.6 标准。MAN 与 LAN 相比扩展的距离更长，连接的计算机数量更多，在地理范围上可以说是 LAN 网络的延伸。在一个大型城市或都市地区，一个 MAN 网络通常连接着多个 LAN 网。如连接政府机构的 LAN、医院的 LAN、电信的 LAN、公司企业的 LAN 等。由于光纤连接的引入，使 MAN 中高速的 LAN 互联成为可能。

城域网多采用 ATM 技术做骨干网。ATM 是一个用于数据、语音、视频以及多媒体应用程序的高速网络传输方法。ATM 包括一个接口和一个协议，该协议能够在一个常规的传输信道上，在比特率不变及变化的通信量之间进行切换。ATM 也包括硬件、软件以及与 ATM 协议标准一致的介质。ATM 提供一个可伸缩的主干基础设施，以便能够适应不同规模、速度以及寻址技术的网络。ATM 的最大缺点就是成本太高，所以一般在政府城域网中应用，如邮政、银行、医院等。

（3）广域网。

广域网（Wide Area Network，WAN）也称远程网，所覆盖的范围比城域网（MAN）更广，它一般是在不同城市之间的 LAN 或者 MAN 网络互联，地理范围可从几百公里到几千公里。因为距离较远,信息衰减比较严重,所以这种网络一般是要租用专线,通过 IMP(接口信息处理)协议和线路连接起来,构成网状结构,解决循径问题。这种城域网因为所连接的用户多,总出口带宽有限,所以用户的终端连接速率一般较低,通常为 9.6Kb/s~45Mb/s。如电信部门的 CHINANET、CHINAPAC 和 CHINADDN 网。

5)从网络的传输介质进行分类

从网络传输介质对网络进行分类,可以分为有线网和无线网。

(1)有线网。

有线网是采用同轴电缆、双绞线和光纤来连接的计算机网络。同轴电缆网是常见的一种连网方式。它比较经济,安装较为便利,传输率和抗干扰能力一般,传输距离较短。双绞线网是目前最常见的连网方式。它价格便宜,安装方便,但易受干扰,传输率较低,传输距离比同轴电缆要短。光纤,是光导纤维的简写,是一种利用光在玻璃或塑料制成的纤维中的全反射原理而达成的光传导工具。微细的光纤封装在塑料护套中,使得它能够弯曲而不至于断裂。通常,光纤的一端的发射装置使用发光二极管(Light Emitting Diode,LED)或一束激光将光脉冲传送至光纤,光纤的另一端的接收装置使用光敏元件检测脉冲。在日常生活中,由于光在光导纤维的传导损耗比电在电线传导的损耗低得多,光纤被用作长距离的信息传递。

(2)无线网。

无线网分为无线广域网和无线局域网。

无线广域网,就是中国移动、中国联通、中国电信提供的无线上网方式,有中国移动的 GPRS(2G)、EDGE(2.75G)、TD-SCDMA(3G)。中国电信的 CDMA 1X,中国联通的 WCDMA。它需要终端有无线上网卡硬件,是真正意义上的无线网,可以随意漫游。

无线局域网,就是家庭使用的无线上网方式,使用无线路由器+终端本身具有无线网卡的硬件模块(区别去上面的无线上网卡),通过发射和接收实现上网。也就是让原来家庭或单位或商业场所完全覆盖上无线的信号,去掉杂乱的布线。实现小范围的无线网络。Wi-Fi就是这个意思,Wi-Fi是由 AP 和无线网卡组成的发射接收体系,而无线 AP 就相当于家庭中的无线路由器。实现免费的无线网,只要你的终端(包括计算机、手机、MID 设备等)具有搜索无线模块,也就是支持 Wi-Fi,在有无线信号覆盖的地方就可以收到无线信号。

10.1.2 网络拓扑结构及类型

1. 网络拓扑结构和基本概念

网络拓扑(Topology)结构是指用传输介质互连各种设备的物理布局,指构成网络的成员间特定的物理的即真实的或者逻辑的即虚拟的排列方式。如果两个网络的连接结构相同就说它们的网络拓扑相同,尽管它们各自内部的物理接线、节点间距离可能会有不同。

在实际生活中,计算机与网络设备要实现互联,就必须使用一定的组织结构进行连接,这种组织结构就叫作拓扑结构。网络拓扑结构形象地描述了网络的安排和配置方式,以及各节点之间的相互关系,通俗地说,拓扑结构就是指这些计算机与通信设备是如何连接在一起的。

研究网络和它的线图的拓扑性质的理论,又称网络图论。拓扑是指几何体的一种接触关系或连接关系；当几何体发生连续塑性变形时，它的接触关系会保持不变。用节点和支路组成的线图表示的网络结构也具有这种性质。

网络拓扑的早期研究始于 1736 年瑞士数学家 L.欧拉发表的关于柯尼斯堡桥问题的论文。1845 年和 1847 年，G. R. 基尔霍夫发表的两篇论文为网络拓扑应用于电网络分析奠定了基础。

在设计网络拓扑结构时，我们经常会遇到如"节点""结点""链路"和"通路"这四个术语。它们到底各自代表什么，它们之间又有什么关系呢？

1）节点

一个节点其实就是一个网络端口。节点又分为转节点和访问节点两类。转节点的作用是支持网络的连接，它通过通信线路转接和传递信息，如交换机、网关、路由器、防火墙设备的各个网络端口等；而访问节点是信息交换的源点和目标点，通常是用户计算机上的网卡接口。如在设计一个网络系统时，通常所说的共有××个节点，其实就是在网络中有多个要配置 IP 地址的网络端口。

2）结点

一个结点是指一台网络设备，因为其通常连接了多个节点，所以称为结点。在计算机网络中的结点又分为链路结点和路由结点，它们就分别对应的是网络中的交换机和路由器。从网络中的结点数多少就可以大概知道计算机网络规模和基本结构了。

3）链路

链路是两个节点间的线路。链路分物理链路和逻辑链路（或称数据链路）两种，前者是指实际存在的通信线路，由设备网络端口和传输介质连接实现；后者是指在逻辑上起作用的网络通路，由计算机网络体系结构中的数据链路层标准和协议来实现。如果链路层协议没有起作用，数据链路也就无法建立起来。

4）通路

通路是指从发出信息的节点到接收信息的节点之间的一串节点和链路的组合。也就是说，它是一系列穿越通信网络而建立起来的节点到节点的链路串联。它与链路的区别主要在于一条通路中可能包括多条链路。

2. 网络拓扑的分类

1）星状结构

星状结构是指各工作站以星状方式连接成网，如图 10.1 所示。网络有中央节点，其他节点（工作站、服务器）都与中央节点直接相连，这种结构以中央节点为中心，因此又称集中式网络。它具有如下特点：结构简单，便于管理；控制简单，便于建网；网络延迟时间较小，传输误差较低。但缺点也是明显的：成本高，可靠性较低，资源共享能力也较差。

星状结构的优点：控制简单；故障诊断和隔离容易；方便服务。

星状结构的缺点：电缆长度和安装工作量可观；中央节点的负担较重，形成瓶颈；各站点的分布处理能力较低。

2）环状结构

环状结构由网络中若干节点通过点到点的链路首尾相连形成一个闭合的环，如图 10.2 所示。这种结构使公共传输电缆组成环状连接，数据在环路中沿着一个方向在各个节点间传输，信息从一个节点传到另一个节点。

集线器/交换机

工作站

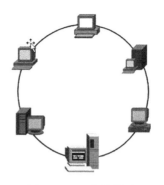

图 10.1 星状结构图   图 10.2 环状结构图

环状结构具有如下特点：信息流在网中是沿着固定方向流动的,两个节点仅有一条道路,故简化了路径选择的控制；环路上各节点都是自己控制,故控制软件简单；由于信息源在环路中是串行地穿过各个节点,当环中节点过多时,势必影响信息传输速率,使网络的响应时间延长；环路是封闭的,不便于扩充；可靠性低,一个节点故障,将会造成全网瘫痪；维护难,对分支节点故障定位较难。

环状结构的优点：电缆长度短；增加或减少工作站时,仅需简单的连接操作；可使用光纤。环状结构的缺点：节点的故障会引起全网故障；故障检测困难；其媒体访问控制协议都采用令牌传递的方式,在负载很轻时,信道利用率相对来说就比较低。

3）总线状结构

总线状结构是指各工作站和服务器均挂在一条总线上,如图 10.3 所示。各工作站地位平等,无中心节点控制,公用总线上的信息多以基带形式串行传递,其传递方向总是从发送信息的节点开始向两端扩散,如同广播电台发射的信息一样,因此又称广播式计算机网络。各节点在接受信息时都进行地址检查,看是否与自己的工作站地址相符,相符则接收网上的信息。

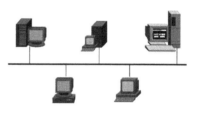

图 10.3 总线状结构图

总线状结构的优点：总线状结构所需要的电缆数量少；结构简单,又是无源工作,有较高的可靠性；易于扩充,增加或减少用户比较方便。总线状结构的缺点：总线的传输距离有限,通信范围受到限制；故障诊断和隔离较困难；分布式协议不能保证信息的及时传送,不具有实时功能。

4）混合结构

混合结构是由星状结构或环状结构和总线状结构结合在一起的网络结构,如图 10.4 所示。这样的拓扑结构更能满足较大网络的拓展,解决星状网络在传输距离上的局限,而同时又解决了总线状网络在连接用户数量上的限制。

混合结构的优点：应用相当广泛,它解决了星状和总线状结构的不足,满足了大公司组网的实际需求；扩展相当灵活；速度较快,因为其骨干网采用高速的同轴电缆或光缆,所以整个网络在速度上应不受太多的限制。混合结构的缺点：由于仍采用广播式的消息传送方式,因此在总线长度和节点数量上也会受到限制；同样具有总线状结构的网络速率会随着用户的增多而下降的弱点；较难维护,这主要受到总线状结构的制约,如果总线断,则整个网络也就瘫痪了。

5）树状结构

树状结构是分级的集中控制式网络，如图 10.5 所示。与星状结构相比，它的通信线路总长度短，成本较低，节点易于扩充，寻找路径比较方便，但除了叶节点及其相连的线路外，任一节点或其相连的线路故障都会使系统受到影响。

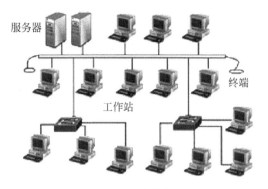

图 10.4　混合结构图

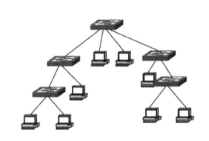

图 10.5　树状结构图

树状结构的优点：易于扩展；隔离故障较容易。树状结构的缺点：各个节点对根的依赖性太大。

6）网状结构

在网状结构中，网络的每台设备之间均有点到点的链路连接，如图 10.6 所示。这种连接不经济，只有每个站点都要频繁发送信息时才使用这种方法。它的安装也复杂，但系统可靠性高，容错能力强。有时也称分布式结构。

7）蜂窝结构

蜂窝结构是无线局域网中常用的结构，如图 10.7 所示。它以无线传输介质（微波、卫星、红外等）点到点和多点传输为特征，是一种无线网，适用于城市网、校园网、企业网。

在图 10.8 所示的局域网主要拓扑结构图中，使用最多的是总线状和星状结构。

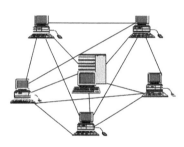

图 10.6　网状结构图

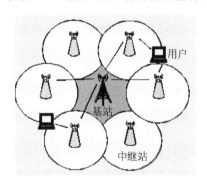

图 10.7　蜂窝结构图

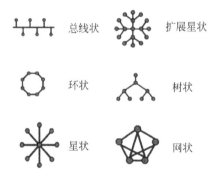

图 10.8　主要拓扑结构图

10.2　计算机网络体系结构和网络协议

计算机的网络结构可以从网络体系结构、网络组织和网络配置三个方面来描述:网络体系结构是从功能上来描述计算机网络结构;网络组织是从网络的物理结构和网络的实现两方面来描述计算机网络;网络配置是从网络应用方面来描述计算机网络的布局,硬件、软件和通信线路来描述计算机网络。

网络协议是计算机网络必不可少的,一个完整的计算机网络需要有一套复杂的协议集合,组织复杂的计算机网络协议的最好方式就是层次模型。而将计算机网络层次模型和各层协议的集合定义为计算机网络体系结构(Network Architecture)。

计算机网络由多个互连的节点组成,节点之间要不断地交换数据和控制信息,要做到有条不紊地交换数据,每个节点就必须遵守一整套合理而严谨的结构化管理体系。计算机网络就是按照高度结构化设计方法采用功能分层原理来实现的,即计算机网络体系结构的内容。

*10.2.1　网络体系结构

计算机网络体系结构可以定义为是网络协议的层次划分与各层协议的集合,同一层中的协议根据该层所要实现的功能来确定。各对等层之间的协议功能由相应的底层提供服务完成。层次化的网络体系的优点在于每层实现相对独立的功能,层与层之间通过接口来提供服务,每一层都对上层屏蔽如何实现协议的具体细节,使网络体系结构做到与具体物理实现无关。层次结构允许连接到网络的主机和终端型号、性能可以不一,但只要遵守相同的协议即可以实现互操作。高层用户可以从具有相同功能的协议层开始进行互连,使网络成为开放式系统。这里"开放"指按照相同协议任意两系统之间可以进行通信。因此层次结构便于系统的实现和系统的维护。

相邻协议层之间的接口包括两相邻协议层之间所有调用和服务的集合,服务是第 i 层向相邻高层提供服务,调用是相邻高层通过原语或过程调用相邻低层的服务。对等层之间进行通信时,数据传送方式并不是由第 i 层发方直接发送到第 i 层收方。而是每一层都把数据和控制信息组成的报文分组传输到它的相邻低层,直到物理传输介质。接收时,则是每一层从它的相邻低层接收相应的分组数据,在去掉与本层有关的控制信息后,将有效数据传送给其相邻上层。网络体系结构存在专用网络体系结构,如 IBM 的系统网络系统结构(SNA)和 DEC 的数字网络体系结构(DNA),也存在开放体系结构,如国际标准化组织定义的开放系统互联模型。它广泛采用的是国际标准化组织在 1979 年提出的开放系统互联(Open System Interconnection,OSI)的参考模型,如图 10.9 所示。

图 10.9 所示的模型是一个定义异构计算机连接标准的框架结构,其具有如下特点:

(1) 网络中异构的每个节点均有相同的层次,相同层次具有相同的功能。

(2) 同一节点内相邻层次之间通过接口通信。

(3) 相邻层次间接口定义原语操作,由低层向高层提供服务。

(4) 不同节点的相同层次之间的通信由该层次的协议管理。

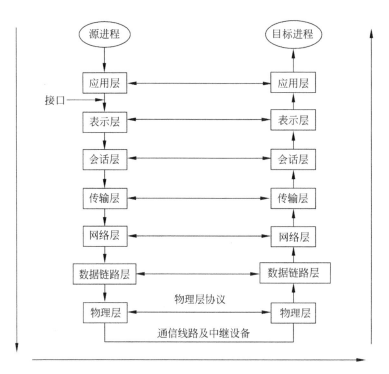

图 10.9　OSI 模型图

（5）每层次完成对该层所定义的功能，修改本层次功能不影响其他层。

（6）仅在最低层进行直接数据传送。

（7）定义的是抽象结构，并非具体实现的描述。

在 OSI 网络体系结构中，除了物理层之外，网络中数据的实际传输方向是垂直的。数据由用户发送进程发送给应用层，向下经表示层、会话层等到达物理层，再经传输媒体传到接收端，由接收端物理层接收，向上经数据链路层等到达应用层，再由用户获取。数据在由发送进程交给应用层时，由应用层加上该层有关控制和识别信息，再向下传送，这一过程一直重复到物理层。在接收端信息向上传递时，各层的有关控制和识别信息被逐层剥去，最后数据送到接收进程。

现在一般在制定网络协议和标准时，都把 ISO/OSI 参考模型作为参照基准，并说明与该参照基准的对应关系。例如，在 IEEE 802 局域网 LAN 标准中，只定义了物理层和数据链路层，并且增强了数据链路层的功能。在广域网 WAN 协议中，CCITT 的 X.25 建议包含了物理层、数据链路层和网络层三层协议。一般来说，网络的低层协议决定了一个网络系统的传输特性，例如所采用的传输介质、拓扑结构及介质访问控制方法等，这些通常由硬件来实现；网络的高层协议则提供了与网络硬件结构无关的更加完善的网络服务和应用环境，这些通常是由网络操作系统来实现的。

1. 物理层

物理层（Physical Layer）建立在物理通信介质的基础上，作为系统和通信介质的接口，用来实现数据链路实体间透明的比特（b）流传输。只有该层为真实物理通信，其他各层为虚拟通信。物理层实际上是设备之间的物理接口，物理层传输协议主要用于控制传输媒体。

1）物理层的特性

物理层提供与通信介质的连接，提供为建立、维护和释放物理链路所需的机械的、电气的、功能的和规程的特性，提供在物理链路上传输非结构的位流以及故障检测指示。物理层向上层提供位信息的正确传送。

其中，机械特性主要规定接口连接器的尺寸、芯数和芯的位置的安排、连线的根数等。电气特性主要规定了每种信号的电平、信号的脉冲宽度、允许的数据传输速率和最大传输距离。功能特性规定了接口电路引脚的功能和作用。规程特性规定了接口电路信号发出的时序、应答关系和操作过程，例如，怎样建立和拆除物理层连接，是全双工还是半双工等。

2）物理层功能

为了实现数据链路实体之间比特流的透明传输，物理层应具有下述功能：

（1）物理连接的建立与拆除。

当数据链路层请求在两个数据链路实体之间建立物理连接时，物理层能够立即为它们建立相应的物理连接。若两个数据链路实体之间要经过若干中继数据链路实体时，物理层还能够对这些中继数据链路实体进行互联，以建立起一条有效的物理连接。当物理连接不再需要时，由物理层立即拆除。

（2）物理服务数据单元传输。

物理层既可以采取同步传输方式，也可以采取异步传输方式来传输物理服务数据单元。

（3）物理层管理。

对物理层收发进行管理，如功能的激活（何时发送和接收、异常情况处理等）、差错控制（传输中出现的奇偶错和格式错）等。

2. 数据链路层

数据链路层为网络层相邻实体间提供传送数据的功能和过程，提供数据流链路控制，检测和校正物理链路的差错。物理层不考虑位流传输的结构，而数据链路层主要职责是控制相邻系统之间的物理链路，传送数据以帧为单位，规定字符编码、信息格式，约定接收和发送过程，在一帧数据开头和结尾附加特殊二进制编码作为帧界识别符，以及发送端处理接收端送回的确认帧，保证数据帧传输和接收的正确性，以及发送和接收速度的匹配、流量控制等。

1）数据链路层的目的

数据链路层提供建立、维持和释放数据链路连接以及传输数据链路服务数据单元所需的功能和过程的手段。数据链路连接是建立在物理连接基础上的，在物理连接建立以后，进行数据链路连接的建立和数据链路连接的拆除。具体说，每次通信前后，双方相互联系以确认一次通信的开始和结束，在一次物理连接上可以进行多次通信。数据链路层检测和校正在物理层出现的错误。

2）数据链路层的功能和服务

数据链路层的主要功能是为网络层提供连接服务，并在数据链路连接上传送数据链路协议数据单元 L-PDU，一般将 L-PDU 称为帧。数据链路层服务可分为以下三种：

（1）无应答、无连接服务。发送前不必建立数据链路连接，接收方也不做应答，出错和数据丢失时也不做处理。这种服务质量低，适用于线路误码率很低以及传送实时性要求高的（例如语音类的）信息等。

（2）有应答、无连接服务。当发送主机的数据链路层要发送数据时，直接发送数据帧。目标主机接收数据链路的数据帧，并经校验结果正确后，向源主机数据链路层返回应答帧；否则返回否定帧，发送端可以重发原数据帧。这种方式发送的第一个数据帧除传送数据外，也起数据链路连接的作用。这种服务适用于一个节点的物理链路多或通信量小的情况，其实现和控制都较为简单。

（3）面向连接的服务。该服务一次数据传送分为三个阶段：数据链路建立、数据帧传送和数据链路的拆除。数据链路建立阶段要求双方的数据链路层做好传送的准备；数据传送阶段是将网络层递交的数据传送到对方；数据链路拆除阶段是当数据传送结束时，拆除数据链路连接。这种服务的质量好，是 ISO/OSI 参考模型推荐的主要服务方式。

3）数据链路数据单元

数据链路层与网络层交换数据格式为服务数据单元。数据链路服务数据单元，配上数据链路协议控制信息，形成数据链路协议数据单元。

数据链路层能够从物理连接上传输的比特流中，识别出数据链路服务数据单元的开始和结束，以及识别出其中的每个字段，实现正确的接收和控制，能按发送的顺序传输到相邻节点。

4）数据链路层协议

数据链路层协议可分为面向字符的通信规程和面向比特的通信规程。

面向字符的通信规程是利用控制字符控制报文的传输。报文由报头和正文两部分组成。报头用于传输控制，包括报文名称、源地址、目标地址、发送日期以及标识报文开始和结束的控制字符。正文则为报文的具体内容。目标节点对收到的源节点发来的报文，进行检查，若正确，则向源节点发送确认的字符信息；否则发送接收错误的字符信息。

面向比特的通信规程典型是以帧为传送信息的单位，帧分为控制帧和信息帧。在信息帧的数据字段（即正文）中，数据为比特流。比特流用帧标志来划分帧边界，帧标志也可用作同步字符。

3. 网络层

广域网络一般都划分为通信子网和资源子网，物理层、数据链路层和网络层（Net Work Layer）组成通信子网。网络层是通信子网的最高层，完成对通信子网的运行控制。网络层和传输层的界面，既是层间的接口，又是通信子网和用户主机组成的资源子网的界限，网络层利用本层和数据链路层、物理层两层的功能向传输层提供服务。

数据链路层的任务是在相邻两个节点间实现透明的无差错的帧级信息的传送，而网络层则要在通信子网内把报文分组从源节点传送到目标节点。在网络层的支持下，两个终端系统的传输实体之间要进行通信，只需把要交换的数据交给它们的网络层便可实现。至于网络层如何利用数据链路层的资源来提供网络连接，对传输层是透明的。

网络层控制分组传送操作，即路由选择、拥塞控制、网络互联等功能，根据传输层的要求来选择服务质量，向传输层报告未恢复的差错。网络层传输的信息以报文分组为单位，它将来自源的报文转换成包文，并经路径选择算法确定路径送往目的地。网络层协议用于实现这种传送中涉及的中继节点路由选择、子网内的信息流量控制以及差错处理等。

1）网络层功能

网络层的主要功能是支持网络层的连接。网络层的具体功能如下：

（1）建立和拆除网络连接。

在数据链路层提供的数据链路连接的基础上，建立传输实体间或者若干个通信子网的网络连接。互联的子网可采用不同的子网协议。

（2）路径选择、中继和多路复用。

网际的路径和中继不同于网内的路径和中继，网络层可以在传输实体的两个网络地址之间选择一条适当的路径，或者在互联的子网之间选择一条适当的路径和中继，并提供网络连接多路复用的数据链路连接，以提高数据链路连接的利用率。

（3）分组、组块和流量控制。

数据分组是指将较长的数据单元分割为一些相对较小的数据单元；数据组块是指将一些相对较小的数据单元组成块后一起传输。用以实现网络服务数据单元的有序传输，以及对网络连接上传输的网络服务数据单元进行有效的流量控制，以免发生信息"堵塞"现象。

（4）差错的检测与恢复。

利用数据链路层的差错报告，以及其他的差错检测能力来检测经网络连接所传输的数据单元，检测是否出现异常情况，并可以从出错状态中解脱出来。

2）数据报和虚电路

网络层中提供两种类型的网络服务，即无连接服务和面向连接的服务。它们又被称为数据报服务和虚电路服务。

（1）数据报（Datagram）服务。

在数据报方式，网络层从传输层接收报文，拆分为报文分组，并且独立地传送，因此数据报格式中包含有源和目标节点的完整网络地址、服务要求和标识符。发送时，由于数据报每经过一个中继节点时，都要根据当时情况按照一定的算法为其选择一条最佳的传输路径，因此，数据报服务不能保证这些数据报按序到达目标节点，需要在接收节点根据标识符重新排序。

数据报方式对故障的适应性强，若某条链路发生故障，则数据报服务可以绕过这些故障路径而另选择其他路径，把数据报传送至目标节点。数据报方式易于平衡网络流量，因为中继节点可为数据报选择一条流量较少的路由，从而避开流量较高的路由。数据报传输不需建立连接，目标节点在收到数据报后，也不需发送确认，因而是一种开销较小的通信方式。但是发方不能确切地知道对方是否准备好接收、是否正在忙碌，故数据报服务的可靠性不是很高，而且数据报发送每次都附加源和目标主机的全网名称，降低了信道利用率。

（2）虚电路（Virtual Circuit）服务。

在虚电路传输方式下，在源主机与目标主机通信之前，必须为分组传输建立一条逻辑通道，称为虚电路。为此，源节点先发送请求分组调用请求，调用请求包含了源和目标主机的完整网络地址。调用请求途经每一个通信网络节点时，都要记下为该分组分配的虚电路号，并且路由器为它选择一条最佳传输路由发往下一个通信网络节点。当请求分组到达目标主机后，若它同意与源主机通信，沿着该虚电路的相反方向发送请求分组调用请求给源节点，当在网络层为双方建立起一条虚电路后，每个分组中不必再填上源和目标主机的全网地址，而只需标上虚电路号，即可以沿着固定的路由传输数据。当通信结束时，将该虚电路拆除。

虚电路服务能保证主机所发出的报文分组按序到达。由于在通信前双方已进行过联系，每发送完一定数量的分组后，对方也都给予了确认，故可靠性较高。

（3）路由选择。

网络层的主要功能是将分组从源节点经过选定的路由送到目标节点,分组途经多个通信网络节点造成多次转发,存在路由选择问题。路由选择或称路径控制,是指网络中的节点根据通信网络的情况(可用的数据链路、各条链路中的信息流量),按照一定的策略(传输时间最短、传输路径最短等)选择一条可用的传输路由,把信息发往目标节点。

网络路由选择算法是网络层软件的一部分,负责确定所收到的分组应传送的路由。当网络内部采用无连接的数据报方式时,每传送一个分组都要选择一次路由。当网络层采用虚电路方式时,在建立呼叫连接时,选择一次路径,后继的数据分组就沿着建立的虚电路路径传送,路径选择的频度较低。

路由选择算法可分为静态算法和动态算法。静态路由算法是指总是按照某种固定的规则来选择路由,例如,扩散法、固定路由选择法、随机路由选择法和流量控制选择法。动态路由算法是指根据拓扑结构以及通信量的变化来改变路由,例如,孤立路由选择法、集中路由选择法、分布路由选择法、层次路由选择法等。

4. 传输层

从传输层(Transport Layer)向上的会话层、表示层、应用层都属于端到端的主机协议层。传输层是网络体系结构中最核心的一层,将实际使用的通信子网与高层应用分开。从这层开始,各层通信全部是在源与目标主机上的各进程间进行的,通信双方可能经过多个中间节点。传输层为源主机和目标主机之间提供性能可靠、价格合理的数据传输。具体实现上是在网络层的基础上再增添一层软件,使之能屏蔽掉各类通信子网的差异,向用户提供一个通用接口,使用户进程通过该接口方便地使用网络资源并进行通信。

1）传输层功能

传输层独立于所使用的物理网络,提供传输服务的建立、维护和连接拆除的功能;选择网络层提供的最适合的服务。传输层接收会话层的数据,分成较小的信息单位,再送到网络层,实现两传输层间数据的无差错透明传送。

传输层可以使源与目标主机之间以点对点的方式简单地连接起来。真正实现端到端间可靠通信。传输层服务是通过服务原语提供给传输层用户(可以是应用进程或者会话层协议),传输层用户使用传输层服务是通过传送服务端口 TSAP 实现的。当一个传输层用户希望与远端用户建立连接时,通常定义传输服务访问点 TSAP。提供服务的进程在本机 TSAP 端口等待传输连接请求,当某一节点机的应用程序请求该服务时,向提供服务的节点机的 TSAP 端口发出传输连接请求,并表明自己的端口和网络地址。如果提供服务的进程同意,就向请求服务的节点机发确认连接,并对请求该服务的应用程序传递消息,应用程序收到消息后,释放传输连接。

传输层提供面向连接和无连接两种类型的服务。这两种类型的服务和网络层的服务非常相似。传输层提供这两种类型服务的原因是因为,用户不能对通信子网加以控制,无法通过使用通信处理机来改善服务质量。传输层提供比网络层更可靠的端到端间数据传输,更完善的查错纠错功能。传输层之上的会话层、表示层、应用层都不包含任何数据传送的功能。

2）传输层协议类型

传输层协议和网络层提供的服务有关。网络层提供的服务于越完善,传输层协议就越简单;网络层提供的服务越简单,传输层协议就越复杂。传输层服务可分成五类:

0 类：提供最简单形式的传送连接，提供数据流控制。

1 类：提供最小开销的基本传输连接，提供误差恢复。

2 类：提供多路复用，允许几个传输连接多路复用一条链路。

3 类：具有 0 类和 1 类的功能，提供重新同步和重建传输连接的功能。

4 类：用于不可靠传输层连接，提供误差检测和恢复。

基本协议机制包括建立连接、数据传送和拆除连接。传输连接涉及四种不同类型的标识：

用户标识：即服务访问点(SAP)，允许实体多路数据传输到多个用户。

网络地址：标识传输层实体所在的网络站点地址。

协议标识：当有多个不同类型的传输协议的实体，对网络服务标识出不同类型的协议。

连接标识：标识传送实体，允许传输连接多路复用。

5. 会话层

会话是指两个用户进程之间的一次完整通信。会话层(Session Layer)提供不同系统间两个进程建立、维护和结束会话连接的功能；提供交叉会话的管理功能，有一路交叉、两路交叉和两路同时会话的三种数据流方向控制模式。会话层是用户连接到网络的接口。

1) 会话层的主要功能

会话层的作用是提供一个面向应用的连接服务。建立连接时，将会话地址映射为传输地址。会话连接和传输连接有三种对应关系：一个会话连接对应一个传输连接；多个会话连接建立在一个传输连接上；一个会话连接对应多个传输连接。

数据传送时，可以进行会话的常规数据、加速数据、特权数据和能力数据的传送。

会话释放时，允许正常情况下的有序释放；异常情况下有用户发起的异常释放和服务提供者发起的异常释放。

2) 会话活动

会话服务用户之间的交互对话可以划分为不同的逻辑单元，每个逻辑单元称为活动。每个活动完全独立于它前后的其他活动，且每个逻辑单元的所有通信不允许分隔开。

会话活动由会话令牌来控制，保证会话有序进行。会话令牌分为四种：数据令牌、释放令牌、次同步令牌和主同步令牌。令牌是互斥使用会话服务的手段。

会话用户进程间的数据通信一般采用交互式的半双工通信方式。由会话层给会话服务用户提供数据令牌来控制常规数据的传送，有数据令牌的会话服务用户才可发送数据，另一方只能接收数据。当数据发完之后，就将数据令牌转让给对方，对方也可请求令牌。

3) 会话同步

在会话服务用户组织的一个活动中，有时要传送大量的信息，如将一个文件连续发送给对方，为了提高数据发送的效率，会话服务提供者允许会话用户在传送的数据中设置同步点。一个主同步点表示前一个对话单元的结束及下一个对话单元的开始。在一个对话单元内部或者说两个主同步点之间可以设置次同步点，用于会话单元数据的结构化。当会话用户持有数据令牌、次同步令牌和主同步令牌时就可在发送数据流中用相应的服务原语设置次同步点和主同步点。

一旦出现高层软件错误或不符合协议的事件则发生会话中断，这时会话实体可以从中断处返回到一个已知的同步点继续传送，而不必从文件的开头恢复会话。会话层定义了重传功能，重传是指在已正确应答对方后，在后期处理中发现出错而请求的重传，又称再同步。为了使发送端用户能够重传，必须保存数据缓冲区中已发送的信息数据，将重新同步的范围限制在一个对话单元之内，一般返回到前一个次同步点，最多返回到最近一个主同步点。

6. 表示层

表示层（Presentation Layer）的作用是处理信息传送中数据表示的问题。由于不同厂家的计算机产品常使用不同的信息表示标准，例如在字符编码、数值表示、字符等方面存在着差异。如果不解决信息表示上的差异，通信的用户之间就不能互相识别。因此，表示层要完成信息表示格式转换，转换可以在发送前，也可以在接收后，也可以要求双方都转换为某标准的数据表示格式。所以表示层的主要功能是完成被传输数据表示的解释工作，包括数据转换、数据加密和数据压缩等。表示层协议主要功能有：为用户提供执行会话层服务原语的手段；提供描述负载数据结构的方法；管理当前所需的数据结构集和完成数据的内部与外部格式之间的转换。例如，确定所使用的字符集、数据编码以及数据在屏幕和打印机上显示的方法等。表示层提供了标准应用接口所需的表示形式。

7. 应用层

应用层（Application Layer）作为用户访问网络的接口层，给应用进程提供了访问 OSI 环境的手段。

应用进程借助于应用实体（AE）、实用协议和表示服务来交换信息，应用层的作用是在实现应用进程相互通信的同时，完成一系列业务处理所需的服务功能。当然这些服务功能与所处理的业务有关。

应用进程使用 OSI 定义和通信功能，这些通信功能是通过 OSI 参考模型各层实体来实现的。应用实体是应用进程利用 OSI 通信功能的唯一窗口。它按照应用实体间约定的通信协议（应用协议），传送应用进程的要求，并按照应用实体的要求在系统间传送应用协议控制信息，有些功能可由表示层和表示层以下各层实现。

应用实体由一个用户元素和一组应用服务元素组成。用户元素是应用进程在应用实体内部，为完成其通信目的，需要使用的那些应用服务元素的处理单元。实际上，用户元素向应用进程提供多种形式的应用服务调用，而每个用户元素实现一种特定的应用服务使用方式。用户元素屏蔽应用的多样性和应用服务使用方式的多样性，简化了应用服务的实现。应用进程完全独立于 OSI 环境，它通过用户元素使用 OSI 服务。

应用服务元素可分为两类：公共应用服务元素（CASE）和特定应用服务元素（SASE）。公共应用服务元素是用户元素和特定应用服务元素公共使用的部分，提供通用的最基本的服务，它使不同系统的进程相互联系并有效通信。它包括联系控制元素、可靠传输服务元素、远程操作服务元素等。特定应用服务元素提供满足特定应用的服务，包括虚拟终端、文件传输和管理、远程数据库访问、作业传送等。对于应用进程和公共应用服务元素来说，用户元素具有发送和接收能力。对特定服务元素来说，用户元素是请求的发送者，也是响应的最终接收者。

10.2.2　网络协议

网络协议是网络上所有设备（网络服务器、计算机及交换机、路由器、防火墙等）之间通信规则的集合,它规定了通信时信息必须采用的格式和这些格式的意义。大多数网络都采用分层的体系结构,每一层都建立在它的下层之上,向它的上一层提供一定的服务,而把如何实现这一服务的细节对上一层加以屏蔽。一台设备上的第 n 层与另一台设备上的第 n 层进行通信的规则就是第 n 层协议。在网络的各层中存在着许多协议,接收方和发送方同层的协议必须一致,否则一方将无法识别另一方发出的信息。网络协议使网络上各种设备能够相互交换信息。

一个网络协议至少包括三要素:

(1) 语法:用来规定信息格式;

(2) 语义:用来说明通信双方应当怎么做;

(3) 时序:详细说明事件的先后顺序。

网际协议包括 IP、ICMP、ARP、RARP 等。

传输层协议包括 TCP、UDP。

应用层协议包括 FTP、Telnet、SMTP、HTTP、RIP、NFS、DNS 协议等。

TCP/IP 毫无疑问是这三大协议中最重要的一个,作为互联网的基础协议,没有它就根本不可能上网,任何和互联网有关的操作都离不开 TCP/IP。不过 TCP/IP 也是这三大协议中配置起来最麻烦的一个,单机上网还好,而通过局域网访问互联网的话,就要详细设置 IP 地址、网关、子网掩码、DNS 服务器等参数。

IPX/SPX 协议本来就是 Novell 开发的专用于 NetWare 网络中的协议,但是也非常常用,大部分可以联机的游戏都支持 IPX/SPX 协议,如星际争霸、反恐精英等。虽然这些游戏通过 TCP/IP 也能联机,但显然还是通过 IPX/SPX 协议更省事,因为根本不需要任何设置。除此之外,IPX/SPX 协议在非局域网络中的用途似乎并不是很大。如果确定不在局域网中联机玩游戏,那么这个协议可有可无。

*10.3　数据通信基础

数据通信是通信技术和计算机技术相结合而产生的一种新的通信方式。要在两地间传输信息必须有传输信道,根据传输媒体的不同,数据通信有有线数据通信与无线数据通信之分。但它们都是通过传输信道将数据终端与计算机联结起来,而使不同地点的数据终端实现软、硬件和信息资源的共享。

现代通信(Communication)是从 19 世纪 30 年代开始的。1831 年,法拉第发现电磁感应;1837 年,莫尔斯发明电报;1873 年,麦克斯韦尔的电磁场理论;1876 年,贝尔发明电话;1895 年,马可尼发明无线电。由此开辟了电信(Telecommunication)的新纪元。1906 年,发明电子管,模拟通信得到发展;1928 年,提出奈奎斯特准则和取样定理。1948 年,提出香农定理;20 世纪 50 年代,发明半导体,数字通信得到发展;20 世纪 60 年代,发明集成电路;20 世纪 40 年代,提出静止卫星概念,但无法实现;20 世纪 50 年代,发展航天技术;1963 年,第一次实现同步卫星通信;20 世纪 60 年代,发明激光,企图用于通信,未成功;20 世纪 70 年代,发明光导纤维,光纤通信得到发展。

10.3.1　数据通信分类

数据通信主要有以下五种分类方式。

1. 按通信的业务和用途分类

按通信的业务和用途分类，有常规通信、控制通信等。其中，常规通信又分为话务通信和非话务通信。话务通信业务主要以电话服务为主，程控数字电话交换网络的主要目标就是为普通用户提供电话通信服务。非话务通信主要是分组数据业务、计算机通信、传真、视频通信等。

2. 按调制方式分类

按是否采用调制，可以将通信系统分为基带传输和调制传输。基带传输是将未经调制的信号直接传送，如音频市内电话（用户线上传输的信号）、Ethernet 网中传输的信号等。调制的目的是使载波携带要发送的信息，对于正弦载波调制，可以用要发送的信息去控制或改变载波的幅度、频率或相位。接收端通过解调就可以恢复信息。

3. 按传输信号的特征分类

按信道中所传输的信号是模拟信号还是数字信号，可以相应地把通信系统分成两类，即模拟通信系统和数字通信系统。数字通信系统在最近几十年获得了快速发展，也是目前商用通信系统的主流。

4. 按传输媒介分类

按传输媒介分类，通信系统可以分为有线通信和无线通信两大类。有线通信的信道包括双绞线、同轴电缆、光纤等。使用双绞线传输的通信系统有电话系统、计算机局域网等，同轴电缆在微波通信、程控交换等系统中以及设备内部和天线馈线中使用。无线通信依靠电磁波在空间传播达到传递消息的目的，如短波电离层传播、微波视距传输等。

5. 按工作波段分类

按通信设备的工作波段分类，即根据频率或波长的不同，分为长波通信、中波通信、短波通信、微波通信等。

10.3.2　数据通信传输手段

数据通信常用的传输介质有双绞线、同轴电缆、光纤和各种无线传输。

1. 双绞线

双绞线（Twisted-Pair Cable）简称 TP，是将一对以上的双绞线封装在一个绝缘外套中，为了降低信号的干扰程度，电缆中的每一对双绞线一般是由两根绝缘铜导线相互扭绕而成，也因此把它称为双绞线。双绞线分为非屏蔽双绞线（UTP）和屏蔽双绞线（STP），适合于短距离通信。

非屏蔽双绞线价格便宜，传输速度偏低，抗干扰能力较差。屏蔽双绞线抗干扰能力较好，具有更高的传输速度，但价格相对较贵。双绞线需用 RJ-45 或 RJ-11 连接头插接。

2. 同轴电缆

同轴电缆由绕在同一轴线上的两个导体组成；具有抗干扰能力强、连接简单等特点；信息传输速度可达每秒几百兆位，是中、高档局域网的首选传输介质。

按直径的不同，同轴电缆可分为粗缆和细缆两种。粗缆传输距离长，性能好，但成本高，网络安装、维护困难，一般用于大型局域网的干线，连接时两端需终接器。细缆与 BNC 相连，两端装 50Ω 的终端电阻，用 T 形头。细缆网络每段干线长度最大为 185m，每段干线最多接入 30 个用户。细缆安装较容易，造价较低，但日常维护不方便，一旦一个用户出故障，便会影响其他用户的正常工作。

3. 光纤

光纤是利用激光在光纤中长距离传输的特性而进行的，具有通信容量大、通信距离长及抗干扰性强的特点。目前，主要用于本地、长途、干线传输，并逐渐发展用户光纤通信网。目前，基于长波激光器和单模光纤，每路光纤通话路数超过万门，光纤本身的通信潜力非常巨大。几十年来，光纤通信技术发展迅速，并有各种接入设备、光电转换设备、传输设备、交换设备、网络设备及相关设备应用等。光纤通信设备由光电转换单元和数字信号处理单元两部分组成。

4. 无线传输

常用的无线传输介质有微波、红外线和无线电波。

微波是指频率为 300MHz～300GHz 的电磁波，是无线电波中一个有限频带的简称，即波长为 1m(不含 1m)～1mm 的电磁波，是分米波、厘米波、毫米波的统称。微波频率比一般的无线电波频率高，通常也称超高频电磁波。

红外线是太阳光线中众多不可见光线中的一种，由德国科学家霍胥尔于 1800 年发现，又称红外热辐射。他将太阳光用三棱镜分解开，在各种不同颜色的色带位置上放置了温度计，试图测量各种颜色的光的加热效应。结果发现，位于红光外侧的那支温度计升温最快。因此得到结论：太阳光谱中，红光的外侧必定存在看不见的光线，这就是红外线。随后的实验证明，红外线也可以当作传输媒介。

无线电波是指在自由空间(包括空气和真空)传播的射频频段的电磁波。无线电技术是通过无线电波传播声音或其他信号的技术。其原理在于，导体中电流强弱的改变会产生无线电波。利用这一现象，通过调制可将信息加载于无线电波上，当电波通过空间传播到达收信端，电波引起的电磁场变化又会在导体中产生电流，通过解调将信息从电流变化中提取出来，就达到了信息传递的目的。

10.3.3　数据通信基础理论

信号是消息(或数据)的一种电磁编码，信号中包含了所要传递的消息。信号按其因变量的取值是否连续，可分为模拟信号和数字信号，相应地也可将通信分为模拟通信和数字通信。傅里叶已经证明：任何信号(不管是模拟信号还是数字信号)都是由各种不同频率的谐波组成的，任何信号都有相应的带宽。而且任何信道在传输信号时都会对信号产生衰减，因此，任何信道在传输信号时都存在一个数据传输率的限制，这就是奈奎斯特定理和香农定理所要告诉我们的结论。

传输介质是计算机网络与通信的最基本的组成部分,它在整个计算机网络的成本中占有很大的比重。为了提高传输介质的利用率,可以使用多路复用技术。多路复用技术有频分多路复用、波分多路复用和时分多路复用三种,它们用在不同的场合。数据交换技术包括电路交换、报文交换和分组交换三种,它们各自有优缺点。Modem 是用于在模拟电话网上传输计算机的二进制数据的设备。Modem 的调制方式有调幅、调频、调相以及正交幅度调制,而且 Modem 还支持数据压缩和差错控制。

1. 频谱与带宽

信号一般以时间为自变量,以表示消息(或数据)的某个参量(振幅、频率或相位)为因变量。信号按其自变量时间的取值是否连续,可分为连续信号和离散信号;按其因变量的取值是否连续,又可分为模拟信号和数字信号。

信号具有时域和频域两种最基本的表现形式和特性。时域特性反映信号随时间变化的情况。频域特性不仅含有信号时域中相同的信息量,而且通过对信号的频谱分析,还可以清楚地了解该信号的频谱分布情况及所占有的频带宽度。为了得到所传输的信号对接收设备及信道的要求,只了解信号的时域特性是不够的,还必须知道信号的频谱分布情况。信号的时域特性表示出信号随时间变化的情况。由于信号中的大部分能量都集中在一个相对较窄的频带范围之内,因此将信号大部分能量集中的那段频带称为有效带宽,简称带宽。任何信号都有带宽。一般来说,信号的带宽越大,利用这种信号传送数据的速率就越高,要求传输介质的带宽也越大。

2. 截止频率与带宽

所有的传输信道和设备对不同的频率分量的衰减程度是不同的,有些频率分量几乎没有衰减,而有些频率分量被衰减了一些,这就是说,信道也具有一定的振幅频率特性,因而导致输出信号发生畸变。通常情况是频率为 0～fc 赫兹范围内的谐波在信道传输过程中不发生衰减(或其衰减是一个非常小的常量),而在此 fc 频率之上的所有谐波在传输过程中衰减很大,我们把信号在信道传输过程中某个分量的振幅衰减到原来的 0.707(即输出信号的功率降低了一半)时所对应的那个频率称为信道的截止频率(Cut-off Frequency)。截止频率反映了传输介质本身所固有的物理特性。有些时候,由于在信道中加入双通滤波器,因而信道对应着两个截止频率 f1 和 f2,它们分别被称为下截止频率和上截止频率。而这两个截止频率之差 f2－f1 被称作信道的带宽。如果输入信号的带宽小于信道的带宽,则输入信号的全部频率分量都能通过信道,因而信道输出端得到的输出波形将是不失真的。但如果输入信号的带宽大于信道的带宽,则信号中某些频率分量就不能通过信道,这样输出得到的信号将与发送端发送的信号有些不同,即产生了失真。为了保证数据传输的正确性,必须限制信号的带宽。

数据传输率是指单位时间内能传输的二进制位数。数据传输率的提高意味着每一位所占用的时间的减小,即二进制数字脉冲序列的周期会减小,当然脉冲宽度也会减小。当信道的带宽一定时,输入信号的带宽越大,输出信号的失真就越大,因此当数据传输率提高到一定程度时(信号带宽增大到一定程度),在信道输出端上的信号接收器根本无法从已失真的输出信号中恢复出所发送的数字序列。这就是说,即使对于理想信道,有限的带宽也限制了信道数据传输率。

10.4　局域网与协议

10.4.1　IPv4/ IPv6

1. 简介

Internet 是众多网络间的互联网,即计算机网络互相连接组成的一个大的网络。现在,这个网络已经覆盖了全球。在其形成初期,每个网络都使用不同的方法来进行互联或传输数据,因而有必要采用一个通用的协议使这些网络可以互相通信。TCP/IP(传输控制协议/互联网协议)就是 Internet 上的通信协议。通俗而言,TCP 负责发现传输的问题,一有问题就发出信号,要求重新传输,直到所有数据安全正确地传输到目的地。而 IP 是给因特网的每一台计算机规定一个地址。

网络通信协议最早是阿帕网(ARPANET),在阿帕网产生运作之初,通过接口信号处理机实现互联的计算机并不多,大部分计算机相互之间不兼容。在一台计算机上完成的工作,很难拿到另一台计算机上去用,想让硬件和软件都不一样的计算机联网,也有很多困难。当时美国的状况是,陆军用的计算机是 DEC 系列产品,海军用的计算机是 Honeywell 中标机器,空军用的是 IBM 公司中标的计算机,每一个军种的计算机在各自的系统里都运行良好,但却有一个大弊病:不能共享资源。

当时科学家们提出这样一个理念:"所有计算机生来都是平等的。"为了让这些"生来平等"的计算机能够实现"资源共享",就要在这些系统的标准之上,建立一种大家共同都必须遵守的标准,这样才能让不同的计算机按照一定的规则进行"谈判",并且在谈判之后能"握手"。

在确定今天因特网各个计算机之间"谈判规则"过程中,最重要的人物当数瑟夫(Vinton G. Cerf)。正是他的努力,才使今天各种不同的计算机能按照协议上网互联。瑟夫也因此获得了与克莱因罗克("因特网之父")一样的"互联网之父"美称。

在构建了阿帕网之后,美国国防高级研究计划局(DARPA)开始了其他数据传输技术的研究。网络控制协议(NCP)诞生后两年,1972 年,罗伯特·卡恩(Robert E. Kahn)被DARPA 的信息技术处理办公室雇用,在那里他研究卫星数据包网络和地面无线数据包网络,并且意识到能够在它们之间沟通的价值。在 1973 年春天,NCP 的开发者文顿·瑟夫加入到卡恩为 ARPANET 设计下一代协议而开发开放互联模型的工作中。

这个设计思想更细的形式由瑟夫在斯坦福的网络研究组的 1973—1974 年期间开发出来。它就是传输控制协议/互联网协议,在 1978 年研制成功。

很快,TCP/IP 成为 Internet 上的通信协议。

2. TCP/IP 体系结构

当前,TCP/IP 已经成为网际互联事实上标准,它不同于 OSI 的七层模型,TCP/IP 使用更为简单的五层模型,如图 10.10 所示。

TCP/IP 五层模型中的下两层构成了子网访问层,它主要为网络设备提供数据通路的

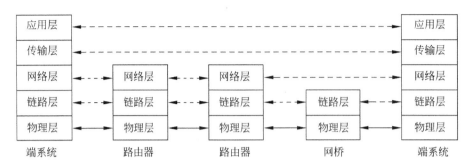

图 10.10　TCP/IP 分层模型图

作用。TCP/IP 对传输子网的支持是很广泛的,从传统的以太网、令牌环网到当今的 ATM、SDH、SONET 等无所不包,几乎所有可以利用的网络介质都可以支持 TCP/IP。由于传输子网的种类繁多,一般 TCP/IP 教科书大多仅介绍它的高三层的协议,如图 10.11 所示。

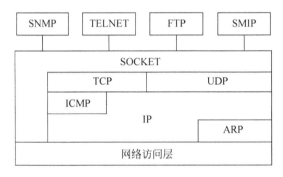

图 10.11　TCP/IP 协议组

3. TCP/IP 协议组

1）IP

IP 层接收由更低层(网络接口层,例如以太网设备驱动程序)发来的数据包,并把该数据包发送到更高层——TCP 或 UDP 层;相反,IP 层也把从 TCP 或 UDP 层接收来的数据包传送到更低层。IP 数据包是不可靠的,因为 IP 并没有做任何事情来确认数据包是按顺序发送的或者没有被破坏。IP 数据包中含有发送它的主机的地址(源地址)和接收它的主机的地址(目的地址)。

高层的 TCP 和 UDP 服务在接收数据包时,通常假设包中的源地址是有效的。也可以这样说,IP 地址形成了许多服务的认证基础,这些服务相信数据包是从一个有效的主机发送来的。IP 确认包含一个选项,叫作 IP 源路由(IP Source Routing),可以用来指定一条源地址和目的地址之间的直接路径。对于一些 TCP 和 UDP 的服务来说,使用了该选项的 IP 包好像是从路径上的最后一个系统传递过来的,而不是来自于它的真实地点。这个选项是为了测试而存在的,说明了它可以被用来欺骗系统以进行平常是被禁止的连接。那么,许多依靠 IP 源地址做确认的服务将产生问题并且会被非法入侵。

2）TCP

TCP 是面向连接的通信协议,通过三次握手建立连接,通信完成时要拆除连接,由于 TCP 是面向连接的,因此只能用于端到端的通信。

TCP 提供的是一种可靠的数据流服务,采用"带重传的肯定确认"技术来实现传输的可靠性。TCP 还采用一种称为"滑动窗口"的方式进行流量控制,所谓窗口实际表示接收能力,用以限制发送方的发送速度。

如果 IP 数据包中有已经封好的 TCP 数据包,那么 IP 将把它们向上传送到 TCP 层。TCP 将包排序并进行错误检查,同时实现虚电路间的连接。TCP 数据包中包括序号和确认,所以未按照顺序收到的包可以被排序,而损坏的包可以被重传。

TCP 将它的信息送到更高层的应用程序,例如 Telnet 的服务程序和客户程序。应用程序轮流将信息送回 TCP 层,TCP 层便将它们向下传送到 IP 层,设备驱动程序和物理介质,最后到接收方。

面向连接的服务(例如 Telnet、FTP、Rlogin、X Windows 和 SMTP)需要高度的可靠性,所以它们使用了 TCP。DNS 在某些情况下使用 TCP(发送和接收域名数据库),但使用 UDP 传送有关单个主机的信息。

3) UDP

UDP 是面向无连接的通信协议,UDP 数据包括目的端口号和源端口号信息,由于通信不需要连接,因此可以实现广播发送。

UDP 通信时不需要接收方确认,属于不可靠的传输,可能会出丢包现象,实际应用中要求程序员编程验证。

UDP 与 TCP 位于同一层,但它不管数据包的顺序、错误或重发。因此,UDP 不被应用于那些使用虚电路的面向连接的服务,UDP 主要用于那些面向查询——应答的服务,例如 NFS。相对于 FTP 或 Telnet,这些服务需要交换的信息量较小。使用 UDP 的服务包括 NTP(网络时间协议)和 DNS(DNS 也使用 TCP)。

欺骗 UDP 包比欺骗 TCP 包更容易,因为 UDP 没有建立初始化连接(也可以称为握手)(因为在两个系统间没有虚电路),也就是说,与 UDP 相关的服务面临着更大的危险。

4) ICMP

ICMP 与 IP 位于同一层,它被用来传送 IP 的控制信息,主要是用来提供有关通向目的地址的路径信息。ICMP 的 Redirect 信息通知主机通向其他系统的更准确的路径,而 Unreachable 信息则指出路径有问题。另外,如果路径不可用了,ICMP 可以使 TCP 连接"体面地"终止。PING 是最常用的基于 ICMP 的服务。

5) ARP

ARP(Address Resolution Protocol)即地址解析协议是根据 IP 地址获取物理地址的一个 TCP/IP。其功能是:主机将 ARP 请求广播到网络上的所有主机,并接收返回消息,确定目标 IP 地址的物理地址,同时将 IP 地址和硬件地址存入本机 ARP 缓存中,下次请求时直接查询 ARP 缓存。ARP 是建立在网络中各个主机互相信任的基础上的,网络上的主机可以自主发送 ARP 应答消息,其他主机收到应答报文时不会检测该报文的真实性就会将其记录在本地的 ARP 缓存中,这样攻击者就可以向目标主机发送伪 ARP 应答报文,使目标主机发送的信息无法到达相应的主机或到达错误的主机,构成一个 ARP 欺骗。ARP 命令可用于查询本机 ARP 缓存中 IP 地址和 MAC 地址的对应关系、添加或删除静态对应关系等。相关协议有 RARP、代理 ARP。邻居发现协议(Neighbor Discovery Protocol,NDP)用于在 IPv6 中代替地址解析协议。

6）Socket

Socket 通常也称作套接字,用于描述 IP 地址和端口,是一个通信链的句柄。在 Internet 上的主机一般运行了多个服务软件,同时提供几种服务。每种服务都打开一个 Socket,并绑定到一个端口上,不同的端口对应于不同的服务。Socket 正如其英文原意那样,像一个多孔插座。一台主机犹如布满各种插座的房间,每个插座有一个编号,有的插座提供 220V 交流电,有的提供 110V 交流电,有的则提供有线电视节目。客户软件将插头插到不同编号的插座,就可以得到不同的服务。

4. 互联网协议

IPv4,是互联网协议(Internet Protocol,IP)的第四版,也是第一个被广泛使用、构成现今互联网技术的基石的协议。1981 年,Jon Postel 在 RFC791 中定义了 IP,IPv4 可以运行在各种各样的底层网络上,如端对端的串行数据链路(PPP 和 SLIP)、卫星链路等。局域网中最常用的是以太网。

传统的 TCP/IP 基于 IPv4,属于第二代互联网技术,核心技术属于美国。它的最大问题是网络地址资源有限,从理论上讲,编址 1600 万个网络、40 亿台主机。但采用 A、B、C 三类编址方式后,可用的网络地址和主机地址的数目大打折扣,以致 IP 地址已经枯竭。其中北美占有 3/4,约 30 亿个,而人口最多的亚洲只有不到 4 亿个,到 2010 年 6 月为止,中国 IPv4 地址数量达到 2.5 亿,落后于 4.2 亿网民的需求。虽然用动态 IP 及 NAT(网络地址转换)等技术实现了一些缓冲,但 IPv4 地址枯竭已经成为不争的事实。在此,专家提出 IPv6 的互联网技术也正在推行,但 IPv4 的使用过渡到 IPv6 需要很长的一段过渡期。中国主要用的就是 IPv4,在 Windows 7 中已经有了 IPv6 的协议,不过对于中国的用户来说可能很久以后才会用到吧。

传统的 TCP/IP 是基于电话宽带以及以太网的电器特性而制定的,其分包原则与检验占用了数据包很大的一部分比例造成了传输效率低,网络正向着全光纤网络高速以太网方向发展,TCP/IP 不能满足其发展需要。

1983 年,TCP/IP 被 ARPANET 采用,直至发展到后来的互联网。那时只有几百台计算机互相联网。到 1989 年,联网计算机数量突破 10 万台,并且同年出现了 1.5Mb/s 的骨干网。因为 IANA 把大片的地址空间分配给了一些公司和研究机构,20 世纪 90 年代初就有人担心 10 年内 IP 地址空间就会不够用,并由此推动了 IPv6 的开发。

IPv6 是 Internet Protocol Version 6 的缩写,其中 Internet Protocol 译为"互联网协议"。IPv6 是 IETF(Internet Engineering Task Force,互联网工程任务组)设计的用于替代现行版本 IP 协议(IPv4)的下一代 IP。

与 IPv4 相比,IPv6 具有以下几个优势:

(1) IPv6 具有更大的地址空间。IPv4 中规定 IP 地址长度为 32,即有 $2^{32}-1$ 个地址;而 IPv6 中 IP 地址的长度为 128,即有 $2^{128}-1$ 个地址。

(2) IPv6 使用更小的路由表。IPv6 的地址分配一开始就遵循聚类(Aggregation)的原则,这使得路由器能在路由表中用一条记录(Entry)表示一片子网,大大减小了路由器中路由表的长度,提高了路由器转发数据包的速度。

(3) IPv6 增加了增强的组播(Multicast)支持以及对流的支持(Flow Control),这使得网络上的多媒体应用有了长足发展的机会,为服务质量(Quality of Service,QoS)控制提供了良好的网络平台。

（4）IPv6 加入了对自动配置（Auto Configuration）的支持。这是对 DHCP 的改进和扩展，使得网络（尤其是局域网）的管理更加方便和快捷。

（5）IPv6 具有更高的安全性。在使用 IPv6 网络中用户可以对网络层的数据进行加密并对 IP 报文进行校验，极大地增强了网络的安全性。

*5. IP 编址机制

TCP 和 IP 协同工作，使得 Internet 服务可行。通过网络传输信息时，如果空间较大，可以将该信息分成较小的包。这些包在目的地重新组合形成原有的信息。例如，一般的信息包大小为 1500b，大多数发送的信息可能会大于 1500b。这样，TCP 将发送的信息分为信息包大小的块或数据流。每个信息包包括源地址和目的地址、包的大小。

当一系列的数据包组成较大的信息包时，插入数据包的位置信息，IP 再来给这些信息包编址并将它们以可能最佳的路由路径发送到目的地址。

前面已经提到过，信息包包括源地址和目的地址。毕竟，信息必须从某些地方发送过来，并且将发送到某些地方去。那么这些又是怎么实现的呢？ 每个 Internet 上的主机都有一个 IP 地址。

1）IPv4 编码机制

IPv4 中规定 IP 地址长度为 32（按 TCP/IP 参考模型划分），即有 $2^{32}-1$ 个地址。一般的书写法为每 4 位用小数点分开的十进制数。也有人把 4 位数字化成一个十进制长整数，但这种标示法并不常见。另一方面，IPv6 使用的 128 位地址所采用的地址记数法，在 IPv4 也有人用，但使用范围更少。Internet 的 IP 地址就分成为五类，即 A～E 类，如图 10.12 所示。这样，IP 地址由三个字段组成。D 类地址是一种组播地址，主要是留给 Internet 体系结构委员会（Internet Architecture Board，IAB）使用。E 类地址保留在今后使用。目前大量 IP 地址仅 A～C 类三种。

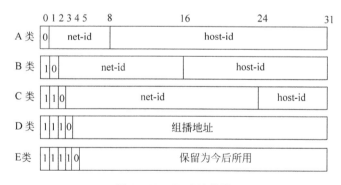

图 10.12　IP 地址分类

不同类型网络的网络数和主机数均不同，IP 地址的使用范围如表 10.1 所示。

表 10.1　IP 地址的使用范围

网络类别	最大网络数	第一个可用的网络号码	最后一个可用的网络号码	每个网络中的最大主机数
A	126	1	126	16 777 214
B	16 382	128.1	191.254	65 534
C	2 097 150	192.0.1	223.255.254	254

特殊 IP 如下：

- 127.x.x.x 给本地网地址使用。
- 224.x.x.x 为多播地址段。
- 255.255.255.255 为通用的广播地址。
- 10.x.x.x、172.16.x.x～172.31.x.x 和 192.168.x.x 供本地网使用，这些网络连到互联网上需要对这些本地网地址进行转换（NAT）。但由于这种分类法会大量浪费网络上的可用空间，所以新的方法不再做这种区分，而是把用户需要用的地址空间，以 2 的乘幂方式来拨与。例如，某一网络只要 13 个 IP 地址，就会把一个含有 16 个地址的区段给他。假设批核了 61.135.136.128/16，就表示从 61.135.136.129～61.135.136.142 的网址他都可以使用。

2）IPv6 编码机制

IPv6 是 Internet Protocol Version 6 的缩写，它是 IETF（Internet Engineering Task Force，互联网工程任务组）设计的用于替代现行版本 IP 协议——IPv4——的下一代 IP，它由 128 位二进制数码表示。在很多场合，IPv6 地址由两个逻辑部分组成：一个 64 位的网络前缀和一个 64 位的主机地址。主机地址通常根据物理地址自动生成，叫作 EUI-64（或者 64 位扩展唯一标识）。IPv6 地址的表达形式一般采用 32 个十六进制数。例如，"FE80：0000：0000：0000：AAAA：0000：00C2：0002"是一个合法的 IPv6 地址。

这个地址看起来还是太长，这里还有种办法来缩减其长度，叫作零压缩法。如果几个连续段位的值都是 0，那么这些 0 就可以简单地以：：来表示，上述地址就可以写成"FE80：：AAAA：0000：00C2：0002"。这里要注意的是只能简化连续的段位的 0，其前后的 0 都要保留，如 FE80 的最后的这个 0，不能被简化。还有这个只能用一次，在上例中的 AAAA 后面的 0000 就不能再次简化。当然也可以在 AAAA 后面使用：：，这样的话前面的 12 个 0 就不能压缩了。这个限制的目的是为了能准确还原被压缩的 0，否则就无法确定每个"：："代表了多少个 0。又如

```
2001:0DB8:0000:0000:0000:0000:1428:0000
2001:0DB8:0000:0000:0000::1428:0000
2001:0DB8:0:0:0:0:1428:0000
2001:0DB8:0::0:0:1428:0000
2001:0DB8::1428:0000
```

都是合法的地址，并且它们是等价的。但"2001:0DB8::1428::"是非法的，因为这样会搞不清楚每个压缩中有几个全 0 的分组。

同时前导的 0 可以省略，因此："2001:0DB8:02de::0e13"等价于"2001:DB8:2de::e13"。

一个 IPv6 地址可以将一个 IPv4 地址内嵌进去，并且写成 IPv6 形式和平常习惯的 IPv4 形式的混合体。IPv6 有两种内嵌 IPv4 的方式：IPv4 映像地址和 IPv4 兼容地址。

IPv4 映像地址有如下格式：

```
::ffff:192.1610.89.9
```

这个地址仍然是一个 IPv6 地址，只是"0000:0000:0000:0000:0000:ffff:c0a8:5909"的另外一种写法罢了。IPv4 映像地址布局如下：

```
| 80b | 16 | 32b |
0000..............0000 | FFFF | IPv4 address |
```

IPv4 兼容地址写法如下：

```
::192.1610.89.9
```

如同 IPv4 映像地址，这个地址仍然是一个 IPv6 地址，只是"0000:0000:0000:0000:0000:0000:c0a8:5909"的另外一种写法罢了。IPv4 兼容地址布局如下：

```
| 80b |16 | 32b |
0000..............0000 | 0000 | IPv4 address |
```

IPv4 和 IPv6 两类 IP 地址的主要差别可以参阅表 10.2 的内容。

表 10.2　IPv4 与 IPv6 对比表

IPv4 地址	IPv6 地址
地址位数：IPv4 地址总长度为 32 位	地址位数：IPv6 地址总长度为 128 位，是 IPv4 的 4 倍
地址格式表示：点分十进制格式	地址格式表示：冒号分十六进制格式，带零压缩
按五类 Internet 地址划分总的 IP 地址	不适用，IPv6 没有对应地址划分，而主要是按传输类型划分
网络表示：点分十进制格式的子网掩码或以前缀长度格式表示	网络表示：仅以前缀长度格式表示
环路地址是 127.0.0.1	环路地址是::1
公共 IP 地址	IPv6 的公共地址为"可聚集全球单点传送地址"
自动配置的地址(169.254.0.0/16)	链路本地地址(FE80::/64)
多点传递地址(224.0.0.0/4)	IPv6 多点传送地址(FF00::/8)
包含广播地址	不适用，IPv6 未定义广播地址
未指明的地址为 0.0.0.0	未指明的地址为::(0:0:0:0:0:0:0:0)
专用 IP 地址(10.0.0.0/8、172.16.0.0/12、192.168.0.0/16)	站点本地地址(FEC0::/48)
域名解析：IPv4 主机地址(A)资源记录	域名解析：IPv6 主机地址(AAAA)资源记录
逆向域名解析：IN-ADDR.ARPA 域	逆向域名解析：IP6.INT 域

10.4.2　局域网组网设备

要构成 LAN，必须有其基本部件。LAN 既然是一种计算机网络，自然少不了计算机，特别是个人计算机(PC)。几乎没有一种网络只由大型机或小型机构成。因此，对于 LAN 而言，个人计算机是一种必不可少的构件。计算机互联在一起，当然也不可能没有传输媒体，这种媒体可以是同轴电缆、双绞线、光缆或辐射性媒体。第三个构件是任何一台独立计算机通常都不配备的网卡，也称网络适配器，但在构成 LAN 时，则是不可少的部件。第四个构件是将计算机与传输媒体相连的各种连接设备，如 RJ-45 插头等。具备了上述四种网络构件，便可将 LAN 工作的各种设备用媒体互联在一起搭成一个基本的 LAN 硬件平台，如图 10.13 所示。

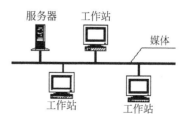

图 10.13　局域网示意图

有了 LAN 硬件环境,还需要控制和管理 LAN 正常运行的软件,即 NOS 是在每个 PC 原有操作系统上增加网络所需的功能。例如,当需要在 LAN 上使用字处理程序时,用户的感觉犹如没有组成 LAN 一样,这正是 LAN 操作发挥了对字处理程序访问的管理。在 LAN 情况下,字处理程序的一个副本通常保存在文件服务器中,并由 LAN 上的任何一个用户共享。由上面介绍的情况可知,组成 LAN 需要下述五种基本结构:

① 计算机(特别是 PC);

② 传输媒体;

③ 网络适配器;

④ 网络连接设备;

⑤ 网络操作系统。

1. 传输介质

1)同轴电缆

同轴电缆可分为两类:粗缆和细缆。这种电缆在实际应用中很广,如有线电视网,就是使用同轴电缆。不论是粗缆还是细缆,其中央都是一根铜线,外面包有绝缘层。同轴电缆由内部导体环绕绝缘层以及绝缘层外的金属屏蔽网和最外层的护套组成,如图 10.14 所示。这种结构的金属屏蔽网可防止中心导体向外辐射电磁场,也可用来防止外界电磁场干扰中心导体的信号。

采用细缆组网,除需要电缆外,还需要 BNC 头、T 形头及终端匹配器等,如图 10.15 所示。同轴电缆组网的网卡必须带有细缆连接接口。

图 10.14　同轴电缆结构示意图　　　　　　图 10.15　接头示意图

2)双绞线

双绞线(Twisted Pair,TP)是布线工程中最常用的一种传输介质。双绞线是由相互按一定扭矩绞合在一起的类似于电话线的传输媒体,每根线加绝缘层并有色标来标记,如图 10.16 和图 10.17 所示,分别为示意图和实物图。成对线的扭绞旨在使电磁辐射和外部电磁干扰减到最小。目前,双绞线可分为非屏蔽双绞线(Unshielded Twisted Pair,UTP)和屏蔽双绞线(Shielded Twisted Pair,STP)。我们平时一般接触比较多的就是 UTP 线。

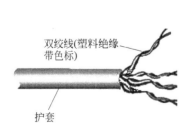

图 10.16　双绞线结构示意图　　　　　　图 10.17　双绞线实物图

目前,EIA/TIA(电气工业协会/电信工业协会)为双绞线电缆定义了五种不同质量的型号。这五种型号如下:

第一类:主要用于传输语音(一类标准主要用于20世纪80年代初之前的电话线缆),该类用于电话线,不用于数据传输。

第二类:该类包括用于低速网络的电缆,这些电缆能够支持最高4Mb/s的实施方案,第一类和第二类双绞线在LAN中很少使用。

第三类:这种在以前的以太网中(10M)比较流行,最高支持16Mb/s的容量,但大多数通常用于10b/s的以太网,主要用于10base-T。

第四类:该类双绞线在性能上比第三类有一定改进,用于语音传输和最高传输速率16Mb/s的数据传输。第四类电缆用于比第三类距离更长且速度更高的网络环境。它可以支持最高20Mb/s的容量,主要用于基于令牌的局域网和10base-T/100base-T。这类双绞线可以是UTP,也可以是STP。

第五类:该类电缆增加了绕线密度,外套一种高质量的绝缘材料,传输频率为100MHz,用于语音传输和最高传输速率为100Mb/s的数据传输,这种电缆用于高性能的数据通信。它可以支持高达100Mb/s的容量,主要用于100base-T和10base-T网络,这是最常用的以太网电缆。

最近又出现了超五类线缆,它是一个非屏蔽双绞线(UTP)布线系统,通过对它的链接和信道性能的测试表明,它超过五类线标准TIA/EIA568的要求。与普通的五类UTP比较,性能得到了很大提高。

如今市场上五类布线和超五类布线应用非常广泛,国际标准规定的五类双绞线的频率带宽是100MHz,在这样的带宽上可以实现100Mb/s的快速以太网和155Mb/s的ATM传输。计算机网络综合布线使用第三、四、五类。

使用双绞线组网,双绞线和其他网络设备(例如网卡)连接必须是RJ-45接头(也叫水晶头)。

3) 光缆

光缆不仅是目前可用的媒体,而且是今后若干年后将会继续使用的媒体,其主要原因是这种媒体具有很大的带宽。光缆是由许多细如发丝的塑胶或玻璃纤维外加绝缘护套组成,光束在玻璃纤维内传输,防磁防电,传输稳定,质量高,适于高速网络和骨干网。光纤与电导体构成的传输媒体最基本的差别是,它的传输信息是光束,而非电气信号。因此,光纤传输的信号不受电磁的干扰。

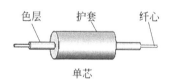

图 10.18　光缆结构示意图

光缆结构示意图如图10.18所示。

4) 无线媒体

上述三种传输媒体的有一个共同的缺点,那便是都需要一根线缆连接计算机,这在很多场合下是不方便的。无线媒体不使用电子或光学导体。大多数情况下地球的大气便是数据的物理性通路。从理论上讲,无线媒体最好应用于难以布线的场合或远程通信。无线媒体有三种主要类型:无线电、微波及红外线。

2. 网络适配器

网络适配器又称网卡或网络接口卡(Network Interface Card,NIC)。它是使计算机联网的设备,结构如图 10.19 所示。平常所说的网卡就是将 PC 和 LAN 连接的网络适配器。网卡插在计算机主板插槽中,负责将用户要传递的数据转换为网络上其他设备能够识别的格式,通过网络介质传输。它的主要技术参数为带宽、总线方式、电气接口方式等。它的基本功能为:从并行到串行的数据转换、包的装配和拆装、网络存取控制、数据缓存和网络信号。

图 10.19　网卡结构示意图

网卡必须具备两大技术:网卡驱动程序和 I/O 技术。网卡驱动程序使网卡和网络操作系统兼容,实现 PC 与网络的通信。I/O 技术可以通过数据总线实现 PC 和网卡之间的通信。网卡是计算机网络中最基本的元素。在计算机局域网络中,如果有一台计算机没有网卡,那么这台计算机将不能和其他计算机通信,也就是说,这台计算机和网络是孤立的。

3. 局域网连接设备

1)集线器

集线器(HUB)是对网络进行集中管理的最小单元,像树的主干一样,它是各分枝的汇集点。HUB 是一个共享设备,其实质是一个中继器,而中继器的主要功能是对接收到的信号进行再生放大,以扩大网络的传输距离。正是因为 HUB 只是一个信号放大和中转的设备,所以它不具备自动寻址能力,即不具备交换作用。所有传到 HUB 的数据均被广播到与之相连的各个端口,容易形成数据堵塞,因此有人称集线器为“傻 HUB”。

目前市面上的 HUB 基本由美国品牌和台湾品牌占据。其中高档 HUB 主要由美国品牌占领,如 3COM,INTEL 等;台湾的 D-LINK 和 ACCTON 占有了中低端 HUB 的主要份额。

集线器实物图如图 10.20 所示。

2)交换机

交换机提供了许多网络互联功能。交换机能经济地将网络分成小的冲突网域,为每个工作站提供更高的带宽。协议的透明性使得交换机在软件配置简单的情况下直接安装在多协议网络中;交换机使用现有的电缆、中继器、集线器和工作站的网卡,不必做高层的硬件升级;交换机对工作站是透明的,这样管理开销低廉,简化了网络节点的增加、移动和网络变化的操作。

域网交换机是组成网络系统的核心设备。对用户而言,局域网交换机最主要的指标是端口的配置、数据交换能力、包交换速度等因素。

交换机实物结构图如图 10.21 所示。

图 10.20　集线器实物图

图 10.21　交换机实物结构图

3）路由器

路由器是一种网络设备，它能够利用一种或几种网络协议将本地或远程的一些独立的网络连接起来，每个网络都有自己的逻辑标识。路由器通过逻辑标识将指定类型的封包（如 IP）从一个逻辑网络中的某个节点，进行路由选择，传输到另一个网络中的某个节点。

图 10.22　路由器实物结构图

路由器实物结构图如图 10.22 所示。

路由器是互联网的主要节点设备。路由器通过路由决定数据的转发。转发策略称为路由选择（routing），这也是路由器名称的由来（router，转发者）。作为不同网络之间互相连接的枢纽，路由器系统构成了基于 TCP/IP 的国际互联网络 Internet 的主体脉络，也可以说，路由器构成了 Internet 的骨架。它的处理速度是网络通信的主要瓶颈之一，它的可靠性则直接影响着网络互联的质量。因此，在园区网、地区网，乃至整个 Internet 研究领域中，路由器技术始终处于核心地位，其发展历程和方向，成为整个 Internet 研究的一个缩影。

路由器具有四个要素：输入端口、输出端口、交换开关和路由处理器。

10.5　Internet 应用

10.5.1　电子商务

电子商务是指在因特网（Internet）、企业内部网（Intranet）和增值网（Value Added Network，VAN）以上电子交易方式进行交易活动和相关服务的活动，是传统商业活动各环节的电子化、网络化。电子商务是利用微计算机技术和网络通信技术进行的商务活动。各国政府、学者、企业界人士根据自己所处的地位和对电子商务参与的角度和程度的不同，给出了许多不同的定义。但是，电子商务不等同于商务电子化。

电子商务，涵盖的范围很广，一般可分为企业对企业（Business-to-Business，B2B）、企业对消费者（Business-to-Consumer，B2C）、个人对消费者（Consumer-to-Consumer，C2C）、企业对政府（Business-to-Government）、线上对线下（Online-to-Offline）、商业机构对家庭消费（Business-to-Family）、供给方对需求方（Provide-to-Demand）、门店在线（O2P 商业模式）等八种模式，其中主要的有企业对企业（Business-to-Business），企业对消费者（Business-to-Consumer）两种模式。消费者对企业（Consumer-to-Business，C2B）也开始兴起，并被马云等认为是电子商务的未来。随着国内 Internet 使用人数的增加，利用 Internet 进行网络购物并以银行卡付款的消费方式已日渐流行，市场份额也在迅速增长，电子商务网站也层出不穷。电子商务最常见之安全机制有 SSL（安全套接层协议）及 SET（安全电子交易协议）两种。

1. 电子商务的发展阶段

电子商务是一个不断发展的概念。1996 年，IBM 公司提出了 Electronic Commerce（EC）的概念，到了 1997 年，该公司又提出了 Electronic Business（E B）的概念。但中国在引进这些概念的时候都翻译成电子商务,很多人对这两者的概念产生了混淆。事实上这两个概念及内容是有区别的,EC 应翻译成电子商业,有人将 EC 称为狭义的电子商务,将 EB 称为广义的电子商务。EC 是指实现整个贸易过程中各阶段贸易活动的电子化,EB 是利用网络实现所有商务活动业务流程的电子化。

第一阶段:电子邮件阶段。这个阶段可以认为是从 20 世纪 70 年代开始,平均的通信量以每年几倍的速度增长。

第二阶段:信息发布阶段。从 1995 年起,以 Web 技术为代表的信息发布系统,爆炸式地成长起来,成为 Internet 的主要应用。

第三阶段:EC(Electronic Commerce),即电子商务阶段。EC 在美国也才刚刚开始,之所以把 EC 列为一个划时代的东西,是因为 Internet 的最终主要商业用途,就是电子商务。同时反过来也可以说,若干年后的商业信息,主要是通过 Internet 传递。Internet 即将成为这个商业信息社会的神经系统。1997 年底,在加拿大温哥华举行的第五次亚太经合组织非正式首脑会议(APEC)上,美国总统克林顿提出敦促各国共同促进电子商务发展的议案,引起了全球首脑的关注,IBM、HP 和 Sun 等国际著名的信息技术厂商已经宣布 1998 年为电子商务年。

第四阶段:全程电子商务阶段。随着 SaaS(Software as a Service)软件服务模式的出现,软件纷纷登录互联网,延长了电子商务链条,形成了当下最新的"全程电子商务"概念模式。

第五阶段:智慧阶段。2011 年,互联网信息碎片化以及云计算技术愈发成熟,主动互联网营销模式出现,i-Commerce(individual Commerce)顺势而出,电子商务摆脱传统销售模式生搬上互联网的现状,以主动、互动、用户关怀等多角度与用户进行深层次沟通。

2. 电子商务商城

1) 综合商城

商城,谓之城,自然城中会有许多店。综合商城就如我们平时进入天河城、正佳等现实生活中的大商城一样。商城一楼可能是一级品牌,然后二楼是女士服饰,三楼男士服饰,四楼运动装饰,五楼手机数码,六楼特价…… 将 N 个品牌专卖店装进去,这就是商城。而后面的淘宝商城也是这个形式,它有庞大的购物群体,有稳定的网站平台,有完备的支付体系,诚信安全体系(尽管仍然有很多不足),促进了卖家进驻卖东西,买家进去买东西。如同传统商城一样,淘宝自己是不卖东西的,是提供了完备的销售配套。而线上的商城,在人气足够、产品丰富、物流便捷的情况下,其成本优势、24h 的不夜城、无区域限制、更丰富的产品等优势,体现着网上综合商城即将获得交易市场的一个角色。

2) 专一整合型

(1) 百货商店。

商店,谓之店,说明卖家只有一个;而百货,即是满足日常消费需求的丰富产品线。这种商店是自有仓库,以备更快的物流配送和客户服务。

(2) 垂直商店。

垂直商店,服务于某些特定的人群或某种特定的需求,提供有关这个领域需求的全面及更专业的服务。

（3）衔接通道型。

M2E 是英文 Manufacturers to E-commerce（厂商与电子商务）的缩写，是驾驭在电子商务上的一种新型行业，是一个以节省厂商销售成本和帮助中小企业的供应链资源整合的运作模式。2007 年美国电商峰会上由知名经济学家提出，在国内代表企业有广州点动信息科技有限公司。

（4）服务型网店。

日益火爆的网上购物，除了为消费者提供快捷、便利的在线购物外，也催生了如网购砍价、网拍摄影、网店装修等一批新的"服务型"网店，它们以购物网站为生存根基，凭借丰富的网购经验和技能，从中挖掘新的商机。

服务型的网店越来越多，可以满足人们不同的个性需求。

（5）导购引擎型。

许多消费者已经不单单满足直接进入网站购物，购物前都会通过一些导购网站进行查询和了解。导购类型的网站使得购物的趣味性、便捷性大大增加，同时诸多导购网站都推出了购物返现，少部分推出了联合购物返现，以满足众多消费者的需求。

（6）社交。

社交电子商务（Social Commerce）是电子商务的一种新的衍生模式。它借助社交媒介、网络媒介的传播途径，通过社交互动、用户自生内容等手段来辅助商品的购买和销售行为。在 Web 2.0 时代，越来越多的内容和行为是由终端用户来产生和主导的，如博客、微博。一般可以分为两类：一类是专注于商品信息的，主要是通过用户在社交平台上分享个人购物体验、在社交圈推荐商品的应用；另一类是比较新的模式，通过社交平台直接介入商品的销售过程，这类是让终端用户也介入到商品销售过程中，通过社交媒介来销售商品。

（7）ABC 模式。

ABC 模式是新型电子商务模式的一种，被誉为继 B2B 模式、B2C 模式、淘宝 C2C 模式、N2C 模式之后电子商务界的第五大模式。是由代理商（Agent）、商家（Business）和消费者（Consumer）共同搭建的集生产、经营、消费为一体的电子商务平台。

（8）团购模式。

团购（Group Purchase）就是团体线上购物，指认识或不认识的消费者联合起来，加大与商家的谈判筹码，会取得最优价格的一种购物方式。根据薄利多销的原则，商家可以给出低于零售价格的团购折扣和单独购买得不到的优质服务。团购作为一种新兴的电子商务模式，通过消费者自行组团、专业团购网、商家组织团购等形式，提升用户与商家的议价能力，并极大程度地获得商品让利，引起消费者及业内厂商甚至是资本市场关注。团购的商品价格更为优惠，尽管团购还不是主流消费模式，但它所具有的威力已逐渐显露出来。团购的主要方式是网络团购。

（9）线上线下。

线上订购、线下消费是 O2O 的主要模式，是指消费者在线上订购商品，再到线下实体店进行消费的购物模式。这种商务模式能够吸引更多热衷于实体店购物的消费者，传统网购的以次充好、图片与实物不符等虚假信息的缺点在这里都将彻底消失。传统的 O2O 核心是在线支付，是将 O2O 经过改良，把在线支付变成线下体验后再付款，消除消费者对网购诸多方面不信任的心理。消费者可以在网上的众多商家提供的商品里面挑选最合适的商品，亲自体验购物过程，不仅放心、有保障，而且也是一种快乐的享受过程。

（10）其他模式。

由于商务活动时刻运作在每个人的生存空间，因此，电子商务的范围波及人们的生活、工作、学习及消费等广泛领域，其服务和管理也涉及政府、工商、金融及用户等诸多方面。Internet 逐渐渗透到每个人的生活中，而各种业务在网络上的相继展开，也在不断推动电子商务这一新兴领域的昌盛和繁荣。电子商务可应用于小到家庭理财、个人购物，大至企业经营、国际贸易等诸方面。具体地说，其内容大致可以分为三个方面：企业间的商务活动、企业内的业务运作以及个人网上服务。

3. 电子商务建站模式

第一种是在基于平台的网上商城开店，适合于二手或闲置物品。

第二种是进驻大型网上商城，像实体店铺进驻商场一样。

第三种是独立网店。可根据喜好选择自己喜欢的店铺风格，可自行设定商品分类及商品管理规则，可自行添加各种支付方式，可按照自己的要求给予用户最好的网上购物体验。

独立网店的功能支持是三种模式中最全面的，服务支持也是最专业的，但费用是三种模式中最低的。支持这种模式的主流软件有一些是免费的，只收主机托管（空间、带宽及域名支持等）费用就可开起专业的网店。

*10.5.2 网站的创建与维护

随着网络的普及，越来越多的企业、学校开始希望能建设自己的网站，通过网络扩大企业、学校知名度。一般来说，网站建设大致需要经过以下四个步骤：网站的规划、页面的设计、网站的发布及网站的维护。

1. 网站的规划

1）策划网站

一个网站建成什么样子，实现什么功能，建设什么栏目，非常重要，这些在网站建设前必须策划好。现在不少网站经常改版，一个人一个版式。其实好的网站改版较少，风格也是相对固定的，如首都之窗、新浪等。网站的策划要综合考虑单位性质和行业特点，进行板块的划分及色调的选择，不强求一个面孔，也不要搞成五花八门。

2）网页的布局规划

要做出一个优秀的网页页面，组织规划是前期要进行和准备的重要工作。规划和组织网页的内容，可以通过以下两种途径来进行：一种是根据文件所包含的信息，按照一定的组织或区域等类别去组织内容，内容可以是包含所有在网站所要反映的信息，如文本、图像、图形、视频、音频等；另一种是根据从市场反馈回来的信息或者网站的主题，以及根据用户所期望的、要求的内容去组织规划。

3）确定网站的整体风格

风格是指站点的整体形象给浏览者的综合感受，是抽象的。这个"整体形象"包括站点的界面（标志、色彩、字体、标语）、版面布局、浏览方式、交互性、文字、语气、内容价值、存在意义、站点荣誉等诸多因素。如何树立网站风格呢? 可以分这样几个步骤:首先,确信风格是建立在有价值内容之上的。一个网站有风格而没有内容,就好比绣花枕头一包草,好比一个性格傲慢但却目不识丁的人。首先必须保证内容的质量和价值性。接着,需要彻底搞清楚站点要留给人的印象是什么。最后,在明确网站印象后,开始努力建立和加强这种印象。

4)网站目录设计

网站的目录是指建立网站时创建的目录。目录的结构是一个容易忽略的问题,大多数站长都是未经规划,随意创建子目录。目录结构的好坏,对浏览者来说并没有什么太大的感觉,但是对于站点本身的上传维护、内容的扩充和移植有着重要的影响。

不要将所有文件都存放在根目录下,否则,文件管理会混乱。应当按栏目内容建立子目录。子目录的建立,首先按主菜单栏目建立。对于其他的次要栏目,要经常更新的可以建立独立的子目录。而一些相关性强,不需要经常更新的栏目,所有程序一般都存放在特定目录。目录的层次不要太深,建议不要超过三层。原因很简单:维护管理方便。

5)链接结构设计

网站的链接结构是指页面之间相互链接的拓扑结构。它建立在目录结构基础之上,但可以跨越目录。形象地说,每个页面都是一个固定点,链接则是在两个固定点之间的连线。一个点可以和一个点连接,也可以和多个点连接。更重要的是,这些点并不是分布在一个平面上,而是存在于一个立体的空间中。

一般的,建立网站的链接结构有两种基本方式:树状链接结构(一对一)和星状链接结构(一对多)。在实际的网站设计中,总是将这两种结构混合起来使用。我们希望浏览者既可以方便快速地达到自己需要的页面,又可以清晰地知道自己的位置。所以,最好的办法是:首页和一级页面之间用星状链接结构,一级和二级页面之间用树状链接结构。

6)网页的色彩搭配

网页的色彩是树立网站形象的关键之一,但色彩搭配却是许多设计者感到头疼的问题。网页的背景、文字、图标、边框、超链接等,应该采用什么样的色彩才能最好地表达出预想的内涵呢? 随着网页制作经验的积累,用色有这样的一个趋势:五彩缤纷→标准色→单色。一开始,因为技术和经验缺乏,在有一定基础和材料时,希望制作一个漂亮的网页,将自己收集的最好的图片、最满意的色彩堆砌在页面上,但是时间长了,却发现色彩杂乱,没有个性和风格;第二次重新定位自己的网站,选择好切合自己的色彩,推出的站点往往比较成功;当最后设计理念和技术达到顶峰时,则又返璞归真,用单一色彩甚至非色彩就可以设计出简洁精美的站点。同时,选择色彩要和网页的内涵相关联。

2. 页面的设计

1)页面的规划思想

网页的结构就是页面的版面设计,页面的结构有左右型、上下型、杂合型三种基本类型。左右型结构比较符合浏览者的习惯,而且一般左边是目录,右边是内容。上下型的页面结构与左右型结构一样,是符合人们从上至下、从左至右的浏览习惯。杂合型的页面结构是前两种页面结构的组合。

2)页面的总体设计

一个 Web 页面的总体设计步骤应是这样的:首先把网络文件要介绍的全部内容做一个目录索引,索引的每一部分内容对应一个网页;然后把目录索引按其内容划分出层次,有一级索引、二级索引等，如果其内容较多，可以生成更多级的索引；最后应在各个网页之间进行链接。而 Web 页面间的链接工作往往是一个非常复杂而细致、琐碎的工作，包括文件各部分之间的关系、给用户提供的访问通道、内存与内容之间的衔接等，这些都需要在确立的 Web 页面中进行和完成。

在所有的 Web 页面中，包含着各种标题、段落和表格等，应该使它们尽量保持风格一致，达到风格一致的最好办法就是提供一个 Web 页面模板。这个 Web 页面模板也可以是所制定的网页模板，所有的制作者都可以遵从这个模板而达到文件的统一。这样，制作出的网页就有了一致的风格。

3. 网站的布发

1）选择域名

因特网已经有许多年的发展历史。一些简短、通俗的域名早已被别人注册。已经注册的域名就无法再注册，而只能选择一些不太简短、不太通俗的域名。在这种情况下，可以考虑将两个（或两个以上）简短、通俗的英文单词组合起来，构成一个尽可能好的域名。例如一个书店网站的域名，可以从 bookshop、book-shop、bookstore、book-store（中文意思均为书店）之中选择一个。

2）域名注册

在注册之前必须先检查一下自己中意的域名是否已被注册，确定已注册域名库中没有找到相关的信息条目，这时就可以进行注册了。在中国因特网络信息中心（CNNIC）网站上联机填写域名注册申请表并递交，CNNIC 会对您填写的内容进行在线检查。填写完毕单击"注册"按钮即可，然后按 CNNIC 的要求递交申请材料，通过 CNNIC 审核后交费，开通域名。

3）发布网页

目前提供主机空间服务的大型 ISP 一般使用 E-mail 和 FTP 两种方式上传。如果是使用前者，基本没有权限在远程主机上进行远程调试，一切管理维护工作都要通过对方的管理员完成，这种情况下更要保证在本机解决好上传的网页中的一切问题。如果使用后者，则在远程主机上有一个账号，就可以使用通过 FTP 和 Telnet 远程登录的方式对网页进行调试。

如果使用 E-mail 方式发布页面，一般要先把所有网页按照目录结构集中在一个总目录下，然后压缩打包，通过 E-mail 寄给远程主机的管理员，由他解包；然后在 Web 发布目录中创建一个子目录，将你的所有网页移到该目录下。

如果使用匿名 FTP 发布主页，一般在远程主机上专门设有一个目录接收用户上传文档，上传后远程服务器管理员将文档放置到相应的位置。如果拥有在该主机的用户账号，可以使用 FTP 以该账号登录，将主页直接发布到目的目录。

当主页发布到远程主机后，如果在远程主机上拥有用户账号，并且具有管理自己主页的权限，就可以使用远程登录的方式，对发布的网页进行测试和维护。

4. 网站的维护

1）维护网站

网站维护的一个重要内容是查看留言板，获得用户反馈信息。通常用户会利用留言板反映网页中存在的问题，管理员对这些问题应立即检查，如确实是服务器和网页方面的原因,应该及时改善。用户也会对网站的内容和页面布局提出一些有用的建议,作为管理员应该听取好的建议,并把好的建议在今后的网页更新过程中实施。另外,用户会通过留言板向管理员提出一些问题,管理员应该对这些问题及时回答,以答疑解惑。

在网页正常运行期间也要经常使用浏览器查看和测试页面,以查缺补漏,精益求精。

2) 更新与升级网站

网页发布后不能总是一成不变的,否则这一段时间其中的信息对用户没有新意,自然访问数量会降低。网页更新应参考用户的意见和建议。做好网站升级的工作,包括服务器软件的升级和操作系统的升级。适时地升级服务器软件能提高网站的访问质量。另外,一个稳定强大的操作系统也是服务器性能的保证,也应该根据操作系统稳定性能不断升级操作系统。此外还有技术升级,我们在建站过程中,通过学习不断掌握新的 Web 技术,把它应用于网页中,以提升网页质量。

3) 网站的安全

网站安全技术可分为静态安全技术和动态安全技术。

目前在网站上广泛使用的防火墙技术采用的就是静态安全技术,它针对的是来自系统外部的攻击,一旦外部侵入者进入了系统,它们便不受任何阻挡。认证手段也与此类似,一旦侵入者骗过了认证系统,那么侵入者便成为系统的内部人员。其缺点是需要人工来实施和维护,不能主动跟踪侵入者。

动态安全技术能够主动检测网络的易受攻击点和安全漏洞,并且通常能够早于人工探测到危险行为。它的主要检测工具包括测试网络、系统和应用程序易受攻击点的检测和扫描工具,对可疑行为的监视程序,病毒检测工具等。检测工具通常还配有自动通报和警告系统。

没有任何一种网络安全技术能够保证网络的绝对安全,用户应选择那些能够正视网络现存问题的技术。动态安全技术能够面对存在于网络安全的种种现实问题和用户的需求,通过与传统的外围安全设备相结合,最大程度地保证网络安全。

10.5.3　移动终端及其应用

移动终端或称移动通信终端是指可以在移动中使用的计算机设备,广义地讲,包括手机、笔记本、平板电脑、POS 机,甚至包括车载电脑。但是大部分情况下是指手机或者具有多种应用功能的智能手机以及平板电脑。随着网络和技术朝着越来越宽带化的方向发展,移动通信产业将走向真正的移动信息时代。另一方面,随着集成电路技术的飞速发展,移动终端已经拥有了强大的处理能力,移动终端正在从简单的通话工具变为一个综合信息处理平台。这也给移动终端增加了更加宽广的发展空间。

现代的移动终端已经拥有极为强大的处理能力、内存、固化存储介质以及像计算机一样的操作系统,是一个完整的超小型计算机系统,可以完成复杂的处理任务。移动终端也拥有非常丰富的通信方式,即可以通过 GSM、CDMA、WCDMA、EDGE、3G 等无线运营网通信,也可以通过无线局域网、蓝牙和红外进行通信。

今天的移动终端不仅可以通话、拍照、听音乐、玩游戏,而且可以实现包括定位、信息处理、指纹扫描、身份证扫描、条码扫描、RFID 扫描、IC 卡扫描以及酒精含量检测等丰富的功能,成为移动执法、移动办公和移动商务的重要工具。有的移动终端还将对讲机也集成到移动终端上。移动终端已经深深地融入经济和社会生活中,为提高人民的生活水平、提高执法效率、提高生产的管理效率、减少资源消耗和环境污染以及突发事件应急处理增添了新的手段。国外已将这种智能终端用在快递、保险、移动执法等领域。最近几年,移动终端也越来越广泛地应用在我国的移动执法和移动商务领域。

其主要应用领域如下。

1. 物流快递

可用在收派员运单数据采集、中转场/仓库数据采集,通过扫描快件条码的方式,将运单信息通过 3G 模块直接传输到后台服务器,同时可实现相关业务信息的查询等功能。

2. 物流配送

典型的有烟草配送、仓库盘点、邮政配送。值得开发的有各大日用品生产制造商的终端配送、药品配送,大工厂的厂内物流、物流公司仓库到仓库的运输。

3. 连锁店/门店/专柜数据采集

用于店铺的进、销、存、盘、调、退、订和会员管理等数据的采集和传输,还可实现门店的库存盘点。

4. 鞋服订货

用于鞋服行业无线订货会,基于 Wi-Fi 无线通信技术,通过销邦 PDA 手持终端扫描条码的方式进行现场订货,将订单数据无线传至后台订货会系统,同时可实现查询、统计及分析功能。

5. 卡片管理

用于管理各种 IC 卡和非接触式 IC 卡,如身份卡、会员卡等。卡片管理顾名思义就是管理各种接触式/非接触式 IC 卡,所以其使用的扫描枪主要的扩展功能为接触式/非接触式 IC 卡读写。

6. 票据管理

用于影院门票、火车票、景区门票等检票单元的数据采集。

10.6 讨论题

1. 试分析讨论电子商务实现过程中涉及的网络技术。
2. 试分析讨论网站建设中涉及的技术。
3. 试分析讨论移动终端软硬件开发过程中涉及的网络技术。
4. 试查询分析中国农业大学 TCP/IP 类型及其 IPv4 和 IPv6 互联模式。

第11单元

网络安全及网络新技术

网络通信技术、计算机技术和多媒体信息技术是构成现代信息技术的主要标志。信息技术随着计算机网络通信技术的发展普及与应用,使各种形式信息的传播速度更加快捷,传播范围更加广泛,将人们带入到一个全新发展的大数据信息技术时代,不仅影响着人们的工作、学习和生活,也影响着人们解决实际问题的思维和行为方式。

11.1 计算机网络安全

现代计算机网络系统具有更为广泛的网络信息处理能力,在跨越不同地理区域的网络中,人们可以把更多的任务分散到多台计算机上进行分布处理,也可以通过各种技术手段采集和共享更多的信息数据。网络数据的广泛采集传输和分布处理,使计算机信息数据传播及网络通信技术快速发展,推动了社会生活各个领域信息化,提高了网络信息安全和系统安全的要求。

11.1.1 计算机信息系统安全

计算机网络是计算机技术、通信技术发展结合的产物。计算机网络借助于电缆、光缆、公共通信线路、专用线路、微波、卫星等传输介质,把跨越不同地理区域的计算机互相连接起来形成信息通信网络。网络中所有的计算机共同遵循相同的网络通信协议(Protocols)规则,在协议标准的控制下,计算机和计算机之间可以实现文字、图表、数字、声音、图形和图像等信息的综合传输,实现网络中计算机之间各种信息资源、硬件资源和软件资源的共享。

计算机网络的功能特点使得计算机网络应用已经深入到社会生活的各个方面,如办公自动化、网上教学、金融信息管理、电子商务、网络传呼通信等。利用计算机网络及通信技术,人们可以在本地分散收集和处理数据,然后汇总信息。在日常生活中,利用计算机网络,人们可以把远隔千里之外的信息尽收眼底,呈现在自己个人计算机屏幕上,人们可以发送与接收电子邮件,如果需要,人们还可以把这些信息下载到自己计算机的硬盘上。利用计算机网络,人们可以在家中学习、办公、购物、订票;可以足不出户,进行电子贸易、股票交易等;

可以在网络上和他人进行聊天或讨论问题；还可以从网络上欣赏音乐、电影、体育实况比赛等。

利用计算机网络，可以完成数据的实时采集、实时传输、实时处理和进行实时控制，人们可以在实时控制性要求比较高的环境，或者条件危险的恶劣环境下利用计算机控制进行工作，这在实时性要求较高或环境恶劣的情况下非常有用。另外，通过计算机网络可将分散在各地的数据信息进行集中或分级管理，通过综合分析处理后得到有价值的数据信息资料。利用网络完成下级生产部门或组织向上级部门的集中汇总，可以使上级部门及时了解情况。

利用计算机网络，可以进行文件传送，可以作为仿真终端访问大型机，可以在异地同时举行网络会议，可以进行电子邮件的发送与接收，可以在家中办公或购物，可以从网络上欣赏音乐、电影、体育比赛节目等，还可以在网络上和他人进行聊天或讨论问题等。

计算机技术和网络通信技术新技术的不断涌现，推动信息技术新产品不断广泛普及和应用，使各种计算机网络信息数据的传递使用，在人们日常工作、学习和社会生活中也越来越重要。因此，如何保证计算机信息与系统的安全等问题显得日益重要。保证计算机信息系统安全，不仅需要保护硬件设施，软件环境的维护也非常重要。主要有以下两个方面：

（1）系统环境安全：计算机工作环境应有一定要求，如防火、防盗、防高温、防潮等。

（2）系统信息安全：安全可靠的系统控制管理包括网络管理、电源管理、数据库管理等。

网络安全中，信息系统安全最为重要，而信息安全又是多层次和多方面的，和人们日常生活和工作的关系最为密切，其中在计算机安全问题上，最令人关注和需要随时防范的是计算机病毒（Computer Virus）。计算机系统只要联网工作，就必然会遇到不法黑客的网络或病毒攻击。作为一般用户，学会防范是保障网络安全的重要核心。

11.1.2　网络应用的道德与守法

现代信息技术造就了丰富变幻、五彩缤纷的信息世界，可以满足各种不同用户的不同应用，在社会生活中产生着积极的作用，有广泛的影响，也加快了人类社会的发展。信息的快捷、多样化和迅猛膨胀自然就产生了各式各样的信息文化，其中不乏有一些是消极的和反动的。作为有文化的时代青年必须要用健康的心理去看待信息世界衍生的各种文化，特别要以正确的人生观世界观来看待世界，提高自己的鉴别能力，汲取信息文化的营养，摈除糟粕，拒绝误导，特别是要抵制网络中传播的虚假信息、反动信息，色情、恐怖等有害信息，还要拒绝盗版。

个人上网时一定要遵守文明公约，在学校机房或社会网吧上网要遵守机房或网吧的管理制度，爱惜公共设备，不要沉溺于游戏，严禁传播、制作病毒或黄色、反动等非法信息。总之，要严格要求自己，避免不道德行为和犯罪行为。

11.1.3　网络病毒与防范

计算机病毒是指可以自我复制，能制造计算机系统故障的一段计算机程序，是由一系列指令代码组成的。该程序与普通程序的不同之处在于它在计算机运行时具有自我复制能力,它能将病毒程序本身复制到计算机中那些本来不带有该病毒的程序中去,即所谓病毒具有传染能力。

《中华人民共和国计算机信息系统安全保护条例》中指出:"计算机病毒,是指编制或者在计算机程序中插入的破坏计算机功能或者毁坏数据,影响计算机使用,并能自我复制的一组计算机指令或程序代码。"利用计算机作为犯罪工具的高科技犯罪已经成为日益严重的社会问题,不仅阻碍着计算机的应用和发展,而且构成了对整个社会的严重威胁。

1. 计算机病毒侵入计算机系统途径

(1) 网络通信:文件传输、下载软件、电子邮件等。

(2) 携带病毒的存储介质:被感染的光盘、软盘、闪存盘(U盘)等。

(3) 感染病毒的软件:盗版软件、游戏软件、互借使用工具软件等。

(4) 盗版游戏程序:游戏程序极易携带计算机病毒,要注意有些游戏程序本身就设计带有病毒,应谨慎使用。

2. 计算机病毒的表现

(1) 磁盘存储不正常:系统不能识别磁盘,整个磁盘上的信息不同程度均遭到改写或破坏。

(2) 文件异常:文件长度无常,发生变化,文件内的数据被改写或破坏。

(3) 屏幕显示及蜂鸣器发生异常:屏幕上出现异常信息或画面。

(4) 系统运行异常:计算机系统工作速度下降,死机或不能正常启动,系统内存与磁盘空间大幅度减少,在磁盘上多出许多坏扇区等。

(5) 使用打印机时出现异常:打印机不能联机正常工作和打印,或打印出一些不可辨识的符号等。

3. 计算机病毒的诊断

计算机病毒是人为编写制作的程序,人们也可以编写程序反病毒。目前国内外普遍使用的杀病毒软件各有所长。当用杀毒软件扫描磁盘来检查每一个计算机程序是否带有病毒时,若发现被查的某个程序中有病毒,即显示出带有病毒的程序与病毒类型或名称,同时也可清除病毒。这一方法有个缺点,就是不能查出那些预先没有把病毒特征档案记录在扫描程序中的新病毒,而且也不能预先阻止新病毒的传染扩散。新病毒总是在随时产生,所以病毒扫描程序和杀毒软件也要不断更新。

有经验的计算机用户都知道,应防范在先,下面列举的一些现象可供参考,帮助判断自己的机器是否可能有病毒存在。

(1) 文件读入的时间变长;

(2) 磁盘访问时间变长;

(3) 用户并没有访问的设备出现"忙"的信息;

(4) 出现莫明其妙的隐藏文件;

(5) 有规律地出现异常信息;

(6) 可用存储空间突然减小;

(7) 程序或数据神秘地丢失;

(8) 可执行文件的大小发生变化;

（9）磁盘空间突然变小；

（10）文件建立或修改的日期和时间发生了变化；

（11）文件不能全部读出；

（12）产生零磁道坏的信息。

4. 计算机病毒的预防

计算机病毒破坏性强，危害大，很有必要对其采取必要的预防措施。一般从以下几个方面入手防治病毒。

（1）从硬件入手：阻止计算机病毒的侵入比病毒侵入后再去排除它重要得多。一种较有效的预防计算机病毒的方法是采用计算机病毒防护卡，插在计算机系统板的扩展槽中。该卡即自动对每个在计算机中运行的程序进行监控，一旦发现某个程序运行异常，有病毒传染行为，即刻报警提示，并及时阻止该病毒的传染。有的防病毒卡还带有清除功能，可以自动清除操作系统或内存中的病毒。

（2）从软件入手：软件预防一般采用计算机实时监控或计算机防火墙等程序软件，能够监督系统运行，防止某些病毒侵入。定时对计算机系统进行检查，不使用来历不明的软件。

（3）从管理上入手：管理是最有效的一种预防病毒的措施，主要通过法律制度的约束、管理制度的建立与健全和宣传教育等方面。有时需要用干净系统引导盘（如事先备好的系统软盘）启动机器，做彻底检测和清计算机病毒。这项工作应经常做。

5. 计算机病毒的监管与清除

使用计算机需要经常交流各种信息，特别是联网的计算机。这种计算机与外界打交道频繁，难免有新的或旧的计算机病毒的侵入，所以需要经常进行检测，用户可以根据自己对计算机系统的熟练程度选择方便有效的查毒和杀毒方法，清毒之前应做好数据备份工作。

在使用计算机时，如果发现病毒应立即清除，一般的普通用户不易用手工编程等方法清毒，最好选择正版杀毒软件，现在专业正版杀毒软件工具具有对各种特定种类的病毒，可以进行快速及时的检测、拦截、扫描和查杀清除病毒等，使用安全方便，一般不会破坏系统中的正常数据。

杀毒软件产品有许多，国内比较常见的有 KILL 杀毒软件、KV 检测杀毒工具、金山卫士、金山毒霸、瑞星杀毒软件等或网络系统安全管理工具软件。在使用这些正版软件过程中，监测网络环境下系统安全和杀毒功能都可以保证系统联网安全正常地工作，这些软件还可及时联网更新版本，以便监控和清除网络环境下新出现的病毒，在计算机系统日常工作使用中，极为简单方便和可靠。

正版国产杀毒软件在安装、使用和上网更新等方面十分方便，购买后均可及时得到版本的更新。金山新毒霸工作界面如图 11.1 所示。

瑞星杀毒软件是国内最早采用主动防御技术的软件产品，每日可及时更新恶意网址库，处理可疑病毒样本，阻断网页木马、钓鱼网站等对计算机系统的侵害。瑞星个人防火墙技术具有网络攻击拦截功能，拦截来自互联网的黑客，拦截包括木马攻击、远程攻击、浏览器攻击、网络系统攻击等各类病毒及黑客攻击，每日随时更新入侵检测规则库。瑞星个人防火墙工作界面如图 11.2 所示。

图 11.1　金山新毒霸工作界面

图 11.2　瑞星个人防火墙工作界面

　　瑞星个人防火墙以出站攻击防御方式阻止计算机被黑客操纵,以保护网络通信带宽和系统资源不被恶意占用,避免计算机沦为恶意攻击对象。

　　瑞星卡上网安全助手是基于互联网设计的反木马新技术软件,具有木马下载拦截、木马行为判断和拦截、自动在线诊断等反木马功能,依据"云安全"(Cloud Security)计划技术理念,它可有效拦截、防御、查杀各种木马病毒,还具有自动扫描修补系统和第三方软件漏洞的功能,是一种有效管理个人计算机系统安全的应用软件。

瑞星"云安全"计划是网络时代信息安全的新技术体现,兼有网格计算、并行处理、未知病毒行为判断等新技术新思想,通过对网络中客户端软件行为的异常监测,获取互联网中木马病毒、恶意程序的最新信息,送到服务器端自动分析处理,再把解决方案分发到每一个客户端,提供系统安全保障。

金山毒霸杀毒套装软件,支持 Windows 7 操作系统,可以针对互联网上毒源最大的大量恶意网址,以及泛滥的病毒下载工具等,采用超大病毒数据库技术支持、智能主动防御技术和互联网可信认证机制等功能,及时拦截恶意网址,提供全方位个人计算机系统防护功能。

金山毒霸软件用户可根据个人计算机系统需要,随时联网进行在线升级;金山卫士采用云安全技术,不仅能查杀上亿已知木马,还能在 5min 内发现新木马;漏洞检测针对 Windows 7 优化,速度比同类软件快 10 倍;更有实时保护、插件清理、修复 IE 等功能,全面保护系统安全,网络用户可通过金山毒霸全球病毒监测网提供的技术服务,获得全面的网络安全信息及各类病毒攻击的解决方案。

江民杀毒软件是我国计算机反病毒软件核心技术进入智能主动防御时代的标志,具有智能化主动防御技术以应对未知新病毒的侵袭。江民杀毒软件可以实时保护网上银行、网上证券、网上交易等用户的上网安全,如对网上银行和网上交易的贴身防护,避免"网络钓鱼""网页挂马"等网络黑客行为;可以实时自动监控和清除 U 盘内存在的病毒和恶意代码,避免移动存储感染病毒等。

各种杀毒软件各有特点,使用时可以根据需要进行各种选择,坚持使用正版软件,可以随时得到联机帮助,使用方便、安全可靠。

防火墙技术主要功能是可以有效阻断来源于网络的非法恶意攻击,能够阻挡互联网上病毒、木马和恶意试探等,但不能消灭对方系统攻击源,也无法清除,在网络流量增大或并发请求增多的情况下,易导致拥堵使防火墙溢出,这时防火墙会无法阻止已被禁止的网络连接,继而也会连接通过进入系统。

6. 加强教育与管理

目前国家法律对计算机犯罪已有明确的规定,对于制造和传播计算机病毒的犯罪行为要依法追究其法律责任,使其受到法律制裁。

(1)计算机管理制度的建立与健全。从计算机的使用、维护,到软盘软件的交流都有一整套的规定,并且定期进行安全检查,一旦发现病毒,应及时清除。

(2)抓紧宣传教育。了解病毒及其危害性,养成良好的防毒工作习惯,互相监督,杜绝制造病毒的犯罪行为。

安全使用计算机,保障系统安全并及时防范计算机病毒,重要的是提高安全防范意识,随时预防病毒侵入,经常检测病毒和清除病毒。

现代计算机网络连接的主要目的就是网络上的资源,包括硬件资源,如大容量的硬盘、打印机等;包括软件资源,如文字数字数据、图片、视频图像、卫星云图气象资料等。

在保障网络安全方面,利用计算机网络的分布处理能力,将任务分散到多台计算机上进行处理,由网络来完成对多台计算机的协调工作。对于处理较大型的综合性问题,可按一定的算法将任务分配给网络中不同计算机进行分布处理。这样,在以往需要大型机才能完成的大型题目,可用多台微型机或小型机构成的网络来协调完成,运行效率大大提高的同时,还能保证信息数据的安全性和完整性。

11.2 计算机网络新技术

计算机网络技术也经历了一个不断发展变化的阶段和过程。

11.2.1 计算机网络新技术发展

20 世纪 70 年代到 80 年代,微机个人计算机的迅速发展和普及应用,是计算机网络发展最快的阶段。这时,局域网广泛使用、Internet 也飞速发展,网络开始实用化、商品化。计算机技术与通信技术结合更加紧密,计算机网络不再是单纯的机器联网,随之成为整个社会和经济发展的重要基础设施。

计算机网络新技术经历了从简单到复杂、从低级到高级、从单机到多机、由局域到广域相互交叠不断改进的发展过程。这个过程主要可以分为面向终端的计算机网络、多机互联的计算机通信网络和现代计算机网络几个发展的阶段。

在计算机网络技术的发展中,网络软件技术起着重要的作用。从网络协议软件、网络操作系统、网络管理软件以及目前 Internet 上广泛使用的各种软件都是计算机网络发展不可缺少的重要组成部分。另外,20 世纪 80 年代中期以来,计算机网络设备硬件技术也有很大发展,各种基础网络设备产品,如各种网络接口卡、集线器和智能化集线器。特别是各种交换机,在高性能企业网的组成中发挥重要的作用。由于网络通信设备技术的发展,可以提供多种性能规格的网络设备,使网络系统集成更方便、更容易。

进入 20 世纪 90 年代以后,网络技术更趋成熟,光纤通信技术大量使用,利用信元中继技术,开发出了多种适用于多媒体通信的网络,例如宽带 ISDN 和 ATM 网络就是使用信元中继的网络,同时,以太网的传输速率已达 1000Mb/s,现在更多更好的网络技术和产品推陈出新、日新月异,推动了信息技术的飞速发展。

11.2.2 计算机网络数据通信

计算机网络是把地理位置分布不同的计算机,按照一定的拓扑结构,利用通信线路连接起来,在网络操作系统的支持下,使用一定的通信协议,能够相互通信并能够共享信息的复杂的系统。构建计算机网络,不仅要设计合理的网络拓扑结构,正确地选择网络的体系结构和适当的网络设备是网络组建的重要基础。

计算机网络的数据通信就是将数据信息通过传输线路,从连入网络中的一台设备传送到另一台设备,网络中的设备可以是计算机设备、终端设备以及其他网络通信设备。

在计算机网络中,数据通信实际上包含着数据处理和数据传输两个方面。数据处理主要由计算机系统来完成,而数据传输是靠数据通信系统来实现的。广域计算机网络系统之间数据传输有不同的方式,如基带传输、频带传输和宽带传输。计算机网络信息数据的传送,可按一次一个二进制位发送的串行数据传送,也可以一次一个按字节发送的并行数据传送方式。

网络数据传输系统与应用技术发展，根据使用和研究的不同目的，可以有不同的分类。按传输介质分为有线信道、无线信道和卫星信道等，按传输信号的种类分为模拟信道和数字信道等。模拟信道传送的是周期性连续变化的正弦波模拟信号，数字信道传送的是离散的二进制脉冲数字信号。不同类型的信道具有不同的特性和使用方式。

11.2.3 网络数据传输方式

在计算机网络数据通信系统中，一般称计算机终端和其他数据处理的设备为数据终端设备（DTE），像调制解调器、通信控制处理机 CCP 或天线等转发设备称为数据通信设备（DCE）。根据数据终端设备和数据通信设备的连接方式不同，数据传输的方式可以分为点到点的传输、广播传输和网络传输介质三种方式。

1. 点对点的传输方式

点对点的传输方式，是从点到点连接计算机通信网络中的前端处理机（Front End Processor，FEP）或通信控制处理机（Communication Control Processor，CCP）等数据通信设备的数据传输通信方式，其信息是存储转发的传输方式，网络的拓扑结构有环状、星型、树状和分布式网状网络。

2. 广播传输方式

广播传输方式的特点是网络中任何计算机向网络系统发送信息时，连接到网络总线中的任何计算机均能收到。广播传输结构有总线形信道、微波信道和卫星信道。计算机网络采用微波技术无线传输是比较新的技术。微波信道是利用微波通信实现的任意型无约束网络传输媒介，可以组成任意型的网状拓扑结构，有地面微波通信和利用卫星进行微波通信，如图 11.3 所示。

微波无线上网可以通过卫星作为微波中继站进行微波传输，运行在 36 000km 高空的地球同步通信卫星，其发射角度覆盖范围很广，可达地球表面的 1/3 地区卫星通信，主要用于实现国家与国家的网络互联，是全球网络发展的重要技术手段。

图 11.3　广播传输方式——微波通信

3. 网络传输介质

传输介质是通信网络中发送方与接收方之间传送信息的物理通道。传输介质决定了网络的传输速率、网络的最大传输距离、传输的可靠性。传输介质可以分为有线介质和无线介质。目前常用的有线介质有双绞线、同轴电缆以及光缆，常用的无线传输介质有微波、红外线、激光、卫星等。在网络的最低层次上，所有计算机数据通信都是以某种形式的编码数据通过传输介质传送实现的。例如，电平可以通过导线上传送信息，而无线电波在空中传递信息数据。传输介质是组成计算机网络的基本要素，是网络工程技术的基础，因此有必要了解常用的网络传输介质及其特性。

微波的频率范围高于无线电和电视所用的频率范围，在实际应用中许多长途电话公司使用微波传送语音信息。微波通信系统也可以作为网络通信的一部分。由于微波不能穿透金属物体结构,微波的传送在发送和接收装置之间的通道无障碍时才能够正常工作,因此,绝大多数微波装置的发送器都直接朝向对方高塔上的接收器。

电视和立体声系统所使用的遥控器均是使用红外线(Infrared)进行通信。红外线一般局限于一个很小的区域,计算机网络也可以使用红外线进行数据通信。例如,在房间内为计算机配备一套红外连接,房间内的所有计算机在房间内移动时仍能和网络保持连接。因为红外技术提供了无须天线的无绳连接,红外线网络对小型的便携计算机使用尤为方便,可随时随地联入网络,这样使用红外技术的便携计算机,实际上已把所有通信硬件放了在机内。

电磁波通信需要硬件有类似于网卡的收发器,软件有支持无线通信的操作系统,如Windows 等。20 世纪由 Intel、IBM、Ericsson、Nokia、Toshiba 等有专业实力的公司联合推出了无线网络技术——蓝牙(Bluetooth)技术,可以面向网络各类数据和语音设备,可以方便地实现安全的低成本无线传输网。

综上所述,计算机网络可以使用各种传输介质,每种介质和传输技术各有其特点,代价也不尽相同,例如,一个红外系统可以为在室内移动的便携机提供网络连接,而越洋网络连接就需要通过通信卫星或海底光缆。

11.2.4　Internet 互联网技术

在 Internet 上,大量的信息资源存储在各个具体网络的计算机系统上,所有计算机系统存储的信息组成信息资源的海洋。信息的内容几乎无所不包,有科学技术领域的信息、大众日常工作和生活的信息;有知识性和教育性、娱乐性和消遣性的信息;有历史题材信息,也有现实生活信息等。网络信息的容量小到几行字,大到一份报纸、一本书甚至一个图书馆。计算机网络信息以各种可能的形式分布在世界各地的计算机系统上,例如,文件、数据库、公告牌、目录文档和超文本文档等。

Internet 上的计算机和网络多种多样,计算机有大型机、中型机、小型机、微机和便携机等,每种机器上运行的操作系统也不完全相同,组成的网络也各有不同。

Internet 起源于美国国防高级研究计划局(ARPA)在 1969 年建立的军用实验网络ARPANET,而 TCP/IP 是美国国防高级计划研究局为实现异类计算机网络互联,为ARPANET 而开发的。在 20 世纪 70 年代初,ARPA 为实现不同结构系统之间的相互连接,成立了由美国斯坦福大学等组成的研究小组,到 20 世纪 70 年代末研究形成的计算机网间协议,也就是后来的 TCP(传输控制协议)和 IP(网际协议),即 TCP/IP,奠定了互联网技术发展并扩展到全球广泛应用的基础。

1. TCP/IP 分配

TCP/IP 可用于各种不同网络互联系统之间的通信,早年集成在加利福尼亚伯可利大学开发的 BSD 版本的 UNIX 中。随后经过十几年的开发与研究,充分显示出 TCP/IP 的强大联网能力与对多种应用环境的适应能力,TCP/IP 已被各界公认为异种计算机、异种计算机网络彼此通信的重要协议。随着网络技术的发展,如今 TCP/IP 已成为 Internet 的主要核心协议。

2. IP 地址空间

IP 地址有一组 32 位的二进制数字构成，分三部分字段组成，分别为类别标识字段、网络标识字段 net-id、主机标识字段 host-id，基本分类结构请参阅第 10 单元的图 10.12。

路由器不同接口需要不同的网络地址来标识，在同一网络中无法应用。为了增加 IP 地址应用的灵活性，增添了子网掩码技术。

3. 子网掩码应用

例如，由于 205.1311.27 为该网络的 IP 地址，如果仍设置使用 255.255.255.224 为子网掩码，则对 205.1311.27 网络进行子网划分后，该网络划分子网的组网方式如图 11.4 所示。

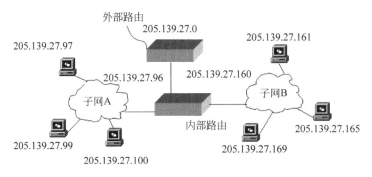

图 11.4　划分子网的组网方式

4. IP 新技术

随着互联网的迅速发展，IP 位址的需求量越来越大，IPv4 定义的有限地址空间被分发用完，IPv4 地址空间的不足肯定阻碍了互联网技术进一步发展，严重地制约了中国及其他国家互联网的应用和发展。IPv6 是 IPv4 的下一个版本，即新一代互联网协议。

IPv6 加入了 DHCP 的自动配置（Auto-configuration）支持，同时实现对网络层数据加密、对 IP 报文进行检验，这都使得计算机网络管理更加方便和快捷，极大增强了网络安全性。

5. Internet 网络技术服务

Internet 网上有数万台服务器，其中大多数是 UNIX 环境，按其提供的服务器类型可分为文件服务器、信息检索器、新闻服务器，以及专题论坛服务器等，每一台服务器可同时提供不同类型技术应用。

1）WWW 技术应用

WWW（World Wide Web）的出现加速了 Internet 向大众化发展的速度，甚至可以说 WWW 的出现改变了 Internet。WWW 的使用范围及频率目前仅次于电子邮件，并且 Internet 提供的许多服务正在由 WWW 所取代，如 Gopher 等。

要进入 WWW 天地，就必须有一个 Web 浏览器程序，使人们能在友好的界面下，方便地进入 Internet 获取信息，让人们毫不费劲地在 Web 网上漫游。

由于 WWW 的易用性，使其发展超过了 Internet 上其他服务的发展速度。如今的 WWW 不仅只是一个图文并茂的"画册"，已向交互式和动态方向发展。

2）电子邮件技术应用

作为网络所能提供的最基本的功能,电子邮件一直是 Internet 上用户最多、应用最广泛的服务。电子邮件不仅快捷方便,且具有很高的可靠性和安全性。据统计,Internet 上 30％以上的业务是电子邮件。特别是在我国,通信设施较差、速度较慢,因而电子邮件的使用和 Internet 的其他功能相比具有更大的实用性。

Internet 上能够接收电子邮件地服务器都带有 SMTP 协议,电子邮件在发送前,发件方的 SMTP 服务器会与接收方的 SMTP 服务器联系,以确认对方是否准备好,若准备好,便开始邮件的传送;否则会等待,并在一段时间后继续与对方联系。这种方式称为存储转发。

利用存储转发可进行非实时通信,信件发送者可随时随地发送邮件。假如对方正在网上则可以很快收到该邮件并立刻阅读。若收件方现在没有上网,邮件仍可很快到达收件方的信箱内,且存储其中。接收者可随时上网读取信件,不受时空限制。随着 Internet 的不断发展,会不断出现各种的基于 Internet 的电子邮件服务。

3）FTP 文件传输技术应用

基于不同的操作系统,有不同的 FTP 应用程序,而所有这些应用程序都遵守同一种协议,这样用户就可以把自己的文件传送给别人,或者从其他的用户环境中获得文件。

进行 FTP 连接首先要给出目的计算机的名称或地址,当连接到信宿机后,一般要进行登录,在检验用户 ID 号和口令后,连接才得以建立。但目前许多系统也允许用户进行匿名登录。与所有的多用户系统一样,对于同一目录或文件,不同的用户拥有不同的权限,所以在使用 FTP 的过程中,如果发现不能下载或上传某些文件时,一般是因为用户权限不够。

一般大型公司或企事业单位都有自己的 FTP 服务器,并且允许匿名访问,主要用于提供一些产品的介绍、解答用户的问题等。一旦连接成功,浏览器窗口会以文件夹的形式显示远程主机中的目录信息。若要下载文件,只需找到这个文件单击下载即可。

4）DNS 域名解析技术应用

域名系统(DNS)可以将网络上的计算机名或域名解析为 IP 地址。这些名称用于搜索和访问本地网络或 Internet 上的资源。域名系统是由各级域名组成的树状结构的分布式数据库,采用客户机/服务器机制,DNS 服务器中包含域名和 IP 地址的对照信息,供客户计算机查询。

在安装 DNS 服务之前需要对 DNS 进行规划,要正确地配置服务器的 TCP/IP,安装完成后重新启动系统即可。

5）网络新闻技术应用

网络新闻是一种最为常见的信息服务方式,其主要目的是在大范围内向许多用户(读者)快速地传递信息(文章或新闻)。它除了可接收文章、存储并发送到其他网点外,还允许用户阅读文章或发送自己写的文章,是一种多对多的通信方式。

在网络新闻中,用户在一组名为"新闻组(News Group)"的专题下组织讨论。每一则信息称为一篇文章(Article)。每一篇文章采用电子邮件方式发给网络新闻组,由新闻标题头(Head)和新闻主体(Body)组成,新闻主体是信息的文本部分,新闻标题头则提供文章作者、主题、摘要和一些索引关键字等信息。每篇发往网络新闻的文章被放在一个或几个新闻组中。用户可以在客户端利用新闻阅读程序以有序的方式组织这些文章,选择并阅读感兴趣的条目。

6）BBS 技术应用

虽然早期的 BBS 依附于另一个网络系统，但随着 BBS 这种交流方式的普及，其他的网络系统也引入 BBS 服务，而 Internet 便成为 BBS 的最大的载体。

在 BBS 内的用户可以隐匿自己的真实社会身份，在言论、权限上是绝对平等的。另外，许多 BBS 站都是对所有人免费开放，因此 BBS 的参与者越来越多。

由于 BBS 的用户范围极广，因此其话题涉及的范围几乎无所不包。BBS 按不同的主题分成很多布告栏，用户可以阅读他人关于某个主题的看法，也可以将自己的想法贴到布告栏中，从而很快地实现信息交换。

7）电子邮件列表应用

电子邮件是 Internet 上有效、便捷、成熟和历史悠久的通信工具，电子邮件列表是随着国际互联网络和电子邮件的发展而迅速发展起来的一项新服务。

电子邮件列表基于一个虚拟的网络社群，是一种适合一对多方式发布电子邮件的有效工具。电子邮件列表适合于的用户有个人网站站长、有兴趣创办电子杂志的人士、商业网站等。

8）其他技术应用

随着 Internet 技术的发展，服务方式更加经济、方便和快捷，为大众用户提供了全方位的公共信息传输服务。用户在 Internet 上安装相应的软件，可以打国内国际长途电话、可视电话，还可以在 Internet 网上进行新闻讨论，进行电子商务等多元化服务等。

由于 IP 地址的数字编码不易直观记忆，因此 Internet 还有域名管理系统 DNS（Domain Name System）提供了与 IP 地址对应的域名服务。例如，中华人民共和国中央人民政府的 URL 地址是 http://www.gov.cn。

在浏览器地址栏输入该地址即可显示我国政府网站主页，浏览国家大事、检索国内外经济发展建设等时事信息及时快捷。

除网页搜索外，这些网站还提供新闻、MP3、图片、视频、地图等多样化的各具特色的搜索服务。另外，它们还往往提供许多互动产品，如邮件、校友录、游戏、社区、博客等，形成一个个功能强大的集检索、传播、交流、互动、休闲为一体的综合性网站。

在信息快速检索方面，有 YAHOO（雅虎）站点，网址为 http://www.yahoo.com。YAHOO 站点主页如图 11.5 所示。

Google（谷歌）站点网址为 http://www.google.com。Google 站点主页如图 11.6 所示。

用户可以根据自己的需要按关键字、单击分类超链接选项等各种方式进行信息资源的检索。

在国内信息检索方面，有搜狐（http://www.sohu.com）、网易（http://www.163.com/）、新浪（http://www.sina.com.cn）、百度（http://www.baidu.com/）、腾讯（http://www.qq.com/）等站点，均具有为上网用户提供快速、方便和有效的信息检索和查询的功能。

用户可以在这一类站点的网页上，单击检索分类选项，或输入关键字、组合关键字等进行综合搜索，很快就能找到需要的信息资源。国内常用快速检索的站点主页举例如图 11.7 所示。

图 11.5　YAHOO 站点主页

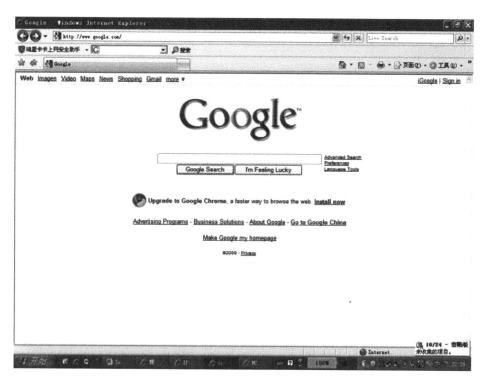

图 11.6　Google 站点主页

(a) 搜狐站点主页

(b) 网易站点主页

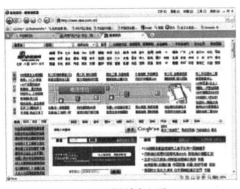

(c) 新浪站点主页

(d) 百度站点主页

图 11.7　常用国内快速检索网站举例

11.2.5　移动网络技术服务及应用

移动网络服务最常见的应用，就是通过 Wi-Fi 和数据流量联网打电话或上网聊天等，将各种动网络技术服务尽收眼底。这两个应用是当今网络使用最为广泛的应用，有全球最大的用户群。

移动网络服务的应用设备就是移动智能终端，简称智能终端，包括智能手机、平板电脑、笔记本电脑和掌上电脑等移动设备。主要技术应用如下：

1. 移动智能终端技术

移动智能终端具有独立的操作系统，可通过移动通信网络实现无线网络接入，用户可自行安装第三方服务商提供的各种应用程序软件、游戏软件和工具软件等，以不断扩充和开发智能设备的功能。

移动智能终端以智能手机用户使用最为广泛，具有独立的操作系统，能显示与个人计算机一样的网页，拥有很强的应用程序扩展性。现代智能手机使用时，和个人计算机使用一样，可以安装第三方软件，以丰富和增加智能手机的功能，而第三方软件开发商可以利用应用程序接口（API）以及专有的 API 写软件。智能手机使用最多的操作系统有谷歌 Android、苹果 iOS、微软 Windows Phone 和黑莓 Black Berry OS 等操作系统，不同的智能手机的操作系统平台,其应用软件相互之间是不兼容的。

以苹果 iOS、谷歌 Android、微软 Windows Phone 等为代表的移动智能终端手机操作系统,可支持加载各种应用程序,语音通信和多媒体通信相结合,包括图像、音乐、网页浏览、语音聊天、电话会议等一些信息服务的增值服务,是新一代移动通信系统技术特征。

2013 年据中国工业和信息化部统计数据显示,截至 2013 年 3 月底,中国共有 11.46 亿移动通信服务用户,其中有 2.7727 亿是 3G 用户,占全部用户 24.20%,有 8.1739 亿用户接入移动互联网,占全部用户的 71.34%。显然,我国是全球最大的智能手机市场。

继 2013 年 12 月三大运营商获批 TD-LTE 牌照后,2014 年 7 月 7 日,工信部批准中国电信和中国联通分别在 16 个城市开展 LTE 混合组网试验。2015 年 2 月,LTE FDD 牌照正式向中国联通和中国电信两家运营商发放。

2. 移动智能通信技术

3G 是第三代移动智能通信技术的简称,3G 时代很大程度推动了移动通信与互联网的相互融合,引领世界走入移动互联网时代。3G 手机属于在较广范围内使用的便携式移动智能终端,已从日常功能型手机发展到以 Android,iOS 系统为代表的智能手机 4G 时代。

4G 产品在技术上集成了 3G 技术与 WLAN 技术,并能传输高品质视频图像,其质量能与高清晰度电视相媲美。移动智能终端操作系统开发策略大约分两种类型:一种策略是集中在某一种操作系统上研发推出新产品;另一种策略是在多种操作系统平台上研发推出自己的终端产品。

从 2010 年以后,全球智能手机的市场竞争,已从硬件系统市场竞争逐步转向了移动智能终端操作系统市场的争夺,像苹果、谷歌和微软等美国公司,凭借开发云平台服务和软件研发沉积的实力,开发出的移动智能终端操作系统,以其强后台加瘦客户端系统的云端服务模式,利用云端计算优势,将海量信息和数据实时传递到云服务器上,为用户提供了大量丰富的信息服务,形成移动智能终端操作系统的先发优势和市场规模。例如,谷歌 Android 操作系统集成了谷歌各类云计算服务,已在移动智能终端操作系统市场占据了支配主导地位,使其占据全球智能手机市场份额已超过 60%。据中国工业和信息化部电信研究院 2011 年统计数据显示,谷歌 Android 操作系统、诺基亚 Symbian 操作系统、苹果 iOS 操作系统和微软 Windows Phone 操作系统分别占据中国移动智能终端操作系统市场份额的 73.99%、12.53% 和 10.67% 和 0.34%,国外操作系统处于绝对垄断地位。

在国外移动智能终端操作系统在我国形成垄断格局的情况下,2012 年,由工业和信息化部、国家发展和改革委员会、国家科技部、国家外国专家局和北京市人民政府共同主办,工业和信息化部电子科学技术情报研究承办的"2012 中国移动智能终端操作系统发展趋势论坛"上,倡议打造"中国移动智能终端操作系统产业发展联盟",在移动智能终端操作系统领域建设国家级研发平台,支持自主云端操作系统及应用平台研发。在 2012 年"核高基"国家重大科技专项中,有两项课题分别为"面向移动智能终端的芯片 IP 核设计"和"面向移动互联网的 Web 中间件研发及应用",支持开展包括移动智能终端操作系统、安全可控嵌入式 CPU 核和 IP 核协同优化研究,实现移动智能终端操作系统的硬件加速,提升移动智能终端操作系统核心竞争力。

"核高基"是"核心电子器件、高端通用芯片及基础软件产品"的简称,其中,基础软件是对操作系统、数据库和中间件的统称。"核高基"是国务院《国家中长期科学和技术发展规划纲要(2006—2020 年)》中并列的 16 个重大科技专项之一，中央财政为此安排预算 328 亿元，加上地方财政以及其他配套资金，预计总投入将超过 1000 亿元。移动智能终端操作系统作为管理软硬件和承载应用的关键平台，在移动互联网时代，其应用发展不仅局限于对移动终端领域的影响，还会向其他领域和平台延伸。如发展热门的智能电视技术，其很多技术实际上是从移动智能终端的技术发展而来的。

3. 移动智能技术开发应用

移动智能终端产品应用广泛而普及，得益于其操作系统支持的系统功能和应用程序实用而丰富多彩，无论是在系统程序使用功能上，还是在应用程序或云端计算信息服务上，各产品都在不断研发和推陈出新，不仅吸引了大量追寻新产品的"粉"或"迷"级用户，也不断激发出新用户和各种潜在的用户群。

计算机科学本质上源自数学思维，无论是系统实现还是各种形式化过程，均构建于数学计算基础之上。但计算机科学决不仅仅是实现算法的计算机编程，例如，计算机科学在今天生物学或生物工程学方面的广泛应用，决不仅限于从海量大数据中计算搜寻生物基因序列的模式规律，还希望能以计算抽象和计算方法来表示基因图谱结构，以找到控制基因突变的方法等。正是借助于计算机科学，使跨学科的计算生物学也在改变着生物学家的思维方式，具体到计算机科学中的计算思维形式化过程，就是数据结构和算法实现。

移动智能终端产品实用程序应用广泛，适宜于开发创意。相对于其他复杂的专业计算机领域计算来说，移动智能终端操作系统多样化的开发工具，更适合开发各种实用程序或者各种智能游戏程序等，如地图定位应用程序、重力感应类应用程序、信息管理服务程序、棋牌推理等智能化游戏程序等，很适合大学生创意设计与实现，各种创意作品成为移动智能终端产品的一部分。特别是近几年，国内外出现 IT 企业或政府教育部门均纷纷组织各种竞赛，鼓励和引导在校大学生发挥自己的专业优势，跨学科组队，利用学到和掌握的计算机信息技术，创新思维，创意设计，实现梦想。

以北京市教育委员会主办的大学生计算机应用大赛为例，2010 年创意主题是移动智能终端"3G 智能手机创意设计"，立足创新，鼓励创意。北京市教委领导亲临主赛场指导工作，强调主办大赛的基本原则是"政府主办，专家主导，学生主体，社会参与"。在各方支持下，整个赛程组织严谨有序，有很好的技术展现平台。

由于参赛作品操作系统平台不尽相同，参赛队需要按大赛组委会要求，除了提交完整的作品软件文档外，还要将参赛作品部署到大赛网站云平台上，完成各种操作系统平台各自参赛作品的提交和调试。这样，专家在进行初次评审时，就可以在大赛网站云平台上看到并运行参赛队的参赛作品，检验作品实际运行效果，也可查看、编译和运行源程序代码。大赛组委会网站提供的云计算平台，授权专家运行各种操作系统环境下的作品，如图 11.8 所示。

通过云计算技术提供的跨平台操作运行环境，可运行各种操作系统及系统支持的开发软件，不仅可以运行参赛作品，还可以打开源程序代码编译和运行，使各位专家在欣赏作品的同时，能够给出完整科学的综合评价。

移动智能终端产品是移动网络时代大学生们非常熟悉的"低成本终端"电子设备，政府主办大学生计算机应用创意大赛，可有效推动现代高等教育人才培养综合创新实践能力，使竞赛工作更具有规范性和权威性。北京市大学生计算机应用创意大赛的每一次成功举办，都能正确引导并真正体现出现代大学生所具有很强的计算思维创新潜能与创作技能，无论

图 11.8　云计算提供跨平台网络运行操作环境

是作品创新理念的表现、作品解决方案到代码实现,还是应用平台整合集成、作品潜在市场分析等,都表现出同学们具备很好的专业学习与技术应用能力,对今后走向社会实现自我创新与创业理想,均有很大的促进与帮助。

　　未来移动智能终端用户可能不需要 Wi-Fi 和数据流量,就可以构建一个新的无线网络,这或许是计算机网络通信技术历史上最具网络技术拓展思维的应用实现了。人们可以利用网络型技术创建网络无线接入节点,然后与其他用户进行线下(Offline)电话或聊天,这样,只要安装了相同的网络技术应用,人们可以不需要 Wi-Fi 或者数据流量也能联网电话或聊天,美国科学家正在研究实现这种未来的互联网技术,网络新技术的发展不断发展,随时都会推出或许与今天相比是完全不同的网络,带给人们更多的应用方便和技术享受。

　　在人们所熟悉和使用的 Wi-Fi 和数据流量这两大网络的基础上,科学家正在研究和实现的网络,是从逻辑上拓展网络的拓扑结构,这类网络与以往信号网络不同的优点在于,如果某个网络节点无法接通信号,可以通过其他节点来实现网络信息传播。这种基于节点和节点之间的信号网络,不同于以节点为中心的信号网络,一旦进入广泛普及实用,就会发展更多的创新应用习惯和完全不同的网络技术经济模式。

11.3　讨论题

　　1. 试列举和讨论你所知道的网络安全事件。

　　2. 试结合日常学习工作,讨论分析保障安全使用网络最常用和最有效的技术方法和手段。

第12单元

常用工具和软件

工具软件是能够完成特定一类操作的软件产品。它具有尺寸小、效率高、功能单一、应用范围广的特征。工具软件多种多样，功能也是五花八门。按照功能划分大致分为系统安全、学习、压缩、即时通信、多媒体、下载和其他七大类工具。

12.1 系统安全工具

一台计算机在安装操作系统之后，首先应该安装系统安全方面的工具，主要涉及病毒、木马、黑客攻击以及恶意软件等。

感染病毒和木马的常见方式主要有两种，一是病毒木马程序，二是程序漏洞。

要想有一个安全的网络环境，从根本上是要首先提高自己的网络安全意识，对病毒做到预防为主，不能过多地依赖杀毒软件，以查杀为辅。

12.1.1 查杀原理

一个安全工具软件的构造的复杂程度要远远高于木马或病毒，所以其原理也比较复杂。而且鉴于现在木马病毒越来越向系统底层发展，杀毒软件的编译技术也在不断向系统底层靠近。

一个杀毒软件一般由扫描器、病毒库与虚拟机组成，并由主程序将它们结为一体。

简单地说，杀毒软件的原理就是匹配特征码。当扫描得到一个文件时，杀毒软件会检测这个文件里是否包含病毒库里所包含的特征码，如果有，则报毒病查杀，如果没有，纵然这个文件确实是一个病毒，它也会把它当作正常文件来看待。

12.1.2 工具类型

1. 杀毒软件

现在网络病毒几乎无处不在，只要稍稍上网在无形之中就可能已经中招了，一些恶意流氓软件很容易地就挟持了 IE,现在查杀恶意软件的工具很多,下面分别介绍。

1) 金山毒霸(http://www.duba.net)

金山毒霸(Kingsoft Anti-Virus)是金山软件股份有限公司研制开发的高智能反病毒软件,融合了启发式搜索、代码分析、虚拟机查毒等经业界证明成熟可靠的反病毒技术,使其在查杀病毒种类、查杀病毒速度、未知病毒防治等多方面达到世界先进水平,同时金山毒霸具有病毒防火墙实时监控、压缩文件查毒、查杀电子邮件病毒等多项先进的功能,其紧随世界反病毒技术的发展,为个人用户和企事业单位提供完善的反病毒解决方案。

金山毒霸 2014 运行界面如图 12.1 所示。

图 12.1　金山毒霸 2014 运行界面

金山毒霸 2014 具有如下新技术特点:

(1) 全新的防御查杀体系。

金山毒霸的查杀采用了金山云引擎 3.0 ＋金山蓝芯Ⅲ(KVM 启发式)引擎＋ KSC 系统级启发式引擎＋小 U 引擎＋可选择安装的小红伞(Avira)引擎。

首先来了解各个引擎的具体作用:

- 金山云引擎 3.0:更智能、更迅捷的新一代云引擎,智能分类样本、响应速度提升、查杀率进一步提高;云端仍有 30 核病毒识别引擎(30 种不同的病毒鉴定工具)在默默地工作。

- 金山蓝芯Ⅲ(KVM 启发式)引擎:新一代启发式引擎,本地与云端联动,采用虚拟机＋向量双重启发机制,智杀各类未知病毒。

- KSC 系统级启发式引擎:系统级别启发式引擎,从系统级别宏观分析病毒,将各种文件及系统信息抽离出来,启发分析,绝杀活体病毒。

- 小 U 引擎:新一代 U 盘病毒查杀引擎,多维度防御、查杀 U 盘、移动硬盘病毒,智能启发、智能拦截,让断网下的系统依旧固若金汤。

- 小红伞(Avira)引擎:国际知名的反病毒引擎,斩获 AVC、AV-test、VB100 等多项国际反病毒评测大奖的强大引擎,本地查杀能力一流,启发＋完备的病毒库,让离线时与联网时同样安全。

（2）执行病毒扫描。

查杀时也用了全新的设计，扫描进度看起来比较美观。

（3）防御日志。

金山毒霸中的 K＋主动防御全面升级，防御能力确有提升。

（4）防御体系。

本次的 K＋ 3.0 拥有七层系统保护：程序运行保护、驱动加载保护、注册表保护、程序防注入保护、系统关键点保护、用户桌面保护、U 盘 5D 实时保护。

五层上网保护：上网浏览保护、上网聊天保护、上网下载保护、上网看片保护、浏览器保护。

四层防黑客保护：防黑客下载木马、防黑客远程控制、防黑客扫描、防黑客偷拍。

四层网购保护：支付页面防篡改、拦截欺诈购物网站、查杀网购木马病毒、浏览器安全加固。

（5）系统关键点保护。

在系统关键点防御中，又拥有"系统文件保护、系统关键位置保护、系统时间保护、输入法保护、防止恶意关机、MBR 防御、防恶意断网"的防御体系。

（6）新的界面引擎。

金山毒霸制作了新的界面引擎，因此换肤也变得比从前容易。金山毒霸目前提供一款默认皮肤以及九款纯色皮肤，也可以自己选择自定义的颜色。

2）瑞星杀毒（http://www.rising.com.cn）

瑞星杀毒 v16 是一款基于瑞星"云安全"系统设计的新一代杀毒软件。其整体防御系统可将所有互联网威胁拦截在用户计算机以外。深度应用"云安全"的全新木马引擎、"木马行为分析"和"启发式扫描"等技术保证将病毒彻底拦截和查杀。再结合"云安全"系统的自动分析处理病毒流程，能第一时间极速将未知病毒的解决方案实时提供给用户。

瑞星杀毒 v16 运行界面如图 12.2 所示。

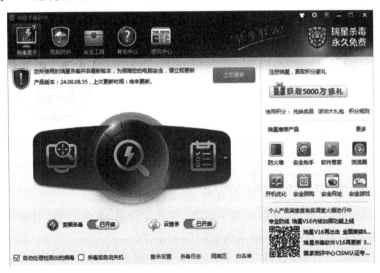

图 12.2　瑞星杀毒 v16 运行界面

瑞星杀毒 v16 具有如下新技术特点：

（1）全面拦截。

- 业界最强的"木马入侵拦截（防挂马）"功能，将病毒传播最主要的方式斩断。
- 全球独家"应用程序加固"，保护 Word、IE 等程序被大量最新漏洞免于攻击。
- 木马行为防御，彻底杀灭未知木马病毒。

（2）彻底查杀。

- 新木马引擎，快速彻底杀灭计算机中的病毒。
- 基于瑞星"云安全"的启发式扫描，最大范围杀灭未知病毒。
- 实时监控，高效、快速监控计算机安全。

（3）极速响应。

- "云安全"自动分析处理系统极速响应未知病毒。
- 极低资源占用，响应更快、更稳定。

（4）其他"云安全"深度应用。

- 拦截海量挂马网站和最新木马样本，瞬时自动分析处理。
- "云安全"化的防火墙功能。
- "云安全"化的主动防御。
- 超强自我保护能力。

3）360 杀毒（http://www.360.cn）

360 杀毒是 360 安全中心出品的一款免费的云安全杀毒软件。360 杀毒创新性地整合了五大领先查杀引擎，包括国际知名的 BitDefender 病毒查杀引擎、小红伞病毒查杀引擎、360 云查杀引擎、360 主动防御引擎以及 360 QVM Ⅱ 人工智能引擎，为用户带来安全、专业、有效、新颖的查杀防护体验。据艾瑞咨询数据显示，截至目前，360 杀毒月度用户量已突破 3.7 亿，一直稳居安全查杀软件市场份额头名。

360 杀毒 v5 运行界面如图 12.3 所示。

图 12.3　360 杀毒 v5 运行界面

360 杀毒 v5 具有如下新技术特点：

（1）领先的多引擎技术。

国际领先的常规反病毒引擎＋360 云引擎＋QVM Ⅱ 启发引擎＋系统修复引擎，重构优化，强力杀毒，全面保护计算机安全。

（2）首创的人工智能启发式杀毒引擎。

360 杀毒 v5 集成了 360 QVM Ⅱ 人工智能引擎。这是 360 自主研发的一项重大技术创新，它采用人工智能算法，具备"自学习、自进化"能力，无须频繁升级特征库，就能检测到 70％以上的新病毒。

（3）优秀的病毒扫描及修复能力。

360 杀毒具有强大的病毒扫描能力，除普通病毒、网络病毒、电子邮件病毒、木马之外，对于间谍软件、Rootkit 等恶意软件也有极为优秀的检测及修复能力。

（4）全面的主动防御技术。

360 杀毒 v5 包含 360 安全中心的主动防御技术，能有效防止恶意程序对系统关键位置的篡改、拦截钓鱼挂马网址、扫描用户下载的文件、防范 ARP 攻击。

（5）全面的病毒特征码库。

360 杀毒具有超过 600 万的病毒特征码库，病毒识别能力强大。

（6）集大成的全能扫描。

360 杀毒集成上网加速、磁盘空间不足、建议禁止启动项、黑 DNS 等扩展扫描功能，迅速发现问题，快捷修复。

（7）优化的系统资源占用。

360 杀毒具有精心优化的技术架构，对系统资源占用很少，不会影响系统的速度和性能。

（8）应急修复功能。

在遇到系统崩溃时，可以通过 360 系统急救盘以及系统急救箱进行系统应急引导与修复，帮助系统恢复正常运转。

（9）全面防御 U 盘病毒。

360 杀毒彻底剿灭各种借助 U 盘传播的病毒，第一时间阻止病毒从 U 盘运行，切断病毒传播链。

（10）独有可信程序数据库，防止误杀。

依托 360 安全中心的可信程序数据库，实时校验，360 杀毒的误杀率极低。

（11）精准修复各类系统问题。

电脑救援为您精准修复各类电脑问题。

（12）极速云鉴定技术。

360 安全中心已建成全球最大的云安全网络，服务近 4 亿用户，更依托深厚的搜索引擎技术积累，以精湛的海量数据处理技术及大规模并发处理技术，实现用户文件云鉴定 1s 级响应。采用独有的文件指纹提取技术，甚至无须用户上传文件，就可在不到 1s 的时间获知文件的安全属性，实时查杀最新病毒。

4）百度杀毒（http://anquan.baidu.com/shadu）

百度杀毒 2013，即 Baidu Antivirus 2013，于 2013 年 2 月正式推出。这是一款专业杀毒和极速云安全软件,支持 XP、Vista、Windows 7 和 Windows 8,而且永久免费。这款软件目前拥有三大引擎:百度本地杀毒引擎、云杀毒引擎和小红伞(Avira)杀毒引擎。

百度杀毒 2013 运行界面如图 12.4 所示。

百度杀毒 2013 具有如下新技术特点:

(1) 极速响应。

百度杀毒 2013 采用云计算安全防护,能快速识别未知病毒,并对最新病毒做出最快响应。

(2) 多杀毒引擎。

百度杀毒 2013 拥有三大引擎,百度杀毒软件默认使用百度杀毒引擎和云安全引擎进行实时监控,它会智能地自动选择不同的引擎进行扫描,精确地检测和清理 99% 的威胁。

(3) 兼容性高。

图 12.4　百度杀毒 2013 运行界面

百度杀毒 2013 完美兼容 10 多款主流安全软件。

5) 卡巴斯基(http://www.kaspersky.com.cn)

卡巴斯基反病毒软件是世界上拥有最尖端科技的杀毒软件之一。其研发总部设在俄罗斯首都莫斯科,全名"卡巴斯基实验室",是国际著名的信息安全领导厂商,公司创始人为俄罗斯人尤金·卡巴斯基。

经过 14 年与计算机病毒的战斗,卡巴斯基获得了独特的知识和技术,使得卡巴斯基成为了病毒防卫的技术领导者和专家。该公司的旗舰产品——著名的卡巴斯基安全软件,主要针对家庭及个人用户,能够彻底保护用户计算机不受各类互联网威胁的侵害。

卡巴斯基 2014 运行界面如图 12.5 所示。

图 12.5　卡巴斯基 2014 运行界面

卡巴斯基 2014 具有如下新技术特点：

（1）来自卡巴斯基安全部队 2013 的全新安全技术。

- 安全支付：一项独特的安全技术（类似于之前的安全堡垒），当用户使用在线银行、支付系统或登录在线购物网站时，为用户提供额外的技术保护。
- 漏洞入侵防护：除进行漏洞扫描外，还对含有漏洞的应用程序行为进行分析和控制。
- 安全数据输入：确保通过硬件键盘输入的数据安全。

（2）在线备份。

卡巴斯基整合了一项全新功能——在线存储，用户可以将备份文件（最高 2GB）免费存储到 Dropbox 服务器。这样，就可以通过任意一台连接互联网的计算机访问该备份文件。

（3）密码同步。

卡巴斯基将用户的密码存储到云端（在线存储），用户可以通过任意一台装有 Windows 操作系统的计算机进行密码同步。即可以通过任意计算机访问密码管理器以自动登录网站和应用程序。

（4）兼容 Windows 8。

卡巴斯基完全兼容微软 Windows 8 操作系统，并提供了一系列功能以达到最佳保护，如为那些专为微软新用户界面开发的应用程序提供反病毒保护、与增强的 Windows 安全中心进行整合、支持预先启动反恶意软件保护（ELAM）系统等。

（5）可用性增强。

新版本提供了更加直观、易用的用户界面，用户可以从主界面快速访问和管理产品的主要功能。

6）BitDefender(http://www.bitdefender.com)

BitDefender 中文名称是"比特梵德"，简称 BD。BitDefender 是来自罗马尼亚的老牌杀毒软件，包含反病毒系统、网络防火墙、反垃圾邮件、反间谍软件、家长控制中心、系统调整优化、备份七个安全模块，提供所需的所有计算机安全防护，保护免受各种已知和未知病毒、黑客、垃圾邮件、间谍软件、恶意网页以及其他 Internet 威胁，全面保护上网安全。

BitDefender 用户遍及 80 多个国家和地区，包括超过 300 万个企业用户和 4100 万个人用户。凭借防病毒、防间谍软件、防垃圾邮件、防火墙、网络内容过滤等多种安全管理工具，BitDefender 为运行在 Windows/Linux/FreeBSD 等平台下的桌面计算机、网关、Internet 服务器、邮件和文件服务器等网络环境中的一切安全薄弱环节提供全面的防护。

BitDefender 2014 运行界面如图 12.6 所示。

BitDefender 2014 具有如下新技术特点：

（1）更多的保护。

今天的许多隐形病毒，通过设计一开始铺设休眠，从而避免反病毒软件的查杀，只有当计算机最脆弱的时候才会攻击。BitDefender 2014 采用了尖端的安全系统，主动病毒控制，24h 监控计算机上的所有进程，阻止任何的恶意行为，防止造成任何损失。

（2）更快的速度。

更快速的扫描以应对大量新的病毒。BitDefender 优化扫描过程，避免扫描已知安全文件。BitDefender 2014 扫描计算机的时间只有以前版本的一半，同时减少对系统资源的

图 12.6　BitDefender 2014 运行界面

需求。

（3）更方便的使用。

BitDefender 2014 同时满足新手用户、中级用户和专业用户的不同需求，人性化的定义不同模式下的不同组件，快速修改组件配置，使用最合适、最优化的用户体验和操作。

（4）改进的家长控制。

家长控制模块的新特点在于新增加的报告制度，可以让家长直接了解他们的孩子具体访问的网站地址。此外，家长还可以设置他们孩子可以使用的网页或者使用某些应用软件的具体时间。

（5）改进的入侵检测。

BitDefender 2014 检测并阻止试图改变计算机重要系统文件或注册表的行为，并对代码注入（DLL 注入）攻击进行警告。

2. 木马防火墙

可以说，计算机网络已经成为很多行业赖以生存的命脉，企业内部通过 Intranet 进行管理、运行，同时要通过 Internet 从异地取回重要数据，以及客户、销售商、移动用户、异地员工访问内部网络。但是开放的 Internet 带来各种各样的威胁，因此，企业必须加筑安全的屏障，把威胁拒之门外，对内网加以隔离，把内网保护起来。

对内网保护可以采取多种方式，最常用的就是防火墙。

1）金山卫士（http://www.duba.net）

金山卫士是金山公司推出的安全辅助软件，具有强悍的木马查杀能力，能够自动检测并修复系统漏洞，与其他安全软件可兼容运行。

金山卫士 2014 是当前查杀木马能力最强、检测漏洞最快、体积最小巧的免费安全软件。它独家采用双引擎技术，云引擎能查杀上亿已知木马，独有的本地 v10 引擎可全面清除感染型木马；漏洞检测针对 Windows 7 优化，速度比同类软件快 10 倍；更有实时保护、软件管理、插件清理、修复 IE、启动项管理等功能，全面保护系统安全。

金山卫士 2014 运行界面如图 12.7 所示。

金山卫士 2014 具有如下新技术特点：

图 12.7　金山卫士 2014 运行界面

（1）免费专家加速。

- 优化专家免费远程一对一提供服务。
- 帮助用户告别老牛拖车的开机等待过程。

（2）最快漏洞修复。

- 全面检测漏洞，即时修复省时省力。
- 专为 Windows 7 优化，修复速度提升 10 倍。

（3）笔记本电池医生。

- 全面、专业的电池信息展示，寻找。
- 性能、寿命、续航时间最佳平衡点。

（4）强力网页防护（集成金山网盾）。

- 四层防御拦截，使网页免受木马入侵。
- 网址云端鉴定，上网购物远离欺诈。

（5）系统清理优化（集成清理专家）。

- 开机启动加速，操作简单功能实用。
- 深度清理垃圾，系统垃圾一键清除。

（6）独家三引擎查杀木马。

- 革命性云引擎技术，精确查杀上亿木马。
- 全新本地 v10 引擎，完美清除感染型木马。

2）瑞星个人防火墙（http://www.rising.com.cn）

瑞星个人防火墙针对互联网上大量出现的恶意病毒、挂马网站和钓鱼网站等，瑞星"智能云安全"系统可自动收集、分析、处理,完美阻截木马攻击、黑客入侵及网络诈骗,为用户上网提供智能化的整体上网安全解决方案。

瑞星防火墙 2014 运行界面如图 12.8 所示。

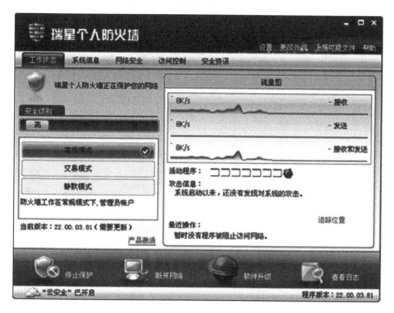

图 12.8 瑞星防火墙 2014 运行界面

瑞星防火墙 2014 具有如下新技术特点:

(1) 智能反钓鱼。

瑞星防火墙 2014 独有功能,利用网址识别和网页行为分析的手段有效拦截恶意钓鱼网站,保护用户个人隐私信息、网上银行账号密码和网络支付账号密码安全。

(2) 瑞星智能安全防护。

• MSN 聊天防护:为 MSN 用户聊天提供加密保护,防止隐私外泄。

• 智能流量监控:使用户可以了解各个软件产生的上网流量。

• 智能 ARP 防护:智能检测局域网内的 ARP 攻击及攻击源,针对出站、入站的 ARP 进行检测,并且能够检测可疑的 ARP 请求,分别对各种攻击标示严重等级,方便企业 IT 人员快速、准确地解决网络安全隐患。

(3) 网络监控。

• 网络攻击拦截:阻止黑客攻击系统对用户造成的危险。

• 出站攻击防御:最大程度解决"肉鸡"和"网络僵尸"对网络造成的安全威胁。

• 恶意网址拦截:保护用户在访问网页时,不被病毒及钓鱼网页侵害。

(4) 工作模式。

适用于用户进行炒股、网银交易、网上购物时的安全要求。

3) 360 安全卫士(http://www.360.cn)

360 安全卫士是当前功能最强、效果最好、最受用户欢迎的上网必备安全软件。由于使用方便,用户口碑好,目前 4.2 亿中国网民中,首选安装 360 安全卫士的已超过 3 亿。

360 安全卫士拥有查杀木马、清理插件、修复漏洞、电脑体检等多种功能,并独创了"木马防火墙"功能,依靠抢先侦测和云端鉴别,可全面、智能地拦截各类木马,保护用户的账号、隐私等重要信息。目前木马威胁之大已远超病毒,360安全卫士运用云安全技术,在拦截和查杀木马的效果、速度以及专业性上表现出色,能有效防止个人数据和隐私被木马窃取。

360安全卫士运行界面如图12.9所示。

图12.9　360安全卫士运行界面

360安全卫士具有如下新技术特点:

(1) 查杀木马:360云引擎、360启发式引擎、小红伞本地引擎和QVMII引擎杀毒。

(2) 修复漏洞:为系统修复高危漏洞和功能性更新。

(3) 系统修复:修复常见的上网设置,系统设置。

(4) 电脑清理:清理插件。清理垃圾和清理痕迹并清理注册表。

(5) 优化加速:加快开机速度(深度优化:硬盘智能加速+整理磁盘碎片)。

(6) 电脑门诊:解决电脑其他问题。

12.2　学习工具

随着计算机应用领域的不断扩展,计算机辅助学习也成为其重要功能之一。其中,经常使用的有文献阅读类、翻译软件类和学习单词类等学习工具。

1. 文献阅读

随着科学和技术的发展,各学科电子文献总量猛增,类型也呈现多样化趋势。目前比较常用的类型有PDF文件、CAJ文件和CHN文件三种格式。

1) PDF文件格式: Adobe Reader (http://www.adobe.com.cn)

PDF(Portable Document Format,便携文档格式)是由Adobe公司开发的一种独特的跨平台电子文件格式。PDF 文件以 PostScript 语言图像模型为基础,无论在哪种打印机上都可保证精确的颜色和准确的打印效果,即 PDF 会忠实地再现原稿的每一个字符、颜色以及图像。

由于其跨平台兼容性好,应用范围非常广。当前 Word 等文字处理工具都提供直接将文档保存为 PDF 格式的功能。

PDF 文件的阅读工具比较多,最经典的是 Adobe 公司的 Adobe Reader。其运行界面如图 12.10 所示。

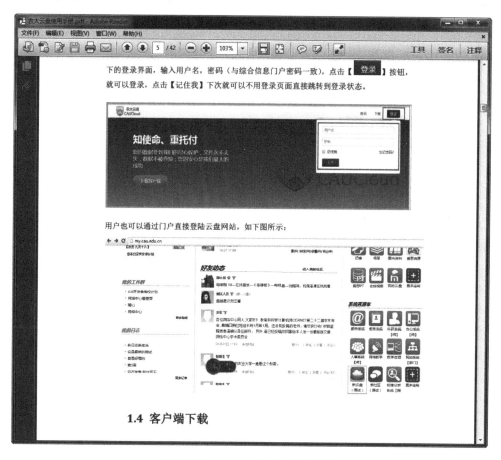

图 12.10 Adobe Reader 运行界面

2) CAJ 文件格式:超星阅览器(SSReader)(http://www.ssreader.com)

CAJ 是中国期刊网提供的一种文件格式。同 PDF 文件类似,网络上的许多电子图书文献均使用这种格式以让广大用户浏览。

在浏览 CAJ 格式文件的时候,必须使用相应的浏览器才可以,通用的浏览器为 SSReader。SSReader 运行界面如图 12.11 所示。

3) CHM 文件格式:HH

CHM 文件格式是微软 1998 年推出的基于 HTML 文件特性的帮助文件系统,以替代早先的 WinHelp 帮助系统,它在 Windows 98 中把 CHM 类型文件称作“已编译的 HTML 帮助文件”。

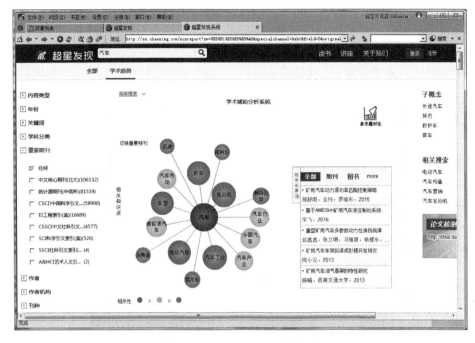

图 12.11　SSReader 运行界面

　　被 IE 浏览器支持的 JavaScript、VBScript、ActiveX、Java Applet、Flash、常见图形文件（GIF、JPEG、PNG）、音频视频文件（MID、WAV、AVI）等，CHM 同样支持，并可以通过 URL 与 Internet 联系在一起。

　　Microsoft 自 Windows 98 以来，操作系统中都自带解释器（打开 CHM 文件的工具），即 Windows 安装目录下的 HH. EXE。HH 运行界面如图 12.12 所示。

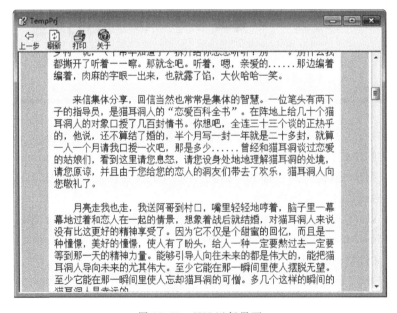

图 12.12　HH 运行界面

2. 翻译软件

1) 金山词霸(http://cp.iciba.com/)

金山词霸是金山软件与谷歌联手推出的、面向个人用户的免费词典、翻译软件。

金山词霸 2016 版正式发布,新版在 UI 界面、功能设置、词典质量、翻译引擎等方面全面升级:完整收录《柯林斯 COBUILD 高阶英汉双解学习词典》、全新机器翻译引擎、生词本全平台同步、本地词典专业优化、147 本专业词典重新整合、新增悬浮查词窗口。

金山词霸运行界面如图 12.13 所示。

图 12.13　金山词霸运行界面

2) 金山快译(http://cp.iciba.com/)

金山快译对专业词库进行全新增补修订,蕴含多领域专业词库,收录百万专业词条,实现了对英汉、汉英翻译的特别优化,使中英日专业翻译更加高效、准确。

与金山词霸相比,金山快译就是一个傻瓜式的全屏翻译软件,可以把整个句子翻译成中文。金山词霸,主要功能就是一个电子词典,可以屏幕取词,就是把鼠标所指的单词或中国字翻译过来,但是基本上都是查字典式的解释。其运行界面如图 12.14 所示。

3. 单词学习

1) 轻轻松松背单词(http://www.pgy.com.cn/)

轻轻松松背单词是北京蒲公英教育软件公司开发的一款背单词软件。它是一款绿色软件,在安装时不用修改 Windows 注册表等内容,也不向 Windows 文件夹中复制任何文件,界面干净而清爽。各年龄、各层次的英语学习者都可以利用该工具迅速提高英语水平,并找

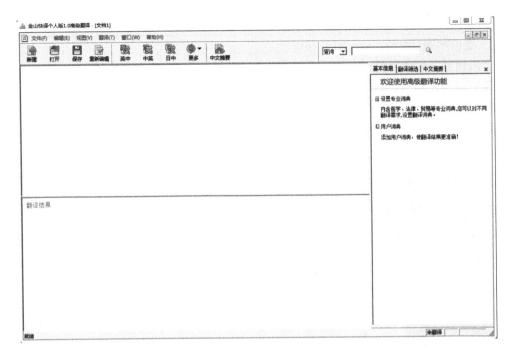

图 12.14　金山快译运行界面

到学习英语的乐趣。

其运行界面如图 12.15 所示。

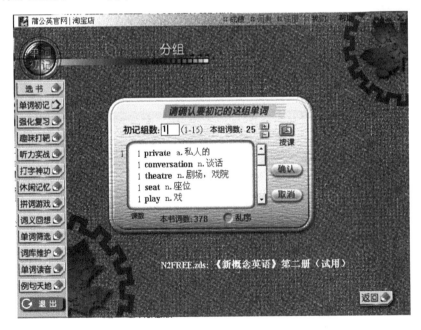

图 12.15　轻轻松松背单词运行界面

2）新东方背单词（http://www.softabc.com/）

新东方背单词软件是以在线背单词为核心的英语学习社区类网站——新东方锐学网的

客户端软件,也是著名单词记忆软件——新东方背单词的在线版本。通过它可以边玩游戏边英语,学习与理论相结合效率更佳。

其运行界面如图 12.16 所示。

图 12.16　新东方背单词运行界面

12.3　压缩工具

压缩工具主要是利用压缩算法将目标文件的"尺寸"缩小以便于存储或网络传输。经过压缩软件压缩的文件称为压缩文件。使用时,一方将原始文件压缩为"较小"的形式以利于传输或存储,另一方收到它后还需要解压复原以便重新使用它。

12.3.1　压缩技术

1. 压缩原理

把文件的二进制代码压缩,使相邻的 0、1 代码减少,如有 000000,可以把它变成 6 个 0 的写法 60,来减少该文件的空间。

从本质上讲,数据压缩的目的就是要消除信息中的冗余。

2. 压缩类型

文件压缩分为有损压缩和无损压缩。

1) 无损压缩

无损压缩是对文件本身的压缩,和其他数据文件的压缩一样,是对文件的数据存储方式进行优化,采用某种算法表示重复的数据信息,文件可以完全还原,不会影响文件内容,对于数码图像而言,也就不会使图像细节有任何损失。

2）有损压缩

有损压缩是对图像本身的改变，在保存图像时保留了较多的亮度信息，而将色相和色纯度的信息和周围的像素进行合并，合并的比例不同，压缩的比例也不同。由于信息量减少了，因此压缩比可以很高，图像质量也会相应地下降。

12.3.2 主要压缩工具

1. WinRAR（http://www.winrar.com.cn/）

WinRAR 是一个文件压缩管理共享软件，由 Eugene Roshal（所以 RAR 的全名是：Roshal ARchive）开发。首个公开版本 RAR 1.3 发布于 1993 年。

WinRAR 是一个强大的压缩文件管理工具。它能备份数据，减小 E-mail 附件的大小，对从 Internet 上下载的 RAR、ZIP 和其他格式的压缩文件解压，并能创建 RAR 和 ZIP 格式的压缩文件。WinRAR 是流行的压缩工具，界面友好，使用方便，在压缩率和速度方面都有很好的表现。其压缩率比高，3.x 采用了更先进的压缩算法，是压缩率较大、压缩速度较快的格式之一。

目前最新的 WinRAR 版本为 WinRAR 5.10 正式版，其运行界面如图 12.17 所示。

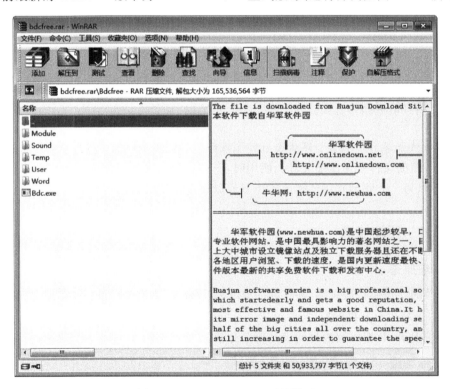

图 12.17　WinRAR 5.10 运行界面

1）主要优点

（1）压缩率更高。

WinRAR 在 DOS 时代就一直具备这种优势，经过多次试验证明，WinRAR 的 RAR 格式一般要比其他的 ZIP 格式高出 10%～30% 的压缩率,尤其是它还提供了可选择的、针对多媒体数据的压缩算法。

(2) 对多媒体文件有独特的高压缩率算法。

WinRAR 对 WAV、BMP 声音及图像文件可以用独特的多媒体压缩算法大大提高压缩率。

(3) 能完善地支持 ZIP 格式并且可以解压多种格式的压缩包。

虽然其他软件也能支持 ARJ、LHA 等格式,但却需要外挂对应软件的 DOS 版本,功能实在有限。但 WinRAR 不但能解压多数压缩格式,且不需外挂程序支持就可直接建立 ZIP 格式的压缩文件。

(4) 设置项目非常完善,并且可以定制界面。

通过“开始”菜单的“程序”组启动 WinRAR,在其主界面中选择“选项”菜单下的“设置”,打开设置窗口,分为常规、压缩、路径、文件列表、查看器、综合六大类,功能非常丰富,通过修改它们,可以更好地使用 WinRAR。

(5) 对受损压缩文件的修复能力极强。

在网上下载的 ZIP、RAR 类的文件往往因头部受损的问题导致不能打开,而用 WinRAR 调入后,只需单击界面中的“修复”按钮就可轻松修复,成功率极高。

(6) 可以不必解压就可查看压缩包信息。

选中文件单击就可查看压缩包信息。

(7) 辅助功能设置细致。

可以在压缩窗口的“备份”标签中设置压缩前删除目标盘文件;可在压缩前单击“估计”按钮对压缩先评估一下;可以为压缩包加注释;可以设置压缩包的防受损功能等,从细微之处也能看出 WinRAR 的体贴周到。

(8) 压缩包可以锁住。

双击进入压缩包后,单击“命令”菜单下的“锁定压缩包”就可防止人为的添加、删除等操作,保持压缩包的原始状态。

2) 使用技巧

(1) 修复受损的压缩文件。

启动 WinRAR,定位到这个受损压缩文件夹下,在其中选中这个文件,再单击工具栏中的“修复”按钮(英文版的为 Repair),确定后 WinRAR 就开始修复这个文件。

(2) 压缩后自动关机。

启动“资源管理器”,选中文件并右击,在弹出的快捷菜单中选择 WinRAR→“添加到压缩包”,弹出“压缩包名称和参数”对话框,选择“高级”选项卡,然后勾选“完成操作后关闭计算机电源”复选框,这样在备份完数据后,机器会自动关闭。

(3) 加密、压缩重要文件。

使用 WinRAR,可以加密、压缩重要文件。

(4) 文件分割。

利用 WinRAR 可以轻松分割文件,而且在分割的同时还可以将文件进行压缩。

(5) 把 WinRAR 当成文件管理器。

WinRAR 是一个压缩和解压缩工具,但它也是一款相当优秀的文件管理器。只要在其地址栏中输入一个文件夹，其下的所有文件都会被显示出来，甚至连隐藏的文件和文件的扩展名也能够看见。

（6）生成 ZIP 压缩文件。

在 WinRAR 中已经内置有 ZIP 压缩器，只要选中文件后，单击工具栏中的"添加"按钮，并选择压缩包格式为 ZIP 即可生成 ZIP 格式的文件，免去了启动 WinZIP 的麻烦。

（7）相对路径压缩文件。

在 WinRAR 中可以在"压缩文件名和参数"对话框中选择"文件"选项卡，然后选择压缩相对路径还是绝对路径甚至不选择路径，这样用户又有一个选择的余地。

（8）方便导入导出个性化设置。

使用 WinRAR 的过程中，难免要对 WinRAR 根据个人的爱好进行必要的设置，而如果到别的机器上后再运行 WinRAR 会发现风格与自己的不符，这时候又得重新进行设置，比较麻烦。选择"选项"→"导入导出设置"下相应命令即可非常方便地将自己的设置存为一注册表 REG 文件，也可以导入，使用起来更个性化。

（9）设置 WinRAR 关联文件。

启动 WinRAR，再选择"选项"→"设置"，弹出"设置"对话框，选择"综合"选项卡，再选择相应的关联文件即可。当然，面对这么优秀的压缩软件，单击"全部选中"按钮也不错。

（10）设置 WinRAR 启动文件夹。

如果某个文件夹中有比较多的压缩文件，每次启动 WinRAR 都要选择那个文件夹，会非常麻烦，可以把这个文件夹设为启动文件夹，当启动 WinRAR 的时候就会打开这个文件夹，这样会方便很多。

（11）生成 WinRAR 的快捷方式。

（12）给压缩包添加注释。

使用的压缩文件多了，时间一长就会不知道有哪些文件，更不要说文件里有哪些内容了，如果给压缩文件写上注释，以后打开来一看就知道它有何作用。

2. WinZIP（http://www.winzip.com）

目前压缩和解压缩 ZIP 文件的工具很多，但是应用得最广泛的还是 Nico Mak Computing 公司开发的著名 ZIP 压缩文件管理器——WinZIP7.0。它有操作简便、压缩运行速度快等显著优点，有支持多种文件压缩方法的压缩解压缩工具，几乎支持目前所有常见的压缩文件格式。WINZIP 还全面支持 Windows 的鼠标拖放操作，用户用鼠标将压缩文件拖曳到 WinZIP 程序窗口，即可快速打开该压缩文件。同样，将欲压缩的文件拖曳到 WinZIP 窗口，便可对此文件压缩。

目前最新的 WinZIP 版本为 WinZIP 20.0 正式版，其运行界面如图 12.18 所示。

1）软件特性

（1）直接将新建及现有 ZIP 文件记录到 CD 或 DVD。

（2）从你的 ZIP 工件中直接查看压缩的图像。

（3）创建自定义、自动压缩任务（WinZIP 作业）。

（4）在 WinZIP 资源管理器风格视图中支持缩略图。

（5）基于文件类型的最佳压缩方式选择。

（6）对音频文件（WAV）进行压缩优化。

图 12.18 WinZIP 20.0 运行界面

（7）附件管理支持。

（8）快速文件选择。

（9）与 Windows 操作系统紧密集成。

（10）大 ZIP 文件支持。

（11）支持 128 位和 256 位加密。

（12）电子邮件支持（包括单击压缩并发送）。

（13）分割 ZIP 文件能力。

（14）创建自释放压缩文档。

2）使用技巧

（1）采用拖曳方式快速处理压缩包。

WinZIP 完全支持 Windows 的对象拖曳功能，只需通过鼠标拖曳即可达到文件压缩、释放等目的，这就可简化日常操作。

（2）从压缩包中删除文件。

当需要删除压缩包中的某个文件时，只需使用 WinZIP 打开该压缩包，选择需要删除的文件（可同时选择多个文件），然后按 Delete 键确定即可。

（3）为压缩包添加注释。

新版的 WinZIP 已经提供了这一功能，它允许为每个 WinZIP 压缩包设置适当的注释信息。

（4）自定义显示内容。

在默认情况下，WinZIP 仅显示压缩包中的文件名、类型、时间、压缩率、压缩前和压缩后的尺寸等内容,根据需要还可以显示文件的属性、路径信息。

(5) 将常用压缩文件添加到"收藏夹"中。

为方便用户对压缩包的管理,WinZIP 特意提供了"收藏夹"功能,它与 IE 的"收藏夹"基本类似,专门用于将用户经常需要操作的压缩文件添加到自己的收藏夹中,此后需要对这些压缩文件进行处理时,就能通过"收藏夹"快速找到它们。

(6) 快速打开最近访问的 ZIP 文件。

与其他众多如软件一样,WinZIP 也提供了历史记录功能,它在默认情况下会将用户最近打开过的四个压缩文件添加到"文件"菜单的最底部,只需从中选择某个文件,WinZIP 就会快速打开该压缩包,从而方便了用户的使用。

(7) 查看压缩包中的文件内容。

以往要查看压缩包中的文件内容,都是先将压缩包中的文件解压释放出来,然后再启动它的关联程序进行查看,最后再关闭压缩包的界面,操作比较烦琐。其实 WinZIP 提供了强大的文件查看功能,它能调用内置浏览器、文件关联程序以及任意应用程序对压缩包中的文件进行查看,完全可满足用户的需要。

(8) 设置默认文件夹的技巧。

WinZIP 具有默认文件夹设置功能,它允许用户对开始文件夹、解压缩文件夹、添加文件夹、工作文件夹、检验根文件夹、临时文件夹等文件夹的位置进行定义。系统默认将它们都设置为上次操作时的文件夹。

(9) 同时打开多个 WinZIP 窗口。

在默认情况下,WinZIP 只能同时打开一个程序窗口。如果需要也可以同时打开多个程序窗口。

(10) ZIP 压缩包之间的文件复制。

新版的 WinZIP 支持在两个 ZIP 压缩包中直接进行文件复制工作,只需同时打开两个压缩包,然后将第一个压缩包中的文件拖曳到第二个压缩包中,系统就会弹出"文件添加"对话框,单击"确定"按钮之后,WinZIP 即会在两个 ZIP 压缩包之间直接进行文件复制工作,非常快捷。

(11) 分卷压缩。

随着计算机技术的进步,各种文件的大小也在随之增长,然而与此同时,软盘的容量却始终没有多大变化,这就给用户的数据备份、传输带来了极大的不便。对于那些超过一张软盘容量的文件,该如何进行存储呢? 尽管可以通过有关文件分割软件来达到目的,但使用 WinZIP 在对文件进行压缩的同时自动对其进行分割无疑更能满足需要。

3. 7-Zip(http://www.7-zip.org/)

7z 是一种全新的压缩格式,号称有着现今最高压缩比的压缩软件。它不仅支持独有的 7z 文件格式,而且还支持各种其他压缩文件格式,其中包括 ZIP,RAR,CAB,GZIP,BZIP2 和 TAR 等。此软件压缩的压缩比要比普通 ZIP 文件高 30%～50%,但是要以压缩时间为代价。

目前最新的 7-Zip 版本为 7-Zip 9.34 正式版,其运行界面如图 12.19 所示。

图 12.19   7-Zip 9.34 运行界面

12.3.3   解压文件

解压文件较为简单,只要在需要解压的压缩文件上右击,在弹出的快捷菜单中选择"解压到当前文件夹",如解压出的内容有指定的存放位置,则可选择"解压文件",在弹出的对话框中确定保存位置,即可将压缩文件解压。

当下载了带有分卷的压缩包后,如何解压文件呢? 具体方法如下:

(1) 把所有的压缩分卷全部下载完整。

(2) 所有分卷必须在同一个文件夹内。

(3) 然后双击解压任意一个分卷即可。

注:分卷解压的文件必须是连续的。

若分卷未下载完整,则解压时自然会提示需要下一压缩分卷。

文件压缩和解压的过程如图 12.20 所示。

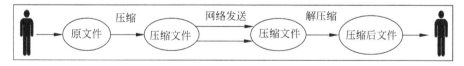

图 12.20   文件压缩和解压的过程

12.4   即时通信工具

12.4.1   即时通信概念

人们的生活已经被即时通信工具悄然改变,现代人不仅仅通过传统的座机、手机、手机短信等方式沟通,还可以通过即时通信工具进行交流,它可以让人们随时随地和世界任意一个角落的朋友聊天通话。

12.4.2 主要通信工具

1. Skype(http://skype.gmw.cn/)

Skype 是全球免费语音沟通软件,创建于 2003 年,拥有超过 6.63 亿的注册用户,最高同时在线超过 3000 万。

微软 2011 年 5 月收购 Skype 以替换其 Windows Live Messenger(又称 MSN)。目前最新的 Skype 版本为 Skype 7.34 正式版,其运行界面如图 12.21 所示。

图 12.21 Skype 7.34 运行界面

其主要功能特色有:

(1) 支持在线语音视频和普通电话通话。

Skype 除具有即时通信软件所需的基本功能之外,还可免费在线语音视频通话,支持全球 Skype 好友间 24 方免费语音通话,还可发起连接电脑、固话和手机多终端的 24 方语音通话,支持 10 方视频通话。采用 P2P 技术的 Skype,可以动态地将每个呼叫和即时消息加密,不需要担心消息被泄露。Skype 可以超低廉市话价格拨打全球 300 多个国家和地区的手机和固话。

(2) 支持多个操作系统。

Skype 支持 iOS、Android、Symbian、Windows Mobile、BlackBerry 等智能手机操作系统,可在 iPhone、iPad、HTC、诺基亚、三星、黑莓等众多智能终端上使用,更被评为 2010 年苹果 App Store 十大免费应用软件之一,备受用户追捧。

（3）多人视频。

多人视频通话可在通话中与多位好友、家人或同事同时进行面对面的交流，消除空间的距离，获得前所未有的沟通体验，新版本视频通话更加清晰和稳定。

（4）Wi-Fi

不论在国内还是国外，飞机场还是咖啡馆，只要身边拥有可用的公共区域无线局域网络热点（Wi-Fi），就能通过 Skype 欧元卡（Skypeout）来支付按时计费的上网服务，支持全球100 多万个热点。

（5）新增视频拍照功能。

用户可在视频通话中选择拍照，保存对方的影像。可在"高级"选项面板中设置，激活此热键（工具→选项→高级→热键）。

（6）会话组中邀请联系人提醒。

邀请联系人到群组会话时，可通过拖曳联系人到会话窗口从而选择让会话组中的其他人看到被邀请人的个人信息。

2. 腾讯 QQ（http://im.qq.com/）

腾讯 QQ 是腾讯公司开发的一款基于 Internet 的即时通信（IM）软件。其标志是一只戴着红色围巾的小企鹅。

腾讯 QQ 支持在线聊天、视频聊天、语音聊天、点对点断点续传文件、共享文件、网络硬盘、自定义面板、远程控制、QQ 邮箱、传送离线文件等多种功能，并可与移动通信终端等多种通信方式相连。

截至 2016 年 11 月，活跃用户数达到 8.53 亿，和微信一道成为中国目前使用最广泛的交流软件。

目前最新的 QQ 版本为 QQ8.9 正式版，其运行界面如图 12.22 所示。

其主要功能特色有：

（1）同号多人在线。

（2）可添加好友数高达 10 万，10 万好友同时在线聊天也不会卡（普通 QQ 只能加 500 好友）。

（3）群发消息功能：可以快捷向海量客户发送 QQ消息的功能，支持定期向海量客户发送通知、促销消息，逢年过节给客服发送温馨问候；还支持发送目标精准定位，发向特定客户组发送。

（4）无接入客户数量限制：与普通 QQ 客户端相比，系统没有接入上限，所有主动发起会话的客户都被存入系统服务器内，客服人员可以通过一定条件搜索出目标客户。

（5）信息绝对安全：所有会话记录存在服务器内，

图 12.22　QQ8.9 运行界面

再不受计算机中毒和系统重装限制，登入系统便可以轻松提取历史信息。

（6）聊天记录，监控方便操作：工号 1001 的总客服可以随时方便调出所有人员的联系记录。

（7）自动应答机器人：为使用企业 QQ 的企业设计的一个自动回复客户的聊天机器人。

（8）有独占客户功能：客户发到的消息，仅能被开启指定客服功能时最后一次与他聊天的工号回复。

（9）强大的空间功能：可以用企业 QQ 空间上传企业 LOGO、企业简介，同时将企业的特色产品等信息展示出来，让更多客户了解和关注企业信息。

（10）告别盗号困扰：企业 QQ 应用了更安全的密码保护技术，发放的客服号码无法登录 QQ 客户端，将盗号损失降低至零。

（11）强大企业 QQ 功能：支持对客户回访，清晰详细的客户信息和统计图表分析及管理。

3. 移动飞信（http://download.feixin.10086.cn/）

飞信是中国移动的综合通信服务，即融合语音（IVR）、GPRS、短信等多种通信方式，覆盖三种不同形态（完全实时的语音服务、准实时的文字和小数据量通信服务、非实时的通信服务）的客户通信需求，实现互联网、移动互联网和移动网间的无缝通信服务。

飞信不但可以免费从 PC 给手机发短信，而且不受任何限制，能够随时随地与好友开始语聊，并享受超低语聊资费。

目前最新的飞信版本为飞信 2016，其运行界面如图 12.23 所示。

其主要功能特色有：

（1）免费短信。

通过飞信向好友发送信息完全免费，好友如不在线，信息将以短信的形式自动转发到对方手机上，保证信息即时到达不丢失。

（2）多人通话。

飞信不受任何限制，随时随地与好友语聊。

（3）多终端登录。

飞信全面支持手机和计算机的多终端登录以及应用时的任意切换，保证用户的永不离线，实现无缝链接的多端信息接收，让用户随时随地都可以与好友保持畅快有效的沟通。

（4）安全沟通。

只有被用户授权为好友时，对方才可与自己通话和发短信，不用手机号码只留飞信号码，安全方便。但飞信可以和手机一样，向移动手机发送短信，只需向对

图 12.23　飞信 2016 运行界面

方手机发出好友邀请,即使对方并未添加也可发送短信。

（5）三网无缝隙沟通。

联通和电信用户也可以注册和使用飞信,三网互通。

（6）飞信电话。

飞信 2016 和沟通版不仅具有时下流行的设计风格和视觉效果,还为用户提供了飞信电话等众多新功能。

12.4.3 注意事项

由于很多人使用即时通信工具和朋友、同事或者业务人员进行交流,因此账号的安全显得尤为重要,因此应该填写密码保护、不在不安全的环境下使用即时聊天工具、定期更换密码以及更新系统和杀毒,最大限度地防止账户被盗,减少损失。

12.5 多媒体工具

12.5.1 多媒体概念

多媒体技术(Multimedia Technology),就是将文本、图形、图像、动画、视频和音频等形式的信息,通过计算及处理,使多种媒体建立逻辑连接,集成为一个具有实时性和交互性的系统化表现信息的技术。

多媒体技术通过对应的工具产品实现图、文、声、像信息的交互处理。

12.5.2 主要媒体工具

1. 视频工具

1) 暴风影音(http://www.baofeng.com)

暴风影音软件由北京暴风网际科技有限公司出品。从 2003 年开始,暴风影音就致力于为互联网用户提供最简单、便捷的互联网音视频播放解决方案。截至 2012 年末,暴风影音的工程师分析了数以十万计的视频文件,掌握了超过 500 种视频格式的支持方案。

2013 年和 2014 年,暴风影音先后推出了"点一下,左眼会爆炸"的高清理念,把画面质量提到了一个更高的层次。

目前最新的暴风影音版本为暴风影音 5 版,其运行界面如图 12.24 所示。

其主要功能特色有:

（1）自动侦测计算机硬件配置。

（2）自动匹配相应的解码器、渲染链。

（3）自动调整对硬件的支持。

它提供和升级了系统对常见绝大多数影音文件和流的支持。配合 Windows Media Player 最新版本可完成当前大多数流行影音文件、流媒体、影碟等的播放而无须其他任何专用软件。

图 12.24　暴风影音 5 运行界面

（4）NSIS 封装。

暴风影音采用 NSIS 封装为标准的 Windows 安装程序，特点是单文件多语种（简体中文＋英文），具有稳定灵活的安装、卸载、维护和修复功能，并对集成的解码器组合进行了尽可能的优化和兼容性调整。

（5）整合转码。

暴风影音整合了暴风转码，对媒体文件进行格式转换。

2）PowerDVD（http：//cn.cyberlink.com）

PowerDVD 是台湾讯连科技所开发的高品质的影音光碟播放程序，能让个人计算机具备播放高品质电影或进行卡拉 OK 欢唱的功能，能提供高解析度的 MPEG-2 视讯及细腻的 AC-3 环绕音效与 Video CD 的播放功能，也具有影像截取的功能，支持多国语言，包括中文。

目前最新的 PowerDVD 版本为 PowerDVD 17，其运行界面如图 12.25 所示。

图 12.25　PowerDVD 17 运行界面

其主要功能特色有：

（1）更棒的蓝光及 DVD 电影播放效果。

PowerDVD 目前已完整支持 CPU/GPU 的硬件加速技术，不仅可有效减轻播放时的系统负荷，还能在播放高清蓝光电影时，有更顺畅流利的播放效果。

（2）蓝光进化新时代——蓝光 Blu-ray 3D。

PowerDVD 最新蓝光 Blu-ray 3D 技术，即便是在个人计算机上进行实体 3D 视频的播放时，也能够完美呈现出多层次景深的 3D 动态视频效果，并且在左右眼的视觉成像上都能够提供高清分辨率。

（3）广泛的主流视频格式支持。

PowerDVD 同时支持多种主流的视频格式，更支持两种全新 3D 格式：MVC 1080i 3D 以及 MVC Transport Stream 3D（M2TS）。

（4）让相片动起来。

PowerDVD 的崭新相片功能不仅可浏览计算机上的相片，也能透过无线网络播放储存于智能型装置、DLNA 服务器中的相片内容。

（5）播放音乐内容。

PowerDVD 不仅可播放 Blu-ray 蓝光、DVD 电影、视频档和相片，还能轻松播放音乐内容。

3）RealPlayer（http://realplayer.cn）

RealPlayer 是一款全球知名播放器品牌。自 1995 年至今，全球用户已经超过 4.5 亿，可以完成播放视频、听音乐、看照片的功能，支持 MPEG-4，H.264，MP3 和 JPEG 等格式。

目前最新的 RealPlayer 版本为 RealPlayer HD 16 正式版，其运行界面如图 12.26 所示。

图 12.26　RealPlayer HD 16 运行界面

其主要功能特色有：

(1) 设备管理：外部设备自动识别与媒体发现，支持市场主流设备，即插即用。

(2) 媒体中心：除音视频外，增加对图片的检索与管理，支持幻灯浏览。

(3) 视频剪切：视频、音频可随意剪切。

(4) 视频分享：支持开心网、Facebook 等主流社交平台。

(5) 格式转换：支持主流视频格式相互转换，智能匹配。

(6) 设备传输：连接设备，一键传输，丰富的终端支持。

(7) 在线影视：集成最新影音在线内容，轻松点播。

(8) 高清播放：格式支持进一步丰富，高清播放，品质更出色。

2. 音频工具

1) 酷狗音乐(http://www.kugou.com)

酷狗音乐(KuGou)是国内最大也是最专业的 P2P 音乐共享软件，提供在线文件交互传输服务和互联网通信，支持高质量音乐文件共享下载。

酷狗音乐 8.0，占用资源极少，启动速度更快，内存及资源占用更少，软件更稳定；强大的流行音乐搜索、高速的音乐下载、完美的音乐播放为用户带来美妙的音乐体验。其运行界面如图 12.27 所示。

图 12.27　酷狗音乐 8.0 运行界面

2) 百度音乐(原千千静听)(http://music.baidu.com/pc/)

千千静听是一款完全免费的音乐播放软件，集播放、音效、转换、歌词等众多功能于一身。其具有小巧精致、操作简捷、功能强大的特点，使得它深得用户喜爱。

2013 年 7 月，千千静听进行品牌切换，更名为百度音乐。此次品牌切换传承了千千静听的优势，并增加了独家的智能音效匹配和智能音效增强、MV 功能、歌单推荐、皮肤更换等个性化音乐体验功能。

目前最新的百度音乐版本为百度音乐 2014 正式版,其运行界面如图 12.28 所示。

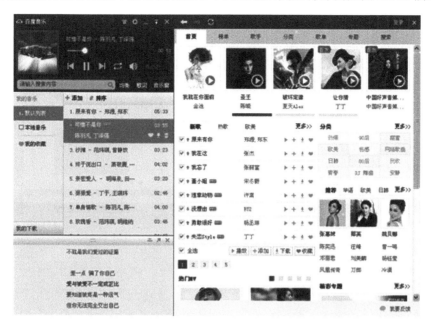

图 12.28 百度音乐 2014 运行界面

3) WinAMP(http://www.winamp.com)

WinAMP 是数字媒体播放的先驱,由 Nullsoft 公司在 1997 年开发,创始人为 Justin Frankel。该软件支持 MP3、MP2、MOD、S3M、MTM、ULT、XM、IT、669、CD-Audio、Line-In、WAV、VOC、AVI、OGG、WMV、MPG 等多种音频和视频格式。可以定制界面皮肤,支持增强音频视觉和音频效果的插件,通过一些非常实用的扩展插件来增强其功能。

目前最新的 WinAMP 版本为 WinAMP 5.6,其运行界面如图 12.29 所示。

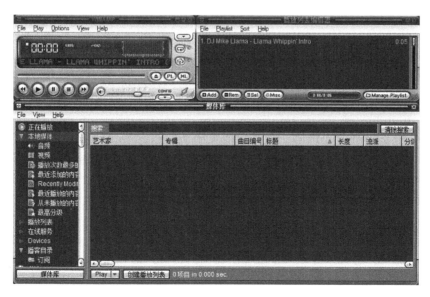

图 12.29 WinAMP 5.6 运行界面

3. 图像处理工具

1）Photoshop（http://www.adobe.com/cn/）

Adobe Photoshop，简称 PS，是由 Adobe Systems 开发和发行的图像处理软件。Photoshop 主要处理以像素所构成的数字图像，使用其众多的编修与绘图工具，可以有效地进行图片编辑工作。它有很多功能，在图像、图形、文字、视频、出版等方面都有涉及。

2003 年，Adobe Photoshop 8 被更名为 Adobe Photoshop CS。2013 年 7 月，Adobe 公司推出了最新版本的 Photoshop CC，自此，Photoshop CS6 作为 Adobe CS 系列的最后一个版本被新的 CC 系列取代。

Photoshop CS6 运行界面如图 12.30 所示。

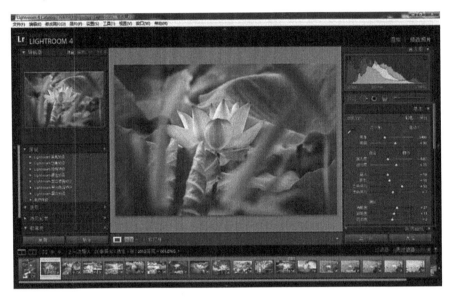

图 12.30　Photoshop CS6 运行界面

2）ACDSee（http://www.www.acdsystems.com）

ACDSee 全名为 ACDSee Photo Manager，是世界上排名第一的数字图像处理软件。它广泛应用于图片的获取、管理、浏览、优化，可以从数码相机和扫描仪高效获取图片，并进行便捷的查找、组织和预览。作为最重量级看图软件，它能快速、高质量地显示图片，再配以内置的音频播放器，可以播放精彩幻灯片。

ACDSee 还能处理如 MPEG 之类常用的视频文件。此外，ACDSee 是最得心应手的图片编辑工具，轻松处理数码影像，拥有的功能有去除红眼、剪切图像、锐化、浮雕特效、曝光调整、旋转、镜像等，还能进行批量处理。

目前最新的 ACDSee 版本为 ACDSee15，其运行界面如图 12.31 所示。

3）Picasa（http://picasa.google.com/）

Google Picasa 是一款可帮助用户在计算机上立即找到、修改和共享所有图片的软件。每次打开 Picasa 时，它都会自动查找所有图片（甚至是那些已经被遗忘的图片），并将它们按日期顺序放在可见的相册中，同时以易于识别的名称命名文件夹。可以通过拖放操作来排列相册，还可以添加标签来创建新组。

图 12.31　ACDSee15 运行界面

Picasa 原为独立收费的图像管理、处理软件,其界面美观华丽,功能实用丰富。2004 年 10 月被 Google 收购并改为免费软件,成为 Google 的一部分,它最突出的优点是搜索硬盘中的相片图片的速度很快。

Picasa 还可以通过简单的单次单击式修正来进行高级修改,让用户只需动动指尖即可获得震撼效果。而且,Picasa 还可让用户迅速实现图片共享——可以通过电子邮件发送图片、在家打印图片、制作礼品 CD,甚至将图片张贴到自己的 Blog 中。

目前最新的 Picasa 版本为 Picasa 3.9,其运行界面如图 12.32 所示。

图 12.32　Picasa 3.9 运行界面

12.6 下载工具

12.6.1 下载技术

随着点对点（P2P）技术的风行与成熟应用，下载软件已经进入新一代竞争阶段，用户的需求和使用习惯不断推动着下载软件的进化。

也许目前仍然有少数刚刚接触计算机的朋友仍然只会用 IE 作为最原始下载的手段，而很多冲浪多年的老手则至少要装 N 个不同的下载工具，夜以继日地搬运着互联网上无穷无尽的资源。

计算机下载技术经历了主从式架构、断点续传、多线程下载和镜像服务器下载的演化过程。

早期的传输方式是主从式架构，透过服务器端进行一点对多点的传输，缺点是下载人数越多，下载效率就越低。

初期这种方式客户端只能从服务器单线程下载一个软件，下载的过程中一旦中断，则需要重新下载。为了解决这个问题，技术上实现了断点续传，也就是说下载中断以后可以从中断的位置继续下载。

为了提高速度，后续的技术将一个较大的文件分割成若干份，通过多个线程同时下载，以提高下载的速度。早期的网络蚂蚁等下载软件提供了此功能。

由于网络上很多常用软件在很多服务器上都提供下载，为了进一步提高下载速度，后续技术实现了镜像服务器下载功能，即下载软件将一个文件分割成若干部分，从多个服务器同时下载，以期获得更高的下载速度。

12.6.2 主要下载工具

1. 迅雷（http://www.xunlei.com/）

迅雷是迅雷公司开发的互联网下载软件。迅雷是一款基于多资源超线程技术的下载软件，作为"宽带时期的下载工具"，迅雷针对宽带用户做了优化，并同时推出了"智能下载"的服务。

迅雷是个下载软件，本身不支持上传资源，只提供下载和自主上传。迅雷对下载过的相关资源，都能有所记录。

迅雷利用多资源超线程技术基于网格原理，能将网络上存在的服务器和计算机资源进行整合，构成迅雷网络，通过迅雷网络各种数据文件都能够传递。

目前最新的迅雷版本为迅雷 9，其运行界面如图 12.33 所示。

2. Flashget（http://www.flashget.com.cn）

快车（FlashGet）是互联网上最流行、使用人数最多的一款下载软件。它采用多服务器超线程技术、全面支持多种协议，具有优秀的文件管理功能。

Flashget 性能好，功能多，下载速度快，具有全球首创的"插件扫描"功能，在下载过程中

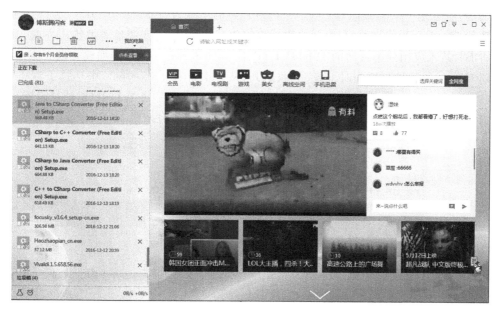

图 12.33　迅雷 9 运行界面

能自动识别文件中可能含有的间谍程序及捆绑插件,并对用户进行有效提示。

目前最新的 Flashget 版本为 Flashget 3.7,其运行界面如图 12.34 所示。

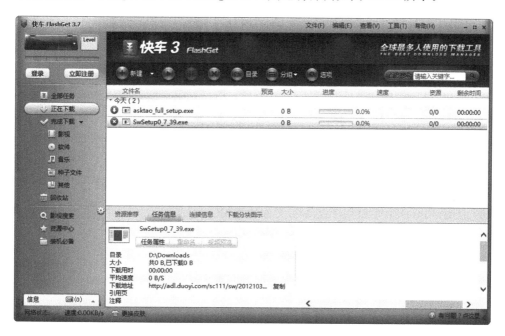

图 12.34　Flashget 3.7 运行界面

3. BitComet(http://www.bitcomet.com/index-zh.htm)

BitComet(比特彗星)是一个完全免费的 BitTorrent(BT)下载管理软件,也称 BT 下载客户端，同时也是一个集 BT、HTTP、FTP 为一体的下载管理器。BitComet（比特彗星）拥有多项领先的 BT 下载技术，有边下载边播放的独有技术，也有方便自然地使用界面。最新版又将 BT 技术应用到了普通的 HTTP、FTP 下载，可以通过 BT 技术加速普通下载。

BitComet 的特性包括同时下载、下载队列、从多文件种子（torrent）中选择下载单个文件、快速恢复下载、聊天、磁盘缓存、速度限制、端口映射、代理服务器和 IP 地址过滤等。

目前最新的 BitComet 版本为 BitComet 1.37，其运行界面如图 12.35 所示。

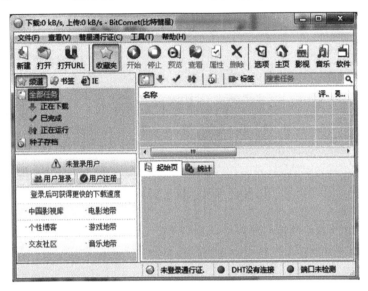

图 12.35　BitComet 1.37 运行界面

12.7　其他工具

12.7.1　其他类型工具

其他类型常用工具主要有：

（1）UltraEdit-32：主要用于文本和文件的编辑。

（2）Diskeeper：用于硬盘碎片整理。

（3）Ghost：主要用于系统的备份和恢复。

（4）Virtual PC 和 VMware：两款功能强大的虚拟计算机软件。

12.7.2　主要工具介绍

1. UltraEdit-32（http://www.ultraedit.com）

UltraEdit（原名 UltraEdit-32）是用于 Microsoft Windows 上的一套商业性文本编辑器，由 IDM Computer Solutions 公司在 1994 年推出。

UltraEdit 有很强大的编程功能，支持宏、语法高亮度显示和正则表达式等功能，是理想的文本、HTML 和十六进制编辑器,也是高级 PHP、Perl、Java 和 JavaScript 程序编辑器,完全可以取代记事本,内建英文单词检查、C++ 及 VB 指令突显,可同时编辑多个文件,而且即使开启很大的文件速度也不会慢。软件附有 HTML 标签颜色显示、搜寻替换以及无限制的还原功能,一般用其来修改 EXE 或 DLL 文件。

UltraEdit-32 24.0 运行界面如图 12.36 所示。

图 12.36　UltraEdit-32 24.0 运行界面

其主要功能有:

(1) 可配置语法加亮,支持代码折叠、Unicode;在 32 位 Windows 平台上进行 64 位文件处理。

(2) 基于磁盘的文本编辑和支持超过 4GB 的大文件处理,即使是数兆字节的文件也只占用极少的内存。

(3) 在所有搜索操作(查找、替换、在文件中查找、在文件中替换)中,支持多行查找和替换。

(4) 带有 100 000 个单词的拼写检查器,对 C/C++、VB、HTML、Java 和 Perl 进行了预配置。

(5) 内置 FTP 客户端,支持登录和保存多个账户,支持 SSH/Telnet 窗口。

(6) 提供预定义的或用户创建的编辑环境,能记住 UltraEdit 的所有可停靠窗口、工具栏等的状态。

(7) 集成脚本语言以自动执行任务,可配置键盘映射,实现列/块模式编辑,可插入修改个人模板。

（8）十六进制编辑器可以编辑任何二进制文件，并显示二进制和 ASCII 视图。

（9）HTML 工具栏，对常用的 HTML 功能做了预配置；文件加密/解密；多字节和集成的 IME。

（10）网络搜索工具栏：高亮显示文本并单击网络搜索工具栏按钮，从编辑器内启动搜索，加亮词语。

2. Diskeeper（http：// www. diskeeper. com. cn/）

Diskeeper 是一套基于 Windows 平台开发的磁盘碎片整理软件，目前 Diskeeper 支持Windows 全系列操作系统，如 Windows XP，Windows 2003，Windows 7 系统等，都兼容。

Diskeeper 整合了微软 Management Console（MMC），能整理 Windows 加密文件和压缩的文件，可自动分析磁盘文件系统，无论磁盘文件系统是 FAT16 或 NTFS 格式皆可安全、快速和在最佳效能状态下整理；可选择完整整理或仅整理可用空间，保持磁盘文件的连续，加快文件存取效率，有排程整理磁盘功能；可以设定整理磁盘的时间表，时间一到即可自动做磁盘维护工作。

Diskeeper 12 运行界面如图 12.37 所示。

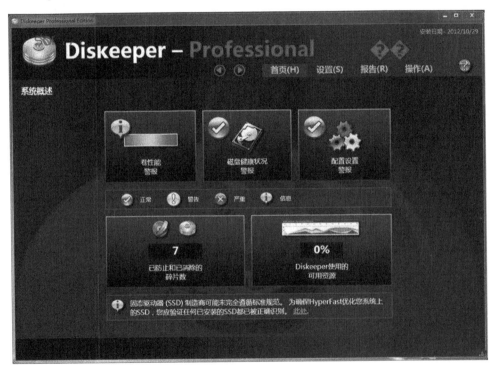

图 12.37　Diskeeper 12 运行界面

1）主要功能

（1）即使空闲空间只有 1% 也照样可以进行碎片整理，以满足用户最苛刻的需求。

（2）最繁重的任务等级里可以整理数百万个碎片。

（3）FragShield 2.0 可以自动防止关键系统文件产生碎片，从而提高系统可靠性。

（4）卷影复制服务（VSS）兼容模式可以改善 VSS 数据保护能力。

（5）管理员版本中的网络磁盘性能分析器可以根据需要提供性能图表，也可通过电子邮件发送。

（6）智能文件访问加速顺序技术 I-FAAST2.0 可将最常用文件的访问速度提高 80%。

（7）后台碎片整理无须用户干预。

（8）实时碎片整理可以监控磁盘进行整理，最大程度地保证系统的稳定性和速度。

2）主要操作

（1）手动整理碎片。

开启 Diskeeper 程序主界面，在中间的磁盘分区中，可发现当前主机所存在的各个磁盘分区。由于打算对某个分区进行磁盘碎片整理，因此在选中该分区后，直接单击"Defragment（碎片整理）"按钮，就能够对所选分区进行碎片整理了。

（2）自动整理碎片。

由于不可能随时知晓自己计算机磁盘碎片的情况，这样磁盘分区中的碎片一旦变得很多，那么势必会降低计算机的执行效率。现在，可以让 Diskeeper 担当起磁盘碎片的"哨兵"。当磁盘碎片过多时，便自动进行整理操作，令磁盘永葆健康。

（3）开机自动磁盘整理。

在进入操作系统后对磁盘进行整理时，便无法对 Windows 启动后产生的某些系统文件进行整理了，同时对于一些特殊的系统文件也无法执行整理操作，例如操作系统中所存在的虚拟内存文件。为此，不妨启用它的开机自动整理磁盘功能，让磁盘变得更有"条理"。

（4）NTFS 分区的额外设置。

为 NTFS 文件格式的分区执行"启动时碎片整理"这个功能时，那么还有更多的设置选项可供设定。在对 NTFS 分区启用"启动时碎片整理"功能时，可勾选"对'主文件表'（MFT）进行碎片整理"复选框，即能启用 MFT 碎片整理功能。

注：MFT 主文件表主要用于 NTFS 文件系统查找所在分区的文件。如果 MFT 的碎片过多，那么自然会令文件检索速度大大降低。

（5）让磁盘整理更高效。

为提高分区的碎片整理效率，加快整理速度，不妨在整理之前，将一些不需要移动的大文件固定在原有的分区位置上，让碎片整理程序"绕"开它们。

选择"操作"→Configure Diskeeper→Diskeeper Configuration Properties，在开启的"Diskeeper 配置属性"窗口中，单击左侧功能列表上的"文件排除"选项，在右侧页面中选择相应的分区盘区，在"路径"或"文件"列表中选择不打算移动的文件夹和文件，单击"添加文件夹"或"添加文件"按钮，就可以立即将它们送到"排除"列表中。

3. Ghost（http://www.symantec.com）

Ghost（幽灵）软件是美国 Symantec 公司推出的一款出色的硬盘备份还原工具，可以实现 FAT16、FAT32、NTFS、OS2 等多种硬盘分区格式的分区及硬盘的备份还原。它俗称克隆软件。

Ghost 支持将分区或硬盘直接备份到一个扩展名为 .gho 的文件中（Symantec 把这种文件称为镜像文件），也支持直接备份到另一个分区或硬盘里。

1）主要操作

启动 Ghost：至今为止，Ghost 只支持 DOS 的运行环境，这不能说不是一种遗憾。运行

cmd 命令进入命令行窗口，在提示符下输入 Ghost，按 Enter 键即可运行 Ghost，首先出现的是"关于"窗口，如图 12.38 所示。按任意键进入 Ghost 操作界面，出现 Ghost 菜单，如图 12.39 所示。

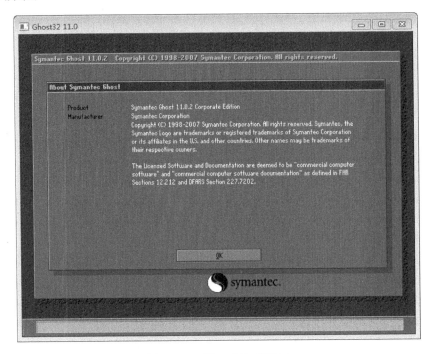

图 12.38　Ghost"关于"窗口

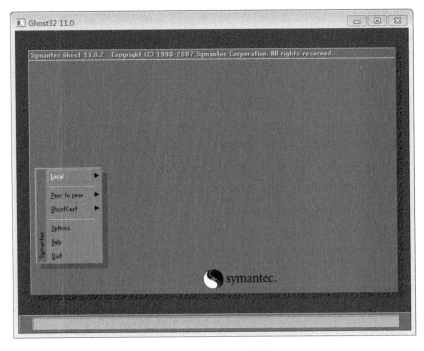

图 12.39　Ghost 菜单

主菜单共有六项,从下至上分别为 Quit(退出)、Help(帮助)、Options(选项)、GhostCast(一对多,网络服务端)、Peer to Peer(点对点,主要用于网络中)和 Local(本地)。一般情况下只用到 Local 菜单项,其下有三个子项:Disk(硬盘备份与还原)、Partition(磁盘分区备份与还原)、Check(硬盘检测),前两项功能是用得最多的,下面着重介绍这两项。

(1) 几个重要概念。

· Disk:磁盘的意思。

· Partition:即分区,在操作系统中每个硬盘盘符(C 盘以后)对应着一个分区。

· Image:镜像,是 Ghost 的一种存放硬盘或分区内容的文件格式,扩展名为.gho。

· To:到,在 Ghost 中,简单理解即为"备份到"的意思。

· From:从,在 Ghost 中,简单理解即为"从······还原"的意思。

(2) Partition 菜单操作。

· To Partition:将一个分区(称源分区)直接复制到另一个分区(目标分区)。注意,在操作时,目标分区空间不能小于源分区。

· To Image:将一个分区备份为一个镜像文件。注意,存放镜像文件的分区不能比源分区小。

· From Image:从镜像文件中恢复分区(将备份的分区还原)。

(3) Disk 菜单操作。

· To Disk:将一个磁盘直接复制到另一个磁盘。

· To Image:将一个磁盘备份为一个镜像文件。

· From Image:从镜像文件中恢复磁盘。

2) 分区镜像文件的制作

运行 Ghost 后,用光标方向键将光标从 Local 经 Disk、Partition 移动到 To Image 菜单项上,选择本地硬盘的目标源分区并确认镜像文件保存位置,单击 Yes 按钮开始制作镜像文件,如图 12.40 所示。

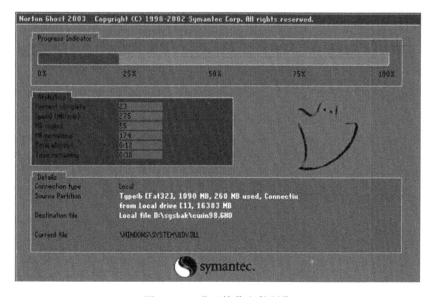

图 12.40 分区镜像文件制作

3）从镜像文件还原分区

制作好镜像文件，就可以在系统崩溃后进行还原，这样又能恢复到制作镜像文件时的系统状态。

镜像文件的还原只需启动 Ghost 进入主菜单后，用光标方向键从 Local 经 Partition 移动到 From Image，打开相关窗口选择镜像文件和还原的目标分区进行操作。

注意：选择目标分区时一定要选对，否则，目标分区原来的数据将全部消失。

4）硬盘的备份及还原

Ghost 的 Disk 菜单下的子菜单项可以实现从硬盘复制到硬盘（Disk－To Disk）、从硬盘复制到镜像文件（Disk－To Image）、从镜像文件还原硬盘内容（Disk－From Image）的操作。

在多台计算机的相关配置相同的情况下，可以先在一台计算机上安装好操作系统及软件，然后用 Ghost 的从硬盘复制到硬盘功能将系统完整地"复制"一份到其他计算机，这样装操作系统的效率将会提高几十倍甚至上百倍。

Ghost 的 Disk 菜单各项使用与 Partition 大同小异，而且使用也不是很多，在此就不再一一赘述。

4. Virtual PC（http:// www. microsoft. com）

Virtual PC 是一个虚拟化或模拟程序，可用于在计算机（称作主机）上创建虚拟计算机（称作虚拟机）。虚拟机可与主机共享以下系统资源：随机存取内存（RAM）、硬盘空间和中央处理器（CPU）。

其主要优点是能够以任何顺序安装操作系统，无须进行磁盘分区。可以在桌面上最小化或展开虚拟 PC 窗口，就像对程序或文件夹进行此操作一样，并且可以在该窗口和其他窗口之间切换。可以在虚拟机上安装程序，向虚拟机中保存文件，并暂停虚拟机，以便使它停止使用主机上的计算机资源。

Virtual PC 2007 运行界面如图 12.41 所示。

5. VMware（http://www. vmware. com/cn）

VMware（中文名"威睿"）是一款功能强大的桌面虚拟计算机软件，为用户提供在单一的桌面上同时运行不同的操作系统和进行开发、测试、部署新的应用程序的最佳解决方案。

VMWare 可以在一台机器上同时运行两个或更多 Windows、DOS、Linux 系统。与多启动系统相比，VMWare 采用了完全不同的概念。多启动系统在一个时刻只能运行一个系统，在系统切换时需要重新启动机器。VMWare 是真正"同时"运行，多个操作系统在主系统的平台上，就像标准 Windows 应用程序那样切换。而且每个操作系统都可以进行虚拟的分区、配置而不影响真实硬盘的数据，甚至可以通过网卡将几台虚拟机用网卡连接为一个局域网，极其方便。

VMware 12 运行界面如图 12.42 所示。

其主要特色功能有：

（1）可以将 Windows 8.1 物理 PC 转变为虚拟机；Unity 模式增强，与 Windows 8.1 UI 更改无缝配合工作。

（2）加强控制，虚拟机将以指定的时间间隔查询服务器，从而将受限虚拟机的策略文件中的当前系统时间存储为最后受信任的时间戳。

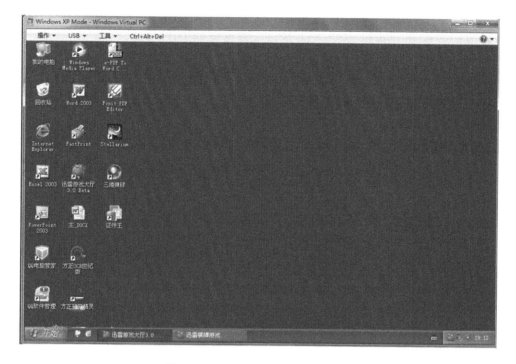

图 12.41 Virtual PC 2007 运行界面

图 12.42 VMware 12 运行界面

（3）在平板电脑运行时可以利用加速计、陀螺仪、罗盘以及环境光线传感器。

（4）支持多达 16 个虚拟 CPU、8TB SATA 磁盘和 64 GB RAM。

（5）新的虚拟 SATA 磁盘控制器。

（6）现在支持 20 个虚拟网络。

（7）USB3 流支持更快的文件复制。

（8）改进型应用和 Windows 虚拟机启动时间。

（9）固态磁盘直通。

（10）增加多监视设置。

（11）VMware-KVM 提供了使用多个虚拟机的新界面。

12.8　讨论题

1. 试简述常用工具软件的类型和作用。

2. 试简述文件压缩原理，并指出主要压缩工具的使用。

3. 试简述文件下载技术的演变，并指出主要压缩工具及其解压操作。

参 考 文 献

[1] 张莉.大学计算机教程[M].6 版.北京:清华大学出版社,2015.
[2] 张莉.大学计算机实验教程[M].6 版.北京:清华大学出版社,2015.
[3] 王移芝.大学计算机基础[M].3 版.北京:高等教育出版社,2012.
[4] 王移芝.大学计算机基础实验教程[M].2 版.北京:高等教育出版社,2007.
[5] 王莲芝.大学计算机应用基础[M].北京:中国电力出版社,2007.
[6] 赵杰.数据库原理与应用[M].3 版.北京:人民邮电出版社,2013.
[7] 龚沛曾.大学计算机基础[M].5 版.北京:高等教育出版社,2009.
[8] 龚沛曾.大学计算机基础实验指导与测试[M].5 版.北京:高等教育出版社,2009.
[9] 刘锡轩.计算机应用基础[M].北京:清华大学出版社,2013.
[10] 肖庆.计算机网络基础与应用[M].北京:人民邮电出版社,2013.

图 书 资 源 支 持

感谢您一直以来对清华版图书的支持和爱护。为了配合本书的使用,本书提供配套的资源,有需求的读者请扫描下方的"书圈"微信公众号二维码,在图书专区下载,也可以拨打电话或发送电子邮件咨询。

如果您在使用本书的过程中遇到了什么问题,或者有相关图书出版计划,也请您发邮件告诉我们,以便我们更好地为您服务。

我们的联系方式:

地　　　址: 北京海淀区双清路学研大厦 A 座 707

邮　　　编: 100084

电　　　话: 010－62770175－4604

资源下载: http://www.tup.com.cn

电子邮件: weijj@tup.tsinghua.edu.cn

QQ: 883604(请写明您的单位和姓名)

用微信扫一扫右边的二维码,即可关注清华大学出版社公众号"书圈"。

资源下载、样书申请

书圈